国家社会科学基金西部项目（项目批准号：17XYY032）
项目名称：敦煌、吐鲁番等地出土的回鹘文历法和占卜文献的语文学研究

敦煌吐鲁番出土回鹘文历法和占卜文献研究

木沙江·艾力 著

中央民族大学出版社
China Minzu University Press

图书在版编目（CIP）数据

敦煌吐鲁番出土回鹘文历法和占卜文献研究 / 木沙江·艾力著. -- 北京：中央民族大学出版社，2025. 1.（2025. 6重印）--ISBN 978-7-5660-2450-3

Ⅰ. K877.94

中国国家版本馆CIP数据核字第202405A5Y0号

敦煌吐鲁番出土回鹘文历法和占卜文献研究

DUNHUANG TULUFAN CHUTU HUIHUWEN LIFA HE ZHANBU WENXIAN YANJIU

著　　者　木沙江·艾力

策划编辑　赵秀琴

责任编辑　高明富

封面设计　舒刚卫

出版发行　中央民族大学出版社

北京市海淀区中关村南大街27号　　邮编：100081

电话：（010）68472815（发行部）　传真：（010）68933757（发行部）

（010）68932218（总编室）　（010）68932447（办公室）

经 销 者　全国各地新华书店

印 刷 厂　北京鑫宇图源印刷科技有限公司

开　　本　787×1092　1/16　印张：32

字　　数　475千字

版　　次　2025年1月第1版　2025年6月第2次印刷

书　　号　ISBN 978-7-5660-2450-3

定　　价　180.00元

摘　要

回鹘文历法和占卜文献在古代西域文献研究中占有重要地位。至今已发现90件回鹘文历法和占卜文献残片，其中59件残片原件收藏于德国柏林勃兰登堡科学院吐鲁番研究所，1件残片收藏于德国柏林亚洲艺术博物馆（原柏林印度艺术博物馆），3件残片收藏于美国普林斯顿大学东亚图书馆，1件残片原件收藏于俄罗斯东方文献研究所圣彼得堡分所，2件残片收藏于北京图书馆，2件残片收藏于敦煌研究院，22件残片下落不明。

回鹘文历法和占卜文献涉及内容包括占卜、历法、天文学、星相学、星占术、护身符等诸多方面。这些文献残片中行数最多的有50多行，最少的只有2—3行。从文献装帧来看，有册子式和经折式两种。大多数历法和占卜文献的字体为半草书或草书体。

1929年由德国学者威利·邦格（Willi Bang）和安娜玛丽·冯·加班（Annemarie Von Gabain）出版的《吐鲁番回鹘语文献》第一卷和1936年由土耳其学者热西德·拉赫麦提·阿拉特（Reşid Rahmeti Arat）出版的《吐鲁番回鹘语文献》第七卷可视为较全面研究回鹘文历法和占卜文献的最早专著。此后，陆续有杰拉尔德·克劳森（Sir Gerard Clauson）、詹姆士·哈密尔顿（James Hamilton）、朱迪丝·奥格登·布里特（Judith Ogden Bullitt）、莉莉娅·吐谷舍娃（Lilija Tugusheva）、路易·巴赞（Louis Bazin）、松井太、彼得·茨默（Peter Zieme）、吉田丰等学者从不同角度对各类回鹘文历法和占卜文献进行研究。从邦格、冯·加班和阿拉特等学者的研究算起，回鹘文历法和占卜文献研究整整经历了90多年历史。在此期间，西域—中亚语文学研究在广度和深度都取得了很大进展。就回鹘语文学而言，到目前为止，《金光明经》《阿毗达摩俱舍论实义疏》《玄奘传》《弥勒会见记》等大型文献先后得以刊布，各国收藏文献不断以目录、数字图版、专著、论文等形式得以刊布。德国、俄国、法国、日本、土耳其、中国等国家的学者，以这些成果为基础，还出版、发表大量论著，讨论其中的语言、历史、哲学、文化问题，其中包括辞书、语法书和大量文献研究专著。更重要的是，90多年来在文献的转写方法、翻译方法、解释方法等方面也有了较大进展。基于这些积累，对已被研究的和未被研究的回鹘文历法和占卜文献进行全面整理和研究就提上了议事日程，以西域－中亚语文学研究的最新研究成果和研究方法为基础，对这些历法和占卜文献与它们的汉文原典进行仔细比较以及对回鹘文历法和占卜文献进行全面而系统的语文学研究成为西域－中亚语文学研究中的当务之急。因此，笔者以“回鹘文历法和占卜文献”为研究对象，对回鹘文历法和占卜文献从文献学和文献语言学的角度进行了分类和研究，同时对它们进行融转写、换写、汉文翻译和注释为一体的语文学研究，并以此为基础，对回鹘文历法和占卜文献语言的形态－句法特点和文献中所见历法和占卜术语的语义、结构特点和语源进行了探讨。

目　录

导论 …… 1

一、本题的提出 …… 1

二、本题的研究现状 …… 2

三、本文研究方法及研究范围 …… 11

四、本文所使用的符号与缩略语 …… 16

上篇：文献研究篇

第一章　回鹘文历法和占卜文献及其分类 …… 20

第一节　回鹘文历法和占卜文献概述 …… 20

1.1.1 回鹘文历法和占卜文献的发现与收藏现状 …… 21

1.1.2 回鹘文历法和占卜文献的书写特点 …… 23

第二节　回鹘文历法和占卜文献的分类 …… 24

第二章　回鹘文历法和占卜文献的语文学研究 …… 28

第一节　回鹘文历法和占卜文献的解读与汉文翻译 …… 28

2.1.1 A：回鹘文道教占卜文献《易经》残片 …… 28

2.1.2 B：回鹘文佛教占卜文献：护身符 …… 66

2.1.3 C：回鹘文民间信仰有关占卜文献 …… 84

2.1.4 D：回鹘文《佛说北斗七星延命经》残片 …… 90

2.1.5 E：回鹘文佛教占星术历法和占卜文献 …… 125

2.1.6 F：回鹘文十二生肖周期的历法和占卜文献…… 137
2.1.7 G：回鹘文医学历法和占卜文献 …… 164
2.1.8 H：回鹘文道教《玉匣记》历法和占卜文献 …… 174
2.1.9 I：回鹘文摩尼教历法和占卜文献 …… 184
2.1.10 J：回鹘文星相学历法和占卜文献 …… 200
2.1.11 K：回鹘文算命书 …… 234
第二节 回鹘文历法和占卜文献词句注释…… 247
2.2.1 A：回鹘文道教占卜文献《易经》残片注释 …… 247
2.2.2 B：回鹘文佛教占卜文献:《护身符》注释 …… 254
2.2.3 C：回鹘文民间信仰有关占卜文献注释 …… 256
2.2.4 D：回鹘文《佛说北斗七星延命经》残片注释 …… 256
2.2.5 E：回鹘文佛教占星术历法和占卜文献注释 …… 258
2.2.6 F：回鹘文十二生肖周期的历法和占卜文献注释…… 259
2.2.7 G：回鹘文医学历法和占卜文献注释 …… 259
2.2.8 H：回鹘文道教《玉匣记》历法和占卜文献注释 …… 259
2.2.9 I：回鹘文摩尼教历法和占卜文献注释…… 260
2.2.10 J：回鹘文星相学历法和占卜文献注释 …… 260
回鹘文历法和占卜文献词汇索引 …… 261

下篇：语言研究篇

第三章 回鹘文历法和占卜文献语言的结构特点…… 362
第一节 回鹘文历法和占卜文献语言的语音分析 …… 362
3.1.1 元音 …… 362
3.1.2 辅音 …… 374
3.1.3 音节结构的分析…… 390
第二节 回鹘文历法和占卜文献语言的形态－句法特点 …… 392
3.2.1 回鹘文历法和占卜文献语言的形态特点 …… 392

3.2.2 回鹘文历法和占卜文献语言的句法特点 …………………… 445

第四章 回鹘文历法和占卜文献语言中出现的历法和占卜术语分析 …………………… 467

第一节 回鹘文历法和占卜文献语言中出现的历法和占卜术语的语义分类 …………………… 467

4.1.1 回鹘文占卜名类术语 …………………… 467

4.1.2 回鹘文历法术语 …………………… 469

4.1.3 回鹘文星相学术语 …………………… 475

第二节 回鹘文历法和占卜文献语言中所见历法和占卜术语的结构分析 …………………… 478

4.2.1 回鹘文单纯历法和占卜术语 …………………… 478

4.2.2 回鹘文派生历法和占卜术语 …………………… 479

4.2.3 回鹘文复合历法和占卜术语 …………………… 480

第三节 回鹘文历法和占卜文献语言中所见术语之来源 …………………… 482

4.3.1 回鹘文固有历法和占卜术语 …………………… 482

4.3.2 回鹘文借词性历法和占卜术语 …………………… 486

4.3.3 回鹘文借词性历法和占卜术语的借用方法 …………………… 493

结论 …………………… 496

主要参考文献 …………………… 500

一、中文文献 …………………… 500

二、外文文献 …………………… 502

导 论

一、本题的提出

19世纪末20世纪初以来，随着德国、法国、英国、日本、俄国等国家探险队先后在我国敦煌、吐鲁番、库车、和田等地区进行了几次探险考察活动，发现了数量不少的用回鹘文、汉文、婆罗米文等多种文字记载的回鹘文历法和占卜文献。这些文献大部分是从吐火罗语、汉语、梵语、藏语等语言翻译成回鹘文的，其中也有很少一部分是古代维吾尔人自己写就。

1929年由德国学者威利·邦格（Willi Bang）和安娜玛丽·冯·加班（Annemarie Von Gabain）出版的《吐鲁番回鹘文献》第一卷和1936年由土耳其学者热西德·拉赫麻提·阿拉特（Reşid Rahmeti Arat）出版的《吐鲁番回鹘文献》第七卷可视为较全面研究回鹘文历法和占卜文献的最早专著。此后，杰拉尔德·克劳森（Sir Gerard Clauson）、詹姆士·哈密尔顿（James Hamilton）、朱迪丝·奥格登·布里特（Judith Ogden Bullitt）、莉莉娅·吐固舍娃（ Lilija Tugusheva）、路易·巴赞（Louis Bazin）、松井太（Matsui Dai）、彼得·茨默（Peter Zieme）、吉田丰（Yoshida Yutaka）等学者从不同角度对各类回鹘文历法和占卜文献进行研究。 从邦格、冯·加班和阿拉特等学者的研究算起，回鹘文历法和占卜文献研究整整经历了90多年的历史。在此期间，西域–中亚语文学研究在广度和深度都取得了很大进展。就回鹘文研究而言，到目前为止，《金光明经》《阿毗达摩俱舍论实义书》《玄奘传》《弥勒会见记》等大型文献先后得以刊布，各国收藏文献不断以目录、数字图版、专著、论文等形式以刊布。我国学者和德国、俄国、法国、土耳其、日本等国家的学者，以这些成果为基础，出版、发表大量论著，讨论其中的语言、历史、哲学、文化问题，其中包括辞书、语法书和大量文献研究专著。更重要的是，随着研究的深入，学界在文献的转写方法、翻译方法、释读方法等方面也有了较大的进展。基于这些积累，对已经被研究的和未被研究的回鹘文历法和占卜文献进行全面整理和研究就提上了议事日程，以西域–中亚语文学研究的最新研究成果和研究方法为基础，对这些历法和占卜文献与它们的汉文原典进行仔细比较以及对回鹘文历法和占卜文献进行全面而系统的研究成为西域–中亚语文学研究中的当务之急。

二、本题的研究现状

回鹘文历法和占卜文献研究起始于20世纪30年代。到目前为止，国内外有关回鹘文历法和占卜文献研究取得了可喜的进展。学者们无论是从语言学角度还是从文献学、历法和占卜研究角度，都非常重视回鹘文历法和占卜文献的研究。

目前为止，国外的威利·邦格、安娜玛丽·冯·加班、杰拉尔德·克劳森、詹姆士·哈密尔顿、朱迪丝·奥格登·布里特、莉莉娅·吐固舍娃、路易·巴赞、热西德·拉赫麻提·阿拉特、松井太、彼得·茨默、吉田丰等学者从不同角度对回鹘文历法和占卜文献进行了研究，他们的研究工作在很大程度上丰富了回鹘文历法和占卜文献的研究。在国内，阿不都热西提·亚库甫、邓浩、冯家昇、耿昇、彭金章、王建军、杨富学、张铁山等学者或在研究回鹘文历法和占卜文献，或在翻译外语研究专著等方面取得了一定的成果。国内外学者在该领域的研究成果对推动回鹘文历法和占卜文献研究发展具有重大的作用。与回鹘文历法和占卜文献研究相关的主要著作、论文及其研究情况如下。

（一）国外主要研究成果

1929年，德国学者威利·邦格和安娜玛丽·冯·加班出版的《吐鲁番回鹘文献》第一卷中对吐鲁番出土的16件回鹘文占卜文献进行了解读、德文翻译和注释工作。该著作是较全面研究回鹘文占卜文献的早期专著。他们研究的16件残片中13件现收藏于德国柏林勃兰登堡科学院吐鲁番研究中心，3件下落不明。文献的主要内容涉及道教易卦中的姤、师、艮、损、益、豫、井、萃、巽、小畜、离、颐、大过等13个卦象①。这些回鹘文占卜文献无疑是根据道教的经典《易经》，从汉文翻译而来。吐鲁番出土的这些回鹘文占卜文献的内容上虽有残缺，但仍可清楚看到它们是用来推断人之祸福休咎的卜占。

1936年，土耳其学者热西德·拉赫麻提·阿拉特出版的《吐鲁番回鹘文献》第七卷中对吐鲁番出土的58件回鹘文历法和占卜文献进行了解读、德文翻译和注释②。阿拉特研究刊布的58件残片中36件现收藏于德国柏林勃兰登堡科学院吐鲁番研究中心，22件下落不明。他研究的这些文献的主要内容涉及历法、占卜、魔法、天文学、星相学和星占术。阿拉特对回鹘文历法和占卜文献的研究，虽然在解读、译释方面存在一些不足，但是从回鹘文历法和占卜文献研究的整个过程来看，他的研究成果为后人研究刊布回鹘文历法和占卜文献奠定了基础。

1964年，英国学者杰拉尔德·克劳森在《乌拉尔–阿尔泰学年鉴》（*Ural-Altaische Jahrbücher*）第35卷发表关于天文学术语的专文，从语言学视角对《佛说天地八阳神咒经》、《吐鲁番回鹘文献》第七卷、《突厥语大辞典》、《福乐智慧》等早期回鹘语文献中出现的天文学术语进行研

① Bang, Willi / Annemarie Von Gabain, Türkische Turfantexte I, Berlin, Sitzungsberichte der Preußischen Akademie der Wissenschaften, 1929, p 6.

② Gabdul Reşid Rahmeti, Türkische Turfantexte VII, Berlin, Abhandlungen der（Königlich）Preußischen Akademie der Wissenschaften, 1936, p 8–9.

究[①]。

1986年，法国学者詹姆士·哈密尔顿教授在其著作《9 — 10世纪敦煌回鹘文献汇编》中介绍了黄文弼先生在《吐鲁番考古记》第101 — 103页（图88）中收录的属于回鹘文摩尼教历法文献的第11 — 12行录文，并考证为公元1003 — 1004年的日历[②]。

1989年，日本学者吉田丰教授在其著作《粟特语杂录（II）》第一节《西州回鹘国摩尼教徒的历日》中对黄文弼先生在《吐鲁番考古记》的第101 — 103页（图88）中收录的回鹘文历法献进行了详细探讨，并全面阐述了回鹘文摩尼教历法文献的内容及特点。同时，他在通过参考这部比较完整的回鹘文摩尼教历法文献的基础上，正确地补充了阿拉特在《吐鲁番回鹘文献》第七卷中录文的同类文献的残损部分[③]。

1989年，美国学者朱迪丝·奥格登·布里特女士在美国《葛斯德图书馆馆刊》（该刊于1994年改名为《东亚图书馆馆刊》）第三期发表了题为《敦煌出土的现藏于普林斯顿的残片》的论文。论文中对敦煌莫高窟北区石窟出土的现藏于美国普林斯顿大学东亚图书馆的编号为Peald6e+B157：54-2的回鹘文历法和占卜文献进行了简单的介绍，并公布了这一文献的图版[④]。

1992年，法国学者詹姆士·哈密尔顿教授在《路易·巴赞纪念文集》发表的论文《公元988、989及1003年的回鹘摩尼教历书》中对三件回鹘

① Clauson, Sir Gerard, Early Turkish Astrological Terms, Ural-Altaische Jahrbücher, vol. XXXV, Wiesbaden, 1964, p 350-368.

② Hamilton, James, Manuscrits Ouïgours du IXe-Xe Siècle de Touen-houang. 1-2, Paris, 1986, p 17.

③ 荣新江（编）:《黄文弼所获西域文献论集》，北京：科学出版社，2013年，第168-171页。

④ Bullitt, Judith Ogden, Princeton's Manuscript Fragments from Tun-huang, Gest Library Journal, 3（1/2）, 1989, p 7-29.

文摩尼教历法和占卜文献进行了转写、换写、法文翻译和注释[1]。他所研究的这三件回鹘文摩尼教历法和占卜残片均出自吐鲁番地区，其中篇幅最大的一件已收录在1954年黄文弼先生出版的《吐鲁番考古记》第101—103页（图88）中。另外两件篇幅比较小的回鹘文摩尼教历法和占卜文献来自1936年由阿拉特研究出版的《吐鲁番回鹘文献》第七卷第19—20页中收录的第8号（TI601）和第9号（TM299），但该著作中没有提供复制图版。哈密尔顿教授在论文中仔细探讨了回鹘文摩尼教历法的规则和内容特点，并参考、对比这些文献，补充了阿拉特研究刊布的文献的残损部分。

2005年，德国学者彼得·茨默教授研究出版了《回鹘文佛教咒术文献》一书，他分别在该著作的"文献G"（佛说北斗七星延命经部分）部分对31件属于回鹘文佛教七星经的历法、占卜文献和"文献I"（护身符部分）部分对7件属于回鹘文佛教护身符的历法和占卜文献进行了转写、换写、德文翻译和注释，并对一部分文献与其汉文原典进行了对比和分析[2]。他研究的这些文献残片中29件现藏于德国柏林勃兰登堡科学院吐鲁番研究中心，1件残片藏于德国印度艺术博物馆，1件残片藏于日本京都，1件残片藏于法国国立图书馆，1件残片藏于我国北京国家图书馆，1件残片藏于我国敦煌研究院，4件残片下落不明。茨木教授在论著中对阿拉特在《吐鲁番回鹘文献》第七卷（第14和40组文献）中研究刊布的部分历法和占卜文献进行了全新的解读和研究，并按正确顺序排列出来。

2007年，俄国学者莉莉娅·吐固舍娃教授在俄罗斯《东方书面古迹》丛书中发表论文《东方文献研究所圣彼得堡分所收藏的古代回鹘占卜残片

---

① Hamilton, James, Calendriers Manichéens Ouïgours de 988, 989 et 1003, Jeanlouis Bacqué-grammont/Rémy Dor (edd.): Mélanges Offerts à Louis Bazin par Sesdisciples, Collègues et Amis, Paris, 1992, p 7-23.

② Zieme, Peter, Magische Texte des Uigurischen Buddhismus, Berlin, Herausgegeben von der Kommission Turfanforschungder Berlin-Brandenburgischen Akademie der Wissenschaften, 2005, p 115-149, 179-185.

文献》。在论文中，对吐鲁番出土的现藏于俄罗斯科学院东方文献研究所圣彼得堡分所的文献内容与道教《易卦》相似的两件回鹘文占卜文献从文献学角度进行了研究①。

2012年，日本学者松井太在俄罗斯圣彼得堡举行的“敦煌学”国际研讨会上宣读的《敦煌出土的回鹘文占卜文献残片》，从文献学角度对敦煌莫高北区石窟出土的四个回鹘文历法和占卜文献进行了研究。学者在论文中提到的敦煌莫高窟北区石窟出土的回鹘文历法和占卜文献，由四个残卷组成，编号为B165：3、Peald6e+B157：54–2、Peald 6h、Peald 6c。文献中B165：3和Peald6e+B157：54–2的一部分（B：157：54）出土于1988 — 1995年敦煌研究院对敦煌莫高窟北区进行的考古发掘，现藏于敦煌研究院。Peald6e+B157：54–2、Peald 6h和Peald 6c以Peald为编号，现藏于美国普林斯顿大学东亚图书馆。值得一提的是，Peald6e+B157：54–2、Peald 6h和 Peald 6c抄写在印刷版西夏文佛教《阿毗达磨大毗婆沙论》文献的背后。Peald6e+B157：54–2、Peald 6h、Peald 6c文献由每个都要连在一起的编号为a、b、c的两个或三个小残片组成。但是，有些小残片与这些文献错误的结合在一起。从内容上来看B165：3和Peald6e+B157：54–2文献的内容与道教经典《玉匣记》的内容相似，而Peald 6h和 Peald 6c文献的内容与《玉匣记》的内容部分相似，这些文献中出现了佛教和道教的混合音素②。

（二）国内主要研究成果

1953年，我国著名民族史学家家冯家昇先生在《回鹘文写本“菩萨

① Tugusheva, Lilija, Yusufzhanovna, Fragmenty Rannesrednevekovykh Tjurkskikh Gadatel'nykh Knig is Rukopisnogo Sobranija Sankt–peterburgskogo Filiala Instituta Vostokovedenija, Pis’mennya Pamjatniki Vostoka, St. Petersburg, 2007, p 37–46.

② Matsui, Dai, Uyghur Almanac Divination Fragments from Dunhuang, Irina. Popova and Liu Yi (eds.) Dunhuang Studies: Prospects and Problems for the Coming Second Century of Research, St. Petersburg, 2012, p154–166.

大唐三藏法师传"研究报告》(这是一篇整理研究回鹘文《玄奘传》的长篇报告)第27页对回鹘文历法和占卜文献中出现的古代维吾尔历法特征进行了详细描述和分析。该文对古代维吾尔纪年体系进行了简要探讨，并提出古代维吾尔纪年大抵可分作十二畜纪年时期、五气(五行)配合十二畜纪年时期、除了五气十二畜以外加上数目字纪年时期等三个时期的观点。该文对回鹘文文献中出现的纪年法与古代中原王朝的纪年法进行了详细对比①。虽然该文阐述的观点有待深入，但在介绍古代维吾尔历法和纪年体系方面具有很大的意义。

1954年，我国著名考古学家黄文弼先生在《吐鲁番考古记》第101—103页(图88)和第115页(图98)中收录了他1928年与1930年在吐鲁番地区进行考古调查时发现的两件回鹘文历法和占卜文献影印本。该书第101—103页(图88)收录的文本共有52行中期回鹘文，写在一件8世纪左右的汉文佛教写卷背面，这是一篇摩尼教历书残片。另外一件收录在该书第115页(图98)的残片篇幅比较小，由5行回鹘文字组成，它是一件属于回鹘文《佛说北斗七星延命经》的历法和占卜文献。虽然该书中收录的这些残片图片质量不太好，但这些文献都是独一无二的，为后人研究刊布回鹘文历法和占卜文献奠定了基础②。

1955年，冯家昇先生在《考古学报》第一期发表的《刻本回鹘文佛说天地八阳神咒经研究——兼论回鹘人对于大藏经的贡献》第10页中对吐鲁番出土的一片讲八字命运的回鹘文道教历法和占卜文献的前三行进行了撰写和汉文翻译③。虽然该文中收录的残片篇幅不大，但是它在古代维吾尔道教文化研究中有一定的学术价值。

---

① 冯家昇:《回鹘文写本"菩萨大唐三藏法师传"研究报告》,《考古学专刊》丙种第1号，北京：中国科学院出版，1953年6月，第27-28页。

② 黄文弼:《吐鲁番考古记》，北京：中国科学院出版社，1954年，第101-103页，第115页。

③ 冯家昇:《刻本回鹘文佛说天地八阳神咒经研究：兼论回鹘人对于大藏经的贡献》,《考古学报》第1期，1955年，第183-192页。

1988年，杨富学教授在《新疆大学学报》第二期发表题为《维吾尔族历法初探》的论文，以回鹘文历法文献为依据对古代维吾尔人在历史上所使用的十二生肖历法、干支纪年法、七曜历法等各类古代维吾尔历法的特点和来源进行了详细探讨。在该文中对于十二属相的来源提出“由生活在阿尔泰山一带的游牧部落首先开始使用的”观点，对于干支纪年法的来源提出“是汉族人首先创造的”观点，对于七曜历法的来源提出“从波斯传入中国”的观点[①]。

1997年，杨富学和邓浩等学者在《敦煌研究》第一期发表了题为《吐鲁番出土回鹘文（七星经）回向文研究》的论文。该文对阿拉特在《吐鲁番回鹘文献》第七卷（第14和第40文献组）中收录的属于佛教《七星经》的回鹘文历法和占卜文献进行了转写、疏证和汉文翻译。同时，对这些文献中所体现的佛教功德思想进行了探讨[②]。

2003年，杨富学教授研究出版了《回鹘文献与回鹘文化》，在该著作《回鹘文献——回鹘文化的载体》部分的第七章就《吐鲁番回鹘文献》等研究著作中收录的回鹘文历法和占卜文献的内容特点进行了详细分析，并以文献的内容为依据对这些回鹘文历法和占卜文献的来源进行了探讨。此外，他在该著作《回鹘文化研究》部分的第二章中对内容与道教相关的回鹘文历法和占卜文献进行了简要介绍和内容对比[③]，并对回鹘文历法和占卜文献与它的汉文原典进行了简单对比，他的这一研究在维汉文化对比研究中具有很大的学术价值。

2003年，张铁山教授在《敦煌研究》第一期发表的《敦煌莫高窟北区出土回鹘文文献过眼记》一文中对敦煌莫高窟北区出土、现藏于敦煌研

① 杨富学：《维吾尔族历法初探》，《新疆大学学报》第2期，1988年，第63-67页。

② 杨富学、邓浩：《吐鲁番出土回鹘文（七星经）回向文研究》，《敦煌研究》第1期，1997年，第158-172页。

③ 杨富学：《回鹘文献与回鹘文化》，北京：中央民族大学出版社，2003年，第93-94页，第258-262页。

究院的编号为B165：3的历法和占卜文献进行了简单的文献描写[①]。该文在国内首次提供了有关这一文献的信息。

2003年，杨富学教授在《道教论坛》中发表的《道教回鹘杂考》一文对《吐鲁番回鹘文献》第一卷中出现的13个占卦的回鹘文名称与它们的汉语名称进行了对比，并认为这些残片是道教易卦在古代维吾尔人中推演的实证。同时，他以《吐鲁番回鹘文献》第七卷中收录的许多文献片段的例证提出道教星占术著作被译成回鹘文并在新疆广为流传的观点[②]。该文在古代维吾尔道教文献研究中是初次发表的论文，因此在古代维吾尔道教文化研究中有一定的参考价值。

2004年，杨富学教授在《青海民族学院学报》第四期发表的《敦煌吐鲁番文献所见回鹘古代历法》论文中进一步分析了敦煌和吐鲁番出土的回鹘文历法和占卜文献的特点。同时对这些文献中所见12生肖纪年法、干支纪年法、建除满历法及年号纪年法等各种古代维吾尔历法进行了仔细探讨和研究[③]。该文提出的这些论点为古代维吾尔历法研究的发展做出了巨大贡献。

2004年，彭金章和王建军编著的《敦煌莫高窟北区石窟（第三卷）》第155—156页中对编号为B165：3的回鹘文历法和占卜文献残片进行了描述、转写和汉文翻译。在该书中敦煌出土的这一文献的收录对文献研究方面具有很大的参考价值。

2006年，阿不都热西提·亚库甫教授在《日本学者庄垣内正弘教授退休纪念论集》发表的论文《敦煌莫高窟北区出土的回鹘文文献》中对编号为B165：3的残片进行了文献学角度的探讨和分析，并根据该残片的内容和结构，正确地断定其为日历。阿不都热西提·亚库甫教授在该文中的论

① 张铁山：《敦煌莫高窟北区出土回鹘文文献过眼记》，《敦煌研究》第1期，2003年，第94-99页。

② 杨富学：《回鹘道教杂考》，《道教论坛》第1期，2003年，第14-17页。

③ 杨富学：《敦煌吐鲁番文献所见回鹘古代历法》，《青海民族学院学报》第4期，2004年，第118-123页。

断非常深厚，观点明确，这一研究为后人在该文献的研究中提供不可取代的参考价值。

2013年，荣新江教授在《黄文弼所获西域文献论集》的前言（黄文弼所获西域文献的学术价值）部分全面而详细地阐述了对于黄文弼先生在吐鲁番地区进行考古调查时发现的两件回鹘文历法和占卜文献的研究情况和这些文献在学术研究中的价值。

2013年，日本龙谷大学西域文化研究会客员研究员获原裕敏先生把吉田丰教授的《粟特语杂录（II）》的第一节"西州回鹘国摩尼教徒的历日"从日语译成汉语，并发表在荣新江教授主编的《黄文弼所获西域文献论集》中。他的这一工作为不懂日语的中国读者了解国外对回鹘文摩尼教历法研究成果提供了很大便利。此外，北京大学外国语学院法语语言文学专业的硕士研究生吴春成把詹姆士·哈密尔顿教授的《公元988、989及1003年的回鹘摩尼教历书》从法语译成了汉语。他的这一工作为不懂法语的中国读者了解国外对回鹘文摩尼教历法研究成果提供了很大便利[①]。

2014年，张铁山教授在《敦煌学》第四期发表的汉－回鹘文合璧《六十甲子纳音》残片考释一文中对敦煌莫高窟北区B464窟出土编号464：63的一件汉－回鹘文合璧《六十甲子纳音》残片进行研究，比对出该文献系《六十甲子纳音》中的一部分[②]。

2016年，阿不都热西提·亚库甫教授在《北京国家图书馆收藏的一件回鹘文天文学残片研究》中对北京国家图书馆收藏的编号为BD14741L的回鹘文星占术历法和占卜文献进行了转写、换写、英文翻译和注释，并对这篇文献与它的汉文原典进行了对比和分析。他所研究文献的影印版收录于北京国家图书馆和北京国家图书馆前馆长任继愈编辑的《国家图书馆藏敦煌遗书》第1一三三卷中，收录的文本共有13行，以半楷书体书写为回

① 荣新江（编）：《黄文弼所获西域文献论集》，北京：科学出版社，2013年，第177–181页，第182–206页。

② 张铁山：汉 — 回鹘文合璧《六十甲子纳音》残片考释，《敦煌学》第4期，2014年，第13–16页。

鹘文，涉及流星有关的星占术。

虽然国内外学者从不同的角度对回鹘文历法和占卜文献进行了很有意义的研究，但以上所列的大部分研究集中于部分回鹘文历法和占卜文献的研究，至今没有完整的回鹘文历法和占卜文献的校勘本和汉译本。从邦格、葛玛丽和阿拉特等学者对《吐鲁番回鹘文献》的研究工作算起，回鹘文历法和占卜文献的研究已经历了90多年的历史并取得了很大的发展。到目前为止，已被研究的和未被研究的回鹘文历法和占卜文献都需要完整的整理、校对和出版。因此，以西域–中亚语文学研究的最新研究成果和研究方法为基础，通过把这些历法和占卜文献与它们的汉文原典进行仔细比较对回鹘文历法和占卜文献进行全面而系统的语文学研究成为西域–中亚语文学研究中的当务之急。

三、本文研究方法及研究范围

1.本文所采用的研究方法

以邦格为代表的德国柏林学派的西域–中亚文献研究方法是本研究的主要方法论依据。文献内容的断定到具体文献的转写、翻译、注释，本研究将严格遵守柏林学派的文献学研究方法和日本文献语言学的基本原理。

2.本文的研究范围

为确保研究的全面性和准确性，将目前为止能够确认回鹘文历法和占卜文献（包括已研究和未研究文献）全部列入研究范围，具体如表1所示。

表1 回鹘文历法和占卜文献

文献编号	所藏地点	现存行数	刊布情况	内容确定
U 456（T. II Y. 36. 12）	柏林	正面8行，反面8行	TT[I]（1）	道教易卦
U 457（T. II Y. 36. 2）	柏林	正面8行，反面8行	TT [I]（2）	道教易卦
U 458（T. II Y. 36. 13）	柏林	正面7行，反面8行	TT [I]（3）	道教易卦

续表

文献编号	所藏地点	现存行数	刊布情况	内容确定
U 459（T. II Y. 36. 3）	柏林	正面8行，反面8行	TT [I]（4）	道教易卦
U 460（T. II Y. 36. 15）	柏林	正面9行，反面8行	TT [I]（5）	道教易卦
U 461（T. II Y. 36. 14）	柏林	正面7行，反面6行	TT [I]（6）	道教易卦
U 462（T. II Y. 36. 17）	柏林	正面7行，反面7行	TT [I]（7）	道教易卦
U 463（T. II Y. 36. 5）	柏林	正面7行，反面6行	TT [I]（8）	道教易卦
U 464（T. II Y. 36. 6）	柏林	正面7行，反面7行	TT [I]（9）	道教易卦
U 465（T. II Y. 36. 8）	柏林	正面7行，反面7行	TT [I]（10）	道教易卦
Mainz 101（T. II Y. 36. 1）	柏林	正面7行，反面6行	TT [I]（11）	道教易卦
Mainz 101（T. II Y. 36.11）	柏林	正面6行，反面6行	TT [I]（12）	道教易卦
Mainz 101（T. II Y. 36. 9）	柏林	正面6行，反面7行	TT [I]（13）	道教易卦
U 466（T. II Y. 36. 7）	柏林	正面7行，反面6行	TT [I]（14）	道教易卦
U 467（T. II Y. 36. 16）	柏林	正面6行，反面6行	TT [I]（15）	道教易卦
U 468（T. II Y. 36. 4）	柏林	正面7行，反面8行	TT [I]（16）	道教易卦
U 498（T. II Y. 36. 30）	柏林	正面7行，反面8行	TT [VII]（30）	道教易卦
Ch/U 6308a（T. II D. 523）	柏林	正面9行	Arat 1936	道教易卦
U 3834（T. I）	柏林	正面5行	Zieme 2005	护身符
U 3854 a（T. I a）	柏林	正面7行	Zieme 2005	佛教护身符
U 3854 b（T. I a）	柏林	正面3行	Zieme 2005	佛教护身符
U 5985（T . II Y. 18）	柏林	正面3行	Zieme 2005	佛教护身符
Ch/U 6785（T. II Y. 61）	柏林	正面10行	Zieme 2005	佛教护身符
Ch/U 6786（T. II Y. 61）	柏林	正面10行	Zieme 2005	佛教护身符
Ch/U 6944（T. II Y. 61）	柏林	正面10行	Zieme 2005	佛教护身符
MIK III B 2288–2291	柏林	正面26行	Zieme 2005	佛教护身符
U 9245 v（T. III M. 66. 1）	原件遗失	正面20行	TT [VII]（22）	医学占卜

续表

文献编号	所藏地点	现存行数	刊布情况	内容确定
U 9229（T. I 603）	原件遗失	正面16行，反面17行	TT [VII]（25）	医学占卜
U 5611（T. II D. 213）	柏林	正面18行	TT [VII]（26）	医学占卜
T. II Y. 51	原件遗失	正面8行	TT [VII]（27）	医学占卜
T. II Y. 61	原件遗失	正面9行	TT [VII]（27）	医学占卜
U 496（T. III M. 190）	柏林	正面55行	Zieme 2005	佛教历占
SI Kr. III 2/3	圣彼得堡	正面9行	Zieme 2005	佛教历占
U 497（T. I a 561）	柏林	正面21行，反面21行	TT [VII]（18）	星占术
U 1919（T. III M. 131. A1）	柏林	正面9行，反面9行	Zieme 2005	佛教历占
U 5080（T. III M. 190a）	柏林	正面5行	Zieme 2005	佛教历占
U 5079（T. III M. 190a）	柏林	正面5行	Zieme 2005	佛教历占
U 3208+ U 3229（T . III M. 120+ T . III M. 123	柏林	正面7行，反面7行	Zieme 2005	佛教历占
U 3236（T. III M. 127. A2）	柏林	正面8行，反面8行	Zieme 2005	佛教历占
U 4089（T. I D 605，T. III M.123 A5）	柏林	正面16行	Zieme 2005	佛教历占
U 4491	柏林	正面5行	Zieme 2005	佛教历占
U 4709（T. III M. 190. C）	柏林	正面35行	Zieme 2005	佛教历占
U 4216（T . II T . 622）	柏林	正面10行	Zieme 2005	佛教历占
U 4738（T. III M. 238）	柏林	正面15行	Zieme 2005	佛教历占
U 4740（T. III M. 243）	柏林	正面27行	Zieme 2005	佛教历占
U 9183（T. III M.115. A3）	原件遗失	正面8行	Zieme 2005	佛教历占
U 9184（T. III M.115. A4）	原件遗失	正面8行，反面8行	Zieme 2005	佛教历占
U 9185（T. III M. 123. A5）	原件遗失	正面8行，反面8行	Zieme 2005	佛教历占

续表

文献编号	所藏地点	现存行数	刊布情况	内容确定
Huang Wenbi Nr. 98	北京	正面5行	Zieme 2005	佛教历占
Mainz 194	柏林	正面10行	Zieme 2005	佛教历占
B464：148	敦煌	正面5行	Zieme 2005	佛教历占
U 5868（T. III M. 144）	柏林	正面7行	Arat 1936	佛教历占
U 500 a（T. I 600）	柏林	正面16行，反面14行	TT [VII]（5）	历占
U 500 b（T. I 600）	柏林	正面19行，反面18行	TT [VII]（5）	历占
Mainz 100 r	柏林	正面10行，反面5行	TT [VII]（6）	历占
U 5565（T. II D. 89）	柏林	正面12行	TT [VII]（7）	历占
Ch/U 7167（T. II S. 528）	柏林	正面11行	TT [VII（12）	历占
U 9227（T. II Y. 29. 3）	原件遗失	正面7行	TT [VII]（10）	历占
U 9227（T. II Y. 29. 4）	原件遗失	正面13行	TT [VII]（11）	历占
U 9227（T. II Y. 29. 6）	原件遗失	正面20行	TT [VII]（32）	历占
U 9227（T. II Y. 29. 7）	原件遗失	正面19行	TT [VII]（33）	历占
U 501（T. II Y. 29）	柏林	正面22行，反面26行	未刊布	历占
U 9227（T. II Y. 29. 8）	原件遗失	正面70	TT [VII]（35）	历占
U 9245 v（T. III M. 66. 2）	原件遗失	正面13行	TT [VII]（38）	历占
CH/U 9001（T. II Y. 49. 2）	原件遗失	正面10行	TT [VII]（39）	历占
U 9227（T. II Y. 29. 5）	原件遗失	正面13行	TT [VII]（19）	医学历占

续表

文献编号	所藏地点	现存行数	刊布情况	内容确定
U 9228（T. I 602）	原件遗失	正面17行	TT [VII]（20）	医学历占
CH/U 9001（T. II Y. 49. 1）	原件遗失	正面16行	TT [VII]（21）	医学历占
Ch/U 3911（T. III 62）	原件遗失	正面24行	TT [VII]（24）	医学历占
U 499（T. III M. 210）	柏林	正面32行	TT [VII]（36–37）	民间信仰
U 5820（T. III T. 295）	柏林	正面13行	TT [VII]（34）	民间信仰
B165：3	敦煌	正面6行，反面21行	Matsui（2012）	历占
B157	普林斯顿大学	该残片是一个圆形的图表	Matsui（2012）	历占
Peald 6h	普林斯顿大学	正面16行	Matsui（2012）	历法和占卜
Peald6c	普林斯顿大学	正面16行	Matsui（2012）	历法和占卜
Ch/U 6932（T. I. 601）	柏林	正面6行	TT [VII]（8）	摩尼教历占
U 495	柏林	正面17行，反面17行	TT [VII]（9）	摩尼教历占
Huang Wenbi Nr. 88	北京	正面52行	Hamilton（1992）	摩尼教历占
U 9244（T. II D. 522）	原件遗失	正面81行	TT [VII]（1）	星相学
U 494（T. II S. 131）	柏林	正面27行	TT [VII]（2）	星相学
U 9227（T. II Y. 29. 1）	原件遗失	正面28行	TT [VII]（3）	星相学
T. I D. 595	原件遗失	正面5行	TT [VII]（15）	星相学
T. III M. 200	原件遗失	正面20行	TT [VII]（15）	星相学

文献编号	所藏地点	现存行数	刊布情况	内容确定
U 4737（T. III M. 228）	柏林	正面25行	TT [VII]（16）	星相学
U 9113（T. I a 560）	原件遗失	正面13行，反面12行	TT [VII]（17）	星相学
U 5391（T. I a 562）	柏林	正面12行，反面12行	TT [VII]（31）	星相学
U 493（T. II D. 79）	柏林	正面6行	TT [VII]	星相学
U 5803+U+5950+U6048+6227（T. III M. 234）	柏林	正面57行	TT [VII]（28）	历占
U 5959（T. I 604）	柏林	正面22行	TT [VII]（29）	历占
U 5752（T. II Y. 43）	柏林	正面25行，反面7行	TT [VII]（41）	历占

四、本文所使用的符号与缩略语

1. 本文所使用的符号

[ ]　　表示原文中的空缺或损失的字母

( )　　表示原文中未写出，被笔者补充的字母和词语

{}　　转写中表示原文中被删除的字词

/　　转写中表示看不清楚的字母数

斜体字　　表示不完整的字词或不确定的读音

>　　转换为

//　　音位符号

-　　动词词根

+　　名词词根

<<　　来自

A　　a/ä

I	ı/i
U	u/ü
G	γ /q /g/k
K	g/k
D	d/t
X	ı, i , u, ü
C	consonant（复音）
V	vowel（元音）

2. 缩略语

APAW	Abhandlungen der Preußischen Akademie der Wissenschaften（普鲁士科学院论著）
Ar.	Arabic（阿拉伯语）
BT	Berliner Turfantexte（柏林吐鲁番文献）
BT XXIII	Zieme Peter 2005
Chuas.	Chuastuanift（Xwāstwanēft）
Chin.	Chinese（汉语）
DLTEn.	Dankoff, R. & Kelly, J. eds. & translates, 1982–1985
DLTHan.	《突厥语大词典》（汉文版）
DLTUy.	Türki Tillar Diwani（Uyghurčä）《突厥语大词典》（维吾尔文版）
DTC	Древнетюркский словарь《古代突厥语词典》（俄文）
EDPT	Clauson 1972
ETŞ	Arat见1992
H II	Uigurische Heilkunde
Hüen-ts	Hüen-tsang（玄奘转）
I	Inscription of Kül Tegin（阙特勤碑铭文献）
II	Inscription of Bilge Xağan（毗伽可汗碑铭文献）
IrkB	Irk Bitig（占卜书）

Mong.	Mongolian（蒙古语）
N	north（北）
Pers.	Persian（波斯语）
QB	Qutadgu Bilig（福乐智慧）
S	south（南）
Skt.	Sanskrit（梵语）
Sogd.	Sogdian（粟特语）
Suv.	Suvarṇaprabh ā sasūtra（回鹘文金光明经）
T	Tonyuquq inscription（暾欲谷碑铭）
Toch.	Tocharian（吐火罗语）
Toy	Inscription from Toyuq（吐欲沟出土的古代维吾尔文献）
TT	Türkische Turfan-Texte（回鹘文吐鲁番文献）
TT I	Bang, von Gabain 1929
TT VII	Rachmati 1936
USp.	Uigurische Sprachdenkmäler（Radlof 1928）
UWb	Röhrborn 1977–1998
VOHD	Verzeichnis der Orientalischen Handschriften in Deutschland（德国收藏东方学文献目录）
W	west（西）

上篇：文献研究篇

第一章　回鹘文历法和占卜文献及其分类

第一节　回鹘文历法和占卜文献概述

19世纪末20世纪初以来，随着德国、法国、英国、日本、俄国等国家探险队先后在我国敦煌、吐鲁番、库车、和田等地区进行了几次探险考察活动，发现了数量不少的用回鹘文、汉文、婆罗米文等多种文字记载的回鹘文历法和占卜文献。这些文献大部分是从吐火罗语、汉语、梵语、藏语等语言翻译成回鹘文的，其中也有很少一部分是古代维吾尔人自己写就。

至今已发现90件回鹘文历法和占卜文献残片，其中59件残片原件收藏于德国柏林勃兰登堡科学院吐鲁番研究所，1件残片收藏于德国柏林亚洲艺术博物馆（原柏林印度艺术博物馆），3件残片收藏于美国普林斯顿大学东亚图书馆，1件残片原件收藏于俄罗斯东方文献研究所圣彼得堡分所，2件残片收藏于北京图书馆，2件残片收藏于敦煌研究院，22件残片下落不明。

回鹘文历法和占卜文献涉及内容包括占卜、历法、天文学、星相学、星占术、护身符等诸多方面。这些文献残片中行数最多的有50多行，最少的只有2—3行。从文献装帧来看，有册子式和经折式两种。大多数历法和占卜文献的字体为半草书或草书体，也有部分涉及佛教的内容用楷体或半楷体书写。

回鹘文历法和占卜文献所涉及的内容非常广泛，涵盖了占卜术、历法、天文学、星相学和星占术等内容。具体地说，其内容包括佛教魔法、道教占卦、星占术和历法，摩尼教历法等诸多方面。从这个意义来看，全面收集、整理回鹘文历法和占卜文献，并对它进行文献语文学和语言学角度的研究，能为研究古代维吾尔历法、天文学、星相学、魔法、占卜术和星占术历史文化研究提供十分珍贵的原始材料。

1.1.1 回鹘文历法和占卜文献的发现与收藏现状

大部分回鹘文历法和占卜文献的发现源自德国探险队在吐鲁番盆地地区进行的第一、第二、第三次探察活动，都收藏于柏林。此外，美国普林斯顿大学、日本京都、北京的国家图书馆、敦煌等地也收藏着数量不少的回鹘文历法和占卜文献。为了便于研究讨论，现以这些文献的收藏地点为主进行论述。

1. 德国考察队三次吐鲁番考察活动中收集的回鹘文历法和占卜文献

德国考察队三次吐鲁番考察活动中收集的回鹘文历法和占卜文献共由78件残片组成，这些残片大部分现收藏于德国柏林勃兰登堡科学院吐鲁番研究所，其中13件残片出土地不明，22件残片原件遗失。这些文献主要出土于吐鲁番地区的高昌古城、交河古城、胜金、木头沟、吐峪沟等五处，文献的发现和收藏基本情况如表2所示。

表2　德国考察队三次吐鲁番考察活动中收集的回鹘文历法和占卜文献

出土地点 探险次序	高昌（D）	交合（Y）	胜金（S）	木头沟（M）	吐峪沟（T）	不详	合计	备注
第一次吐鲁番探险	2	—	—	—	—	12	14	4篇原件遗失

续表

出土地点 探险次序	高昌（D）	交合（Y）	胜金（S）	木头沟（M）	吐峪沟（T）	不详	合计	备注
第二次吐鲁番探险	5	35	2	—	—	—	42	12篇原件遗失
第三次吐鲁番探险	—	—	—	20	1	1	22	6篇原件遗失
合计	7	35	2	20	1	13	78	22篇原件遗失

其中，在第三次吐鲁番探险中木头沟地区发现的编号为U 496（T. III M. 190）的雕版印书文献篇幅最大，共6页55行，是至今保存得相当完整的历法和占卜文献。关于柏林收藏的回鹘文其他历法和占卜文献详情，本文在导论部分的研究范围一题下进行了详细的描写，此处不一一赘述。

2.国内外其他各地区收藏的回鹘文历法和占卜文献

除上述德国考察队三次吐鲁番考察活动中收集的回鹘文历法和占卜文献之外，还有1件残片收藏于德国柏林亚洲艺术博物馆（原柏林印度艺术博物馆），3件残片收藏于美国普林斯顿大学东亚图书馆，一个残片原件收藏于俄罗斯东方文献研究所圣彼得堡分所，2件残片收藏于北京图书馆，2件残片收藏于敦煌研究院，详情如表3所示。

表3　国内外其他地区收藏的回鹘文历法和占卜文献

No.	文献编号	所藏地点	现存行数	刊布情况	内容确定
01	Huang Wenbi Nr. 98	北京	正面5行	Zieme 2005	佛教历占
02	MIK III B 2288–2291	柏林	正面26行	Zieme 2005	佛教历占
03	SI Kr. III 2/3	圣彼得堡	正面9行	Zieme 2005	佛教历占
04	B464：148	敦煌	正面5行	Zieme 2005	佛教历占
05	BD14741L	北京	正面13行	Yakup 2014	占星术
06	B165：3	敦煌	正面6行，反面21行	Matsui 2012	道教历占

续表

No.	文献编号	所藏地点	现存行数	刊布情况	内容确定
07	Peald6e+B157：54-2	普林斯顿	该残片是一个圆形的图表	Matsui 2012	道教历占
08	Peald 6h	普林斯顿	正面16行	Matsui 2012	道教历占
09	Peald6c	普林斯顿	正面16行	Matsui 2012	道教历占
10	Huang Wenbi Nr. 88	北京	正面52行	Hamilton 1992	摩尼教历占

1.1.2 回鹘文历法和占卜文献的书写特点

回鹘文历法和占卜文献语言中体现了维吾尔语中古时期书面语言的几个书写特点。

一是文献中普遍出现辅音字母d，t和s，z的交替使用情况，即该写t时，写成d，该写d时，写成t。例如：

''d	aṭ	（马，J323）	''t'nk	aḍang	（你的危险，A140）
'wyz k	üsk	（面前，A001）	p'd	baṭ	（很快，K28）
t's	täẓ-	（逃避，A048）	''s	aẓ-	（迷失，B036）

二是文献语言中有些词中的字母q，ɣ左方有一点或两点。不过，这种情况在少数一部分词中出现，没有规律性，也没有对字母q与ɣ做区分。例如：

''cyq	ačıɣ	（赏赐，A182）	''qyrl'	aɣırla	（尊敬，D122）
ywmqy	yomqı	（都，C35）	qwtrwl	qutrul-	（逃离，D125）
twq	tuɣ-	（出生，D127）	qyz	qız	（女人，D128）

三是文献D语言中有些词中的字母n上方有一点。不过，这种情况在少数分词中出现，没有规律性，也没有区分字母n的作用。例如：

kṅtwṅwnk	k（ä）ntününg	（自己的，D087）
ywkwṅ	yükün-	（蹲，D090）
m'ṅcwšyry	m'ṅcwšyry	（文殊师利，D094）
'yṅc'	inčä	（如此，D094）

四是文献中元音字母的省写情况比较常见，最多出现的是字母a/ä/ı的省写。这种情况除了普遍出现在借词之外最常见于t（ä）ngri，y（a）rlıɣ，atl（ı）ɣ等回鹘文固有词中。例如：

”tlq	atl（ı）ɣ	（称为，A157）	kl	k（ä）l-	（来，A001）
kntw	k（ä）ntü	（自己，A002）	pk	b（ä）k	（非常，A034）
tnkry	t（ä）ngri	（天神，A144）	yrlyq	y（a）rlıɣ	（敕令，A037）

五是在文献A中出现buryuq和ädrämlig两词中的辅音d和r的换位拼写情况。这很可能不是拼写错误，而是作者的一种拼写方式和特点。

六是本文各文献中常见的标点符号有以下几种。

a.文献A、B、C、F、G、K中以一点（·）作为分开段落和句子标点符号。

b.文献D中以两点（··），四点（∷）或八点（∷ ∷）作为分开段落和句子标点符号。

c.文献E和I中以一点（·）或两点（··）作为分开段落和句子标点符号。

d.文献H中以一点（·）或四点（∷）作为分开段落和句子标点符号。

第二节 回鹘文历法和占卜文献的分类

虽然回鹘文历法和占卜文献的数量不多，可它们的内容和原典有所不同。为了便于全面了解回鹘文历法和占卜文献的各方面情况，进一步加深对这些文献的研究，下面对本文选定为研究范围的90篇回鹘文历法和占卜文献残片进行分类。

1.**道教占卜文献（《易经》回鹘文译残片）**

属于道教占卜文献（《易经》回鹘文译残片）共有18篇。它们的编号如下。

U 456（T. II Y. 36. 12）	U 457（T. II Y. 36. 2）
U 458（T. II Y. 36. 13）	U 459（T. II Y. 36. 3）
U 460（T. II Y. 36. 15）	U 461（T. II Y. 36. 14）
U 462（T. II Y. 36. 17）	U 463（T. II Y. 36. 5）
U 464（T. II Y. 36. 6）	U 465（T. II Y. 36. 8）
Mainz 101（T. II Y. 36. 1）	Mainz 101（T. II Y. 36. 11）
Mainz 101（T. II Y. 36. 9）	U 466（T. II Y. 36. 7）
U 467（T. II Y. 36. 16）	U 468（T. II Y. 36. 4）
U 498（T. II Y. 36. 30）	Ch/U 6308a（T. II D. 523）

2.佛教占卜文献《护身符》

属于佛教占卜文献（《护身符》回鹘文译残片）共有12篇。它们的编号如下。

U 3834a-1（T I）	U 3854a（T. I a）
U 3854b（T. I a）	U 5985（T . II Y. 18）
T. II Y. 61	Ch/U 6785（T. II Y. 61）
Ch/U 6786（T. II Y. 61）	Ch/U 6944（T. II Y. 61）
MIK III B 2288-2291	T. II Y. 51
U 5611（T. II D. 213）	U 5752（T. II Y. 43）

3.民间信仰的回鹘文占卜文献

属于民间信仰的回鹘文占卜文献共有两篇。它们的编号如下。

U 499（T. III M. 210）	U 5820（T. III T. 295）

4.《佛说北斗七星延命经》回鹘文译文残片

属于《佛说北斗七星延命经》回鹘文译文残片共有20篇。它们的编号如下。

U 5080（T. III M. 190a）　　U 5079（T. III M. 190a）

U 3208+ U 3229（T . III M. 120+T . III M. 123）

U 496（T. III M. 190a）　　S I Kr. III 2/3

U 4089（T I D 605，T. III M.123 A_5）U 3236（T. III M. 127. A_2）

U 4738（T.III M. 238. B_1 + T.III M.238.B_2）

U 9183（T. III M.115. A_3）　U 9184（T. III M.115. A_4）

U 4216（T . II T . 622）　Huang Wenbi Nr. 98

U 4491　Mainz 194

U 1919（T. III M. 131. A_1）　U 5868（T. III M. 144）

U 9185（T. III M.115. A_4）　B464：148

U 4740（T . III M. 243B_3）　U 4709（T. III M. 190 C）

5.佛教占星术的回鹘文历法和占卜文献

属于佛教占星术的回鹘文历法和占卜文献共有3篇。它们的编号如下。

Ch/U 7167（T. II S. 528）　U 9227（T. II Y. 29. 5）

U 497（T. I a 561）

6.十二生肖周期的回鹘文历法和占卜文献

属于十二生肖周期的回鹘文历法和占卜文献共有11篇。它们的编号如下。

Mainz 100 r（T. III M. 138）　U 500a（T. I 600）

U 500b（T. I 600）　U 5565（T. II D. 89）

U 9227（T. II Y. 29. 3）　U 9227（T. II Y. 29. 4）

U 9227（T. II Y. 29. 6）　U 9227（T. II Y. 29. 7）

U 9227（T. II Y. 29. 8）　U 9245v（T. III M. 66. 2）

CH/U 9001（T. II Y. 49. 2）

7.医学历法和占卜文献

属于回鹘文医学历法和占卜文献共有5篇。它们的编号如下。

U 9227（T. II Y. 29）　U 9228（T. I 602）

C H/U 9001（T.II Y. 49. 1）　Ch/U 3911（T. III 62）

U 9229（T. I 603）

8. 道教《玉匣记》的回鹘文历法和占卜文献

属于道教《玉匣记》的回鹘文历法和占卜文献共有4篇。它们的编号如下。

TextA= B165：3　　TextB=Peald6e+B157

TextC=Peald 6h　　TextD=Peald6c

9. 回鹘文摩尼教历法和占卜文献

属于回鹘文摩尼教历法和占卜文献共有3篇。它们的编号如下。

CH/U 6932 v（T. I 601）　　U 495（T. M. 299）

Huang Wenbi Nr. 88

10. 星相学历法和占卜文书

属于回鹘文星相学历法和占卜文书共有10篇。它们的编号如下。

U 9244（T. II D. 522）　　U 494（T. II S. 131）

U 9227（T. II Y. 29. 1）　　U 501（T. II Y. 29）

T. I D. 595　　T. III M. 200

U 4737（T. III M. 228）　　U 9113（T. I a 560）

U 5391（T. I a 562）　　U 493（T. II D. 79）

11. 算命书

属于回鹘文算命书文献共有2篇。它们的编号如下。

U 5803+U+5950+U6048+6227（T. III M. 234）

U 5959（T. I 604）

第二章　回鹘文历法和占卜文献的语文学研究

第一节　回鹘文历法和占卜文献的解读与汉文翻译

2.1.1 A：回鹘文道教占卜文献《易经》残片

道教占卜文献（《易经》回鹘文译残片）是回鹘文历法和占卜文献中保存最为完整，内容丰富的占卜文献材料。这些文献残片都藏于柏林勃兰登堡科学院吐鲁番研究所。该文献共18件残片，这些残片的装潢形制都为册子式，纸质为灰色，字体为回鹘文半草书体，每页书写6—9行不等，共251行。根据其半草书体特点可以推断，这些残片很可能抄写于12—13世纪。

其中残片U 456正面8行，反面8行，由回鹘文书写。页面大小为8.3cm × 16.4cm，行距为0.8cm。该残片中记载的内容对应《易经》第44卦，天风姤卦。残片U 457在内容上补充U 456残片，它在文字行数上与U 456残片相同，页面大小为8.1cm × 16.6cm，行距为0.7—1.1cm。残片中记载的内容对应《易经》第7卦，师卦。残片U 458正面7行文字，反面8行文字，页面大小为7.7cm × 16.8cm，行距为0.8—1.1cm。该残片中记载的内容对应《易经》第52卦，艮卦。残片U 459在文字行数上与U 458残片相同，页面大小为8.1cm × 16.1cm，行距为0.7 — 1cm。该残片中记载的内容对应《易经》第41卦，损卦。残片U 460正面9行文字，反面8行文字，页面大小为8.1cm × 16.4cm，行距为0.6 — 0.9cm。该残片中记载的内容对应《易经》第42卦，益卦。残片U 461正面7行文字，反面6行文字，页面大小为7.5cm × 13.1cm，行距为0.9 — 1.3cm。该残片中记载的内容对应《易经》第16卦，豫卦。残片U 462正面7行文字，反面7行文字，页面大小为7.8cm × 16.5cm，行距为0.7 — 1.4cm。该残片中记载的内容对应《易经》第48卦，井卦。残片U 463正面7行文字，反面6行文字，页面大小为7.9cm × 16.5cm，行距为0.9 — 1.5cm。该残片中记载的内容对应《易经》第45卦，萃卦。残片U 464正面7行文字，反面7行文字，页面大小为8cm × 16.4cm，行距为0.8 — 1.2cm。该残片中记载的内容对应《易经》第53卦，巽卦。残片U 465在文字行数上与U 464残片相同，页面大小为8.1cm × 16.5cm，行距为0.8 — 1.3cm。它在内容上补充U 464残片。残片Mainz 101（T. II Y. 36. 1，T. II Y. 36. 11，T. II Y. 36. 9）共三页，第一页正面7行文字，反面6行文字，页面大小为7.9cm × 16.6cm，行距为1 — 1.5cm；第二页正面6行文字，反面6行文字，页面大小为7.9cm × 16.5cm，行距为0.9 — 1.1cm；第三页正面6行文字，反面7行文字，页面大小为7.3cm × 16.6cm，行距为0.7 — 1cm。第一页中记载的内容对应《易经》第9卦，小畜卦，第二页和第三页中记载的内容对应《易经》第30卦，离卦。残片U 498正面7行文字，反面8行文字，页面大小为8.2cm × 16.4cm，行距为0.8 — 1.1cm。该残片中记载的内容对应《易经》第13卦，同人卦。残片U 466正面7行文字，反面6行文字，页面大小为8.3cm × 16.3cm，行距为0.8 — 1cm。该残片在内容上补充残片U 498。残片U 467正面6行文字，反面6行文字，页面大小为7.6 cm × 16.4 cm，行距为0.8 — 1.1cm。该残片中记载的内容对应《易经》第27卦，颐卦。残片U 468正面7行文字，反面8行文字，页面大小为7.4cm × 15.9cm，行距为0.7 — 1.1cm。该残片中记载的内容对应《易经》

第28卦，大过卦。残片Ch/U 6308a（T. II D. 523）正面9行文字，页面大小为8.1 cm × 11.7 cm，行距为0.7 — 1cm。

道教占卜文献（《易经》回鹘文译残片）虽然残损严重，内容不全，但是文献中记载的易卦符号能够反映道教对古代维吾尔人的影响，真实而形象的展示古代维吾尔与汉文化的密切关系。它不仅是全面而深入研究古代西域 — 中亚历史和占卜文化的重要资料，也是古代回鹘文学研究的一手资料。该文献早在1929年由德国学者威利·邦格（Willi Bang）和安娜玛丽·冯·加班（Annemarie von Gabain）在《吐鲁番回鹘文献》第一卷（*Türkische Turfantexte I*）中进行了全面的整理和研究。2003年，杨富学教授在《道教论坛》发表的《道教回鹘杂考》一文对《吐鲁番回鹘文献》第一卷中出现的13个回鹘文占卦名称与它们的汉语名称进行了对比，并认为这些残片是道教易卦在古代维吾尔人中推演的实证。同时，他以《吐鲁番回鹘文献》第七卷中列入的许多文献片段来例证道教星占术著作被译成回鹘文并在新疆广为流传的观点。虽然，邦格和冯·加班全面整理和研究了此文献，但其研究集中于文献的解读和翻译。本文在前人研究成果的基础上对上述残片进行转写、汉译和注释。

文献的解读与汉文翻译

页数：'yky

iki（二）

U 456–1（T. II Y. 36. 12）

A001 01　pwltwnk · q'm'q 'yl 'wlwsl'r · t'pyqy ywk'rw klty 'wyz–
bultung · qamaɣ el ulušlar · tapıɣı yügärü k（ä）lti · üs–

A002 02　kwnkd' tnkryd'm qwt pwy'n 'wtm'q yyk'dm'k kntwn
küngdä · t（ä）ngridäm qut buyan utmaq yegätmäk k（ä）ntün

A003 03　'wrn'ty · 'wydwnkd' kwyn tnkry q'ytsysy ''cylty ·
ornatı · üdüngdä kün t（ä）ngri qaytsısı[①] ačıltı ·

① Semih Tezcan（1996：336）：qïrtïšï.

A004 04　y'rwdy · y'qyz yyr ywzy y's'rdy · kwyrkl'dy ywrwnkyarudı ·
yayız yer yüzi yašardı · körklädi · yürüng

A005 05　pwlyt 'wynwp y'qmwr y'qdy · twz twpr'q 'wyzynbulıt
ünüp yaymur yaydı · toz topraq özin

A006 06　swndy · 'wynkdwn kydyn yyr 'wyz t'pynkc' kwyntwn
söndi · öngdün kädin yer öz tapıngča (·) künḍün

A007 07　t'qtyn p'lyq 'wlws k'ntw kwynklwnkc' · "sr' "tynk
taytın balıq uluš käntü könglüngčä · asra atıng①

A008 08　yyk'dtynk · kycyk "tynk p'dwtwnk kym pwlq'y s'nk'
yegäṭṭing · kičig atıng② bädütüng (·) kim bolyay sanga

U 456-2 (T. II Y. 36. 12)

A009 09　'nkyrm'd'cy · p'qynk cwqwnk ywlwnty t[　　] yrlqynk
ängirmädäči · bayıng čuyung yuluntı③ · t[ägürmiš（?）]④ y（a）rl（ı）yıng

U 456 (T. II Y. 36. 12)

A001 01　你得到了。所有国家之供者赶到了。

A002 02　在你面前，神圣的福分、善行、成功

A003 03　自然而成。日神之晐子展望在你眼前。

A004 04　棕色的大地变绿，变成了美丽。白

A005 05　云飘动，有雨降落⑤，尘埃。

A006 06　东部和西部的国家都如你所愿。南部和北部的

① UWb, 235a: asra ärtiŋ.

② UWb, 235a: kičig ärtiŋ.

③ EDPT, 931b: yulundı.

④ TT I, 9: t//////; ETŞ, 282（7）: tamgang.

⑤ 该成语类似于《易经》第一卦乾卦中的"云行雨施"，意指：乾元的运行变化，如运行于天，雨施于地，以利万物生长。参见唐明邦（主编）：《周易评注》，北京：中华书局，1995年08月第1版，第3页。

A007 07 城镇和王国都随你的心愿。你曾在下而现有了改善；

A008 08 你曾小而现成为伟大①。谁会不顺服你？

A009 09 你的约束被解除。你传达的命令

A010 10 ywrydy · ’wry wqwl kwys’s’r pwltwnk ’d t’v’r tyl’s’r
yorıṭı · urı② oɣul küsäsär bultung (·) äd tavar tiläsär

A011 11 pwltwnk · t’ptynk ’yk ”qryq k’tdy · kwyn’k y’sq’c p’sq’rdy
boltung · taptıng (·) ig aɣrıɣ keṭṭi · könäk yasɣač
bašɣardı (·)

A012 12 kwynklwnkyn ’wykrwnclwk qylqyl yyrk’ tnkryk’
könglüngin ögrünčlüg qılɣıl · yerkä t（ä）ngrigä

A013 13 s’vync twtqyl ䷀ pywk pw twswsm’q ”tlq
sävinč tutɣıl · ䷀ bi（r）ök bo tušušmaq atl（ı）ɣ

A014 14 ’yrq k’ls’r · s’vyn ’ync’ ”ywr · q’dyr q’tqy q’dyqırq
kälsär · savın inčä ayur · qadır qatqı qaṭıɣ

A 015 15 s’v ywk’rw klty ’wyskwnkd’ yyl wyz’ yyl tykyl’p
sav yügärü k（ä）lti üsküngdä (·) yel üzä yel tigiläp

A 016 16 yyltyrdy · ’vynkd’ ’yk ”qryq ’wqrynt’ kwyrs’rsn
yelterdi · ävingdä (·) ig aɣrıɣ uɣrınta körsärs（ä）n

页数：twyrt ykrmy
tört y（e）g（i）rmi（十四）

U 457-1 (T. II Y. 36. 2)

A017 01 s’ydy syny p’rtk’ly ’yk twq’ ”kyrdy syny
saydı seni bärtgäli ig toɣa ägirdi seni (·)

A018 02 ’mk’tk’ly ’wyzwnkyn q’r ’ycynt’ ’yk kyrdy ·

---

① UWb, 235a: du warst ein gemeiner und bist hochgekommen; du warst klein und bist groß geworden（你曾经是个平凡的人而成为了高人；你曾经是个小人而成为了大人）。

② TT I, 10: ür.

ämgätkäli özüngin(·)qar ičintä ig kirdi ·

A019 03　'mk'k p'r · s'qnqwlwq · kwynkwl 'ycynt' 'wwt

ämgäk bar · saq（ı）nɣuluq① · köngül ičintä oot

A020 04　kyrdy · q'dqw p'r bws'nqwlwq · pw ''d'tynkirdi ·

kirdi qadɣu bar(·)busanɣuluq② · bo adatın

A021 05　wzqwlwq ywlwnk 'wrwqnwnk kwyzwnm'z 'ynckwnk

ozɣuluq yolung oruq{n}ung közünmäz · enčgüng

A010 10　都被奉行。你想要男孩，你得到了他。你祈求财富，

A011 11　你都得到了。疾病和痛苦均已消失。宝瓶座和双鱼座出现了。

A012 12　要保持心情愉快，你要对天和地抱有欢心。

A013 13　如果占到相逢卦③，它的解释如此：

A014 14　刺耳的、苛刻的恶言将会迅速到来你面前。

A015 15　风不停地在刮④。在你家里，

A016 16　你问卜寻求疾病的征兆；

U 457(T. II Y. 36. 2)

A017 01　为了伤害你，疾病缠在你身。

A018 02　疾病已侵入你的内脏，

A019 03　有痛苦，你要预防。有火进在心里，

① TT I，19：saqïɣuluɣ.

② TT I，20：bošnɣuluɣ；ETŞ，284，15：buşungulug.

③ 该卦对应《易经》第44卦天风姤卦，意为“相逢、相遇”。参见秦磊（编著）：《大众白话易经》，西安：三秦出版社，1990年10月第1版，第215页。

④ 该成语类似于易经《第44卦》天风姤卦中的“天下有风”，意指：风吹遍天地间各个角落，与万物相依之表象，象征着“相遇”；正如风吹拂大地的情形一样，君王也应该颁布政令通告四面八方。参见秦磊（编著）：《大众白话易经》，西安：三秦出版社，1990年10月第1版，第216页。

A020 04 将会有悲哀，要忧愁。你逃离这个危险的

A021 05 路子途径并不会出现。你不会有安稳

A022 06 m’nkynk pwltwqm’z · kwyn tnkry kyrdy yyr ’ycynt’

mänging bultuqmaz · kün t（ä）ngri kirdi yer ičintä

A023 07 yrwm’qy tytyldy · kwyk q’lyqt’ wc’r qws

y（a）rumaqı tıḍıldı · kök qalıqta učar quš

A024 08 ’wcw ’wm’dyn twrdy · p’k ’r syqylwr ’yš pwlm’dyn

uču umadın turdı · bäg är sıqılur eš① bolmadın ·

U 457–2（T. II Y. 36）

A025 09 ’rklyk q’nnynk yrlqy ”rqwl’yw twrwr ’vynkd’

ärklig hannıng y（a）rl（ı）ɣı arqulayu turur ävingdä（·）

A026 10 ”llyq c’vyslyk kysyl’r ”lt’yw twrwr ·

allıɣ čävišlig kišilär altayu turur ·

A027 11 ’wyskwnkd’ kwyn ”y y’rwqyn tyd’ q’tyql’nwr ·

üskündä（·）kün ay yaruqın tıda qatıɣlanur ·

A028 12 pysädgü kišilär yolın käsä qatıɣlanur · beš

’dkw kysyl’r ywlyn k’s’ q’tyql’nwr ·

A029 13 y’k t’l’swr · ’wyc ’wyzwt ’wvkl’swr q’m’q ’ys

yäk② talašur · üč özüt övk（ä）läšür③（·）qamaɣ iš

A030 14 qwtqyl · pwy’n ’dkw qylync qyl · ”d’ ’rtk’y ’dkw

qoḍɣıl · buyan ädgü qılınč qıl · ada ärtgäy ädgü

A031 15 k’lk’y ☰☰ pyrwk sww swyl’m’k ”tlq ’yrq k’l’s’r

kälgäy（·）☰☰ birök süü sülämäk atl（ı）ɣ ırq kälsär

① TT I，24和ETŞ 284（18）都解读该词为 iš。

② yäk这词是通过汉语或粟特语中介而从梵语借入回鹘文的借词，它所对应的梵语名称为yaksa，表示之意为“恶魔”，参见EDPT，910a。

③ TT I，29和ETŞ 284（21）都解读该词为 öklašür。

A032 16　s'vyn 'ync' ''ywr · sww swyl's'r yyr t'lynwr ·
savın inčä ayur · süü süläsär yer tälinür

A022 06　和喜悦。太阳钻入地内①，
A023 07　停止发光。在天空中飞鸟
A024 08　未能飞行，停在那里。伯克将会郁闷，是因为他找不到伴侣②。
A025 09　阎王③的敕命十字交叉似的落在你家里④。
A026 10　在你面前诡计多端的人会不断地
A027 11　欺骗你。他们会企图阻挠日月之光，
A028 12　会企图切断善人的路。五个夜叉
A029 13　互相争斗。三个灵魂彼此动怒⑤。你要放弃所有的
A030 14　事情，要多行善事。危险会过去，好事
A031 15　会来。如果是叫作帅兵之卦⑥，它的解释如下：
A032 16　如果行军，地会裂。

---

① 该成语类似于《易经》第36卦明夷卦中的“明入地中”，意指：光明被笼罩在大地之下，象征着“光明受到了阻碍”。参见秦磊（编著）：《大众白话易经》，西安：三秦出版社，1990年10月第1版，第178页。

② ETŞ, 285（18）：Bey ve adamların, iş bulamayıp, canları sıkılır（伯克和他的同伴因为找不到要做的事情而痛苦）。

③ 该成语原意为强大的国王，但是编号为U 9227（T. II Y. 29. 5）的回鹘文星相学残片中出现的术语ärklig han表示古印度佛教九宫星相学体系中的第七宫名称yama，且它所对应的汉语名称为阎王，因此在此处该词应译作为阎王，参见 TT VII, p 23。

④ TT I, 25的译文中ärklig han，arqulayu等词语作词义不明处理；ETŞ，285（19）译erklig kannıng为 kudretli hukümdar（强大的国王的）。

⑤ EDPT，107b将该句译作three souls take counsel together（三魂彼此商议）。

⑥ 该卦对应《易经》第七卦师卦。“师”象征兵众，也就是战时的兵，这里表示“拥有众多的兵士”。参见秦磊（编著）：《大众白话易经》，西安：三秦出版社，1990年10月第1版，第61页。

页数：[ ] ykrmy

[beš] y（e）g（i）rmi（十五）

U 458–1（T. II Y. 36）

A033 01 kysy swyzl'sʼr s'v ''lqynwr · ywl ''zs'r 'v t'pm'z

kiši sözläsär sav alqınur · yol azsar äv tapmaz（·）

A034 02 kysy y'nkyls'r 'ys pwytm'z · 'wyz k'ntwnkyn pk

kiši yangılsar iš bütmäz öz käntüngin b（ä）k

A035 03 twtqyl · 'wytwk s'vq' ywrym' 'wykwz 'rtk'ly

tutɣıl · ötüg savqa yorıma（·）ögüz ärtgäli

A036 04 'wqr'tynk 'ysynk pwytm'z · p'k pwlq'ly qylyntynk

uɣratıng išing bütmäz · bäg bolɣalı qılıntıng

A037 05 yrlyqynk ywrym'z · qylmys 'ysynk y'qylyq swyz–

y（a）rlıɣıng yorımaz · qılmıš išing yaɣılıɣ · söz–

A038 06 l'mys s'vynk twydwslwk y'k 'yck'k 'kyrwr ·

lämiš savıng tüṭüšlüg（·）yäk ičgäk ägirür ·

A039 07 y'qy y'vl'q ''lt'ywr kwyn tnkry kwylwnty c'rykynk

yaɣı yavlaq altayur（·）kün t（ä）ngri kölünti čäriging

U 458–2（T. II Y. 36. 13）

A040 08 'wyz' ''y tnkry p'dty qwtwnk 'wyz' 'wyz k'ntwnk–

üzä（·）ay t（ä）ngri baṭtı qutung üzä（·）öz käntüng–

A041 09 k' 'yn'nqyl · k'ntw kwynkwlwnkyn pk twtqyl 'twyz–

kä ınanɣıl · käntü köngülüngin b（ä）k tutɣıl（·）ätöz–

A042 10 wnkyn kwz'ds'rsn k'l'n k'yyk mwywzyt'k

üngin küzäṭsärs（ä）n kälän käyik müyüzitäg

A043 11 ''tynk kwynk kwytlwrk'y ䷖ pyrwk pw t'q

atıng küng kötlürgäy（·）䷖ birök bo taɣ

A044 12 ''tlq 'yrq k'ls'r s'vyn 'ync' tyr t'q yyrynt'

atl（ı）ɣ ırq kälsär savın inčä ter · taɣ yerintä

U 458（T. II Y. 36）

A033 01　如有人说话，他的话不受重视。如有人迷了路，就会找不到家。

A034 02　如有人犯了错误，会办不成事。

A035 03　你要控制住自己，不要轻易应求。如你打算

A036 04　过河，你的事会办不成。如果想成为伯克，

A037 05　你的命令会不灵。你所做的事会遇到敌意，

A038 06　所说的话会遭受敌对。夜叉和精灵①会围攻你。

A039 07　阴险的敌人会欺骗你。日神停留在你士卒的

A040 08　上面，月神为你的福分而下沉。要相信

A041 09　自己，要紧紧地控制住自己的心灵。如你守护

A042 10　你的身体，你的像麒麟的角一样的②

A043 11　名誉和荣耀必升为高。如果是这个叫作山之卦③，

A044 12　其解释如此：在山区里

A045 13　t’q ’wynty s’nkyr pwlty · twpr’q ’wyz’ twpr’q
tay ünti（·）sängir boltı · topraq üzä topraq

A046 14　’wyndy ’ydyz pwlty · y’rm’n’yyn tys’rsn y’sq’q
ünṭi ediz boltı · yarmanayın tesärs（ä）n yasqay

A047 15　twrwr · ”s’yyn tys’rsn ’ydyz twrwr ·

---

① 该词原意表示一种习惯性的动作，但是编号为U 9227（T. II Y. 29. 5）的回鹘文星相学残片中出现的术语ičgäk表示古印度佛教九宫星相学体系中的第二宫名称Bhūta，且所对应的汉语名称为“精灵”，是一种恶魔名称，因此在此处应译为精灵。参见Gabdul Reşid Rahmeti，Türkische Turfantexte VII，Berlin，Abhandlungen der（Königlich）Preußischen Akademie der Wissenschaften，1936，p 23.

② ETŞ，287（33）将kelen käyik müyüzi täg译作gergedan boynuzu gibi（像犀牛的角一样）。

③ 该卦对应《易经》第52卦艮卦。艮意为停止，艮卦象征“抑止”，也就是需抑止时就抑止，该行进时就行进；是动或者是静都不要失去时机。参见秦磊（编著）：《大众白话易经》，西安：三秦出版社，1990年10月第1版，第250页。

turur（·）ašayın tesärs（ä）n ediz turur·

页数：s'kyz ykrmy

säkiz y（e）g（i）rmi（十八）

U 459–1（T. II Y. 36. 3）

A048 01 'yst' twst' s'cyltynk twydws k'ryst' t'skyl

eštä tušta säčilting（·）tüṭüš käristä täẓgil（·）

A049 02 twwryq' twrwsq' p'rm' 'ykynk ''qryqynk ''cydy

tuurıqa turušqa barma（·）iging aɣrıɣıng ačıdı（？）（·）

A050 03 'dynk tv'rynk yyvyldy·s'nk' 'wdrwnt'cy kysylr

ädıng t（a）varıng yevildi①·sanga uṭruntačı kišil（ä）r

A051 04 ''ncwl'yw pwlwr q'lty·qwm 'wyz' qwdw t'rtyp 'ysy

ančulayu bolur qaltı·qum üzä quṭu tartıp·iši

A052 05 kwydwky pwytm'ywkt'k yyrk' tnkryk' s'vync

küdügi bütmäyüktäk（·）yerkä t（ä）ngrigä sävinč

A053 06 twt 'dkw qylynclyq 'ys 'wykws qyl·y'nkyrdy 'yl

tut（·）ädgü qılınčlıɣ iš üküš qıl·yangırṭı el

A054 07 'wlwrq'ysn ䷳ pyrwk pw qwr'm'q ''tlq 'yrq

oluɣays（ä）n（·）䷳ birök bo qoramaq atl（ı）ɣ ırq

A055 08 k'ls'r s'vyn 'ync' tyr·swv tmyry qwrys'r

kälsär savın inčä ter·suv t（a）mırı qurısar

A045 13 山上升，成了岭②。土上土重叠，

A046 14 成了高地。如果你说，我要爬上去，它是光溜平滑的。

A047 15 如果你说，我要跨越，它是峻峭的。

① TT I, 50：yayïldï；EDPT, 982a：yayıldı；UWb, 335a：yevildi；ETŞ 283（39）：yuvuldı.

② 该成语类似于《易经》第52卦艮卦中的“兼山”，意为两山重叠之表象，象征着抑止；君子的思想应当切合实际，不可超越自己所处的地位。参见秦磊（编著）：《大众白话易经》，西安：三秦出版社，1990年10月第1版，第251页。

U 459（T. II Y. 36. 3）

A048 01　你是从你的同伴中被选出的，你得逃避争论与冲突①，

A049 02　不要掺入斗争对抗。你的疾病和痛苦恶化了②。

A050 03　你的财富已达到了顶峰③。反对你的人们

A051 04　多如沙子（进攻你）④。

A052 05　他们的阴谋不成。你要对天和地抱有欢心，

A053 06　要多行善事。你要重新

A054 07　行使统治吧。如果是这个叫作减损之卦⑤，

A055 08　其解释如此：如果水源干涸，

U 459–2（T. II Y. 36. 3）

A056 09　y'sy'vysqw qwryywr kysy kwycy qwr's'r y'd

yaš yavıšɣu qurıyur（・）kiši küči qorasar yaṭ

A057 10　kysyk' p's'twr・t'kyrmy t'm 'ycynt' 'srwk

kišikä basıtur・tägirmi tam ičintä äsrük

A058 11　pwltwnk・t'kyrmyl'ywky y'qynk t'lym pwl'ty・''sy–

boltung・tägirmiläyüki yaɣıng tälim boltı・ası–

A059 12　qynk ''y'qynk 'kswdy・'dynk tv'rynk qwryty・'yl–

ɣıng ayaɣıng ägsüdi・äding t（a）varıng qurıtı⑥・el–

---

① TT I，49将 tuurıqa turušqa barma中的turïqa，turušqa 等词语没有译成德语，并把这些词作词义不明处理。

② ETŞ，289（39）将 iging agrıgıng öčdı 译作Hastalığın ağrın dindi（你的疾病平息了）。

③ TT I，50：Deine Habe wurde zerstreut（你的财产散落了）；EDPT，982b：your property has been upset（你的财产消散了）；UWb，335a：dein Reichtum erreicht den Höhepunkt（你的财富达到顶峰）。

④ 这里所使用的是一种比喻，很可能表示敌人的数量多。

⑤ 该卦对应《易经》第41卦损卦。损卦象征“减损”，意为“内心有诚意，最为吉祥，不会招来祸患，可以坚守正道，利于前去行事”。参见秦磊（编著）：《大众白话易经》，西安：三秦出版社，1990年10月第1版，第200页。

⑥ TT I，59和ETŞ，286（45）都解读该词为qoqtı。

A060 13 tyn q'ntyn pwsws p'r · 'twyzwnk t'kr' ''d'
tin hantın busuš bar · ätözüng tägrä ada

A061 14 p'r · ''syqlyq pwlqwnwq ywlwnk kwyzwnm'z 'ynckwlwk
bar · asıɣlıɣ bolɣunuɣ yolung közünmäz (·) enčgülüg

A062 15 pwlqwlwq p'lkwnk p'lkwrm'z · t'q 'ycynt' 'yky y'k
bolɣuluq bälgüng① bälgürmäz · taɣ ičintä iki yäk

A063 16 p'r 'wykwnkyn kwynkwlwnkyn pwlq'ywr · 'yl 'yc[ ]'
bar (·) ögüngin köngülüngin bulɣayur · el ič[int]ä

页数：twqwz ykrmy
toquz y（e）g（i）rmi（十九）

U 460–1（T. II Y. 36. 15）

A064 01 t'vlyk kwyrlwk pwrywq p'r · 'ysynkyn kwycwnkyn
tävlig kürlüg buryuq② bar · išingin küčüngin

A065 02 'rd'twr · 'wyrky kysyl'rk' 'yc'nqyl 'dr'mlyk kysy–
arṭatur · örki③ kišilärkä ıčanɣıl (·) ädrämlig kiši–

A066 03 l'ryk ''y'qyl · ''d'nk 'rtk'y 'dkw k'lk'y · pw 'yrq lärig ayaɣıl ·
adang ärtgäy ädgü kälgäy · bo ırq

A056 09 鲜叶会枯竭。如有人力量减弱，
A057 10 会被他人欺压。在围墙内，
A058 11 你如醉如痴。无数的敌人包围了你。你的益处
A059 12 和荣誉减损了。你的财产穷尽了。有来自国王和
A060 13 可汗的悲痛。在你的身体周围会有
A061 14 危险，你的收益之路不出现。你的安适

① TT I，62：bälgülg.
② ETŞ，288（48）：buyruk.
③ Gerhard Ehlers（1983：83–87）：öngi.

A062 15　迹象不显出。在山里有两个

A063 16　夜叉，它们会混乱你的心智。在民间

U 460（T. II Y. 36. 15）

A064 01　有狡猾的官员，他们会摧毁你的事业

A065 02　和力量。你要避免达官贵人①，要尊敬

A066 03　贤德的人，危险会过去，好事会来。

A067 04　kymk’ k’ls’r swwd’ ’rs’r s’nc’twr p’lyqd’
kimkä kälsär süüdä ärsär sančıtur（·）balıqṭa

A068 05　’rs’r qwr’ywr · pwy’n ’dgw qylync qylqw ’wl ·
ärsär qorayur · buyan ädgü qılınč qılɣu ol ·

A069 06　䷩ pyrwk pw ”rq’ p’rm’k ”tlq ’yrq k’ls’
䷩ birök bo arqa（?）② bermäk atl（ı）ɣ ırq kälsär

A070 07　s’vyn ’ync’ ”ywr ’wwt kwywrdy ”ltwnwq
savın inčä ayur · oot köyürdi altunuɣ

A071 08　”drytl’qw –lwq p’lkw p’r · ’yky kwynkwl q’rysdy
adırtlaɣuluq bälgü bar · iki köngül qarıšdı（·）

A072 09　twydwskwlwk ’mk’k p’r · ’wlwq ’ys kwydwk ym’
tüṭüšgülük ämgäk bar · uluɣ iš küdüg ymä

U 460-2（T. II Y. 36. 15）

A073 10　’wykrwnclwk ’rm’z · kycyk ’ys kwytwkl’r ym’ pwydwn
ögrünčlüg ärmäz · kičig iš küḍüglär ymä büṭün

A074 11　’rm’z tyl t’l’swr c’swt ywnk’q tykl’swr ’d
ärmäz（·）til talašur čašut yongaɣ tigiläšir（·）äd

---

① TT I，65；EDPT，29b；ETŞ，289（49）将这句分别译作 hochstehende leute vermeide（你要避免达官贵人），rely on highly placed people（要信赖高贵的人），yüksek mevkideki insanlardan uzak dur（你要远离高地位的人）。

② TT I，69：qatqa（?）.

A075 12 tv'r s'cylwr · y'l' y'nkqw 'wyklyywr 'wqr'mys
t（a）var sačılur · yala yangqu[1] ükliyür（·）uɣramıš

A076 13 'ys pwytm'z 'dykm'z · qylmys qylync syqm'z
iš bütmäz ädikmäz · qılmıš qılınč sıɣmaz

A077 14 y'qm'z · 'yk t'p' kwyrs'rsn 'd 'wynk'dm'ky
yaqmaz · ig tapa körsärs（ä）n（·）äṭ öngädmäki

A078 15 'lp · yyr'q p'rmys kysy k'lm'ky s'rp pwsws
alp . yıraq barmıš kiši kälmäki sarp（·）busuš

A079 16 q'dqw p'lkwsy 'nkyr' twrwr · 'yncyp 'dkw qy
qadɣu bälgüsi ängirä turur（·）inčip ädgü qılınč–

A067 04 如谁占到这个卦，当他在行军时他会被刺杀；
A068 03 当他在城里时他会枯萎而死。要功德行善。
A069 03 如果是这个叫作翻身之卦，
A070 03 其解释如此：火冶炼了黄金，
A071 03 这是分离的迹象。两人的心不合，
A072 03 会有冲突的痛苦。大事也
A073 03 不会令人愉快，小事也不
A074 03 完整。将会有口舌，诽谤被低声地流传。财产
A075 03 会散尽，流言会增多。想做的
A076 03 事不成，所做的事不合意。
A077 03 如你问卜寻求疾病的预兆，身体
A078 03 难以恢复。出门远行的人难以回来。悲哀、
A079 03 忧愁的迹象很明显。除非你要信任德行善事，

A080 17 lyq 'ysl'rk' 'yn'nm'qync' pw 'yncsyztyn

① TT I, 75：yangaru；EDPT, 918b：yaŋaru；ETŞ, 290（56）：yangaru.

lıɣ išlärkä ınanmaɣınča bo inčsiztin

页数：twyrt ’wtwz

tört otuz（二十四）

U 461-1（T. II Y. 36. 14）

A081 01 ’’yyqly s’vynknynk ’’dyrty yw[ ]・kw[ ]

ayıɣlı savıngnıng adırtı yo[q] ・ kö[ngülüng]

A082 02 kwykwzwnk ’wykwnm’ky ’wykws・kwynklwnk [ ]

kögüzüng ökünmäki üküš ・ könglüng [kögüzü]

A083 03 nk pwytm’ky ’’z・’yl q’n ’’cyqyn t[ ]

ng bütmäki az ・ el han ačıɣın t[itmäking]

A084 04 ’lp・’dlyk s’nlyq pwlwp ywrym’q[ ]

alp ・ ädlig sanlıɣ bolup yorımaq[ıng sarp]

A085 05 t’ks’rsn y’nky yylnynk ’yky [ ]

tägsärs（ä）n（・）yangı yılning iki [yegirminč]

A086 06 ’’ynk’・’’nc’t’ t’myn ’ys [ ]

ayınga ・ ančata temin iš [ ]

A087 07 ䷏ pyrwk pw s’vynm’k ’’t[ ]

䷏ birök bo sävinmäk at[l（ı）ɣ ırq kälsär]

U 461-2（T. II Y. 36. 14）

A088 08 s’vyn ’ync’ tyr s’vync ’wyz[ ]

savın inčä ter（・）sävinč öz[in sanga] ①

A089 09 k’lty・s’nk’ twyrwlwk twyrw t[ ]

kälti ・ sanga törülüg törü t[ägdi・]

A090 10 s’ny q’m’qwn t’pl’ty p’k qylq[ ]

seni qamaɣun taplatı bäg qılɣ[alı ・ yaɣız]

A091 11 yyrd’ tyky ’wynty・twncwd’qy q[ ]

① TT I, 88和ETŞ, 292（65）都解读为ögrünč sanga。

yerdä tigi ünti · tončudaqı q[　　]

A080 17　你会从这个不安中……（后面部分是缺）

U 461（T. II Y. 36. 14）

A081 01　你所说的话没有区分。在你的

A082 02　心目中有无穷的遗憾，你的心

A083 03　怏怏不乐。平息可汗的怒气不易。

A084 04　成为富贵的人是很艰难。

A085 05　到新年的十二月时，

A086 06　你要立即把所有的事[　　]

A087 07　如果是这个叫作欢喜之卦[1]，

A088 08　其解释如此：欢乐自身到来了。

A089 09　公正的法律授予了你。

A090 10　所有的人都乐意的选你为伯克。从棕色的大地里

A091 11　传来了声音，在土中的[　　]

A092 12　qwtrwlty · tnkryly yyrly t'pr'sty [　　]

qutrultı · t（ä）ngrili yerli täprăšṭi [· künli]

A093 13　''yly kwyrwsdy · 'wynkr'ky 'ylykl'r [　　]

ayli körüšdi · öngräki eliglär [　　]

页数：twqwz 'wtwz

toquz otuz（二十九）

A U 462-1（T. II Y. 36. 17）

A094 01　qwt k'lty · 'wn q't q's 'wywn

qut kälti · on qat qaš oyun

---

① 该卦对应《易经》第16卦豫卦，意为“有利于建立诸侯的伟大功业，有利于出师南征北战”。参见秦磊（编著）:《大众白话易经》，西安：三秦出版社，1990年10月第1版，第96页。

A095 02　y'nkqwsy 'sydylwr · ywrys'r q'm'q p'y-
　　yangqusı① ešiṭilür · yorısar qamaɣ bay-
A096 03　wm'q 'wtrw k'lyr · t'rqrs'r q'mq'q
　　umaq② utru kälir · tarɣ（a）rsar③ · qamɣaq
A097 04　p'ryrt'k 'd'nk k'tdy · q's tynkyt'k
　　barırtäg adang④ käṭṭi · qaš tingitäg
A098 05　'dkwnk p'sdy · 'yk t'p' kwyrs'rsn
　　ädgüng basṭı · ig tapa körsärs（ä）n（·）
A099 06　twyrw y'vyz · 'wykws 'd tv'r ywnkl'qyl
　　törü yavız · üküš äd t（a）var yunglaɣıl（·）
A100 07　'wykws t'lym 'wykrwnc kwynkwl twtqyl ·
　　üküš tälim ögrünč köngül tutɣıl
U 462-2，（T. II Y. 36. 17）
A101 08　pwsws kwynkwl qwtqyl · ䷯ pywk pw
　　busuš köngül qoḍɣıl · ䷯ bi（r）ök bo
A102 09　t'rynk qwdwq ''tlq 'yrq k'ls'r s'vyn
　　täring quduɣ atl（ı）ɣ ırq kälsär savın

A092 12　被释放了。上天和大地震动了，太阳与
A093 13　月亮相逢了。先前的国王们 [　]
U 462（T. II Y. 36. 17）
A094 01　福分来了，如果行路，会听
A095 02　到十层玉石游戏的回声（?）；如果出门，
A096 03　所有的致富机遇滚滚而来。你的危险就像飞蓬

① TT I，95：yanguruši̇.
② TT I，96：bar t（a）maq.
③ ETŞ，292（70）：tarkasar.
④ TT I，97和ETŞ，292（71）都解读该词为äding。

A097 04　一样消失了①。你会得到像玉石的声音一样的

A098 05　吉祥。如你问卜寻求疾病的预兆，

A099 06　这仪式是凶，要多施舍财产，

A100 07　要保持充满愉快的心情，

A101 08　要消除心中的忧伤。

A102 09　如果是这个叫作深井之卦②，

A103 10　'ync' tyr · yyl –ly swvly t'pr'yw qwdwq
inčä ter · yelli suvlı täpräyü quduɣ

A104 11　'ycyn p'kl'ty · ''qyp k'lyr swqyq swv
ičin bäkläti · aqıp kälir soɣıq suv

A105 12　''qt'rylyp y'ntwrw ywryty · swyky q'n–
aqtarılıp yanturu yorıtı · söki han–

A106 13　l'r kwycy ym' twswlm'qy · qwnk ywtsy
lar küči ymä tosulmaɣı · qong yutsı

A107 14　pylk'nynk ''ly ym' 'dykm'k'y · 'twyz
bilgäning alı ymä ädikmägäy · ätöz

页数：iki qırq（三十二）
'yky qyrq

U 463–1（T. II Y. 36. 5）

A108 01　twyrwk'y 'wynt'd'cy tyl ''qyz t'pq'y p'kk'
törügäy · üntädäči til aɣız tapɣay（·）bägkä

---

① TT I, 97: so ist deine ware weggegangen（abgesetzt worden?）wie knoblauch abgeht（你的财产就像飞缝一样消失了）；ETŞ, 292（71）：tüylü tohum（şeytan–arabası）gider gibi, malin gidersen（你的财产就像飞缝《魔神车》一样消失了）。

② 该卦对应《易经》第48卦井卦，意为“改变迁移城邑不会使水井发生改变和迁徙都到井里来打水，井水不会枯竭也不会溢满，来来往往的人提水提到井口眼看就要上来了，却把水瓶打翻了，这是凶险的兆头”。参见秦磊（编著）：《大众白话易经》，西安：三秦出版社，1990年10月第1版，第233页。

A109 02　’ysyk’ ’yn’nqyl · ’myn ywrwnt’kyn ”nwtqyl

　　ešikä ınanɣıl · ämin yörüntägin anutɣıl（·）

A110 03　’kry ywryq k’myskyl · t’trw s’qync t’rq’r[　]

　　ägri yorıq kämišgil · tetrü saqınč tarɣar[ɣıl（·）]

A111 04　pwy’nyq s’vkyl ’dkw qylync qylqyl · ䷓

　　buyanıɣ sävgil（·）ädgü qılınč qılɣıl · ䷓

A112 05　pyrwk ’wtrw k’lm’k ”tlq ’yrq k’ls’r s’vyn

　　birök utru kälmäk atl（ı）ɣ ırq kälsär savın

A113 06　’ync’ tyr · ’wtrwnkd’ ”syq twsw yyt’rw

　　inčä ter · utrungda asıɣ tusu yitärü

A114 07　k’lty · ’twyzwnkd’ ”y’q cylt’k ’wrn’qw

　　kälti · ätözüngdä ayaɣ čiltäg ornaɣu

A103 10　其解释如此：风和水流动并闭塞

A104 11　在井内。流来的冷水

A105 12　返流并退回了。先前可汗们的力量

A106 13　也不会有益的，孔夫子学者的

A107 14　方法[①]也不会成功。身体[　]

U 463（T. II Y. 36. 5）

A108 01　将要出世，会得到说话的舌头和嘴。你要信赖伯克

A109 02　和他的伴侣。你要准备措施，

A110 03　要放弃不正当的行为，要抑制邪恶的想法，

A111 04　要喜爱功德，要行善。

① TT I，106：der späteren futsi–weisen mittel（后代夫子学者的方法）；EDPT，120b：the method of modern sages（后代圣人的方法）；ETŞ，295（75）：son hoca alimin çaresi（son 学者的方法）。

A112 05　如果是叫作对面而来之卦①，
A113 06　其解释如此：收益足够的来到了
A114 07　你对面。荣誉和敬畏定居了

U 463–2（T. II Y. 36. 5）
A115 08　b'rdy · kwynkwlwnkt'ky kwysws wnk p'rc' q'nty
berdi · köngülüngtägi kösüšüng barčä qantı（·）
A116 09　"tynk "t'yw qwt qyv 'wyzyn k'lty ·
atıng atayu qut qıv özin kälti ·
A117 10　'sky "tynk t'ksylyp y'nky pwltwnk ·
äski atıng tägšilip yangı boltung ·
A118 11　p'qd'm "tynk t'ksylyp t'tyqlyq pwltwnk
boqdam atıng tägšilip tatıɣlıɣ boltung（·）
A119 12　t'pr'twk s'yw 'ys kwtkwnk t'pynkc' ·
täprätük sayu iš küḍgüng tapıngča ·
A120 13　'wlwrtwq s'yw 'wrwn ywrt 'wyzwnkc' ·
olurtuq sayu orun yurt özüngčä② ·
页数：'wyc qyrq
üč qırq（三十三）
U 464–1（T. II Y. 36. 6）
A121 01　'wlwq 'rk k'lty · twyrt yynk'q twyzwlty ·
uluɣ ärk kälti · tört yıngaq tüzülti
A122 02　kwynkwlwnkc' k'dyrty t'pr'mys kwyclwk y'q[ ]

① 该卦对应《易经》第45卦萃卦，意为"君王到宗庙里祭祀，祈求神灵保佑，利于出现德高望重的大人物，亨通无阻而且有利于树立纯正的道德风尚；用牛羊等大的祭品献祭能够带来吉祥如意，利于前去行事"。参见秦磊（编著）：《大众白话易经》，西安：三秦出版社，1990年10月第1版，第218页。

② TT I，120和ETŞ，294（85）都解读该词为ögüngčä。

köngülüngčä · keṭirti täprämiš küčlüg yaɣ[ı]

A123 03　k'tdy · 'wynkdwrty t'pr'mys 'wwt y'lyny

ketṭi · öngdürti täprämiš oot yalını

A124 04　'wycty · 'wlwrwp kwyrwncl'kyl · ynck' ywkwrwk

öčti · olurup körünčlägil inčkä yügürük

A125 05　''tl'ryq · t'pynkc' ''lyp 'ysl'tkyl yynyk

atlarıɣ · tapıngča alıp išlätgil yenik

A126 06　'dkw l' l'ryq · twm'n s'v twykwny synyd'

ädgü lalarıɣ · tümän sav tügüni senidä

A115 08　你身上。你心中的所有愿望都被满足了。

A116 09　以呼唤你的名称，福分自然而来了。

A117 10　你的旧名更换变新了；

A118 11　你的臭名更换变美了。

A119 12　你做的任何事都如你所愿，

A120 13　你坐的任何地方都如你心愿。

U 464（T. II Y. 36. 6）

A121 01　强大的力量已到来①。四方

A122 02　治理的如你意愿。后方入侵的强敌会

A123 03　消失了，前方燃烧的火焰

A124 04　熄灭了。你要坐着欣赏细瘦、善跑的

A125 05　马；随你意愿而利用轻快的

A126 06　好骡子。万句话的症结在于你。

A127 07　pwlty · yyl ''y 'ytylw 'lkynkd' kyrdy ·

boltı · yıl ay etilü älgingdä kirdi ·

---

① EDPT，220b：you have acquired a large measure of independence（你已得到很大的自由）。

U 464–2（T. II Y. 36. 6）

A128 08 'wystwnky ''ltynqy t'pl'dy 'wyrwky qwty–
üstünki altınqı tapladı（·）örüki qoḍı–

A129 09 qy s'vynty · p'k tmq'sy 'lkynkd' 'wrn'q–
qı sävinti · bäg t（a）mɣası älgingdä（·）ornaɣ–

A130 10 lyq 'wrwn ''nynkt' yyrk' tnkryk'
lıɣ orun anıngta（·）yerkä t（ä）ngrigä

A131 11 s'vync twt · pwrq'nl'rq' t'pyq
sävinč tut · burhanlarɣa tapıɣ

A132 12 qyl · ䷴ pyrwk 'ync k'lm'k ''tlq
qıl · ䷴ birök enč kälmäk atl（ı）ɣ

A133 13 'yrq k'ls'r s'vyn 'ync' tyr · yyl ''yyn
ırq kälsär savın inčä ter · yel eyın

A134 14 'sydylwr · kwyzky 'yq'c y'nkq[ ]sy twym'n
äšiṭilür küzki ıɣač yangq[u]sı（·）tümän

页数：tört qırq（三十四）
twyrt qyrq

U 465–1（T. II Y. 36. 8）

A135 01 b（ä）rä[①] yerdä yangqurar süzük suv tigisi（·）
pr' yyrd' y'nkqwr'r swyzwk swv tykysy

A136 02 'yky kwynkwl pyrykdy · 'wykrwncy 'wykws · 'yny
iki köngül birikdi（·）ögrünči üküš · ini

A137 03 'ycy twyzwlty · t'v'ry t'lym · t'pr'twk
eči tüzülti · tavarı tälim · täprätük

A138 04 s'yw qwt k'lyr qylyntwq s'yw 'ys
sayu qut kälir · qılıntuq sayu iš

① TT I，135和ETŞ，296（93）都解读该词为ban。

A127 07　年和月的正确的顺序有你掌管。

A128 08　上下都称心满意，高低

A129 09　都欢快喜悦。伯克的印章在你的手中，

A130 10　稳固的宝座在它之下。你要对天和地

A131 11　抱有欢心，要供奉佛神。

A132 12　如果是叫作安息之卦①，

A133 13　其解释如此：由于刮风，

A134 14　秋天树的回声被听到。清水的

U 465（T. II Y. 36. 8）

A135 01　回声在一万里远处被听见。

A136 02　两人同心了，会有巨大的喜悦。兄弟

A137 03　相互和好了，他们会拥有无数的财富。想得的

A138 04　任何福分都会得到，所做的任何事

A139 05　pwyt’r · ’yr’qt’ s’v ’sydwty ’dkw ·
bütär · ıraqta sav ešiṭüti ädgü ·

A140 06　y’qwqt’qy ’ys pwytwdy ’dkw · ”t’nk
yaɣuqtaqı iš bütüdi ädgü · aḍang

A141 07　twt’nk k’tdy · ”yyq s’qynqwcyl’r t’zdy ·
tuḍang keṭṭi · ayıɣ saqınɣučılar täzdi ·

U 465-2（T. II Y. 36. 8）

A142 08　’wynkdwn kwyntwn pwlwnkd’ ’wykrwnclwk
öngdün künḍün bulungda ögrünčlüg

A143 09　yyl yyltyrdy · kydyn t’qtyn pwlwnkd’
yel yeltirdi · kädin taɣtın bulungda

---

① 该卦对应《易经》第53卦巽卦，意为“如同女子出嫁那样，按照一切婚嫁的礼节循序渐进，就会得到吉祥，有利于坚守正道”。参见秦磊（编著）：《大众白话易经》，西安：三秦出版社，1990年10月第1版，第254页。

A144$_{10}$ tnkry q'pyqy ''cylty · kwyzwnk 'ycynt'
t（ä）ngri qapıɣı ačıltı · közüng ičintä

A145$_{11}$ kwyk ywq · kwynkwlwnk 'ycynt' q'dqw ywq
kök yoq · köngülüng ičintä qadɣu yoq（·）

A146$_{12}$ ''tynk kwynk y'tyldy · yyd yyp'rt'k
atıng küng yaḍıldı · yid yıpartäg

A147$_{13}$ ''qz'nmys s'vynk 'dykdy · ''ltwn kwymws–
aɣzanmıš savıng ädikdi altun kümüš–

A148$_{14}$ t'k qwp 'ysynk t'pynkc' qwry ywq ·
täg · qop išing tapıngča qorı yoq ·

页数：''lty qyrq
altı qırq（三十六）

Mainz101（T. II Y. 36. 1–1）

A149$_{01}$ s'nk' twn 'wyz' twn k'tylty s'ngk'
sanga（·）ton üzä ton käḍilti sanga（·）

A150$_{02}$ 'wyzwnk' 'wynk 'ysyn p'sl'qyl ''snw–
özüngä öng išin bašlaɣıl（·）ašnu–

A139$_{05}$ 都会成功。从远处传来喜讯，
A140$_{06}$ 在附近的事吉利而完成。你的危险
A141$_{07}$ 消失了，邪恶暗害的人们逃离了。
A142$_{08}$ 在东部和南部的角落里刮起了
A143$_{09}$ 欢乐风，在西部和北部的角落里
A144$_{10}$ 天门被打开了。在你的眼中
A145$_{11}$ 没有悲伤，在你的心中没有痛苦。
A146$_{12}$ 你的名声像麝香一样流传了。
A147$_{13}$ 你说出的话就像金银一样被敬重了。
A148$_{14}$ 你的所有事情如你心愿而毫无损失。

Mainz101（T. II Y. 36. 1）

A149 01　在套一件衣服在你身上。

A150 05　你要开始着手你眼前的事情。

A151 03　qyc’ ’wynky pw s’vq’ kwynkl’m’

qıča[1] öngi bo savqa könglämä（・）

A152 04　’’mtyqyc’ twrq’rw ’ysynkyn twyrwnk

amtıqıča[2] turqaru išingin törüng[3]

A153 05　twtqyl・kwyn’yynky kwynkwlnky ’ynckw–

tutɣıl・künäyingi köngül（ü）ngin enčgü–

A154 06　lwk qylqyl・’wqlwnk kysynk ’wylwk–

lüg qılɣıl・oɣlung kišing ülüg–

A155 07　lwk wl ’k’nk y’nkk’nk s’vynclyk ’wl

lüg ol（・）äkäng yängäng sävinčlig ol・

Mainz101（T. II Y. 36. 1–2）

A156 08　qwnsy qyz ’wtlylyq・qwp ’ysynk y’r’q–

qonšı qız utlılıɣ・qop išing yaraɣ–

A157 09　lyq ䷈ pyrwk kycyk ’ykytm’k ’’tlq

lıɣ（・）䷈ birök kičig igiṭmäk atl（ı）ɣ

A158 10　’yrq k’ls’r s’vyn ’ync’ tyr kycyk

ırq kälsär savın inčä ter・kičig

A159 11　’ykytm’k k’lty・’’q qysynk ’’z・kysy

igiṭmäk kälti・aq qıšıng az・kiši

A160 12　’’r’ ’dkwlwk ywlwnk ’lp・kwynyk’ky

ara ädgülüg yolung alp・künikäki

[1] TT I，151：ašnuqïna；EDPT，264b：ašnuqına；ETŞ，298（103）：aşnukına.

[2] TT I，151：ämtï–qïna；ETŞ，298（104）amtıkına.

[3] Semih Tezcan（1996：340）该词读作törü[lü]g。

A161 13　’ysynk tydyqlyq kycyk ’wql’n
　　　　išing tıdıɣlıɣ（·）kičig oɣlan

A151 03　不要耿耿于怀那些过去的话。
A152 04　现在，你要始终坚持
A153 05　你的事业。你要让你嫉妒的
A154 06　心安静下来。你的孩子和妻子是
A155 07　幸福的，你的姐姐和嫂子是快乐的。
A156 08　邻居女孩是兴奋的。你所有的事
A157 09　都有利的。如果是叫作小蓄
A158 10　之卦①其解释如此：小
A159 11　养到来了，你的白色的冬天极少。在人间
A160 12　你的吉利之路很艰难。你的日常
A161 13　事业会受阻扰。小儿子

页数：pys ’lyk
　　　beš elig（四十五）

Mainz101（T. II Y. 36. 11–1）

A162 01　y’ qwrwp ’wq ’’tq’lyr · y’lynk qylyc
　　　　ya qurup oq atqalır · yalıng qılıč
A163 02　twtwp ’wq ’wyzk’lyr · tyt swykwt
　　　　tutup oq üzkälir · tit sögüt
A164 03　pwdyqy mynk twyrlwkyn tytryywr ·
　　　　buṭıqı ming türlügin titriyür ·
A165 04　’’rtwc swykwt pwdyqy ywz twyrlwkyn

① 该卦对应《易经》第九卦小畜卦，象征小有积蓄，亨通顺利。卦名中的“畜”字有聚、止、养等多重含义，内容是讲阴柔积聚力量，扶助阳刚，制止阳刚的失误。参见秦磊（编著）：《大众白话易经》，西安：三秦出版社，1990年10月第1版，第69页。

artuč sögüt buṭıqı yüz türlügin

A166 05　'yrq'lwr · p'rklyk y'k 'yck'kl'r

ıryalur · bärklig yäk ičgäklär

A167 06　'yl twtq'lyr pwsws q'tqw 'yk

el tutqalır（·）busuš qaḍyu ig

Mainz101（T. II Y. 36. 11–2，）

A168 07　''qryql'r 'wrn'q twtqlyr p'ktyn

ayrıylar ornay tutq（a）lır（·）bägtin

A169 08　''sytyn kwyrs'rsn s'vq' kyrk'lyr–

ešitin[①] körsärs（ä）n savqa kirkälir–

A170 09　sn 'yltyn q'ntyn kwyrs'rsn ''lq'm'q–

s（ä）n（·）eltin hantın körsärs（ä）n alqamaq–

A171 10　q' twysk'lyrsn · 'yrt'kwn tvr'q

qa tüškälirs（ä）n · ertäkün t（a）vraq

A172 11　pwy'n qyl ''snwq'n 'yrkwrw 'twyz–

buyan qıl · ašnuqan ergürü ätöz–

A173 12　wnkyn kwyz't · ䷝ pyrwk pw kwyn

üngin közäṭ · ䷝ birök bo kün

Mainz101（T. II Y. 36. 11–1）

A162 01　串起弓射箭，握着白刃

A163 02　砸坏箭头。落叶松

A164 03　的树枝颤抖千种方式。

A165 04　杜松树的枝条摇晃在

A166 05　各方。强壮的夜叉、精灵们

A167 06　会统治王国。悲伤、痛苦和疾病

① TT I，169：iši –tin；ETŞ，298（113）：işitin .

A168 07 会密布。如果你问卜寻求关于伯克

A169 08 和他的配偶：你要听从他们的话。

A170 09 如果你问卜寻求关于王国和可汗：你会

A171 10 得到荣誉。在清晨你要

A172 11 赶紧行善，要抓住最早的机会

A173 12 来守护你的身体。如果是这个叫作阳光

A174 13 [ ]

[yaruqı atl（ı）ɣ ırq kälsär savın inčä ter]

A175 14 [ ]

[bo kün]

页数：”lty ’lyk

altı elig（四十六）

Mainz101（T. II Y. 36. 9–1）

A176 01 kyrw p’ryr · swv ”d’sy s’nk’ ’wynkdwrt

kirü barır · suv adası sanga öngdürti

A177 02 ’wtrw klyr · kwys’mys kwyswswnk q’[ ]m’z ·

utru k（ä）lir · küsämiš küsüšüng qa[n]maz ·

A178 03 kwynklwnk s’qynclyq · ’wqr’mys ’ysynk

könglüng saqınčlıɣ · uɣramıš išing

A179 04 pwytm’z ’twyzwnk ’mk’kl’r twytws k’[ ]

bütmäz（·）ätözüng ämgäklär tütüš kä[riš]

A180 05 qwtqyl yylyq ywms’q pwlqyl · ’yky kwnkwl

qoḍɣıl（·）yılıɣ yumšaq bolɣıl · iki köngül

A181 06 kwynkwl twtwp qwvy pwls’r ’yltyn q’ntyn

köngül tutup qovı bolsar eltin hantın

Mainz101（T. II Y. 36. 9–2）

A182 07 ”cyq pwlwrmw twydws krys qylm’s’rsn

ačıɣ bolurmu tüṭüš k（ä）riš qılmasars（ä）n

A183 08 'wyzwnkk' q'm'q ''d'tyn 'wzq'ysn

özünggä qamaɣ adatın ozɣays（ä）n

A184 09 t'vlyk kwyrlwk t'pyqcy t'qdyn twrwp [ ]

tävlig kürlüg tapıɣčı taɣṭın turup [ ]

A185 10 tyl'r · tnkry q'nnynk q'vwdy kwyntwn

tilär · t（ä）ngri hannıng qavudı künḍün

A186 11 twrwp yyq tyl'r · p'k 'r yymyn y[ ]yn

turup yıɣ tilär · bäg är yemin y[ey]in

A174 13 之卦[①]，其解释如此：

A175 14 [这太阳]会

Mainz101（T. II Y. 36. 9）

A176 01 沉落。在前面你会遭受来自

A177 02 水的灾害。你的愿望不会被满足。

A178 03 你的心是悲伤的。你想做的事

A179 04 不会成功。你的身体会疼痛，要撇开

A180 05 争吵。你要温暖、柔和。如果两个人内心中

A181 06 想法不合，那怎么能从王国和可汗

A182 07 获得恩赐呢？如果你不争吵，

A183 08 你会避免所有的危险。

A184 09 狡猾的仆人在北边站起身[ ]

A185 10 祈求。天可汗在南边站起

A186 11 身来祈求降雨。如果你想要吃

① 该卦对应《易经》第30卦离卦，意为"利于坚守正道，这样必然亨通，畜养柔顺的母牛；可以获得吉祥"。参见秦磊（编著）：《大众白话易经》，西安：三秦出版社，1990年10月第1版，第69页。

A187 12　s'qyns'r –sn tysynkd' tytyqlyq yyrd'

saqınsars（ä）n tišingdä tıḍıɣlıɣ(·)yerdä

A188 13　q'zqwq p'kwrw twq'yyn tys'r

qazɣuɣ bäkürü toqayın tesär

页数：yyty 'lyk

yeti elig（四十七）

U 498–1（T. II Y. 36. 30）

A189 01　y'ntwrw ''d'lyq 'vynkd' qylqyl ''snwqy

yanturu adalıɣ(·)ävingdä qılɣıl ašnuqı

A190 02　twyzwnl'r twyrwsyn n' ''d' pwlq'y syny

tüzünlär törüsin(·)nä ada bolɣay seni

A191 03　pyrl' 'wlwq qylynt'cy ䷌ pyrwk kysy

birlä uluɣ qılıntačı(·) ䷌ birök kiši

A192 04　pyrykm'k ''tlq 'yrq k'ls'r s'vyn 'ync' tyr ·

birikmäk atl（ı）ɣ ırq kälsär savın inčä ter ·

A193 05　kysy pyrykyp yrwdy ''y tnkry 'rtwqr'q

kiši birikip y（a）rudı ay t（ä）ngri artuqraq

A194 06　y'ltrydy · yrwmys yrwqy q'm'qlyq kysy–

yaltrıdı · y（a）rumıš y（a）ruqı qamaɣlıɣ kiši–

A195 07　k' kwyzwnty · mynk pr' c' 'yraq p'rmys

kä közünti · ming b（ä）räčä[①] ıraq barmıš

U 498–2（T. II Y. 36. 30）

A196 08　kysyl'r pyrl' kwyrwsk'ysn 'yky kwynkwl

kišilär birlä körüšgäys（ä）n(·)iki köngül

A197 09　pyrykyp ''ltwn 'ytyk 'lkynkd' twtq'y–

birikip altun etig elgingdä tutɣay–

① TT VII, 30（7）: ming banča; ETŞ, 300（126）: ming ban–ça.

A198$_{10}$　s（ä）n（・）yaṭ kišilär sanga yaqın eltišmiš

sn y'd kysyl'r s'nk' y'qyn 'yltysmys

A187$_{12}$　伯克的饭食，在你的牙齿里会有障碍。

A188$_{13}$　如果你想把桩子牢固的钉在大地里，

U 498（T. II Y. 36. 30）

A189$_{01}$　会有危险。在家里你要遵循

A190$_{02}$　品行端正的前人的习俗。任何危险

A191$_{03}$　都不会抑制你。如果是叫作与人

A192$_{04}$　团结之卦①，其解释如此：

A193$_{05}$　人们聚集而欢乐，月神照耀的

A194$_{06}$　很明亮，它照亮的光被所有人

A195$_{07}$　看到。你会和去一千里

A196$_{08}$　远的人们见面。两个（人的）心

A197$_{09}$　一致，你会手里握持黄金装饰。

A198$_{10}$　使外人（的心）归顺你的那些人的

A199$_{11}$　kysyl'r kwynkwly t'qy t'rynk 'yky kysy

kišilär köngüli taqı täring（・）iki kiši

A200$_{12}$　kwnkwly pyr・''ltwn 'ytyk twyzy pyr・

köngüli bir（・）altun etig tözi bir・

A201$_{13}$　kwys'mys kwyswswk q'nty s'qynmys

küsämiš küsüšüng qantı（・）saqınmıš

A202$_{14}$　s'qyncynk pwytdy・'yklyk 'wynk'tdy

saqınčıng bütdi・iglig öngäḍdi（・）

① 该卦对应《易经》第13卦同人卦，意为“和别人亲密地走在宽广的原野上，亨通，有利于渡过大河急流，有利于君子坚守正道”。参见秦磊（编著）：《大众白话易经》，西安：三秦出版社，1990年10月第1版，第85页。

A203$_{15}$ ”qryqlyq q’tynty · ’yl q’n kwynkwly
ayrıɣlıɣ qatıntı · el han köngüli

页数：twqwz ’lyk
tuquz elig（四十九）

U 466–1（T. II Y. 36. 7）

A204$_{01}$ q’dyq t’tyqynynk ’rdynysy pwltwnk n’ pws–
qaṭıɣ tatıɣınıng ärdinisi boltung nä bus–

A205$_{02}$ ws ’wl t’qy ’ylk’ q’nq’ ’yn’nc pwlqwq’
uš ol（·）taqı elkä hanɣa ınanč bolɣuqa（·）

A206$_{03}$ ”ltwn kwyz’c ’rs’r ’wrn’qlyq ’ydys
altun küzäč ärsär ornaɣlıɣ ediš

A207$_{04}$ ’wl twyrt ’wlwq cywl’rt’ p’lkwlwk
ol（·）tört uluɣ čiularta bälgülük

A208$_{05}$ ’ydys ’wl · t’tyql’r pwytkwk’ t’y’qy
ediš ol · tatıɣlar bütgükä tayaɣı

A209$_{06}$ t’tyr · yyk ’dl’r t’ksylyp pysyq pwlty
teter · yig äṭlär tägšilip bıšıɣ boltı（·）

A210$_{07}$ yyty yyp’ry pwr’ twrwr q’dyq pwlty
yiḍi yıparı bura turur · qaṭıɣ boltı

U 466–2（T. II Y. 36. 7）

A211$_{08}$ typ ’wwtyn qtwns’r kwyz’c t’s’r ’ysyn
tep ootın q（a）tunsar küzäč tašar（·）išin

A199$_{11}$ 心很仁厚。两个人的

A200$_{12}$ 心是一致的，黄金装饰是同一根源的。

A201$_{12}$ 你的愿望被满足了，你的

A202$_{14}$ 渴望成真了。疾病均已消失，

A203$_{15}$ 病人康复并变强了。可汗的心 [ ]

U 466（T. II Y. 36. 7）

A204$_{01}$　你得到了坚硬而甜美的珠宝，有什么

A205$_{02}$　可悲哀的？你成为所有王国和可汗的大臣。

A206$_{03}$　至于金壶而言，它是一个坚实的

A207$_{04}$　罐子；对于四位神圣的邱而言，它是一个

A208$_{05}$　可辨认的罐子。它是一个做美味佳肴的

A209$_{06}$　罐子。生肉变成了熟肉，

A210$_{07}$　它的气味喷香，它变硬了。

A211$_{08}$　如果火势变强，罐子会沸腾。如果事情

A212$_{09}$　kwytwkyn y'nkyls'r twydws pwlwr twrws-

küdügin yangılsar tüṭüš bolur（・）turuš-

A213$_{10}$　t' twydwst' s'ql'nqw wl・''d ywl

ta tüṭüšta saqlanɣu ol ・ aṭ① yol

A214$_{11}$　tyl'm'kt' 'cynqw 'wl・kwyz'cyk kwyz'dyp

tilämäktä ıčanɣu ol ・ küzäčig küzäṭip

A215$_{12}$　snm's'r ''s pyrd'cy 'ydys 'wl ''p'm pyr

s（ı）nmasar aš berdäči ediš ol（・）apam bir

A216$_{13}$　''d'qyn sys'r 'ycynt'ky t'tyq twykwlkwk'

adaqın sısar ičintäki tatıɣ tökülgükä

页数：'yky [ ]

iki [otuz（?）]（二十二）

U 467-1（T. II Y. 36. 16）

A217$_{01}$　[ ]y 'ycykkwk swyz

[ ]y ičikgüg söz

A218$_{02}$　[ ]'k 'wpr'ty 'wl[ ]

① TT I，196：äḍ.

[ ]’k opratı öl[ür]（·）

A219 03 *t*[ ]y ’yltyn q’ntyn

t[ ]y eltin hantın

A220 04 twyly ywq · ’yknk’ ”qryqynk’ ’my

töli yoq · igingä ayrıɣınga ämi

A221 05 ywq · t’pr’s’r ”lqyntynk t’pr’m’s’r

yoq · täpräsär alqıntıng · täprämäsär

A222 06 y’k’dynk ䷚ pyrwk pw ’ykytm’k ”tlq

yegäṭing（·）䷚ birök bo igiṭmäk atl（ı）ɣ

U 467–2（T. II Y. 36. 16）

A223 07 ’yrq k’ls’r s’vyn ’ync’ tyr ’ykyt–

ırq kälsär savın inčä ter（·）igiṭ–

A212 09 有误，就会有冲突，要避免敌对

A213 10 和冲突。祈求名誉和幸运中

A214 11 你要多加小心。如果壶子受到谨慎的守护，

A215 12 而避免打碎，它会供应饭食。如果

A216 13 有人使他的腿骨折，里面的骨髓就会溢出。

U 467（T. II Y. 36. 16）

A217 01 [ ] 传来的话

A218 02 [ ] 衰弱而死。

A219 03 [ ] 王国和可汗

A220 04 没有后裔。你的病没有治愈。

A221 05 如果你行动，就会衰弱；如果不行动，

A222 06 就会变强。如果是这个叫作蓄之卦[①]

---

① 该卦名称对应《易经》第27卦颐卦，意为“只有坚守正道才能获得吉祥”。参见秦磊（编著）:《大众白话易经》，西安：三秦出版社，1990年10月第1版，第141页。

A223 07　其解释如此：如果观察养育，

A224 08　m'kd' ''cyns'r 'twyz 'rtk'y 'yk ''qryq–
　mäkṭä ačınsar ätöz ärtgäy (·) ig ayrıy
A225 09　t' y'k y'k yck'k t'ryns'r · 'wynkr'k'n
　ta yäk ičgäk tarınsar · öngrägän
A226 10　'c[　]'yl · qylmys 'ysynk
　č[　]'yl · qılmıš išing
A227 11　[　]l'q'ysn · 'twyzwnk
　[　]layays（ä）n · ätözüng
A228 12　[　]ckwt' q'y'rs'r
　[　]čkwtä qayarsar
页数：[säkiz (?) otuz（?）] (二十八)
　[　]
U 468–1（T. II Y. 36. 4）
A229 01　[　]'nc qylqyl · t'pr'm' 'dkw qylync
　[　]nč qılyıl · täprämä (·) ädgü qılınč
A230 02　y'r'tynm'qyn 'kswtm' ''dyn kysy –l'r –dyn
　yaratınmaqın ägsütmä (·) adın kišilärṭin
A231 03　tydyq p'r s'ql'nqyl · y'd kysy –l'rtyn
　tıdıy bar saqlanyıl · yaṭ kišilärtin
A232 04　y'qy p'r · 'yc'nqyl · qwqw qws 'wcty · kwyl–
　yayı bar ıčanyıl · quyu quš učtı · köl–
A233 05　ynk' qwnm'z · kysy 'wqly 'wyk' k'lm'z · kysynk
　ingä qonmaz · kiši oylı ögä kälmäz · kišing
A234 06　pwswslwq q'dqwlwq twrwr y'swrwqy 'ysy
　busušluy qadyuluy turur (·) yašuruqı iši
A235 07　'wyz' q'pyqynk 'wynkwrs'r s'vynwr ''dyn

üzä qapıɣıng üngürsär sävinür（·）adın

U 468-2（T. II Y. 36. 4）

A236 08 kysy tysy ’wyz’ ’twyzwnk t’kr’ kwyrs’r ·
kiši tiši üzä（·）ätözüng tägrä körsär ·

A224 08 身体会得救。如有人在生病之际
A225 09 被夜叉、精灵抑制，愤怒的
A226 10 [ ]你所做的事情
A227 11 [ ]你的身体
A228 12 [ ]如果转动

U 468（T. II Y. 36. 4）

A229 01 [ ]使安心。不要行动。不要
A230 02 减少行善。有来自他人的
A231 03 危险，你要避免它。在外人中有
A232 04 敌人，你要多加小心。飞鸟不会
A233 05 降落在湖里。人子不回到母亲的身边。你的妻子
A234 06 会忧愁的。如有人以秘密的方式
A235 07 打破你的门，他会快乐的。
A236 08 如你问卜寻求别人的妻子在你身体周围的征兆；

A237 09 ’ync twrm’q y’vswr · ’yk t’p’ kwrs’r ·
enč turmaɣ yapšur · ig tapa körsär

A238 10 p’qyrtyn t’pr’mys ’yk ’wl · ’wytwk tyl’k
bayırtın täprämiš ig ol · ötüg① tiläk

A239 11 pwlqwlwqy s’rp · kwynkwl[ ]k yyq ’ync twr
bolɣuluqı sarp · köngül[ün]g yıɣ enč tur（·）

① TT I，221：itüg；ETŞ，304（148）：itüg.

A240 12　’twyzwnk pyl swk twr · ䷛ pyrwk pw
ätözüng bil šük tur · ䷛ birök bo

A241 13　[ ]wq mwynwkm’k ”tlq k’ls’r s’vyn ’ync’
[ul]uɣ münükmäk atl（ı）ɣ kälsär savın inčä

A242 14　[ ] yyl yyltyryp ’yntwrdy lym syndy ·
[ter] · yel yeltirip entürdi lim sindi ·

Ch/U 6308a（T. II D. 523）

A243 01　’dk’y tnkry kwyz’dk’y [ ]
eṭgäy t（ä）ngri küzäṭgäy [ ]

A244 02　k’mlnyp yymrylty swqwlty t’l[ ]
käml（ä）nip yimrilti soqultı tal[tı]

A245 03　[ ]k’n kwykd’ q’nty synyp ”d’ q’ t[ ]
[ ]k’n kökṭä qan（a）tı sinip adaqa t[ ]

A246 04　lwq pwlty · kydyn kwyntwn pwlwnkdyn [ ]
luq boltı · kädin künḍün bulungdın [ ]

A247 05　ywrys’r pwsws p’r · y’rwqq’ ”rq’ [ ]
yorısar busuš bar · yaruqqa arqa [ ]

A248 06　twrwr · kwys’mys kwyswnwk pwytkw[ ]
turur · küsämiš küsünüg bütgü[ ]

A249 07　qylmys ’ysynk ”d’lyq tkzynmys [ ]
qılmıš išing adal（ı）ɣ（·）t（ä）gzinmiš [ ]

A250 08　[ ]ys’r kymynk ywq · ’wynk yyr yw[ ]
[t]esär käming yoq · öng yer yw[ ]

A237 09　平安会依偎你。若有人生病，那是

A238 10　从他的肝脏引起的疾病。祈求、愿望

A239 11　难以成真。你要集中心思，要平息，

A240 12　要认识自我，要安静。如果是这样

A241 $_{13}$ 叫作大超过之卦①，其解释

A242 $_{14}$ 如此：刮起了大风，栋梁弯曲而折断②。

Ch/U 6308a（T. II D. 523）

A243 $_{01}$ [ ]天神会保佑 [ ]

A244 $_{02}$ 生病而流失，冲撞，下跌昏厥 [ ]

A245 $_{03}$ 在天空中它的翅膀折断，遭到危险。[ ]

A246 $_{04}$ 在西南放的角落里 [ ]

A247 $_{05}$ 如果行路，会有痛苦。在光泽背面 [ ]

A248 $_{06}$ 你期待的愿望会实现 [ ]

A249 $_{07}$ 你做的事情会遭受危险。流转的 [ ]

A250 $_{08}$ 你的病会消失。在荒地里 [ ]

A251 $_{09}$ [ ]'k "rdy · "z[ ]

[ ]k ardı az [ ]

A251 $_{09}$ [ ]'k "rdy · "z[ ]

[ ]k ardı az [ ]

2.1.2 B：回鹘文佛教占卜文献：护身符

属于汉文佛教文献的一些护身符也被译成回鹘文。文献主要记载各种护身符与其帮助人们驱除各种灾难的作用。目前已发现的回鹘文佛教护身符残片共有12片，其中8片藏于德国柏林勃兰登堡科学院吐鲁番研究所，1片藏于德国柏林亚洲艺术博物馆（原柏林印度艺术博物馆），2片

① 该卦名称对应《易经》第28卦大过卦，意为“房屋的栋梁受重压而弯曲；利于前去行事，亨通顺利”。参见秦磊（编著）：《大众白话易经》，西安：三秦出版社，1990年10月第1版，第146页。

② 该成语类似于《易经》第28卦中的“房屋的栋梁向上隆起”，喻负担重大而引起危险。参见秦磊（编著）：《大众白话易经》，西安：三秦出版社，1990年10月第1版，第148页。

原件遗失。其中，残片U 3834（T I）正面5行文字，反面6行文字，用回鹘文写成。此外，该残片反面中见由红墨水写成的汉字，残片页面大小为7 cm×8.3 cm，行距为1—1.3cm，纸质为褐色，根据其半草书体特点推断写于12—13世纪。残片U 3854（T. I）由a和b两个小残片组成，a残片正面6行，反面7行，为回鹘文写成，页面大小为8.8cm×9.4cm，行距为1—1.4cm，纸质为米色，根据其半草书体特点推断写于12—13世纪。b残片正面1行，反面2行，为回鹘文写成，页面大小为3.8cm×3.9cm，行距为1—1.3cm，纸质为米色，根据其半草书体特点推断写于12—13世纪。残片U 5985（T. II Y. 18）正面部分记载的内容与佛教有关，但是与《护身符》的内容无关，其反面有4行回鹘文字，页面大小为17.9 cm×11.8 cm，各行行距不同，纸质为褐色，书写形式为点草书体。残片T. II Y. 61原件遗失，它的前4行影印本保留于TT VII 27（Nr. 27，Z. 1–4，）第五图中。残片Ch/U 6786（T. II Y. 61）有2行回鹘文，书写形式为点草书体，页面大小为6.8 cm×11.6 cm，各行行距不同，纸质为褐色。残片Ch/U 6785（T. II Y. 61）有2行回鹘文，书写形式为点草书体，页面大小为6.7cm×6.1cm，各行行距不同，纸质为褐色。残片Ch/U 6944（T. II Y. 61）正面2行，反面1行，为回鹘文写成，书写形式为点草书体，页面大小为6.8cm×10.9cm，各行行距不同，纸质为褐色。残片U 5611（T. II D. 213）有24行回鹘文，书写形式为点草书体，页面大小为21cm×9.7cm，各行行距不同，纸质为褐色。残片MIK III B 2288–2291原件遗失，影印件现藏于德国柏林亚洲艺术博物馆[①]。1936年阿拉特在《吐鲁番回鹘文献》第七卷中首次研究公布[②]。残片U 5752（T. II Y. 43）有25行回鹘文，书写形式为点草书体，页面大小为22.7cm×10.9cm，各行行距不同，纸质为褐色。

---

① 参见Knüppel，Michael，Alttürkische Handschriften Teil 17（Heilkundliche，Volksreligiöse und Ritualtexte），Stuttgart：VOHD，2013，p 197–198。

② TT VII，p 73（Anm. 27，Nr. 4 u. Nr. 11，Anm. Nr. 12 u. Nr. 22）；TT VII，Text 27（Nr. 14，p 37，Anm. 27，Nr. 23）；T T VI，Text 27（Nr. 15 u. Nr. 17，p37–38，Anm. 27，Nr. 35）.

回鹘文佛教占卜文献护身符虽然残损严重，内容不全，但是文献中记载的佛教《护身符》是研究古代西域–中亚历史和占卜文化的重要资料，也是回鹘文文学研究的一手资料。

阿拉特早在1936年《吐鲁番回鹘文献》第七卷中研究公布了5个维吾尔语护身符。后来于2005年，德国学者彼得·茨默教授在《回鹘文佛教咒术文献》一书的《文献I》（护身符部分）中对7件回鹘文护身符进行了转写、换写、德文翻译和注释。

虽然回鹘文护身符残损严重，内容不全，但它对古代维吾尔佛教魔法研究提供了重要依据。本文对前人已研究刊布的回鹘文佛教护身符进行了新的解读和研究。

文献的解读与汉文翻译

U 3834–1（T I）正面

B001 01　[ ]ywn qwy[ ]

[ ]yun qui[ ]

B002 02　[ ]'wlwq sqync

[ ]uluγ s（a）qınč

B003 03　[ ] kwyn 'rdynkw 'dkw wyl

[ ]kün ärṭingü ädgü ol

B004 04　[ ]lwq kysyk' 'ys'nc q[ ]

[ ]luq kišigä äsänč[①] q[ ]

B005 05　[ ]n 'rdynkw y'vyz 'wl

[kü]n ärṭingü yavız ol

U 3834–2（T I）反面

B006 06　[ ] t'mlwsy

① BT XXIII, 185（U 3834, 04）: isinä.

[bo]tamlosi[①]

B007 07 ywltwznwnk

yultuznung

B008 08 vwsy 'wl

vusı[②] ol

B009 09 kwyskw

küskü

B010 10 yyllyq

yıllıɣ

B011 11 [ ]twz vwsy '[ ]

yul]tuz vusı '[ol]

U 3834（T I）

B001 01 [ ]

B002 02 巨大的忧伤

B003 03 [ ]日为特别吉祥。

B004 04 对[ ]人安稳。

B005 05 [日]为特别凶。

B006 06 这是贪狼

B007 07 星的

B008 08 符。

B009 09 子（鼠）

B010 10 年的

B011 11 [ ]行星的符

① tamlosi是汉语“贪狼”之音译，也就是北斗七星延命经中出现的七颗行星中第一位贪狼星。参见BT XXIII，131。

② vu/vuu是汉语“符”之音译。参见 T T VII，p 73，注释271。

U 3854a（T. I a）正面

B012 01 pw vw [ ]
bo vu [ ]

B013 02 yyl[ ]
yıl[an yıllıɣ]

B014 03 qwt[ ]
qut[ ]

B015 04 [ ]wmwntsy ywltwz vwsy
[bo k]umuntsi① yultuz vusı

B016 05 [ ] ’wd yyllyq twnkwz yyl[ ]
[ ] ud yıllıɣ tonguz yıl[lıɣ]

B017 06 [ ]wn ’’d’sy [ ]
[ ]wn adası [ ]

U 3854a（T. I a）反面

B018 07 [ ]nk [ ]
[ ]nk [ ]

B019 08 [ ] kysyk’ [ ]
[ ] kišikä [ ]

B020 09 [ ] pwlw[ ] kysyk’ ’yl[ ]
[ ] bolu[r] kišikä ’yl[ ]

B021 10 [ ] qwtlwq kwyn ’’sr’[ ]
[ ] qutluɣ kün② ’’sr’[ ]

B022 11 [ ]n ’rdynkw ’dkw ’wl
[ ]n ärṭingü ädgü ol

B023 12 [ ] ’wwt qwtlwq swv [ ]

---

① kumuntsi是汉语“巨门”之音译，也就是北斗七星延命经中出现的七颗行星中第二位贪狼星。参见BT XXIII，131。

② BT XXIII，185（U 3854a，04）：küč[ ].

[　] oot qutluɣ suv [　]

U 3854a（T. I a）

B012 01　这个符[　]

B013 02　未（蛇）[年的　]

B014 03　吉祥[　]

B015 04　这是巨门星的符。丑

B016 05　（牛）年和亥（猪）年的

B017 06　[　]的危险[　]

B018 07　[　]

B019 08　[　]的人[　]

B020 09　[　]成为，[　]的人

B021 10　[　]。吉日，[　]

B022 11　[　]日是吉祥。

B023 12　[　]火，吉祥的水

B024 13　[　]kw y'vyz 'w[　]

[　ärtin]gü yavız o[l　]

U 3854b（T. I a）正面

B025 01　[　]sy ywltwz v[　]

[　]si yultuz v[usı]

U 3854b（T. I a）反面

B026 02　[　]

B027 03　[　]wlwr 'wydrw[　]

[　b]olur 'wydrw[　]

B028 04　[　] t'kkwlwk [　]

[　] täggülük [　]

U 5985（T . II Y. 18）反面①

B029 01　[ ] qyz kws''kw

[ ] qız küsägü

B030 02　[ ] pwls'r vw ·

[ ] bolsar vu ·

B031 03　[ ]ckw vw ·

[i]čgü vu ·

B032 04　[ ]l yyk 'yck'k

[ ]l yäk ičgäk

T. II Y. 61②

B033 01　pw [ ]syk yklkk' y'lq'qw vw 'wl ·

bo [i]sig igl（i）gkä yalɣaɣu vu ol ·

B034 01　pw 'twyz kwz'dkw vw 'wl

bo ätöz küzäṭgü vu ol（·）

B024 13　[ ]是凶。

U 3854b（T. I a）

B025 01　[ ]行星的符。

B026 02　[ ]

B027 03　[ ]成为，[ ]

B028 04　[ ]，得到[ ]

U 5985（T . II Y. 18）

B029 01　如果想得到女孩[ ]

B030 02　[ ]就把这个符

① 该残片正面部分记载的内容与佛教有关，但是它与此护身符的内容无相关。参见Knüppel，Michael，Alttürkische Handschriften Teil 17（Heilkundliche，Volksreligiöse und Ritualtexte），Stuttgart：VOHD，2013，p 193。

② 该残片前四行的影印本保留于TT VII，27（Nr. 27，Z. 1–4，）第五图中。

B031 03　要喝。

B032 04　夜叉、精灵［　］

T. II Y. 61

B033 01　此为解救病人发烧之符。

B034 02　此为护佑人体之符。

Ch/U 6786（T. II Y. 61）

B035 01　pw vw tylt'q 'wykws t'km'swn tys'r q'pyq ''ltynt' 'wrzwn

bo vu tiltaɣ[①] öküš tägmäzun tes（ä）r qapıɣ altınta urzun[②]

B036 02　pw 'wqwl qyz ''sm'qw y'lq'qw vw 'wl

bo oɣul qız aẓmaɣu yalɣaɣu vu ol（·）

Ch/U6785（T. II Y. 61）

B037 01　pw y'k 'yck'kk' [　　]

bo yäk ičgäkkä [tar qolɣu vu ol][③]

B038 02　pw cyn c'q qylqw vw 'wl

bo čin čaq qılɣu vu ol[④]

Ch/U 6944（T. II Y. 61）

B039 01　pw qwncwy[　]lp tw[　]s'r 'yckw 'wl

bo qunčuy[lar a]lp tu[ɣur]sar ičgü ol

B040 02　[ ]ycyk 'wql'n y'l t'rts'r pw vw 'wnk ''y'synt' p'rk[　]

[k]ičig oɣlan yel tartsar bo vu（·）ong ayasınta bärg[ü o[l]（·）

B041 03　pw qyr'qsyn pwdystvnynk vw wl 'twz kw[ ]'tkw wl

---

① TT VII，27（3）：til tar.

② 这一行的文字记载见于Ch/U 6786残片中。

③ TT VII，27第5行中已读出的部分在Ch/U 6785残片中已损失。

④ TT VII，27第5–6行的文字记载见于Ch/U 6785残片中。

bo qiraqžin[①] bodistvning vu ol ätöz kü[z]ätgü ol（·）[②]

MIK III B 2288–2291

B042 01 [ ]

B043 02 [ ]

B044 03 ätö[z küzätgü vu]

B045 04 atqa [ ]

Ch/U 6786（T. II Y. 61）

B035 01 如果要防止众多的诬告，那么就把这个符放在门坎下面。

B036 02 这是保护子女免于迷路的符箓。

Ch/U6785（T. II Y. 61）

B037 01 这是防止夜叉、精灵的符。

B038 02 这是čin čaq的符。

Ch/U 6944（T. II Y. 61）

B039 01 这是女性分娩困难时要喝的符。

B040 02 如果一个小男孩被恶魔攻击，那么就把这个符放在他右手里。

B041 03 这是qıraqžin菩萨的符。它是保佑身体的符。

MIK III B 2288–2291

B042 01 [ ]

B043 02 [ ]

B044 03 保佑身体的符。

B045 04 向马[ ]

① TT VII，27，9将原文中的qyrqzyn读作 qïrqz-ïn（?），并作词义不明处理；BT XXII，I 185（Ch/U 6944，IX）读为kırakžin，同样也是作词义不明处理。该词可能是蒙古语词“qaraqčın”（意为“黑母马”）之音译，此处可能指的是某个女神的名称。参见Ferd Lessing and Mattai Haltod，Mongolian English Dictionary，London and New York：Monumenta Serica，1960，p 933.

② TT VII 27，第7，8，9行的文字记载见于Ch/U 6944残片中。

B046 05 ud [ ]

B047 06 sögüš at[ıš]

B048 07 süngüš adası [ ]

B049 08 yäk ičgäk [ ]

B050 09 tayda [ ] vu [ ]

B051 10 oyunčı [ ] išt[ä]

B052 11 qoyn [ ]

B053 12 beš vu

B054 13 …

B055 14 ud [ ]

B056 15 tünün [ ] vu [ ]

B057 16 alqu s’n[ ] vu

B058 17 alqu ig toya ägirsä[r]

B059 18 turuš tütüštä [ ] at yol ašılur [ ]

B060 19 qunčuylar üküš qız käl[sär] iki vu tutzun ong

B061 20 umay isigikä [ ]

B062 21 uzun tonluy alp äsän [oyul tuyurayın tesär]

B063 22 učıq yelpik sıngsar y[ ]

B064 23 otačı oylın tünlä ünsär [ ] yaramayu vu

B065 24 ärig učuz alyu vu

B066 25 ayuluy yılanya qurt qon[guzya …]

B067 26 bäg išig bodun […] vu

T. II Y. 51

B068 01 ärig učuz alyu vu ·

B069 02 bars yıl（1）ıy kiši bo vu tutsar uzaṭı mängilig bolur ·

B070 03 qayu kiši baš ayrıy bolsar bo vu borya toqıp ičzun ·

B071 04 tiši tınl（ı）y bo vu ätözindä tutsar učuz tuyurur ögrünč sävinč bolur ·

B072 05 bo vu ätözdä tutsar aṭ m（a）ngal bolur qop kösüš qanar ·

B073 06 qayu qun[č]uylarnı[ng] qarnınta oɣul arquru turup tuɣuru umasar bo vu s[ ] ädgü bolur ·

B046 05 牛年[ ]

B047 06 如果有诅咒[ ]

B048 07 如果有战斗的危险[ ]

B049 08 夜叉、精灵[ ]

B050 09 在山上[ ]要这个符[ ]

B051 10 爱玩者[ ]在事业中[ ]

B052 11 羊年[ ]

B053 12 五个符

B054 13 …

B055 14 牛年[ ]

B056 15 在夜间[ ]符[ ]所有

B057 16 [ ]符。如果一切疾病

B058 17 会折磨，[ ]在斗争中[ ]，

B059 18 好运会增多。如果妇女多生女孩，

B060 19 要把这两个符抓在右手。如果

B061 20 妇女得了产褥热[ ]。如果妇女

B062 21 想生一个勇敢、健康的男孩[ ]

B063 22 如果火妖进入[ ]，如果巫医的

B064 23 儿子回来得晚，[ ]这不适宜

B065 24 的符。这是易嫁男人的符。

B066 25 如果遇到毒蛇、昆虫，[ ]。

B067 26 这个是伯克的事业、人民[ ]的符

T. II Y. 51

B068 01 这个是易嫁男人的符。

B069 $_{02}$ 若虎年生的人佩带这个符，他就会长久幸福。

B070 $_{03}$ 若有人头疼，把这个符混合在酒中一起喝。

B071 $_{04}$ 若妇女把这个符佩带身边，她会易分娩，获得喜悦和快乐。

B072 $_{05}$ 若谁把这个符佩带身边，就会获得名声和幸福，所有愿望都会成真。

B073 $_{06}$ 若因妇女子宫里胎儿横位而造成分娩困难，这个符会有帮助。

B074 $_{07}$ umay keč tüššär bo vu y[ıdlıɣ] suvta toqıp ičzun t[üšär] ·

B075 $_{08}$ qayu kišining yılqısı öküš ölsär bo vu qapıɣta yapıšurzun

B076 $_{09}$ bo vu bitip ätözindä kämišs[är] sävär [ ] ünär [ ]

B077 $_{10}$ yeti tsun teräk ıɣač [üzä azu]ča ärük iɣač üzä iki si[ter] čuža üzä bitip tarıɣlaɣ [ ]y qazıp kömṣun

U5611（T. II D. 213）

B078 $_{01}$ [ ]y k[ ]y [ ]l[ ]
[ ]y k[ ]y [ ]l[ ]

B079 $_{02}$ t'qy kyrp wl kwynk'
taqı kirp ol künkä

B080 $_{03}$ 'wtrw 'wtwnwp q'yw
ötrü ötünüp qayu

B081 $_{04}$ twyrlwk kwnklynt'ky · ·
türlüg köngülintägi ·

B082 $_{05}$ pwyswsy 'wtrw swyzl'yw
busušı ötrü sözläyü

B083 $_{06}$ p'rk'y ty ym' q'yw wzwn
bergäy t（aq）ı ymä qayu uzun

B084 $_{07}$ twnlwql'rnynk 'wqly
tonluɣlarning oɣlı

B085$_{08}$ ywq ’ryp wqwl qyz kwys’sr
yoq ärip oɣul qiz küsäs（ä）r
B086$_{09}$ yyty kwynk’t’ky p’k
yeti küngätägi bäg-
B087$_{10}$ ly ywtwzly p’c’p pw
li yutuzlı bačap bo

B074$_{07}$ 若胎衣下得很迟，那么就把这个符混合在有异味的水中一起喝。
B075$_{08}$ 若有人的牲畜大量死亡，那么就把这个符贴在门上。
B076$_{09}$ 若写成这个符，把它扔到（某人）身上，就会喜欢他，[ ]就会出现。
B077$_{10}$ 用二两朱砂，把这符写在七寸胡杨木上或李子树木上，把它埋在地里。

U5611（T. II D. 213）

B078$_{01}$ [ ]l[ ]
B079$_{02}$ 也有，讲述有关在
B080$_{03}$ 此日到来时祈求
B081$_{04}$ 排解心中各种
B082$_{05}$ 各样痛苦的方法。
B083$_{06}$ 还有，如果一个
B084$_{07}$ 女人没有子女
B085$_{08}$ 而想要子女，
B086$_{09}$ 那么夫妻要
B087$_{10}$ 斋戒七天，要

B088$_{11}$ pw d’rnyq ’wyzl’rynynk

{bo} darniɣ[①] özlärining

B089 12　y’sy s’nync’ swyzl’p

yašı sanınča sözläp

B090 13　vwsyn cyzdwrwp

vusın čızdurup

B091 14　tysy kysynynk ’yc

tiši kišining ič

B092 15　twnynynk ’wqynd’

tonınıng oqında

B093 16　p’kl’p s’kzync kwyn vwny

bäkläp säkizinč kün vunı

B094 17　’’lyp kwywrwp kwylyn ’’lyp

alıp köyürüp külin alıp

B095 18　q’r’ ’ynk’knynk swtynk’

qara ingäkning sütingä

B096 19　twqyp ’ycyp p’k

toqıp ičip bäg

B097 20　ywtwz pyrln pwlzwn .

yutuz birl（ä）n bolzun .

B098 21　’wl ’wq kyc’ ’yclyk pwlwp

ol oq kičä ičlig bolup

B099 22　pyr kwyrklwk m’nkyzlyk

bir körklüg mängizlig

B100 23　’wry ’wqwl k’lwrk’y .

urı oɣul kälürgäy- .

---

① darni是梵语词dhāranī之音译，意译为“真言、咒”。参见林忠亿（主编）：《佛学名词中英巴梵汇集》，台北：财团法人台北市慧炬出版社，1983年，第30页。

B088 $_{11}$ 按照他们的岁数念诵
B089 $_{12}$ 同样次数的陀罗尼经。
B090 $_{13}$ 要写出它的符，
B091 $_{14}$ 并把它系在女人裤子的
B092 $_{15}$ 腰带里，在第八天
B093 $_{16}$ 把符取出来，把它
B094 $_{17}$ 烧了，它的灰烬与
B095 $_{18}$ 黑牛的奶混合在一起，
B096 $_{19}$ 把它喝下。然后男人
B097 $_{20}$ 和女人在一起。
B098 $_{21}$ 当天晚上她会怀孕。
B099 $_{22}$ 她将会生一个漂亮而
B100 $_{23}$ 英俊的男孩。

B101 $_{24}$ yn ym’ q’yw yylt’（后面部分空缺）
in ymä qayu yılta

U 5752（T. II Y. 43）正面

B102 $_{01}$ ”tlq ’wzyk ’wl ’yky pw
atl（ı）ɣ uzik ol iki bü–
B103 $_{02}$ kwr ’wyz’ ’wrqw ’wl pyr
gür üzä urɣu ol（·）bir
B104 $_{03}$ ykrmync ’ys’k ”tlq
y（e）g（i）rminč isak atl（ı）ɣ
B105 $_{04}$ ’wzyk ’wl · pydy ’wyz’
uzik ol · beṭi üzä
B106 $_{05}$ ’wrqw ’wl · ’yky ykrmync
urɣu ol · iki y（e）g（i）rminč
B107 $_{06}$ ’yrtsy ”tlq ’wzyk

irtsi atl（ı）ɣ uzik
B108 07　'wl · ywmwz 'wyz' 'rqw
ol · yomuz üzä urɣu
B109 08　'wl · 'wyc ykrmync 'yr
ol · üč y（e）g（i）rminč ir-
B110 09　t'y ''tlq 'wzyk 'wl ·
tay atl（ı）ɣ uzik ol ·
B111 10　s'rqyn'q 'wyz' 'wrqw
sarqınaq üzä urɣu
B112 11　'wl · twyrt ykrmync 'yr-
ol · tört y（e）g（i）rminč ir-
B113 12　wryw ''tlq 'wzyk 'wl ·
uriu atl（ı）ɣ uzik ol ·
B114 13　q'vwq 'wyz' 'wrqw 'wl ·
qavuq üzä urɣu ol ·

B101 24　还有，在那一年 …
U 5752（T. II Y. 43）
B102 01　第十个字是[ ]，
B103 02　它的位置在两个肾脏
B104 03　之上。第十一个字
B105 04　是 isak，它的位置
B106 05　在脸面之上。
B107 06　第十二个字是 irtsi，
B108 07　它的位在置胯部。
B109 08　第十三个字是
B110 09　二太，它的
B111 10　位置在腹部。第十四

B112$_{11}$ 个是 iruri，

B113$_{12}$ 它的位置在膀胱之上。

B114$_{13}$ 第十五个字是

B115$_{14}$ pys ykrmync ’yrv’nk
beš y（e）g（i）rminč irwang

B116$_{15}$ ”tlq ’wzyk ’wl · ’wm’y ’wyz
atl（ı）ɣ uzik ol · umay üz-

B117$_{16}$ ’ ’wrqw ’wl · p’st’qy
ä urɣu ol · baštaqı

B118$_{17}$ twyrt ’wzyk t’s twyrt
tört uzik taš tört

B119$_{18}$ ’wlwqnynk ’ytyky ’wl ·
uluɣnıng etigi ol ·

B120$_{19}$ ”tyn pyr ykrmy ’wzyk
atın bir y（e）g（i）rmi uzik

B121$_{20}$ ’wrwnl’r s’yw pyr’r
orunlar sayu birär

B122$_{21}$ pyr’r ’wrqw ’wl · ’yctyn
birär urɣu ol · ičtin

B123$_{22}$ synk’r ’wrwn ”ryp yrwq
sıngar orun arıp y（a）ruq-

B124$_{23}$ wq t’sp’rw twqyqw
uɣ tašqaru toqıɣu

B125$_{24}$ ywly mwnyt’k · yyr
yolı munıtäg ol · yer

B126$_{25}$ tylk’ntyn t’pr’s’r
tilgäntin täpräsär

B127$_{26}$　swyskwn ’wqwrq’syn
　　süskün oɣurqasın–
B128$_{27}$　tyn ’wn’r
　　tın ünär(.)
B129$_{28}$　’’qylyq pylyk t’pr’s’r
　　aɣılıq bilig täpräsär

B115$_{14}$　二王，它的位置
B116$_{15}$　在胎盘之上。
B117$_{16}$　前四个字是外部
B118$_{17}$　四神的代名。
B119$_{18}$　其余的十一个字
B120$_{19}$　要一个一个地放在
B121$_{20}$　它们的位置上。
B122$_{21}$　如果这些字母在
B123$_{22}$　（身体）里面的位置
B124$_{23}$　是这样，那么照亮
B125$_{24}$　光外的方式是如此。
B126$_{25}$　如果它是从地轴开始，
B127$_{26}$　那就它会从脊骨
B128$_{27}$　出现。
B129$_{28}$　如果它是从知识宝藏

B130$_{29}$　’’lyn l’ks’nyntyn s’c
　　alın lakšanıntın sač
B131$_{30}$　syrtyqyntyn ’wyn’r twk’dy
　　sırtıɣıntın ünär(.)tükädi
B132$_{31}$　synq’n’t’ dy’n s’dw

sinhanaḍa dyan (.) sadu

B133 s'dw ·

sadu .

B130 29 开始，那么就会出现在

B131 30 额头和头发外部。

B132 31 狮吼观音静虑（禅那），善哉

B133 32 善哉。

2.1.3 C：回鹘文民间信仰有关占卜文献

属于民间信仰的回鹘文占卜文献是在最古老的传统中原文明和西域文明的基础上，引入印-欧文明和波斯文明的音素而形成的一种综合性文明的产物。属于民间信仰的回鹘文占卜文献共2件残片组成，这些残片的装潢形制都为册子式，共45行，现收藏于柏林勃兰登堡科学院吐鲁番研究所。其中，U 499 (T. III M. 210) 由正面31行回鹘文组成，页面大小为15 cm × 45 cm，纸质为黄米色，各行行距不同。该残片前14行部分记载的内容是有关人体各部分的黑痣及它相关的预兆，后面16行部分的内容是有关老鼠啃咬衣服各部位而引来的各种后果的预兆。早在1928年，俄国著名的语言学家拉德洛夫（Wilhelm Radloff）在《古代维吾尔文献》（*Uigurische Sprachdenkmäler*）一书的第59 — 61页对该文献进行了转写与德语翻译。但是，他在译释过程中犯了不少错误。1936年，土耳其学者阿拉特在《吐鲁番回鹘文献》第七卷一书的第46页（TT VII ，37）对该残片进行了转写和德语翻译，同时对拉德洛夫在译释工作中的错误也得到了纠正，因而该文献的研究取得了一定的进展。残片U 5820 (T. III T. 295) 由正面15行回鹘文组成，页面大小为5.3cm × 22.4cm，纸质为米色，各行行距不同。1936年，土耳其学者阿拉特在《吐鲁番回鹘文献》第七

卷一书的第44页（TT VII，34）对该残片进行了转写和德语翻译。本文将在前人研究成果的基础上对上述残片进行转写、汉译和注释。

文献的解读与汉文翻译

U 499（T. III M. 210）

C01 01	[ ]
C02 02	twḷ kysy ''lqwcy pwlwr · y' mz
	tul kiši alɣučı bolur · yam（1）z–
C03 03	d' m'nk pwls'r p'y pwlwr 'dkw
	da mäng bolsar bay bolur · ädgü
C04 04	ywltwzq' swqwswr · 'wvwt
	yultuzɣa soqušur · uvut
C05 05	yyrynt' m'nk pwls'r 'wzwn twnlwq
	yerintä mäng bolsar uzun tonluɣ–
C06 06	q' 'mr'q pwlwr kyntyk wstwn
	qa amraq bolur · kintik üstün
C 07 07	m'nk pwls'r 'wqry pwlwr · kyntyk
	mäng bolsar oɣrı bolur · kintik
C08 08	''ltyn m'nk pwls'r p'y pwlwr ·
	altın mäng bolsar bay bolur ·
C09 09	· ''ryn 'wz' m'nk pwls'r t'v'r
	erin üzä mäng bolsar tavar
C10 10	'ycqynqwcy pwlwr · twpyq
	ıčɣınɣučı bolur · tobıq
C11 11	'wz' m'nk pwls'r 'wlwq ''tq'
	üzä mäng bolsar uluɣ atqa

U 499（T. III M. 210）

C01 01　[　　　　　]
C02 02　他将会娶一个寡妇。如果在
C03 03　鼠蹊部有黑痣，他就会发财，
C04 04　他将遇见吉星。如果在私
C05 05　处有黑痣，那么他会喜爱
C06 06　女人。如果在肚脐上部有
C07 07　黑痣，他将会成为窃贼。如果在
C08 08　肚脐下部有黑痣，他将会发财。
C09 09　如果在嘴唇上有黑痣，那么
C10 10　他将会失去他的财产。如果在手腕
C11 11　上有黑痣，那么他将会得到荣誉

C12 12　ywlq’ t’kyr · ’wlwq ’rnk’k
yolɣa tägir · uluɣ erngäk
C13 13　’wz’ m’nk pwls’r q’ q’d’sq’
üzä mäng bolsar qa qadašqa
C14 14　t’rtnqwcy pwlwr · twk’ldy m’nk
tart（ı）nɣuči bolur · tükäldi mäng（·）
C15 15　’mty scq’n p’lkwsyn ”yw pyr’lym
ämtı sıčɣan bälgüsin ayu berälim（·）
C16 16　q’yw kysy twnyn ’wz’ty k’ss’r
qayu kiši tonın uzatı kässär
C17 17　”sqlq twswlwq pwlwr t’kyrmy
as（ı）ɣl（ı）ɣ tusuluɣ bolur（·）tägirmi
C18 18　’ysyrs’r qwrqync pwlwr · ’wvs’q
ısırsar qorqınč bolur · uvšaq
C19 19　’ysyrs’r twtwsk’ swqwswr

ısırsar tütüškä soqušur（・）

C20$_{20}$ q’t q’t ’ysyrs’r ’yklyk pwlwr

qat qat ısırsar iglig bolur（・）

C21$_{21}$ pyr ’wq ’wt qyls’r ’yr’q

bir oq üt qılsar ıraq

C12$_{12}$ 和幸福。如果在大拇指

C13$_{13}$ 上有黑痣，那么他会和亲人

C14$_{14}$ 同胞亲密。黑痣（的占卜）结束。

C15$_{15}$ 现在我要讲述老鼠（咬）的预兆；

C16$_{16}$ 如果老鼠纵向啃穿某个人的衣服，

C17$_{17}$ 他将会得到利益。如果老鼠啃咬成

C18$_{18}$ 圆形，他将会遭到危险。如果啃咬的

C19$_{19}$ （痕迹）细小，那么他将会面临争吵。

C20$_{20}$ 如果咬穿成孔，他将会得病。

C21$_{21}$ 如果只啃咬出一个孔，在远处的

C22$_{22}$ yyrdky kysy k’lyr・’yc ’wnkwrd’

yerd（ä）ki kiši kälir・ič öngürdä

C23$_{23}$ ’ysyrs’r t’v’r kyrwr・p’lt’

ısırsar tavar kirür・beltä

C24$_{24}$ ’ysyrs’r tyl ’’qz qylwr・ywqwrq’n

ısırsar til aɣ（ı）z qılur・yoɣurqan–

C25$_{25}$ yq’wz kwkwn ’ysyrs’r ’wqwl qyz

ıɣ öz kökün ısırsar oɣul qız–

C26$_{26}$ q’ ’’d’ pwlwr・s’cyq k’ss’r

ɣa ada bolur・sačıɣ kässär

C27$_{27}$ ’wzy ’wlwr・qwr ’ysyrs’r・

özi ölür · qur ısırsar

C28 $_{28}$ ’wkrwncw s’v ’sydwr · ’wm

ögrünčü sav äšidür · üm

C29 $_{29}$ kys’nynt’ ’ysyrs’r swwk’ p’rqw

kišänintä ısırsar süükä barγu

C30 $_{30}$ ’ys pwlwr · pyqyn ’wz’ ’ysyrs’r

iš bolur · bıqın üzä ısırsar

C31 $_{31}$ t’v’r kyrwr · t’s wnkwrd’

tavar kirür · taš öngürdä

C22 $_{22}$ 人将会回来。如果啃咬衣服内部，

C23 $_{23}$ 他将会得到财产。如果啃咬衣服

C24 $_{24}$ 腰部，那么流言将会四散。如果

C25 $_{25}$ 啃咬他的毛毯，他的子女将会遭到

C26 $_{26}$ 危险。如果稀碎地啃咬他的毛毯，

C27 $_{27}$ 他将会死亡。如果啃咬腰带，

C28 $_{28}$ 他将会听到好消息。如果啃咬裤子

C29 $_{29}$ 的腰带，那么他将会从军。

C30 $_{30}$ 如果啃咬衣服胯部，他将会

C31 $_{31}$ 得到财产。如果咬穿衣服外部，

C32 $_{32}$ ’ysyrs’r y’nky twn pwlwr pwz

ısırsar y（a）ngı ton bolur（·）böz

U 5820（T. III T. 295）

C33 $_{01}$ [ ]

C34 $_{02}$ swyzl’lym q’yw kysy[ ]

sözlälim（·）qayu kiši[ning]

C35 $_{03}$ pwdy psy ywmqy tpr’sr ’wykws ”qy

　　buṭı b（a）šı yomqı t（ä）pras（ä）r üküš ayɣı

C36$_{04}$　p'rym pwlwr · q'yw kysynynk 'wnkdwn

　　barım bolur · qayu kišining ongdun

C37$_{05}$　psy t'pr'sr 'yr'q p'lyqq' p'ryr

　　b（a）šı täpräs（ä）r ıraq balıqqa barır

C38$_{06}$　swltyn p'sy tprs'r 'rykk' t'kyr

　　soltın bašı t（ä）br（ä）sär ärikkä tägir（·）

C39$_{07}$　cwykd' tpr'sr ''syq pwlwr · 'wnkdwn

　　čökṭä t（ä）präs（ä）r asıɣ bolur · ongdun

C40$_{08}$　qwlqq t'prsr ywwz ywk'rw ''syq

　　qulq（a）q täpr（ä）s（ä）r yüüz yügärü asıɣ

C41$_{09}$　pwlwr swltyn qwl'q tprsr tv'r pwlwr

　　bolur soltın qulaq t（ä）pr（ä）s（ä）r t（a）var bolur（·）

C42$_{10}$　qwl'q twypy tpr's'r p'kl'rtyn ''cyq

　　　qulaq tübi t（ä）präsär bäglärtin ačıɣ

C43$_{11}$　''y'q ''lyr 'wkdyn q's tprsr 'wykswz

　　ayaɣ alır（·）o（n）gdın qaš t（ä）pr（ä）s（ä）r ögsüz

C44$_{12}$　pwlwr swltyn q's t'prsr pwswsws pwlwr ·

　　bolur（·）soltın qaš täpr（ä）s（ä）r busๆusuẓ bolur ·

C45$_{13}$　'wkdyn 'wysdwnky q'p'q [　　　]

　　o（n）gdın üsṭünki qabaq [täpräsär　]

C32$_{32}$　他将会得到一套新衣服。粗布

U 5820（T. III T. 295）

C33$_{01}$　[　　　　　　　]

C34$_{02}$　我要讲述[　　]。如果某个人的

C35$_{03}$　腿和头部都发生跳动，那将会获得巨大的

C36$_{04}$　财富。如果头部右侧发生

C37$_{05}$　跳动，那将会去往一个遥远的城市。
C38$_{06}$　如果头部左侧发生跳动，那将会得到提拔。
C39$_{07}$　如果耳朵后面发生跳动，将会获得利润。如果耳朵
C40$_{08}$　右侧发生跳动，那就会获得
C41$_{09}$　利润。如果耳朵左侧发生跳动，将会得到财富。
C42$_{10}$　如果耳根发生跳动，将会受到王公奖赏
C43$_{11}$　并获得荣誉。如果右眼眉发生跳动，将会
C44$_{12}$　失去母亲。如果左眼眉发生跳动，转悲为喜。
C45$_{13}$　如果右上眼皮发生跳动 [　　]

2.1.4 D：回鹘文《佛说北斗七星延命经》残片

汉文佛教文献《佛说北斗七星延命经》也被译成回鹘文，其内容基本与汉文《佛说北斗七星延命经》相符。该经的回鹘文译文现存20件雕版印书残片，均为经折式残片，每页书写5—55行不等，共296行。根据其印书特点可以假定，这些残片很可能印刷于元朝时期，也就是13—14世纪，现大部分收藏于柏林勃兰登堡科学院吐鲁番研究所。文献中有一件现收藏于北京，一件藏于敦煌，一件藏于圣彼得堡，4件原件遗失。其中U 5080（T. III M. 190a）残片由正面5行回鹘文组成，页面大小为8.6 cm × 16.8 cm，行距为1.3—1.6 cm，纸质为米色。U 5079（T. III M. 190a）由正面5行回鹘文组成，页面大小为11.9 cm × 16.6 cm，行距为1.4—1.5 cm，纸质为米色。残片U 3208+ U 3229（T . III M. 120+ T . III M. 123）由正面8行、反面7行回鹘文组成，页面大小为13.5 cm × 8.4 cm，行距为1.4—1.6 cm。U 496（T. III M. 190a）由11页组成，每页有5行回鹘文。SI Kr. III 2/3残片由9行回鹘文组成，原件现收藏于圣彼得堡。U 4089（T I D 605，T. III M.123 A5）由两页组成，每页有5行回鹘文。残片U 3236（T. III M. 127. A2）由正面5行、反面5行回鹘文组成，页面大小为13.4

cm × 14.5cm，行距为1.3 — 1.5 cm，纸质为淡黄色。残片U 1919由正面9行，反面7行回鹘文组成，页面大小为13.8cm × 14.5 cm，行距为1.1 — 1.3 cm，纸质为米色。残片U 9183（T. III M.115. A3）、U 9184（T. III M.115. A4）、U 9185（T. III M.115. A4）原件遗失。

1936年，土耳其学者阿拉特在《吐鲁番回鹘文献》第七卷首次公布了15篇回鹘文《佛说北斗七星延命经》残片。2005年，德国学者彼得·茨默教授出版的《回鹘文佛教咒术文献》一书《文献G》(《佛说北斗七星延命经》部分）对31件属于回鹘文佛教七星经的历法和占卜文献进行了转写、换写、德语翻译和注释，并对部分文献与其汉文原典进行了对比和分析。本文在前人研究成果的基础上对该文献进行了转写、汉译和注释。

文献的解读与汉文翻译

U 5080（T. III M. 190a）①

D001 01　’n’tk’k twyyn p[　　]

änätkäk toyın b[o suduruɣ]②

D002 02　’yltw t’vq’cq’ k’lyp twyy[　]

eltü tavɣačqa kälip toyı[nlarıɣ]

D003 03　’wytl’dy ”rykl’dy · · t’pyq ’wdwq qyqyw

ötlädi ärigladi · · tapıɣ uduɣ qı（1）ɣu-

D004 04　q’ · · ”nk’ylky [ ]’ml’nk ”tlq

ɣa · · ängilki [t]amlang atl（ı）ɣ

D005 05　ywltwz ’wyl vwwsy pw ’rwr · · kwysk[ ]

yultuz ol vuusı bo ärür · · küsk[ü]

① U 5080残片只包括T. III M. 190a前首五行。参见Knüppel，Michael，Alttürkische Handschriften Teil 17（Heilkundliche，Volksreligiöse und Ritualtexte），Stuttgart：VOHD，2013，p161。

② BT XXIII，118（G006，01）将空缺部分前面的字读作k。

U 5079（T. III M. 190a）①

D006 01　 yyllyq kysy pw
yıllıɣ kiši bo

D007 02　ywltwzq' s'nlyq
yultuzɣa sanlıɣ

D008 03　twq'r・・lyvy ''sy 'wywr twykysy
tuɣar・・livi ašı öyür tögisi

D009 04　tyt[ ]r・・''d' twd' pwltwqt'
tetir・・ada tuda boltuqta

D010 05　[ ]w nwm p[ ]tykk' t'pynyp 'wdwnwp
[b]o nom b[i]tigkä tapınıp udunup

U 5080（T. III M. 190a）

D001 01　印度僧携带此经

D002 02　来到唐朝，并为僧侣们

D003 03　注解。供养的，

D004 04　起初为贪狼星，其

D005 05　星符如此，子（鼠）年

U 5079（T. III M. 190a）

D006 01　人属于

D007 02　此星

D008 03　降生。供祭的禄食为黍。

D009 04　若有灾难痛苦，

D010 05　供养此经

---

① 该残片只包括T. III M. 190a 6–10行。参见Knüppel，Michael，Alttürkische Handschriften Teil 17（Heilkundliche，Volksreligiöse und Ritualtexte），Stuttgart：VOHD，2013，p162。

U 3208+ U 3229（T . III M. 120+ T . III M. 123）正面①

D011 01　”d’ twd[ ] pwltwqd’ [ ]w [ ]wm
ada tud[a] bolduqṭa [b]o [n]om

D012 02　pytykyk t’pynyp vwwsyn
bitigig tapınıp vuusın

D013 03　’t’wyzynt’ twtmys k[ ]k’k
ätözinḍä tutmıš k[är]gäk

D014 04　’wlwq ’wykrwnc s’vync pwlwr
uluɣ ögrünč sävinč bolur

D015 05　’ykynty kwmwnsy ”t[ ]q ywltwz
ikinti kumunsi at[l]（ı）ɣ yultuz

D016 06　’wl vwwsy pw ’rw[ ] ’wd yyllyq
ol（・・）vuusı bo ärü[r] ud yıllıɣ

D017 07　twnkwz yyllyq
tonguz yıllıɣ

U 3208+ U 3229（T . III M. 120+ T . III M. 123） 反面②

D018 08　kysy pw y[ ]ltwz q[ ]
kiši bo y[u]ltuzɣ[a sanlıɣ]

D019 09　twq’r・・lyvy ”sy [ ]
tuɣar・・livi ašı [qonaq]

D020 10　twykysy tytyr・・[ ]
tögisi tetir・・[ada tuda]

D021 11　pwltwqd’ pw nwm pytyk
bolduqṭa bo nom bitig–

① 该残片正面部分的内容类似于T. III M. 190a残片9–15行部分。参见 T T VII，14，p 23（T. III M. 190a，9–15）。

② 该残片反面部分的内容类似于T. III M. 190a残片15–21行部分。参见 T T VII，14，p 23（T. III M. 190a，15–21）。

D022₁₂　k' t'pynyp ∷ ∷
　　　　kä tapınıp ∷ ∷

U 3208+ U 3229（T. III M. 120+T. III M. 123）

D011₀₁　若有灾难痛苦，
D012₀₂　供养此经及
D013₀₃　佩带星符。
D014₀₄　此人将会非常欢快喜悦。
D015₀₅　其次为巨门星，
D016₀₆　其星符是这个；丑（牛）年
D017₀₇　和亥（猪）年的
D018₀₈　人属于此星
D019₀₉　降生。供祭的禄食是
D020₁₀　粟。若有痛苦
D021₁₁　灾难，要
D022₁₂　供养此经

D023₁₃　vwwsyn't'wyzd'
　　　　vuusın ätözdä
D024₁₄　twtmys krk'k ''d'sy 'rt'r
　　　　tutmıš k（ä）rgäk adası ärtär

U 496（T. III M. 190a）①

D025₀₁　▦ twnkwz yyllyq kysy
　　　　tonguz yıllıɣ kiši
D026₀₂　pw ywltwzq' s'n
　　　　bo yultuzɣa san-

---

① 该残片只有包括T. III M. 190a残片15-69行部分。参见 T T VII, 14, 23-4（T. III M. 190a, 15-69）。

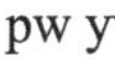

D027 03　lyq twq'r・・lyvy ''sy qwn'q twykysy
　　　　lıɣ tuɣar・・livi aši qonaq tögisi

D028 04　tytyr・・''d' twd' pwldwqt'
　　　　tetir・・ada tuda bolṭuqta

D029 05　pw nwm pytykk' t'pynyp 'wdwnwp
　　　　bo nom bitigkä tapınıp udunup

D030 06　vwwsyn 't'wyzynt' twtmys
　　　　vuusın ätözinḍä tutmıš

D031 07　krk'k・・''d' sy 'rt'r・・'wlwq
　　　　k（ä）rgäk・・adası ärtär・・uluɣ

D032 08　'wykrwnclwk s'vynclyk
　　　　ögrünčlüg sävinčlig

D033 09　pwlwr・・　　　　::
　　　　bolur・・　　　　::

D034 10　'wycwnc lwwswn ''tlq ywltwz
　　　　üčünč luusun① atl（ı）ɣ yultuz

D035 11　'wl・・vwwsy pw 'rwr・・p'rs yyllyq
　　　　ol・・vuusı bo ärür・・bars yıllıɣ

D023 13　及佩带

D024 14　星符，灾难将会消失。

U 496（T. III M. 190a）

D025 01　亥（猪）年的人

D026 02　属于此星

D027 03　降生。供祭的禄食是

D028 04　粟。若有痛苦灾难，

---

① T T VII, 14（24）: liusun.

D029 05 要供养此经
D030 06 及佩带星符，
D031 07 灾难将会消失，
D032 08 此人将会非常
D033 09 欢快喜悦。
D034 10 第三为禄存星，
D035 11 其星符是这个：寅（虎）

D036 12  ’yt yyl lyq kysy
it yıllıɣ kiši
D037 13 pw ywltwzq’ s’nlyq
bo yultuzɣa sanlıɣ
D038 14 twq’r · · lyvy ”sy twtwrq’n
tuɣar · · livi ašı tuturqan
D039 15 tytyr · · ”d’ twd’ pwltwqt’
tetir · · ada tuda boltuqta
D040 16 pw nwm pytyk k’ t’pynyp ’wdwnwp
bo nom bitigkä tapınıp udunup
D041 17 vwwsyn ’t’wyzynt’ twtmys
vuusın ätözinḍä tutmıš
D042 18 krk’k · · ”d’ sy ’rt’r · · ’wlwq
k（ä）rgäk · · adası ärtär · · uluɣ
D043 19 ’wykrwnclwk s’vynclyk
ögrünčlüg sävinčlig
D044 20 pwlwr · · ::
bolur · · ::
D045 21 twyrtwnc vwnkyw ”tlq ywltwz

	törtünč vunkyu① atl（1）γ yultuz
D046 22	'wl·· vwwsy pw 'rwr·· t'vysq'n
	ol·· vuusı bo ärür·· tavıšγan
D047 23	🀫yyllyq·· t'qyqw yyl
	yıllıγ·· taqıγu yıl-
D048 24	lyq kysy pw ywltwz
	lıγ kiši bo yultuz-

D036 12	年和戌（狗）年的人
D037 13	属于此星
D038 14	降生。供祭的禄食是
D039 15	稻米。若有痛苦
D040 16	灾难，要供养
D041 17	此经及佩带星符，
D042 18	灾难将会消失，
D043 19	此人将会非常
D044 20	欢快喜悦。
D045 21	第四为文曲星，
D046 22	其星符是这个：卯
D047 23	（兔）年和酉（鸡）年
D048 24	的人属于此星

D049 25	q' s'nlyq twq'r·· lyvy "sy pwqd'y
	γa sanlıγ tuγar·· livi aši buγday
D050 26	tytyr·· "d' twd' pwltwqt'
	tetir·· ada tuda boltuqta

---

① T T Ⅶ, 14（34）将原文中的ywṅkyw读作yunkiu。原文中的ywṅkyw可能有书写错误，该词应读作vunkyu。

D051 27 pw nwm pytykk' t'pynyp 'wdwnwp
bo nom bitigkä tapınıp udunup

D052 28 vwwsyn 't'wyzynt' twtmys
vuusın ätözinḍä tutmıš

D053 29 krk'k · · ''d' sy 'rt'r · · 'wlwq
k（ä）rgäk · · adası ärtär · · uluɣ

D054 30 'wykrwnclwk s'vynclyk pwlwr · ·
ögrünčlüg sävinčlig bolur · ·

D055 31 pysync lymcyn ''tlq ywltwz 'wl · ·
bešinč limčin atl（ı）ɣ yultuz ol · ·

D056 32 vwwsy pw 'rwr · · lww yyllyq
vuusı bo ärür · · luu yıllıɣ

D057 33 [illegible]pycyn yyllyq kysy
bičin yıllıɣ kiši

D058 34 pw ywltwzq' s'n
bo yultuzɣa san-

D059 35 lyq twq'r · · lyvy ''sy k'ntyr 'wrwqy
lıɣ tuɣar · · livi ašı käntir uruɣı

D060 36 tytyr · · ''d' twd' pwltwqd'
tetir · · ada tuda boltuqṭa

D061 37 pw nwm pytykk' t'pynyp'wdwnwp
bo nom bitigkä tapınıp udunup

D062 38 vwwsyn 't'wyzynt' twtmys
vuusın ätözinḍä tutmıš

D049 25 降生。供祭的禄食

D050 26 是小麦。若有痛苦

D051 27 灾难，要供养

D052 28　此经及佩带星符，

D053 29　灾难将会消失，此人

D054 30　将会非常欢快喜悦。

D055 31　第五为廉贞星，

D056 32　其星符是这个：辰（龙）

D057 33　年和申（猴）年的人

D058 34　属于此星

D059 35　降生。供祭的禄食

D060 36　是麻子。若有痛苦

D061 37　灾难，要供养

D062 38　此经及佩带星符，

D063 39　krk’k ’’d’ sy ’rt’r · · ’wlwq
k（ä）rgäk · · adası ärtär · · uluɣ

D064 40　’wykrwnclwk s’vynclyk pwlwr · ·
ögrünčlüg sävinčlig bolur · ·

D065 41　’’ltync vwkww ’’tlq ywltwz ’wl · ·
altınč vukuu atl（ı）ɣ yultuz ol · ·

D066 42　vwwsy pw ’rwr · · qwyn yyllyq
vuusı bo ärür · · qoyn yıllıɣ

D067 43　[illegible]yyl’n yyllyq
yılan yıllıɣ

D068 44　kysy pw ywltwzq’
kiši bo yultuzɣa

D069 45　[ ]nlyq twq’r · · lyvy ’’sy q’r’
[sa]nlıɣ tuɣar · · livi aši qara

D070 46　pwrc[ ]d’ tw[ ]
burč[aq tetir · · a]da tu[da boltuq]–

D071$_{47}$ t’ [ ] nwm pytyk[ ]
ta [bo] nom bitig[kä tapınıp]

D072$_{48}$ ’wdwn[ ] vwwsyn ’t’wy[ ]
udun[up] vuusın ätö[zindä]

D073$_{49}$ twtmys krk’k · · ”d’ sy ’rt[ ]
tutmıš k（ä）rgäk · · adası ärt[är · ·]

D074$_{50}$ ’wlwq ’wykrwnclwk s’vynclyk
uluɣ ögrünčlüg sävinčlig

D075$_{51}$ pwlwr · · yyt[ ] ”tlq
bolur · · yet[inč pukunsi] atl（ı）ɣ

D076$_{52}$ ywltwz ’wl · · vwwsy pw ’rwr · ·
yultuz ol · · vuusı bo ärür · ·

D063$_{39}$ 灾难将会消失，此人
D064$_{40}$ 将会非常欢快喜悦。
D065$_{41}$ 第六为武曲星，
D066$_{42}$ 其星符是这个：巳
D067$_{43}$ （羊）年和未（蛇）
D068$_{44}$ 年的人属于此星
D069$_{45}$ 降生。供祭的禄食
D070$_{46}$ 是黑豆。若有痛苦
D071$_{47}$ 灾难，要供养此经
D072$_{48}$ 及佩带星符，灾难
D073$_{49}$ 将会消失。此人将
D074$_{50}$ 会非常欢快喜悦。
D075$_{51}$ 第七为破军星，其
D076$_{52}$ 星符如此：

D077 53　[illegible]ywnt yyllyq
yont yıllıɤ
D078 54　kysy pw ywltwzq’
kiši bo yultuzɤa
D079 55　[　　　] ”sy y’syl pwrc’q
[sanlıɤ tuɤar · · livi] aši yašil burčaq
D080 56　[tetir · · ada tuda boltuqta]
D081 57　[bo nom bitigkä tapınıp]
D082 58　[udunup vuusın ätözindä]
D083 59　[tutmıš k（ä）rgäk · · adası ärtär]
D084 60　[uluɤ ögrünčlüg sävinčlig]
D085 61　[bolur · ·　　　]
D086 62　[　　　]
SI Kr. III 2/3
D087 01　pyrwk kym q’yw kysy · · kṅtwṅwnk
birök kim qayu kiši · · k（ä）ntününg
D088 02　yyl ywryqy ”d’ synk’ [ ]
yıl yorıqı adasınga [tüš]–
D089 03　[ ]r ’wl kysy pw nwm ’rdynyk’
[sä]r ol kiši bo nom ärdinikä
D090 04　yyty q’t’ ywkwṅzwnl’r
yeti qata yükünzünlär
D091 05　”lqw ”d’ twd’ l’r p’rc’
alqu ada tudalar barča
D092 06　’wyc’r ”lqynwr : : : :
öčär alqınur : : : :
D093 07　’wl ’wydwn tnkry tnkrysy pwrq’n
ol üdün t（ä）ngri t（ä）ngrisi burhan

D077 $_{53}$　午（马）年的

D078 $_{54}$　人属于此星降生。

D079 $_{55}$　供祭的禄食是绿豆

D080 $_{56}$　若有痛苦灾难，

D081 $_{57}$　要供养此经及

D082 $_{58}$　佩带星符，灾难

D083 $_{59}$　将会消失，此人将

D084 $_{60}$　会非常欢快喜悦。

D085 $_{61}$　[　　　　]

D086 $_{62}$　[　　　　]

SI Kr. III 2/3

D087 $_{01}$　如果任何人遇到

D088 $_{02}$　自己行年的灾厄，

D089 $_{03}$　此人要礼此经

D090 $_{04}$　七拜，

D091 $_{05}$　一切灾难痛苦都

D092 $_{06}$　将会被消除。

D093 $_{07}$　尔时，佛告

D094 $_{08}$　m'ṅcwšẏry pwdystvq' 'yṅc'

mančuširi bodistvqa inčä

D095 $_{09}$　typ yrlyq'dy・ ・m'ṅcwšẏryy'

tep y（a）rlıqadı・・mančuširiya

U 4089（T I D 605, T. III M.123 A5）①

D096 $_{01}$　'wycwrd'cy tytyr・ ・q'm'q qylyncl'r

öčürdäči tetir・・ qamaɣ qılınčlar

---

① 该残片只有包括T. III M.123 A5残片71–81行部分。参见 T T VII, 40, p. 50（T. III M.123 A5, 71–81）。

D097$_{02}$ ''d' sy 'wys'ky 'wyd'k pyrymyk
adası üẓäki öṭäk berimig

D098$_{03}$ pyrwk kym q'yw twyyn smn'nc
birök kim qayu toyın š（a）mnanč

D099$_{04}$ 'wp'sy 'wp's'nc p'k 'yysy
upasi upasanč bäg eši

D100$_{05}$ ''tlq ywwzlwk twyzwn
atl（ı）ɣ yüüzlüg tüzün

D101$_{06}$ 'r'nl'r· ·twyzwn qwncwyl'r· ·
äränlär · · tüzün qunčuylar · ·

D102$_{07}$ 'p ''y'qlyq 'p ''y'qsyz 'wlwq
ap ayaɣlıɣ ap ayaɣsız uluɣ

D103$_{08}$ kycyk kym p'k 'rs'rl'r 'wl'r
kičig kim bäg ärsärlär olar

D104$_{09}$ p'rc' yytyk'nk' s'nlyq
barča yetikänkä sanlıɣ

D105$_{10}$ twq'rl'r· ·pyrwk pw nwmwq 'sydyp
tuɣarlar · · birök bo nomuɣ äšiṭip

D106$_{11}$ k（ä）ntü özläri tapınsar udunsar

D107$_{12}$ azu 'wtw[ ]

D108$_{13}$ ly yana ešingä tuš–

D094$_{08}$ 文殊师利菩萨所说

D095$_{09}$ 此经：文殊师利啊！
（后面部分是空缺的）

U 4089（T I D 605，T. III M.123 A5）

D096$_{01}$ 消除一切行为的

D097$_{02}$ 灾难。若有那些

D098 03　比丘、比丘尼、

D099 04　优婆塞、优婆夷、

D100 05　王公、后妃、有地位

D101 06　的男子、纯善的公主，

D102 07　若贵若贱，大的小的，

D103 08　不论是谁，他们全部

D104 09　都属于《七星经》的

D105 10　众生。如果闻了

D106 11　此经，亲自供养

D107 12　顶礼的话，甚至

D108 13　又对朋友、伙伴、

D109 14　ınga qasınga [　　]

D110 15　qadašınga [　　]

D111 16　öṭläp ärigläp [　　]

U 3236（T. III M. 127. A_2）正面

D112 01　pwsqwns'r twtdwrs'r pw pwy'n

bošɣunsar tutdursar bo buyan

D113 02　'dkw qylync twysyn pw

ädgü qılınč tüšin bo

D114 03　kwyzwnwr ''zwnt' 'wq pwlwr

közünür ažunta oq bolur

D115 04　pyrwk kym q'yw twyzwnl'r

birök kim qaya tüzünlär

D116 05　'wqly · · twyzwnl'r qyzy

oɣlı · · tüzünlär qızı

D117 06　'rtmysl'r · · t'mwt' twqwp

ärtmišlär · · tamuta tuɣup

D118 $_{07}$　”drwq ”drwq ”cyqq
　　adruq adruq ačıɣ（ı）ɣ
D119 $_{08}$　t’rq’ ’mk’k ’mk’nd’cyl’r
　　tarqa ämgäk ämgändäčilär
U 4738（T.III M. 238. B1 + T.III M.238.B2）
D120 $_{01}$　’mk’nd’cyl’r ’wycwn・・pw nwm
　　ämgändäčilär üčün・・bo nom
D121 $_{02}$　pytykyk ’sydyp kyrtkwnc kwynkwl
　　bitigig äšiṭip kertgünč köngül-
D122 $_{03}$　yn ”y’s’r ”qyrl’s’r t’pyns’r・・
　　in ayasar aɣırlasar tapınsar・・
D123 $_{04}$　’wdwns’r・・’wytrw ’wl ’wyswtl’r
　　udunsar・・ötrü ol üẓütlär

D109 $_{14}$　亲戚、[　　]
D110 $_{15}$　同胞 [　　]
D111 $_{16}$　进行劝告、提醒，
U 3236（T. III M. 127. A2）
D112 $_{01}$　虽遇缠碍，然终能
D113 $_{02}$　在现世中享受到
D114 $_{03}$　这种功德善行之果。
D115 $_{04}$　若有那些善
D116 $_{05}$　男子善女人
D117 $_{06}$　逝去者，从地狱出世
D118 $_{07}$　蒙受种种悲痛，
D119 $_{08}$　遭受沉重苦难者，
U 4738（T.III M. 238. B_1 + T.III M.238.B_2）
D120 $_{01}$　遭受苦难者，因为听从了

D121 02　此经，而且以虔诚之心
D122 03　供奉顶礼此经，
D123 04　尔后那些心灵将会从

D124 05　t'mwt'qy 'mk'ktyn 'wzwp
tamutaqı ämgäktin uzup①
D125 06　qwtrwlwp 'rtynkw m'nkylyk
qutrulup ärtingü mängilig
D126 07　yyrtyncwt' ''pyt' pwrq'n
yertinčütä abita burhan
D127 08　'wlwsynt' twq'r · · kym q'yw twyz
ulušınta tuɣar · · kim qayu tüz–
D128 09　wynl'r 'wqly twyzwnl'r qyzy
ünlär oɣlı tüzünlär qızı
D129 10　''zw y'kk' 'yck'kk'
azu yäkkä ičgäkkä
D130 11　p'syndwrmys pwls'r · · t'rs t'trw smnw
basındurmıš bolsar · · tärs tetrü šmnu
D131 12　'wyrl'dmys 'rs'r · · y'vyz twyl twys's'r · ·
örläṭmiš ärsär · · yavız tül tüšäsär · ·
D132 13　'rm'z 'yrw plkw kwyswns'r · · 'wyky
ärmäz irü b（ä）lgü köẓünsär · · ögi
D133 14　kwnkwly 'wyrks'r p'lynkl's'r · · pyrwk
köngüli ürksär bälingläsär · · birök
D134 15　pw nwmwq 'sydyp pwsqwns'r twts'r · ·
bo nomuɣ äšiṭip bošɣunsar tutsar · ·

---

① T T VII, 40（T. III M. 238B1, 31）：osup.

D135 16 [ ]
D136 17 [ ]
D137 18 [ ]
D138 19 [ ]
D139 20 [kim qayu tüzünlär oɣlı tüzün]-
[ ]

D124 05 地狱的苦难中解脱出
D125 06 来，在充满快乐的世界中，
D126 07 在极乐世界（阿弥陀佛国）
D127 08 里降生。若有那些善男
D128 09 子善女人们被夜叉、
D129 10 精灵（魔鬼）迷惑住，
D130 11 被阴间的恶魔折磨，
D131 12 若做噩梦，若看见
D132 13 凶兆，若高尚的心灵
D133 14 受恐惧，要是听从、
D134 15 学习并掌握此经。
D135 16 [ ]
D136 17 [ ]
D137 18 [ ]
D138 19 [ ]
D139 20 若有那些善男子

D140 21 l’r qyzy ”nt’q ym’ ’wqwry
lär qızı antaɣ ymä uɣurı-
D141 22 yyqy pwlwp p’kk’ ’yysyk’
yıqı bolup bägkä ešikä

D142 23　’yn’nc t’y’nc pwlq’ly kwys’s’r · ·
ınanč tayanč bolɣalı küsäsär · ·

D143 24　’t’wyzyn ’mk’dyp y’ntwrw y’n’
ätözin ämgäṭip yanturu yana

D144 25　’ysk’ ywmwsq’ p’rd’cy pwls’r · ·
iškä yumušqa bardačı bolsar · ·

U 9183（T. III M.115. A3）

D145 01　[inčip]
D146 02　[ ]
D147 03　[bägkä] ešikä[①]
D148 04　[ınanč tayanč] bolup atı
D149 05　[küsi ašılu]r · · üstälür
D150 06　[uluɣ ö]grünčlüg sävinč]–
D151 07　lig bolur · · birök kim
D152 08　qayu tüzünlär oɣlı

U 9184（T. III M.115. A4） 正面

D153 01　tüzünlär qızı a[nčulayu]
D154 02　ymä aɣır ig aɣrıɣ
D155 03　üzä [ä]girtip · · ol ig–
D156 04　[intin] aɣrıɣıntın
D157 05　[öngäd]gäli küsäsär · · inčip
D158 06　[ar]ıɣ ävṭä tütsüg
D159 07　[köyürüp] bo nom
D160 08　[bitig]kä [tapınıp u]d[unup]

D140 21　善女人仍以这样的

① T T VII, 40（T. III M. 115A3, 44）: ili –gä（?）.

D141 22　修行方式，希望自己
D142 23　成为王公贵族的话，
D143 24　若折磨身体复又去效
D144 25　力的话，

U 9183（T. III M.115. A3）
D145 01　[　　　]
D146 02　[　　　　]
D147 03　[ ] 他们将成为王公
D148 04　贵族，其名声将会
D149 05　增加，并升高，他
D150 06　们将会欢快喜悦。
D151 07　若有那些
D152 08　善男子
U 9184（T. III M.115. A4）
D153 01　善女人
D154 02　又在重病
D155 03　中，希望
D156 04　自己的疾病
D157 05　痊愈的话，尔后
D158 06　在一个洁净的屋
D159 07　里烧香供奉
D160 08　此经，

U 9185（T. III M.115. A4）反面
D161 01　[ ] bo nomu[ɣ]
D162 02　[birök] kim qayu tüzün–
D164 04　[lär oɣlı] tüzünlär qızı

D165 05 [yo]l yorıɣalı ıraq barɣalı

D166 06 satıɣ yuluɣ qılɣalı

D167 07 saqınsar · · tilämiš äd

D168 08 t（a）var üzä küsüšin

U 4216（T . II T . 622）

D169 01 [ ]yy[ ]

D170 02 ’wyzy ’wswn pwlwr [ ]

özi uẓun bolur [· · birök kim]

D171 03 q’yw twyzwnl’r [ ]

qayu tüzünlär [oɣlı tüzün]-

D172 04 l’r qyzy twqmys [ ]

lär qızı tuɣmıš [kiši yalanguquɣ]

D173 05 p’rc’ yytyk’[ ]

barča yetikä[nkä elänür ärksinür]

D174 06 typ yrlyq’d[ ]

tep y（a）rlıqad[ı · · tirig isig]

D175 07 [ ]’y’[ ]

[ ]’y’[ ]

D176 08 [ ]

D177 09 [ ]

D178 10 [ ]

B464：148（Dunhuang NGMD）

D179 01 ’yl’nwr ’rksynwr typ pylyp pw nwm

elänür ärksinür tep bilip bo nom

U 9185（T. III M.115. A4）

D161 01 [ ]

D162 02 疾病即可痊愈。

D163 03　若有那些善
D164 04　男子、善女人
D165 05　想要前往
D166 06　远方，
D167 07　经商的话，要获取
D168 08　财富的愿望[　]
U 4216（T.II T.622）
D169 01　[　]
D170 02　自己会长寿，若
D171 03　有那些善男子善
D172 04　女人，一切众生
D173 05　都由《七星经》管，
D174 06　[　]所说。
D175 07　[　]
D176 08　[　]
D177 09　[　]
D178 10　[　]
B464：148（Dunhuang NGMD）
D179 01　须知北斗七星管

D180 02　pytykyk ''y's'r kyrtkw[ ]r・・t'pyq
bitigig ayasar kertgünsär・・tapıɣ
D181 03　'wdwq qyls'r 'wytrw pyr ym' ''d'
uduɣ qılsar ötrü bir ymä ada
D182 04　twd' ''d'l'ndwrw 'wm'qy t[ ]
tuda adalanduru umaɣay t[ep]
D183 05　yrlyq'dy・・'wl 'wydwn [　]
y（a）rlıqadı・・ol üdün [　]

D184$_{06}$ [ ]

D185$_{07}$ [ ]

D186$_{08}$ [ ]

D187$_{09}$ [ ]

D188$_{10}$ [ ]

D189$_{11}$ [yin]čürü töpün yükün[üp kettilär]

Huang Wenbi Nr. 98

D190$_{01}$ n’mw r’tn’ cyrc’ty mq’ dyc’

namo ratna čirčati m（a）ha diča

D191$_{02}$ cyr ’’pyr’ ’’ky sv’q’··

čir abira aki svaha··

D192$_{03}$ ’’ltwn qwtlwq kysy ywrwnk pr’

altun qutluɣ kiši yürüng pra

D193$_{04}$ ’yq’c qwtlwq kysy kwyk pr’

ıɣač qutluɣ kiši kök pra

D194$_{05}$ swv qwtlwq kysy q’r’ pr’

suv qutluɣ kiši qara pra

D195$_{06}$ [ot qutluɣ kiši qızıl pra]

[ ]

Mainz 194

D196$_{01}$ r5 topraq [qutluɣ kiši sarıɣ pra]

D197$_{02}$ [ ]

D180$_{02}$ 人生命，以虔诚之

D181$_{03}$ 心供养此经，还

D182$_{04}$ 又使此人免遭祸

D183$_{05}$ 害，尔时[ ]

D184$_{06}$ [ ]

D185 07 [ ]

D186 08 [ ]

D187 09 [ ]

D188 10 [ ]

D189 11 口头顶礼，供奉。

Huang Wenbi Nr. 98

D190 01 南无喝啰怛那怛啰夜耶、

D191 02 大威德、光明的娑嚩诃。

D192 03 金福之人有白身。

D193 04 木福之人有蓝身。

D194 05 水福之人有黑身。

D195 06 火福之人有红身。

Mainz 194

D196 01 土福之人有黄身。

D197 02 [ ]

D198 03 [ ]

D199 04 [ ]

D200 05 [ ]

D201 06 [ ]

D202 07 [ ]

D203 08 [ ]

D204 09 [ ]

D205 10 [ ]

U 4491

D206 01 [ ] yyty krql'r

[kün ayta ulatı] yeti gr（a）hlar

D207 02 [ ]k[ ]dyrl'r··

[säkiz otuz na]k[ša]ṭirlar · · otuz

D208 03 [ ]wlty ywltwzl'r qwvr'qy

[tümän k]olti yultuzlar quvrayı

D209 04 [ ]zynkyz 'wl tnkrym' · ·

[si]zingiz ol t（ä）ngrimä · ·

D210 05 [ ] ''zwnt'qy kwys'mys

[bo] ažuntaqı küsämiš

U 4740（T. III M. 243B3）

D211 01 kwyswswk q'ndwrt'cy 'rwr[ ]

küsüšüg qandurḍačı ärür[siz]

D212 02 tnkrym · · [ ]yn pyznynk qwp

t（ä）ngrim · · [an]ın bizning qop

D213 03 q'm'q kwys'mys kwyswswmwz ''lqw,

qamaγ küsämiš küsüšümüz alqu

D214 01 s'qynmys s'qyncymyzny kwnkwl

saqınmıš saqınčımıznı köngül–

D215 05 wmwzc' q'ntwrwnk pwytwrwnk

ümüzčä qanḍurung bütürüng

D198 03 [ ]

D199 04 [ ]

D200 05 [ ]

D201 06 [ ]

D202 07 [ ]

D203 08 [ ]

D204 09 [ ]

D205 10 [ ]

U 4491

D206 01　以日月为首，七大行星，

D207 02　二十八星宿，三十

D208 03　[万]亿足星辰，

D209 04　为你供奉。

D210 05　您是这世界所有

U 4740（T. III M. 243B_3）

D211 01　愿望的满足者。

D212 02　上天啊！ 您对我们

D213 03　所有的希望，所有的

D214 04　寄托，都按我们的

D215 05　意愿去满足，去实现。

D216 06　tnkrym · · ywz twyrlwk ”dl’ryq
t（ä）ngrim · · yüz türlüg adalarıɣ

D217 07　kyt’rd’cy t’rq’rd’cy ’rwrsyz tnkrym · ·
kitärdäči tarqardačı ärürsiz t（ä）ngrim · ·

D218 08　’wyzwk y’syq ym’ ’wswn
özüg yašıɣ ymä uẓun

D219 09　qylt’cy ’rwrsyz tnkrym · · m’nynk
qıltačı ärürsiz t（ä）ngrim · · mäning

D220 10　ym’ qwp ’dkwlwk s’vymzny
ymä qop ädgülüg savım（ı）znı

D221 11　pwytwrwnk tnkrym · ·
bütürüng t（ä）ngrim · ·

D222 12　yytyk’nk’ ywl’ t’mdwrqw
yetikänkä yula tamdurɣu

D223 13　kwynl’ryk ”yw pyr’lym · ·
künlärig ayu berälim · ·

D224 14 [ ]r'm ''y yyty y'nkyq' · ·
[a]ram ay yeti yangıɣa · ·
D225 15 'yk[ ]y ''y twyrt y'nkyq' · ·
ik[int]i ay tört yangıɣa · ·
D226 16 'wycwnc ''y 'yky y'nkyq' · ·
üčünč ay iki yangıɣa · ·
D227 17 twyrtwnc ''y yyty 'wytwzq' · ·
törtünč ay yeti otuzɣa · ·
D228 18 pysync ''y pys 'wytwzq' · ·
bešinč ay beš otuzɣa · ·
D229 19 ''ltync ''y 'wyc 'wtwzq' · ·
altınč ay üč otuzɣa · ·
D230 20 yytync ''y ykrmyk'
yetinč ay y（e）g（i）rmigä

D216 06 上天啊！您是百种灾祸
D217 07 的驱除者。上天啊！
D218 08 您会延命
D219 09 长寿。上天啊！还有，
D220 10 对我诸多的善言，
D221 11 您要去实现。上天啊！
D222 12 供养北斗七星经
D223 13 烧香的日子如下：
D224 14 正月初七，
D225 15 二月初四，
D226 16 三月初二，
D227 17 四月二十七，
D228 18 五月二十五

D229$_{19}$　六月二十三

D230$_{20}$　七月二十

D231$_{21}$　s'kyzync ''y yyty [ ]

säkizinč ay yeti [yegirmigä · ·]

D232$_{22}$　twqwzwnc ''y ym' [ ]

toquzunč ay ymä [tört yegirmigä · ·]

D233$_{23}$　'wnwnc ''y pys ykrmyk' · ·

onunč ay beš y（e）g（i）rmigä · ·

D234$_{24}$　pyr ykrmync ''y pys ykrmyk' · ·

bir y（e）g（i）rminč ay beš y（e）g（i）rmigä · ·

D235$_{25}$　cqs'pt ''y s'kyz y'nkyq' · ·

č（a）hšap（a）t ay säkiz yangıɣa · ·

D236$_{26}$　ywl' t'mtwrqw kwynl'r twyk'dy · ·

yula tamḍurɣu künlär tükädi · ·

D237$_{27}$　s'dw · · s'dw · ·

sadu · · sadu · ·

U 1919（T. III M. 131. A_1）正面

D238$_{01}$　ks'nty pwlzwn · ·

kšanti bolzun · ·

D239$_{02}$　（空缺）

D240$_{03}$　n'mwpwd n[ ]m[ ]d[ ]m n'mws'nk

namobod n[a]m[o]d[ar]m namosang

D241$_{04}$　qwtlwq qwyn yyl twyrtw[ ] ''y pys

qutluɣ qoyn yıl törtü[nč] ay beš

D242$_{05}$　ykrmy ''qyr 'wlwq pwz'd p'c'q kwyn

y（e）g（i）rmi aɣır uluɣ busaṭ bačaɣ kün

D243$_{06}$　'wyz' pyz 'wyc 'rdynyl'rd' swyzwk

üzä biz üč ärdinilärṭä süzük

D244 07 kyrtkwnc kwnkwllwk 'wp'sy t'rpy

kertgünč köngüllüg upası tärbi

D245 08 'yn'l 'wp's'nc 'wykrwnc tnkrym pyrl'

ınal upasanč ögrünč t（ä）ngrim birlä

D231 21 八月十七

D232 22 九月十四

D233 23 十月十五

D234 24 十一月十五

D235 25 十二月初八（斋月）

D236 26 北斗七星烧香供奉经结束。

D237 27 善哉！善哉！

U 1919（T. III M. 131. A_1 ）

D238 01 忏悔吧！

D239 02 （空缺）

D240 03 南无佛，南无法，南无僧。

D241 04 在吉祥的羊年四月十五

D242 05 神圣的大斋日里，我们

D243 06 在三宝中，与具有纯洁虔诚

D244 07 之心的优婆塞台尔比伊难、

D245 08 优婆夷欧格仁里邓林一道，

U 1919（T. III M. 131. A_1，）反面

D246 09 pw yytyk'n swdwr nwm 'rdynyk pyty

bo yetikän sudur nom ärdinig biti-

D247 10 tw t'kyntymz・ ・pw pwy'n kwycynt' 'wz

tü① tägintim（i）z · · bo buyan küčintä üş–

D248$_{11}$　twn kwykd’ky ’wylkwswz’wykws · · ”ltyn

tün köktäki ülgüsüz üküš · · altın

D249$_{12}$　y’qyzd’qy ”lqyn[ ]syz t’lym qwt vqsyk

yaɣızdaqı alqın[ ]sız tälim qut v（a）hšik

D250$_{13}$　tnkryl[ ]rnynk tnkryml’rnynk kwyc

t（ä）ngril[ä]rning② t（ä）ngrimlärning küč–

D251$_{14}$　lry kwyswnl’ry ”sylzwn ’wyst’lzwn

l（ä）ri küsünläri ašılsun üstälsun③

D252$_{15}$　”sylmys ’wyst’lmys kwyclwkyn kwyswn

ašılmiš üstälmiš④ küčlügin küsün–

D253$_{16}$　lwkyn ”lq’tmys ’ydwq ’ylyk

lügin alqatmıš ıduq elig

D254$_{17}$　’wlwswq · · ”ryq ’ydwq nwmwq s’zyn[　]

ulušuɣ · · arıɣ ıduq nomuɣ šazın[ıɣ]⑤

U 4709（T. III M. 190 C）⑥

D255$_{01}$　ym’ kwy sypq’nlyq ’wd yyl ”ltync

ymä kuy šıpqanlıɣ⑦ ud yıl altınč

D246$_{09}$　请人抄写了此《七星经》。

---

① T T VII，40（T. III M. 131. A1，10–1）：bitityü.

② T T VII，40（T. III M. 131. A1，14）：tirti –lär –ning.

③ T T VII，40（T. III M. 131. A1，15）：üsülẓün.

④ T T VII，40（T. III M. 131. A1，16）：üsülmiš.

⑤ T T VII，40（T. III M. 131. A1，18）：umuɣ –sïz –ïn.

⑥ 该残片只包括T. III M. 190C残片114–143行部分。参见 T T VII，40，p 52（T. III M. 190C，114–143）。

⑦ šıpqan是汉语“十干”之音译，是中国古代历法纪年体系的名称。参见 T T VII，p 62，注释105 。

D247$_{10}$ 以此功德，

D248$_{11}$ 让天尊之威严

D249$_{12}$ 与日俱增，

D250$_{13}$ 让地狱无数的

D251$_{14}$ 恶魔与外道都被消灭掉！

D252$_{15}$ 依此伟力让美好

D253$_{16}$ 神圣之国的

D254$_{17}$ 未怀纯洁，清净之人。

U 4709（T. III M. 190 C）

D255$_{01}$ 又在十干之癸牛年六

D256$_{02}$ ''y pyr y'nky ''qyr 'wlwq pws'd p'c'q
ay bir yangı aɣır uluɣ busaṭ[1] bačaɣ

D257$_{03}$ kwyn 'wyz' · · mn 'wyc 'rdynyl'rt'
kün üzä · · m（ä）n üč ärdinilärtä

D258$_{04}$ pk q'tyq swyzwk kyrtkwnc kwnkwllwk
b（ä）k qatıɣ süzük kertgünč köngüllük

D259$_{05}$ 'wp's'nc sylyq tykyn · ·
upasanč sılıɣ tegin · ·

D260$_{06}$ ''lqw twyrlwk ''d' l'rt' 'wmwq pwlt'cy · ·
alqu türlüg adalarta umuɣ boltačı · ·

D261$_{07}$ ''rys ''ryq pw yytyk'n swdwr 'rdynyk · ·
arıš arıɣ bo yetikän sudur ärdinig · ·

D262$_{08}$ ''qs'nyp mynk kwwn twyk'l y'qdwrwp · ·
aɣẓanıp ming küün tükäl yaqṭurup · ·

D263$_{09}$ ''dynl'rq' 'wyl'mys pwy'n kwycynt'：：

① BT XXIII，148（G 337，01）：posad.

adınlarqa ülämiš buyan küčintä：：

D264 $_{10}$　”dyncyq ’ydwq

adınčıɣ ıduq

D265 $_{11}$　q’q’n q’n sww sy・・”qyr pwy’nlyq

haqan han süüsi・・aɣır buyanlıɣ

D266 $_{12}$　qwnk t’yqyw qwty・・”ncwl’yw ’wq

hung tayhiu qutı・・ančulayu oq

D267 $_{13}$　qwnk qyw qwty・・kws’l’ sytyp’l’

hung hyu qutı・・kušala sitibala

D268 $_{14}$　p’sl’p ”ltwn ’wrwql’ry pyrl’・・

bašlap altun uruɣları birlä・・

D269 $_{15}$　”lqw ’wydt’ pwy’nl’ry ”sylyp ’wysd’lyp・・

alqu üdtä buyanları ašılıp üsṭälip・・

D256 $_{02}$　月初一神圣的大斋

D257 $_{03}$　日里，我，在三宝中

D258 $_{04}$　发非常坚强、圣洁、虔诚心的

D259 $_{05}$　优婆夷色利王子，在遇到

D260 $_{06}$　所有各类灾难时可以信赖的

D261 $_{07}$　神圣《七星经》，我读过了，

D262 $_{08}$　并将千只蜡烛全部点燃。

D263 $_{09}$　以此功德，

D264 $_{10}$　首先会向神圣的

D265 $_{11}$　可汗皇帝陛下、至尊万福的

D266 $_{12}$　皇太后陛下、尊贵的皇后

D267 $_{13}$　陛下、和世王束、硕德八剌

D268 $_{14}$　及其黄金子孙，

D269 $_{15}$　在所有时间，以此功德

D270$_{16}$ ”d’syz ’wswn y’s’m’qt’ ’wl’ty · ·
adasız uẓun yašamaqta ulatı · ·

D271$_{17}$ ”lqw twyrlwk kwyswsl’ry q’nyp pwydwp
alqu türlüg küsüšläri qanıp büṭüp

D272$_{18}$ ”lqwny pylt’cy pwrq’n qwtyn pwlm’ql’ry
yana ymä m（ä）n sılıɣ tegin [ ]

D273$_{19}$ [ ]wn · ·
[bolz]un · ·

D274$_{20}$ y’n’ ym’ mn sylyq tykyn [ ]
yana ymä m（ä）n sılıɣ tegin [ ]

D275$_{21}$ ’yk ”qryq ’wyz’ p’sdyqm’q tylt’qyn[ ]
ig aɣrıɣ üzä basṭıqmaq tıltaɣın[ta]

D276$_{22}$ pw yytyk’n swdwrnwnk yykyn ”drwq[ ]
bo yetikän sudurnung yegin adruq[ın]

D277$_{23}$ ’sydyp · · ’yktyn ”qryqtyn ’ws’yyn
äšiṭip · · igtin aɣrıɣtın uẓayın

D278$_{24}$ ”zwnl’r s’yw qyz ’t’wyzynt’ twqm’yyn
ažunlar sayu qız ätözinḍä tuɣmayın

D279$_{25}$ typ qwt kwsws ’wyrydw t’kyntym · ·
tep qut küsüš öriṭü tägintim · ·

D280$_{26}$ pw pwy’n ’dkw qylync kwycynt’ · · pwrq’n
bo buyan ädgü qılınč küčintä · · burhan

D281$_{27}$ qwtyn pwlwp · · pyz ’s’n · · sylyq tykyn
qutın bolup · · biz äsän · · sılıɣ tegin

D282$_{28}$ pyrl’ kynynt’ · · pwd kwydwrm’ c’

birlä kenindä · · bud[①] köṭürmäčä

D283 29　tynlyq' 'wql'nynk' pwltwr'yyn nyrv'nyq

tınlıɣ oɣlanınga bolturayın nirvaniɣ

D270 16　而得平安长寿。

D271 17　满足其所有的愿望，

D272 18　成就其寻求佛果的一切

D273 19　众生。

D274 20　又是我色利王子[　]

D275 21　由于地水火风失调而生病，我

D276 22　想从不同地方听到此《七星经》

D277 23　的妙音，来摆脱病魔，我想从

D278 24　娑婆世界的每个女人身体中出

D279 25　世。我产生了至诚的心愿，

D280 26　借此福善行为，寻到佛果，在

D281 27　我们：艾山和色利的斤

D282 28　之后，在佛出现之前，

D283 29　我想让众生彻底得到

D284 30　''nk twypynt' · ·

äng töpintä · ·

D285 31　ögüm qangım hatunlarım ävirü uluɣlarım

D286 32　üzäliksiz nom bošɣunmıš öz bahšılarım · ·

D287 33　ülgüsiz yašlıɣ yertinčütä üstün

D288 34　tužitta · · öz küsämiš tap–

D289 35　larınča tuɣmaqları bolzun · ·

---

① bud是通过汉语中介从梵语借入回鹘文的借词，意为“佛”，在梵语中的对应词为buddha。参见EDPT，297a。

U 5868（T. III M. 144）

D290 01 yyl'n yyllyq 'w[ ]

yılan yıllıɣ o[ɣulnıng]

D291 02 yyllyq qyznynk [ ]

yıllıɣ qıznıng [ ]

D292 03 tnkry m'nkkw kwys'dkw [ ]

t（ä）ngri mängü küẓätgü [ ]

D293 04 ywdwz pwls'r 'd t[ ]

yuṭuz bolsar äd t[avar]

D294 05 pwlwr 'vy p'rqy

bolur（·）ävi barqı

D295 06 [ ]klyywr · twqmys [ ]

[ü]kliyür · tuɣmıš [ ]

D296 07 [ ] p'y pwlwr

[ ] bay bolur ·

D284 30 涅槃木。我的父母、我的

D285 31 妻妾以及我的长辈们、我的

D286 32 研习过深奥经典的博士们，在

D287 33 无限生命的宇宙中，在至高无

D288 34 上的兜率天宫中，依自己所希

D289 35 望的，成为出世者吧。

U 5868（T. III M. 144）

D290 01 龙年出生的男孩的[ ]

D291 02 [ ]年出生的女孩的，

D292 03 被天神永远保佑。

D293 04 如有妻子[ ]

D294 05 会获得财富，房产

D295$_{06}$ 会增多。[ ]出生的

D296$_{07}$ [ ]会发财。

2.1.5 E：回鹘文佛教占星术历法和占卜文献

属于佛教占星术的回鹘文历法和占卜文献共3件残片，每页书写9—57行不等，共110行。其中残片Ch/U 7167（T. II S. 528）现藏于德国柏林勃兰登堡科学院吐鲁番研究所，它有两页，每页正面部分都有汉文和回鹘文混杂记载，它的反面有9行回鹘文，每页页面大小为10.9cm×13.4cm，纸质为米褐色，根据其半草书体书写特点可以推断，该文献很可能抄写于12—13世纪。残片U 9227（T. II Y. 29. 5）原件遗失。U 497（T. I a 561）是一个表格式雕版印书残片，残损严重，正面21行，反面21行，为回鹘文书写。

阿拉特早在1936年出版的《吐鲁番回鹘文献》第七卷对属于佛教占星术的回鹘文历法和占卜文献进行了转写、换写、德语翻译和注释，但在他的译释中有不少值得进一步探讨的内容。本书在前人研究成果的基础上对该文献进行了转写、汉译和注释。

文献的解读与汉文翻译

Ch/U 7167（T. II S. 528）

E001$_{01}$ [ ]

[är kišining yılln sanaɣu ärsär yäkni]

E002$_{02}$ [ ]l · tysy kysynynk yylyn

[bašlap sanaɣu o]l · tiši kišining yılln

E003$_{03}$ s'n'qw 'rs'r pys'mynny p'sl'p s'n'qw 'wl ::

sanaɣu ärsär bisaminni bašlap sanaɣu ol ::

E004$_{04}$ 'mdy twqwz twyrlwk 'ysykl'rnynk 'dkw y'vyz

amṭı toquz türlüg išiklärning ädgü yavız

E005 05 [ ] ''yw pyr'lym · q'yw kysy y'k ysykynk' kyr

[ların] ayu berälim · qayu kiši yäk išikingä kir–

E006 06 [ ]l pyr yyl y'kk' s'nlyq pwlwr qwp twyrlwk

[sär o]l bir yıl yäkkä sanlıɣ bolur(·)qop türlüg

E007 07 'ys 'ysl's'r y'vyz pwlwr 'dkw pwlm'z p'ky kysy[ ]

iš išläsär yavız bolur ädgü bolmaz(·)bägi kiši[gä]

E008 08 y'r'sm'z q'rsy pwlwr 'wyzy ''yyq ''tlq pwlwr

yarašmaz qaršı bolur(·)özi ayıɣ atl(ı)ɣ bolur

E009 09 t'ryqy y'vyz pwlwr 'wylwm ''d' pwlwr qwvr'qq' nwm

tarıɣı yavız bolur(·)ölüm ada bolur(·)quvraɣqa nom

E010 10 'wqydyp pwy'n qy[ ]syr'v'ny m'q'r'cq' t'pynmys

oqıṭıp buyan qı[ldurup vai]širavani maharačqa tapınmıš

E011 11 [kärgäk]

U 9227(T. II Y. 29. 5)

E012 01 [toquz türlüg išiklärning]

E013 02 [ädgü yavız] käzigi

E014 03 [ol · äng ilki] yäk

E015 04 [išiki ol · yürü]ng ordu–

E016 05 [luɣ ·]s ärsär

E017 06 [ ]

Ch/U 7167(T. II S. 528)

E001 01 如果需要计算一个男人的年龄，则必须从夜叉宫

E002 02 开始计算。如果需要计算一个女人的年龄，

E003 03 则必须从财神宫开始计算。

E004 04 现在要讲述九宫门坎

E005 05 的吉凶：如果一个人进入夜叉的门坎，

E006 06　此人在一年内便属于夜叉。无论他会做什么事，这一切
E007 07　都会向坏的方面而不是向好的方面转化。他不会受到作为师长的
E008 08　那些人的赏识，他们都会仇视他。他将会获得坏名声，其后
E009 09　裔不会有任何出息，面临着死亡的危险。应该委托僧众诵读祈愿
E010 10　经文，要行善事，祈祷毗沙门
E011 11　大王。

U 9227（T. II Y. 29. 5）

E012 01　九种凶吉门坎（宫）
E013 02　的顺序：
E014 03　起初为
E015 04　夜叉门坎，它是白颜色
E016 05　的，[　]
E017 06　[　　]

E018 07　[bo yavız ol ·]
E019 08　[rahu grah①]
E020 09　el[änür　] ·
E021 10　ikinti ičgäk išiki
E022 11　ol · qara orduluɣ
E023 12　bo ymä yavız ol · šani-

① rahu grah是古印度星相体系中罗睺行星的名称。其中rahu是梵语名词rahu之音译，是古印度占星体系中的一颗黑暗行星。参见Pamulaparti Venkata Narasimha Rao, Vedic Astrology, an Integrated Approach, New Delhi: Sagar Publications, 2000, p 5。grah是梵语名词gráha之音译，意为行星，参见Monier-Williams, a Sanskrit-English Dictionary, Delhi: Clarendon Press, 1899, p 372。

E024 $_{13}$ čar grah elänür ·
E025 $_{14}$ [üčünč basaman]
E026 $_{15}$ [išiki ol ·] kök ordu–
E027 $_{16}$ [luɣ bo ädgü] ol · bud
E028 $_{17}$ [grah elänür · i]š büṭär
E029 $_{18}$ [· tör]tünč
E030 $_{19}$ [magešvari išiki ol ·bo]
E031 $_{20}$ äd[gü ol ·]yql'r ta[ ]
E032 $_{21}$ ol（·）yašıl orduluɣ ol ·
E033 $_{22}$ šükür[1] grah elänür ·
E034 $_{23}$ [beš]inč äz[rua]a t（ä）ngri
E035 $_{24}$ iš[iki ol ·] sarıɣ
E036 $_{25}$ orduluɣ ·bo ädgü
E037 $_{26}$ ol · aḍiṭya[2]
E038 $_{27}$ [grah el]änür ol ·
E039 $_{28}$ altınč vinayaki

E018 $_{07}$ 它是凶，它
E019 $_{08}$ 的行星是罗睺。
E020 $_{09}$ [ ]
E021 $_{10}$ 其次为精灵门
E022 $_{11}$ 坎（宫），它是黑颜色

① šükür是梵语shukra之音译，意为“金星”，是古印度占星体系中的七颗行星之一。参见Pamulaparti Venkata Narasimha Rao, Vedic Astrology, an Integrated Approach, New Delhi: Sagar Publications, 2000, p 5。

② aditya是梵语āditya之音译，意为“太阳”，但是此处表示星期日之意。参见PamulapartiVenkata Narasimha Rao, Vedic Astrology, an Integrated Approach, New Delhi: Sagar Publications, 2000, p 114。

E023 12　的。它也是凶。
E024 13　它的行星是土星。
E025 14　第三为财神
E026 15　门坎（宫）。它是
E027 16　蓝色的。它是吉
E028 17　祥的。它的行星是
E029 18　水星。[ ]事情会
E030 19　成功。第四为大自在
E031 20　门坎（宫），它是
E032 21　吉祥的。[　]它
E033 22　是绿色的。它的行
E034 23　星是金星。第五为
E035 24　梵天门坎（宫），
E036 25　它是黄色的，它是
E037 26　吉祥的。它的行星
E038 27　是日星。第六为
E039 28　善导门坎

E040 29　išiki ol · yürüng
E041 30　orduluɣ · bo iš-
E042 31　ik yavız · angaraq
E043 32　grah elänür ·
E044 33　yetinč ärklig han
E045 34　išiki [ol] · qızıl
E046 35　orduluɣ · bo
E047 36　ymä yavız [ol] ·
E048 37　brahsvadi grah
E049 38　elänür · säkizinč

E050$_{39}$ alp süngüš išiki ·
E051$_{40}$ yürüng orduluɣ ·
E052$_{41}$ bo ädgü ol · soma
E053$_{42}$ grah elänür ·
E054$_{43}$ toquzunč uz t（ä）ngri
E055$_{44}$ išiki ol ·
E056$_{45}$ yipkin orduluɣ ·
E057$_{46}$ bo išik yavız ol ·
E058$_{47}$ kitu grah elänür ol ·
E059$_{48}$ toquz išik tükädi ·
E060$_{49}$ yäk . ičkäk · basaman ·
E061$_{50}$ magišv（a）ri · äzrua · vinay（a）ki ·
E062$_{51}$ ärklig han · alp süngüš ·
E063$_{52}$ uz t（ä）ngrisi ·
E064$_{53}$ ärig yäkṭin sanaɣu ol ·
E065$_{54}$ qızıɣ basamandın sanaɣu ol ·
E066$_{55}$ yaksa · bhūta · vaıśravaṇā.
E067$_{56}$ iśvara · brahma . vıñayaka .
E068$_{57}$ yama · vyāghra · laksma .

E040$_{29}$ （宫）。它是白
E041$_{30}$ 颜色的，这个门坎
E042$_{31}$ 是凶。它的行星是
E043$_{32}$ 火星。第七为
E044$_{33}$ 阎王门坎（宫），
E045$_{34}$ 它是红色的。
E046$_{35}$ 它同样也是
E047$_{36}$ 凶。它的行星

E048 37　是木星。
E049 38　第八为
E050 39　虎狼门坎（宫），
E051 40　它是白颜色的。
E052 41　它是吉祥的。它
E053 42　的行星是月星。
E054 43　第九为吉祥相
E055 44　门坎（宫）。它
E056 45　是紫色的。
E057 46　这个门坎是凶。它
E058 47　的行星是彗星。
E059 48　九种门坎到此结束。
E060 49　夜叉、精灵、财神、
E061 50　大自在、梵天、善导、
E062 51　阎王、虎狼、
E063 52　吉祥相。男性则必须从
E064 53　夜叉宫开始计算，女性
E065 54　则必须从财神宫开始。
E066 55　夜叉、精灵、财神、
E067 56　大自在、梵天、善导、
E068 57　阎王、虎狼、吉祥相。

U 497–1（T. I a 561）			
E069 01	cy s[ ] ’wycwnccy či či š[ü]n① üčünč	’wn yyty on yeti	’wqwl s’kyzync ’wrdw · · oɣul säkizinč ordu– · ·

① či šün是汉语“至顺”之音译，指的是元朝时元文宗图帖睦尔的年号。参见 T T VII，（Ms. Nr.18，p 95）。

续表

E070 02	yyl twq[ ]s kysy yıl tuɣ[mı]š kiši	[ ]lyq 'rwr · · [yaš]lıɣ ärür · ·	lwq · qyz twrtw[ ] luɣ . qız törtü[nč]
E071 03	sym pycyn yyllyq žim① bičin yıllıɣ	qwdy "ldwn quṭı alṭun	'wrdwlwq [ ] orduluɣ [bolur]
E072 04	cy swyn 'ykynty či šün ikinti	'wn s'kyz on säkiz	'wqwl tw[ ] oɣul to[quzunč ordu–]
E073 05	yyl twqmys kysy · · yıl tuɣmıš kiši · ·	y'slyq 'rwr yašlıɣ ärür	lwq · qy[ ] luɣ · qı[z üčünč]②
E074 06	syn qwyn yyl –lyq · sin③ qoyn yıllıɣ ·	qwdy twpr'q · · quṭı topraq · ·	'wrd[ ] ord[uluɣ bolur · ·]
E075 07	cy swyn p'sdynqy či šün bašṭınqı	'wn twqwz on toquz	'w[ ] o[ɣul ordu–]
E076 08	twqmys kysy · · yıl tuɣmıš kiši · · yyl	y'slyq 'rwr yašlıɣ ärür	lw[ ] lu[ɣ .. qız]

U 497（T. I a 561）			
E069 01 E070 02 E071 03	至顺三年出生 的人属 壬猴年	十七 岁， 金福	男性属第八 宫，女性属 第四宫
E072 04 E073 05 E074 06	至顺二年出生 的人属 辛羊年	十八 岁， 土福	男性属第九 宫，女性属 第三宫④
E075 07 E076 08	至顺元年出生 的人属	十九 岁，	男性属[ ] 宫，女性属

① žim是汉语“壬”之音译，是中国古代农历中用来计算日子的符号，也就是所谓十天干中第九位的名称。参见 T T VII, p 98 第一表 。

② T T VII, 18（T. I a 561, 5）：将原文中的空缺部分填补为“qı[z bišinč] ord[uluɣ bolur · ·]”，并译作“das Mädchen zu dem 5 Palast”（女性属第五宫）。

③ sin是汉语“辛”之音译，是中国古代农历中用来计算日子的符号，也就是所谓十天干中第八位的名称。参见 T T VII, p 98, 第一表。

④ T T VII, 18（T. I a 561, 5）将原文中的空缺部分填补为“qı[z bišinč] ord[uluɣ”，并译作“as Mädchen zu dem 5 Palast”（女性属第五宫）。

E077 09	kynk ywnt yyllyq · · king① yont yıllıɣ · ·	qwdy twpr'q · · quṭı topraq ·	[ ] [orduluɣ bolur · ·]
E078 10	twynly 'ykynty tünli② ikinti	ykrmy y's y（e）g（i）rmi yaš–	[ ] [oɣul ordu–]
E079 11	yyl twqmys kysy · · yıl tuɣmıš kiši · ·	lyq 'rw[ ] lıɣ ärü[r]	[ ] [luɣ · · qız]
E080 12	ky [ ] yyllyq · · ki③ [yılan] yıllıɣ · ·	qwdy y[ ] quṭı ı[ɣač]	[ ] [orduluɣ bolur · ·]
E081 13	twynly p'sdynqy tünli baštınqi	ykrmy [ ] y（e）g（i）rmi [bir]	[ ] [oɣul ordu–]
E082 14	yyl twqmys kysy yıl tuɣmıš kiši	y's [ ] yaš[–lıɣ ärür]	[ ] [luɣ · · qız]
E083 15	'ww lww yyllyq · · uu④ luu yıllıɣ · ·	qwd[ ] qwd[ ]	[ ] [ ]
E084 16	[ ]'y tynk twyrtwnc [t]ai ting⑤ törtünč	y[ ] y[egirmi iki]	[ ] [oɣul ordu–]

E077 09	庚马年	土福	[ ]宫
E078 10 E079 11 E080 12	天历二年出生 的人属 己蛇年	二十 岁， 木福	男性属 [ ]宫，女性属 [ ]宫

① king是汉语“庚”之音译，是中国古代农历中用来计算日子的符号，也就是所谓十天干中第七位的名称。参见 T T VII, p 98, 第一表 。

② tünli是汉语“天曆”之音译，指的是元朝时元文宗图帖睦尔的年号。参见 T T VII,（Ms. Nr.18，p 95）。

③ ki是汉语“己”之音译。它是中国古代农历中用来计算日子的符号，也就是所谓十天干中第六位的名称。参见 T T VII, p 98, 第一表 。

④ uu是汉语“戊”之音译，它是中国古代农历中用来计算日子的符号，也就是所谓十天干中第五位的名称。参见 T T VII, p 98, 第一表 。

⑤ tai ting是汉语“泰定”之音译，指的是元朝时元泰定帝也孙铁木儿的年号。参见 T T VII,（Ms. Nr.18，p 95）。

续表

E081 13 E082 14 E083 15	天历元年出生 的人属 戊龙年	二十一 岁，[　] 福	男性属 [　]宫，女性属 [　]宫
E084 16	泰定四年出生	二十二	男性属

E085 17	[ ] twqmys kysy・・ [yıl] tuɣmıš kiši・・	y'sʼ[　] yaš[lıɣ ärür]	[　] [luɣ・・ qız　]
E086 18	[ ]ynk t'vysq'n yyllyq [t]ing① tavıšɣan yıllıɣ	qwd[　] quṭ[ı　]	[　] [orduluɣ bolur・・]
E087 19	[ ]y tynk 'wcwnc [ta]i ting üčünč	y[　] y[egirmi üč]	[　] [oɣul　ordu–]
E088 20	[ ] twqmys kysy・・ [yıl] tuɣmıš kiši・・	y'sʼ[　] yaš[lıɣ ärür]	[　] [luɣ・・ qız　]
E089 21	[　] p'rs yy[　] [ping]② bars yı[llıɣ・・]	qwd[　] quṭ[ı　]	[　] [orduluɣ bolur・・]
U0497-2（T. I a 561）			
E090 22	[ ] cy 'wycwnc [či] či③ üčünč	y[　] y[egirmi altı]	[　] [oɣul　ordu–]
E091 23	[ ] twqmys kysy [yıl] tuɣmıš kiši	y'sʼ[　] yaš[lıɣ ärür]	[　] [luɣ・・ qız　]
E092 24	[　] twnkwz yyllyq [kuu④] tonguz yıllıɣ	qwd[　] quṭ[ı　]	[　] [orduluɣ bolur・・]
E093 25	[ ]y cy 'ykynty yyl [č]i či ikinti yıl	y[　] y[egirmi yeti]	[　] [oɣul　ordu–]
E094 26	[　]mys kysy・・ [tuɣ]mıš kiši・・	y'sʼ[　] yaš[lıɣ ärür]	[　] [luɣ・・ qız　]

① ting是汉语“丁”之音译，是中国古代农历中用来计算日子的符号，也就是所谓十天干中第四位的名称。参见 T T VII, p 98, 第一表。

② ping是汉语“丙”之音译，它是中国古代农历中用来计算日子的符号，也就是所谓十天干中第三位的名称。参见 T T VII, p 98, 第一表。

③ či či是汉语“至治”之音译，指元朝时元英宗硕德八剌的年号。参见 T T VII,（Ms. Nr.18, p 95）。

④ kuu是汉语“癸”之音译，是中国古代农历中用来计算日子的符号，也就是所谓十天干中第十位的名称。参见 T T VII, p 98, 第一表。

E085$_{17}$ E086$_{18}$	的人属 丁兔年	岁，[　] 福	[　]宫，女性 属[　]宫
E087$_{19}$ E088$_{20}$ E089$_{21}$	泰定三年出生 的人属 丙虎年	二十三 岁，[　] 福	男性属[　] 宫，女性 属[　]宫
E090$_{22}$ E091$_{23}$ E092$_{24}$	至治三年出生 的人属 癸猪年	二十六 岁， [　]福	男性属[　] 宫，女性 属[　]宫
E093$_{25}$ E094$_{26}$	至治二年出生 的人属	二十七 岁，	男性属[　] 宫，女性

E095$_{27}$	sym 'yt yyllyq žim it yılłıγ	qwd[　] quṭ[ı　]	[　] [orduluγ bolur··]
E096$_{28}$	cy cy p'sdynqy yyl či či bašṭınqı yıl	ykr[　] y（e）g（i）r[mi säkiz]	[　] [oγul　ordu]
E097$_{29}$	twqmys kysy·· tuγmıš kiši··	y's[　] yaš[lıγ ärür]	[　] [luγ··qız　]
E098$_{30}$	syn t'qyqw yyllyq sin taqıγu yıllıγ	qwd[　] quṭ[ı　]	[　] [orduluγ bolur··]
E099$_{31}$	yyn yyw yytync yiu yio① yetinč	ykrmy twqwz y（e）g（i）rmi toquz	[　] [oγul　ordu–]
E100$_{32}$	yyl twqmys kysy·· yıl tuγmıš kiši··	y'slyq '[　] yašlıγ ä[rür]	[　] [luγ··qız　]
E101$_{33}$	kyn pycyn yyllyq kin② bičin yıllıγ	qwty 'yq'c quṭı ıγač	[　] [orduluγ bolur··]
E102$_{34}$	yyw yyw ''ltync yiu yio altınč	'wtwz y's– otuz yaš–	[　] [oγul　ordu–]
E103$_{35}$	yyl twqmys kysy·· yıl tuγmıš kiši··	lyq 'rwr·· lıγ ärür··	l[　] l[uγ··qız　]

① yiu yio是汉语“延祐”之音译，指元朝时元仁宗的年号。参见 T T VII，（Ms. Nr.18，p 95）。

② kin是king的另一种变体。参见 T T VII，p 98，第一表。

续表

E104 36	ky qwyn yyllyq ·· ki qoyn yıllıɣ ··	qwdy 'wwt quṭı oot	w[　　] o[rduluɣ bolur ··]
E105 37	yyw yyw pysync yiu yio bešinč	'wtwz pyr otuz bir	'wqw[　　] oɣu[l ordu–]
E106 38	yyl twqmys kysy ·· yıl tuɣmıš kiši ··	y'slyq 'rwr yašlıɣ ärür	lwq · qyz [　] luɣ · qız [　]

E095 27	壬狗年	[　]福	属[　]宫
E096 28 E097 29 E098 30	至治元年出生 的人属 辛鸡年	二十八 岁， [　]福	男性属[　] 宫，女性 属[　]宫
E099 31 E100 32 E101 33	延祐七年出生 的人属 庚猴年	二十九 岁， 木福	男性属[　] 宫，女性 属[　]宫
E102 34 E103 35 E104 36	延祐六年出生 的人属 己羊年	三十 岁， 火福	男性属[　] 宫，女性 属[　]宫
E105 37 E106 38	延祐五年出生 的人属	三十一 岁，	男性属[　] 宫，女性

E107 39	'vw ywnt yyllyq ·· vu① yont yıllıɣ ··	qwdy 'wwt quṭı oot	'wrdwlwq [　] orduluɣ [bolur ··]
E108 40	yyw yyw twyrtwnc yiu yio törtünč	'wtwz 'yky otuz iki	'wqwl pysync [　] oɣul bešinč [ordu–]
E109 41	yyl t[　]mys kysy ·· yıl t[uɣ]mıš kiši ··	[　]–lyq 'rwr [yaš]lıɣ ärür	lwq ·· qyz yytync luɣ ·· qız yetinč
E110 42	tyng [　] yyllyq ting [yılan] yıllıɣ	qwdy twpr'q ·· quṭı topraq ··	'wrdu lwq pwlwr ·· orduluɣ bolur ··

---

① vu 是汉语"戊"之音译，是中国古代农历中用来计算日子的符号，也就是所谓十天干中第五位的名称。参见 T T VII，p 98，第一表。

E107 39	戊马年	火福	属[　]宫
E108 40 E109 41 E110 42	延祐四年出生 的人属 丁蛇年	三十二 岁， 土福	男性属第五 宫，女性 属第七宫

2.1.6 F：回鹘文十二生肖周期的历法和占卜文献

属于十二生肖周期的回鹘文历法和占卜文献的内容涉及历法、占卜、魔法、天文学、星相学和星占术等。这一文献群由11件残片组成，其中7件残片原件遗失，其他残片现藏于德国柏林勃兰登堡科学院吐鲁番研究所。这些残片每页书写5—70行不等，共247行。根据其草书体书写特点可以推断，它们很可能抄写于12—13世纪。残片Mainz 100r（T. III M. 138）页面大小为23.5cm×18.4cm，行距为0.9—1.7cm，纸质为浅灰色和米色，由正面18行、反面13行的回鹘文组成；根据其半草书体书写特点可以推断，它们很可能抄写于12—13世纪。残片U 500（T. I 600）由a和b两个小残片组成，纸质为棕色，但颜色深浅不一致；a残片页面大小为24.4cm×9.8cm，行距为0.7—1.4cm，由正面16行、反面14行的回鹘文组成；b残片页面大小为23.2cm×10.1cm，行距为0.6—1.4cm，由正面19行、反面18行的回鹘文组成；根据其草书体书写特点可以推断，它们很可能抄写于11—12世纪。残片U 5565（T. II D. 89）页面大小为12.8cm×6.7cm，行距为0.8—0.9cm，纸质为灰米色，由正面15行、反面12行的回鹘文组成；根据其半草书体书写特点可以推断，它们很可能抄写于12—13世纪。残片U 9227（T. II Y. 29. 3）、U9227（T. II Y. 29. 4）、U 9227（T. II Y. 29. 6）、U 9227（T. II Y. 29. 7）、U 9227（T. II Y. 29. 8）、U 9245v（T. III M. 66. 2）、CH/U 9001（T. II Y. 49. 2）原件遗失。

早在1936年，阿拉特在《吐鲁番回鹘文献》第七卷对属于二生肖周期的回鹘文历法和占卜文献进行了转写、换写、德语翻译和注释，但他的译释中有不少值得进一步探讨的内容。本书在前人研究成果的基础上对该文献进行了转写、汉译和注释。

文献的解读与汉文翻译

Mainz 100 r（T. III M. 138）①

F001 01 cqs'pt ''y pyr y'nkysy kycyk pysync

č（a）hšap（a）t ay bir yangısı kičig（·）bešinč

F002 02 p'qt'qy ywnt 'wwt qwtlwq ywnt kwyn

baɣtaqı yont oot qutluɣ yont kün

F003 03 'wl · kr'qy prqsyv'dy 'wl · cyp kwyn

ol（·）grahı br（a）hsivaṭi② ol · čip kün

F004 04 'wl · 'yky 'wtwzq' ''r'm ''y kwyny kyrwr

ol · iki otuzɣa aram ay küni kirür ·

F005 05 'rm 'y pyr ynkysy 'wlwq 'ykynty p'qt'qy

ar（a）m ay bir y（a）ngısı uluɣ（·）ikinti baɣtaqı

F006 06 ty twpr'q qwtlwq twnkwz kwyn 'wl kr'qy

ti topraq qutluɣ tonguz kün ol（·）grahı

F007 07 swykwr 'w l syw kwyn 'wl yyl'n twnkwz

šükür③ ol（·）šiu kün ol（·）yılan tonguz

F008 08 qwyqw 'wl · 'wyc 'wtwzq' 'ykynty

qoyɣu ol · üč otuzɣa ikinti

---

① 该残片正面1–10行，反面1–5行部分类似于T T VII，6（T. III M. 138）残片1–15行部分，但它的正面11–18行，反面6–13行部分内容是关于赞美弥勒佛的经文。参见Knüppel, Michael, Alttürkische Handschriften Teil 17（Heilkundliche, Volksreligiöse und Ritualtexte）, Stuttgart：VOHD，2013，p 74。

② br（a）hsivaṭi是梵语bṛhaspati之音译，是古印度星相学体系中七颗行星之一的名称。参见Pamulaparti Venkata Narasimha Rao, Vedic Astrology, an Integrated Approach, New Delhi：Sagar Publications，2000，p 5。

③ šükür是梵语shukra之音译，是古印度星相学体系中七颗行星之一的名称。参见Pamulaparti Venkata Narasimha Rao, Vedic Astrology, an Integrated Approach, New Delhi：Sagar Publications，2000，p 5。

F009 09　’’y kwyny kyrwr · yyty ynkyq’ sync’v
ay küni kirür · yeti y（a）ngıɣa sinčav

F010 10　kyrwr ·
kirür ·

Mainz 100 r（T. III M. 138）

F001 01　闰月，一日是小，其朔望日在
F002 02　第五组中为马。这是一个火
F003 03　马日，其星曜为木星，它是
F004 04　一个执日。二十二日将进入
F005 05　正月，正月是一个满月，处于
F006 06　第二组中，丁土亥日，其星曜为
F007 07　金星。这是一个收日，这是应
F008 08　避蛇和猪的一天。二十三日是
F009 09　第二个月的一天。朔日的初七
F010 10　进入辛朝日。

F011 11　’wycwnc ’’y pyr ynkysy ’wlwq py
üčünč ay bir y（a）ngısı uluɣ（·）pi

F012 12　twpr’q qwtlwq ’yt kwyn kr’qy
topraq qutluɣ it kün（·）grahı

F013 13　swm’ p’ kwyn ’wl ’wd qwyn qwyqw
soma[①]（·）pa[②] kün ol（·）ud qoyn qoyɣu（·）

① soma是梵语soma之音译，是古印度星相学体系中七颗行星之一的名称。参见Pamulaparti Venkata Narasimha Rao, Vedic Astrology, an Integrated Approach, New Delhi：Sagar Publications, 2000, p 5。

② pa是汉语“破”之音译，是中国古代历法中十二神吉凶日符号之一的名称。参见T T VII, p 98, 第三表。

F014 14 pys ’wtwzq’ twyrtwnc ”y kwyny
beš otuzɣa törtünč ay küni
F015 15 kyrwr twyrt ’wtwz pys ’wtwz [ ]
kirür（・）tört otuz beš otuz [ ]

U 500a–1（T. I 600）

F016 01 qwyn yyl ”r’m ”y 小
qoyn yıl aram ay 小（kičig）
F017 02 一日 pww p’rs kyn ”dyty’
一日（bir yangı）buu bars kin[①] aditya
F018 03 ’ykynty ”y 大
ikinti ay 大（uluɣ）
F019 04 一日 ty qwyn ty
一日（bir yangı）ti qoyn ti
F020 05 七 yky ”dyty’
七（yeti）y（an）gı aditya
F021 06 ’wycwnc ”y 小
üčünč ay 小（kičig）
F022 07 一日 ty ’wd syv
一日（bir yangı）ti ud šiv[②]

F011 11 三月，其一日是大，其朔日为丙。
F012 12 戌土日，其星曜为月星。它是
F013 13 破日，是应避牛羊的日。二十
F014 14 五日将进入第四个月的日子。

---

① kin是汉语“建”之音译，是中国古代历法中十二神吉凶日符号之一的名称。参见 T T VII, p 98, 第三表 。

② šiv是汉语“收”之音译，是中国古代历法中十二神吉凶日符号之一的名称。参见 T T VII, p 98, 第三表。

F015 15 二十四日和二十五日是[ ]

U 500a（T. I 600）

F016 01 羊年，正月是一个小月，

F017 02 一日为戊寅（虎）日，建，星期日。

F018 03 二月是一个大月，

F019 04 一日为丁未（羊）日，定，

F020 05 七日是一个星期日。

F021 06 三月是一个小月，

F022 07 一日为丁丑（牛）日，收，

F023 08 pys yky ''dyty'
beš y（an）gı aditya[①]

F024 09 twyrt 'wtwz cww srky
tört otuz čuu[②] s（i）rki

F025 10 twyrtwnc ''y 大
törtünč ay 大（uluɣ）

F026 11 一日 pyy ywnt cww
一日（bir yangı）pii[③] yont čuu

F027 12 twyrt yky ''dyty[ ]
tört y（an）gı adıty[a]

F028 13 pysync ''y 大
bešinč ay 大（uluɣ）

---

① aditya是梵语āditya之音译，是古印度星相学体系中的所谓七颗行星之一的名称。参见Pamulaparti Venkata Narasimha Rao，Vedic Astrology，an Integrated Approach，New Delhi：Sagar Publications，2000，p 5。

② čuu是汉语“除”之音译，是中国古代历法中十二神吉凶日符号之一的名称。参见T T VII，p 98，第三表。

③ pii是汉语“丙”之音译，是中国农历中用来计算日子的符号，也就是所谓十天干中第三位的名称。参见T T VII，p 98，第一表。

F029$_{14}$ 一日 pyy kwyskw p'
一日（bir yangı）pii küskü pa

F030$_{15}$ 'yky yky kwkw ''dyty'
iki y（an）gı kögü aditya

F031$_{16}$ 三 yky pww p'rs qy
三（üč）y（an）gı buu① bars q（a）y

U 500a–2（T. I 600）

F032$_{17}$ ''ltync ''y 小
altınč ay小（kičig）

F033$_{18}$ 一日 pyy ywnt kyn
一日（bir yangı）pii yont kin

F023$_{08}$ 五日是一个星期日。
F024$_{09}$ 二十四日是除，节气。
F025$_{10}$ 四月是一个大月，
F026$_{11}$ 一日为丙午（马）日，除，
F027$_{12}$ 四日是一个星期日。
F028$_{13}$ 五月是一个大月，
F029$_{14}$ 一日为丙子（鼠）日，破，
F030$_{15}$ 二日为星期日，
F031$_{16}$ 三日为戊寅（虎）日，开。
F032$_{17}$ 六月是一个小月，
F033$_{18}$ 一日为丙午（马）日，建，

---

① buu是汉语“午”之音译，是中国农历中用来计日子的符号，也就是所谓十天干中第七位的名称。参见 T T VII, p 98, 第一表。

F034 19　二日 ty qwyn kyn

二日（iki yangı）ti qoyn kin

F035 20　七 yky ''dyty'

七（yeti）y（an）gı aditya

F036 21　yytync ''y大

yetinč ay 大（uluɣ）

F037 22　一日 'yr twnkwz ty

一日（bir yangı）ir① tonguz ti

F038 23　三日 ty 'wd p'

三日（üč yangı）ti② ud pa

F039 24　四日 pww p'rs p' syrky

四日（tört yangı）buu bars pa sirki③

F040 25　''lty yky ''dyty'

altı y（an）gı aditya

F041 26　s'kyzync ''y

säkizinč ay

F042 27　一日 'yr yyl'n syv

一日（bir yangı）ir yılan šiv

F043 28　四日 pycyn kyn ''dyty'

四日（tört yangı）bičin kin aditya

F044 29　五日 t'qyqw kyn syrky

五日（beš yangı）taqıɣu kin sirki

---

① ir是汉语“乙”之音译，是中国农历中用来计算日子的符号，也就是所谓十天干中第二位的名称。参见 T T VII, p 98, 第一表。

② ti是汉语“丁”之音译，是中国农历中用来计算日子的符号，也就是所谓十天干中第四位的名称。参见 T T VII, p 98, 第一表。

③ sirki是汉语“节气”之音译，指二十四时节和气候，是中国古代订立的一种用来指导农事的补充历法。参见 T T VII, p 59, 注释48。

F045 30 [ ]

F034 19 二日为丁未（羊）日，建，
F035 20 七日是一个星期日。
F036 21 七月是一个大月，
F037 22 一日为乙亥（猪）日，定，
F038 23 三日为丁丑（牛）日，破，
F039 24 四日为戊寅（虎）日，破，节气，
F040 25 六日是一个星期日。
F041 26 八月，
F042 27 一日为乙巳（蛇）日，收，
F043 28 四日为申（猴）日，建，星期日，
F044 29 五日为酉（鸡）日，建，节气。
F045 30 [ ]

U 500b-1（T. I 600）

F046 01 'wnwnc [ ] kycyk
onunč [ay] kičig
F047 02 一 yky q[ ] l[ ]w p' ''dyty'
bir（一）y（an）gı q[ap[①]] l[u]u pa aditya
F048 03 五 yky pycyn q'y
五（beš）y（an）gı bičin qay[②]
F049 04 六 yky t'qyqw q'y
六（altı）y（an）gı taqıɣu qay

① qap是汉语"甲"之音译，是中国农历中用来计算日子的符号，也就是所谓十天干中第一位的名称。参见 T T VII, p 98, 第一表。

② qay是汉语"开"之音译，是中国古代历法中十二神吉凶日符号之一的名称。参见 T T VII, p 98, 第三表。

F050 $_{05}$　pyr ykrmync ”y 大
bir y（e）g（i）rminč ay大（uluɣ）

F051 $_{06}$　一 yky kww t’q[ ]w q’y
一（bir）y（an）gı kuu taq[ıɣ]u qay

F052 $_{07}$　”lty yky p’rs pyy ↘
altı y（an）gı bars pii[1] syrky（sirki）

F053 $_{08}$　yyty yky q[ ] pyy ”dyty’↗
yeti y（an）gı q[oyn] pii aditya

F054 $_{09}$　c’qs’p’t ”y 小
čahšapat ay小（kičig）

F055 $_{10}$　一日 kww t’vysq’n pyy
一日（bir yangı）kuu tavıšɣan pii

F056 $_{11}$　五 yky ty qwyn [ ]’y ”dyty’
五（beš）y（an）gı ti qoyn [q]ay aditya

F057 $_{12}$　yyty yky tqqw syv
yeti y（an）gı t（a）q（ı）ɣu šiv

U 500b（T. I 600）

F046 $_{01}$　十月是一个小月，

F047 $_{02}$　一日为甲辰（龙）日，破，星期日，

F048 $_{03}$　五日为申（猴）日，开，

F049 $_{04}$　六日为酉（鸡）日，开。

F050 $_{05}$　十一月是一个大月，一日

F051 $_{06}$　为癸酉（鸡）日，开，六日

F052 $_{07}$　为寅（虎）日，平，节气，七

F053 $_{08}$　日为未（羊）日，平，星期日，

---

① pii是汉语“平”之音译，是中国古代历法中十二神吉凶日符号之一的名称。参见 T T VII, p 98, 第三表 。

F054 09　节气。闰（十二）月是一个小月，

F055 10　一日为癸卯（兔）日，平，

F056 11　五日为丁未（羊）日，开，星期日，

F057 12　七日为酉（鸡）日，收，

F058 13　skyz yky ’yt syv

s（ä）kiz y（an）gı it šiv

F059 14　pycyn yyl ”r’m ”y 大

bičin yıl aram ay大（uluɣ）

F060 15　一日 sym pycyn ’wkw

一日（bir yangı）žim bičin <kuu>

F061 16　twyrt yky ”dyty’

tört y（an）gı aditya

F062 17　’ykynty ”y 小

ikinti ay小（kičig）

F063 18　一日 sym p’rs kyn

一日（bir yangı）žim bars kin

F064 19　二日 ”dyty’

二日（iki yangı）aditya

pycyn yyl

bičin yıl（猴年）

U 500b-2（T. I 600）

F065 20　’wycwnc ”y 大

üčünč ay大（uluɣ）

F066 21　一日 syn qwyn ty ”dyty’

一日（bir yangı）sin qoyn ti① aditya

① ti是汉语“定”之音译，是中国古代历法中十二神吉凶日符号之一的名称。参见 T T VII，p 98，第三表。

F067$_{22}$　九 ty yyl’n kyn → syrky（sirki）

　　　　九（toquz yangı）ti yılan kin

F068$_{23}$　十日 lww kyn → syrky（sirki）

　　　　十日（on yangı）luu① kin

F069$_{24}$　twyrtwnc ”y 小

　　　　törtünč ay小（kičig）

F058$_{13}$　八日为戌（狗）日，收。

F059$_{14}$　猴年，正月是一个大月，

F060$_{15}$　一日为壬申（猴）日，危，

F061$_{16}$　四日为星期四。

F062$_{17}$　二月是一个小月，

F063$_{18}$　一日为壬寅（虎）日，建，

F064$_{19}$　二日为一个星期日。

F065$_{20}$　三月是一个大月，

F066$_{21}$　一日为辛未（羊）日，定，

F067$_{22}$　星期日，九日为丁巳（蛇）日，建，节气，

F068$_{23}$　十日为辰（龙）日，建，节气。

F069$_{24}$　四月是一个小月，

F070$_{25}$　一日 syn ’wd syv

　　　　一日（bir yangı）sin ud šiv

F071$_{26}$　四日 q’p lww kyn syrky

　　　　四日（tört yangı）qap luu kin sirki

F072$_{27}$　五日 yyr yyl’n kyn syrky

　　　　五日（beš yangı）ir yılan kin sirki

---

① luu是汉语“龙”之音译，是中国十二生肖（十二属相）历法中的年号名称，也就是十二地支中第五位的名称。参见 T T VII, p 98, 第二表 。

F073$_{28}$ 六日 pyy ywnt cww ''dyty'
六日（altı yangı）pii yont čuu aditya sirki

F074$_{29}$ p'sync ''y 大
bešinč ay 大（uluɣ）

F075$_{30}$ 一日 qy ywnt cww
一日（bir yangı）qı yont čuu

F076$_{31}$ 五 yky 'yt cyp ''dyty'
五（beš）y（an）gı it čip① aditya

F077$_{32}$ 六 yky twnkwz syrky c[ ] syrky
六（altı）y（an）gı tonguz č[ip] sirki

F078$_{33}$ ''ltync ''y 小
altınč ay 小（kičig）

F079$_{34}$ 一日 qy kwyskw p'
一日（bir yangı）qı② küskü pa

F080$_{35}$ 三日 p[ ]s ''dyty'
三日（üč yangı）b[ar]s aditya

F081$_{36}$ 六日 [ ]l'n py →
六日（alti yangı）[yı]lan pi③ sirki（syrky）

F082$_{37}$ [ ] ↗
[七日（yeti yangı）yont pi]

F070$_{25}$ 一日为辛丑（牛日），收，四
F071$_{26}$ 日为甲辰（龙日），建，

---

① čip是汉语"执"之音译，是中国古代历法中十二神吉凶日符号之一的名称。参见 T T VII，p 98，第三表 。

② qı是qıı的另一种变体。参见 T T VII，p 98，第一表 。

③ pi是汉语"闭"之音译，是中国古代历法中的十二神吉凶日符号之一的名称。参见 T T VII，p 98，第三表 。

F072 27　五日为乙巳（蛇）日，建，节气，
F073 28　六日为丙午（马）日，星期
F074 29　日，节气。五月是一个大月，
F075 30　一日为庚午（马）日，除，
F076 31　五日为戌（狗）日，执，星期日，
F077 32　六日为亥（猪）日，执，节气。
F078 33　六月是一个大月，
F079 34　一日为庚子（鼠）日，破，
F080 35　三日为寅（虎）日，星期日，
F081 36　六日为巳（蛇）日，闭，节气
F082 37　七日为午（马）日，闭，节气

U 5565（T. II D. 89）

F083 01　四月 'wlwq
　四月（törtünč ay）uluɣ
F084 02　一 ty 'wd syw pwd
　一（bir）ti ud šiu bud
F085 03　二 pww p'rs q'y
　二（iki）buu bars qay
F086 04　三 ky t'vysq'n py
　三（üč）ki tavıšɣan pi
F087 05　四 qy lww kyn
　四（tört）qı luu kin
F088 06　五 syn yyl'n cww
　五（beš）sin yılan čuu
F089 07　六 sym ywnt m'n

六（altı）žim yont man①

F090 08　七 kww qwyn pyy

七（yeti）kuu qoyn pii

F091 09　八 q'p pycyn ty

八（säkiz）qap bičin ti

F092 10　九 'yr t'qyqw cyp

九（toquz）ir taqıɣu čip

F093 11　十 pyy 'yt p'

十（on）pii it pa

F094 12　[ ] twnkw[z]

[十一（bir yegirmi）ti] tongu[z kuu]

U 5565（T. II D. 89）

F083 01　四月是一个大月，

F084 02　初一，定、牛、收、水曜，

F085 03　二日，戊、虎、开，

F086 04　三日，己、兔、闭，

F087 05　四日，庚、龙、建，

F088 06　五日，辛、蛇、除，

F089 07　六日，壬、马、满，

F090 08　七日，癸、羊、平，

F091 09　八日，甲、猴、定，

F092 10　九日，乙、鸡、执，

F093 11　十日，丙、狗、破，

F094 12　十一日，丁、猪、危，

---

① man是汉语“满”之音译，是中国古代历法中十二神吉凶日符号之一的名称。参见 T T VII, p 98, 第三表 。

U 9227（T. II Y. 29. 3）

F095$_{01}$　aditya · soma · angaraq① ·

F096$_{02}$　bud② · brahsvaṭi · šükür ·

F097$_{03}$　šaničar③ · yeti grahlar ·

F098$_{04}$　bu ki · qı · sin · äžim ·

F099$_{05}$　[kuy · qap · ir · pi ·] ti · šipqan④ ·

F100$_{06}$　altun · ıɣač · suv · topraq ·

F101$_{07}$　oot · beš qutlar ol⑤ ·

U 9227（T. II Y. 29. 4）

F102$_{01}$　kin　turmaɣ

F103$_{02}$　[čuu kitärmäk]

F104$_{03}$　[ma]n tolmaq

F105$_{04}$　pi　tüz qoyɣu

F106$_{05}$　[ti]　ornanmaq

F107$_{06}$　čip　t[ut]maq

F108$_{07}$　pa　buzulmaq

---

① angraq是梵语aṅgāraka之音译，是古印度星相学体系中七颗行星之一的名称。参见Pamulaparti Venkata Narasimha Rao，Vedic Astrology，an Integrated Approach，New Delhi：Sagar Publications，2000，p 5。

② bud是梵语budha之音译，是古印度星相学体系中七颗行星之一的名称。参见Pamulaparti Venkata Narasimha Rao，Vedic Astrology，an Integrated Approach，New Delhi：Sagar Publications，2000，p 5。

③ šaničar是梵语sanaiscara之音译，是古印度星相学体系中七颗行星之一的名称。参见Pamulaparti Venkata Narasimha Rao，Vedic Astrology，an Integrated Approach，New Delhi：Sagar Publications，2000，p 5。

④ Bu，ki，qı，sin，ažım，kuy，qap，ir，pi，ti是分别为汉语戊、己、庚、辛、壬、癸、甲、乙、丙、丁之音译，是中国古代历法中的十天干的名称。参见 T T VII，p 98，第一表。

⑤ 中国古代“五行”学说认为宇宙万物都是由“金”“木”“水”“火”“土”这五种简单的元素构成。参见谢罡：《金木水火土华夏民族的自然图腾》，《西南航空》第10期，2011年，第36–40页。

F109 $_{08}$ kuu alp yol

F110 $_{09}$ q[ ]ımaɣu ol

F111 $_{10}$ [či b]ütmäk

F112 $_{11}$ šiu qoyɣu

F113 $_{12}$ [q]ay ačılmaq

U 9227（T. II Y. 29. 3）

F095 $_{01}$ 太阳、月亮、火星、

F096 $_{02}$ 水星、木星、金星、

F097 $_{03}$ 土星是七颗行星。

F098 $_{04}$ 戊、己、庚、辛、壬、

F099 $_{05}$ 癸、甲、乙、丙、丁是十天干。

F100 $_{06}$ 金、木、水、土、

F101 $_{07}$ 火是五种元素。

U 9227（T. II Y. 29. 3）

F102 $_{01}$ 建

F103 $_{02}$ 除

F104 $_{03}$ 满

F105 $_{04}$ 平

F106 $_{05}$ 定

F107 $_{06}$ 执

F108 $_{07}$ 破

F109 $_{08}$ 危

F110 $_{09}$ 这不是[ ]

F111 $_{10}$ 成

F112 $_{11}$ 收

F113 $_{12}$ 开

F114 13　[pii　]lm [turɣurmaq]

U 9227（T. II Y. 29. 6）[①]

F115 01　（tıngraq bıčɣu kün ol）

F116 02　kwyskw kwnd’ tynkr’q pycs’r
küskü kündä tıngraq bıčsar

F117 03　qwrqync pwlwr · ’wd kwynd’
qorqınč bolur · ud kündä

F118 04　’wykrwnc s’vync pwlwr ·
ögrünč sävinč bolur ·

F119 05　p[　] [ ]w[　　　]
b[ars] [k]ü[ndä　bolur]

F120 06　t’vysq’n kwyn y’vyz ’wl ·
tavıšɣan kün yavız ol ·

F121 07　lww kwynd’ kysy pyl’ q’rsy
luu kündä kiši bilä qaršı

F122 08　pwlwr · yyl’n kwynd’ ym’
bolur · yılan kündä ymä

F123 09　q’rsy pwlwr · ywnt kwyn
qaršı bolur · yont kün–

F124 10　d’ ”syq pwlwr · qwyn k[ ]
dä asıɣ bolur · qoyn k[ün]–

F125 11　d’ ’dkw ’wklysy pyl’n
dä ädgü öglisi bilän

F126 12　[ ]vyswr · pycyn kwynd[ ]
[qa]vıšur · bičin künd[ä]

① 该残片原件已失，但是它的2–14行部分保留于U 501残片反面14–26行部分。参见Knüppel，Michael，Alttürkische Handschriften Teil 17（Heilkundliche，Volksreligiöse und Ritualtexte），Stuttgart：VOHD，2013，p 89–90。

F127 03　[ ] ywq pwlwr t’qyqw
[tavar] yoq bolur · taqıɣu

F114 13　闭
U 9227（T. II Y. 29. 6）
F115 01　剪指甲的日子：
F116 02　如果在鼠日剪指甲，就会
F117 03　有令人担忧的危险。在牛日
F118 04　剪指甲，将会有欢乐。
F119 05　在虎日剪指甲，[ ]
F120 06　在兔日剪指甲，是凶兆。
F121 07　在龙日剪指甲，将会与人为
F122 08　敌。在蛇日，同样也会
F123 09　与人为敌。在马日，
F124 10　会有利润。在羊日，
F125 11　会与亲朋好友
F126 12　遇见。在猴日，
F127 13　会失去财富。在鸡日，

F128 14　[ ] ’dkw ky[ ]
[kündä] ädgü ki[ši bilän]
F129 15　tušar · it kündä
F130 16　ada bolur · tonguz
F131 17　kündä tıngraq
F132 18　bıčsar t（a）var tapı
F133 19　[bo]lur · tıngraq bıč[ɣu]
F134 20　sač soqunɣu künlär ·

U 9227（T. II Y. 29. 7）[①]

F135 01　（sač）soqun（ɣ）u kün ol ·

F136 02　küskü kündä

F137 03　soqunsar bay bolur ·

F138 04　ud kündä soqunsar

F139 05　asıɣ bolur · bars kün

F140 06　dä öz yaš qısılur ·

F141 07　[ ]sq'n kwynt' [ ]

[tavı]šɣan künḍä [sač]

F142 08　ywrwnk pwlwr · lww kwynd'

yürüng bolur · luu kündä

F143 09　'wvwt pwlwr · yyl'n

uvut bolur · yılan

F144 10　kwynd' 'yklyk pwlwr ·

kündä iglig bolur ·

F145 11　ywnt kwynt' t'klwk

yont künḍä täglüg

F146 12　pwlwr · qwyn kwynd'

bolur · qoyn kündä

F128 14　会与善良的人

F129 15　遇见。在狗日，

F130 16　会遭遇危险。如果

F131 17　在猪日剪指甲，

F132 18　就会赢得

① 该残片原件已失，但是它的7–19行部分类似于U 501残片反面1–13行部分。参见Knüppel，Michael，Alttürkische Handschriften Teil 17（Heilkundliche，Volksreligiöse und Ritualtexte），Stuttgart：VOHD，2013，p 89–90。

F133 $_{19}$ 财产。剪指甲和

F134 $_{20}$ 剪头发的日子。

U 9227（T. II Y. 29. 7）

F135 $_{01}$ 剪发的日子：

F136 $_{02}$ 如果于鼠日剪发，

F137 $_{03}$ 就会发财。

F138 $_{04}$ 如果于牛日让人剪发，

F139 $_{05}$ 就会赢得利润。在

F140 $_{06}$ 虎日，寿命会缩短。

F141 $_{07}$ 在兔日，头发将会

F142 $_{08}$ 变白。在龙日，

F143 $_{09}$ 将会有羞耻。在蛇日，

F144 $_{10}$ 将会得疾病。

F145 $_{11}$ 在马日，将会

F146 $_{12}$ 失明。在羊日，

F147 $_{13}$ ’wqwly qyzy ’wykw[ ]
oɣulı qızı ökü[š]

F148 $_{14}$ pwlwr · pycyn kwynd’
bolur · bičin kündä

F149 $_{15}$ ’ysy kwycy pwyd’r ·
iši küči büṭär ·

F150 $_{16}$ t’qyqw kwynt’ twydw[ ]
taqıɣu künḍä tüṭü[š]

F151 $_{17}$ pwlwr · ’yt kwnd’ p’y
bolur · it kündä bay

F152 $_{18}$ pwlwr · t[ ] k[ ]nd’
bolur · t[onguz] k[ü]ndä

F153 19　yylysy q’r’sy ’wylwr ·
　　　　yıl（q）ısı qarası ölür ·

U 9227（T. II Y. 29. 8）

F154 01　[küskü kündä tang]-
F155 02　[da a]sursar ögdin
F156 03　qangdın ädgü sav
F157 04　äšıṭür · kün orṭu-
F158 05　ta asursar kengäš
F159 06　bolu[r · ki]čä [asursar]
F160 07　[　　bolur] ·
F161 08　[ud kündä] tangda
F162 09　[asursar] asıɣ
F163 10　[bolur ·] kün
F164 11　[orṭuta asursar　　]
F165 12　[bolur ·] ki[čä] as[ursar]
F166 13　kündän kälir · bars
F167 14　kündä tangda asursar
F168 15　t（a）var [k]ir[ü]r · kün

F147 13　将会有许多男童
F148 14　和女童。在猴日，
F149 15　将会结束事业。
F150 16　在鸡日，将会有
F151 17　口舌。在狗日，将会
F152 18　变富。在猪日，
F153 19　大小牲畜都会死亡。

U 9227（T. II Y. 29. 8）

F154 01　在鼠日，

F155 $_{02}$ 如果清早打喷嚏，

F156 $_{03}$ 将会让父母听到

F157 $_{04}$ 好消息；如果中午

F158 $_{05}$ 打喷嚏，会

F159 $_{06}$ 询问事情。如果晚上打喷嚏

F160 $_{07}$ [ ]

F161 $_{08}$ 在牛日，如果清早

F162 $_{09}$ 打喷嚏，会获得

F163 $_{10}$ 利润；如果中午

F164 $_{11}$ 打喷嚏，[ ]

F165 $_{12}$ 如果晚上打喷嚏，

F166 $_{13}$ 将会客人到来。在虎日，

F167 $_{14}$ 如果清早打喷嚏，将

F168 $_{15}$ 会得到财富；如果

F169 $_{16}$ [orṭuta asursar]

F170 $_{17}$ [kišigä t（a）var] bärgäy（·）

F171 $_{18}$ [kičä asursar]

F172 $_{19}$ [tavıš]ɣan kün-

F173 $_{20}$ [dä tangda as]ursar

F174 $_{21}$ [ ]

F175 $_{22}$ [kün orṭuta asur]-

F176 $_{23}$ [sar] t（a）var kirür（·）kičä

F177 $_{24}$ asursar kišigä

F178 $_{25}$ t（a）var berür · luu

F179 $_{26}$ kündä [tang]da asursar

F180 $_{27}$ [ögrünčl]üg [bolur ·]

F181 $_{28}$ [kün orṭuta asursar] ädgü

F182$_{29}$　[　　　　]
F183$_{30}$　[　kičä asur]sar äd
F184$_{31}$　[t（a）var　y]ılan
F185$_{32}$　[kündä tangda asursar]
F186$_{33}$　[　　] bol[ur · kün orṭu]-
F187$_{34}$　ta asursar ögrünč
F188$_{35}$　sävinč bolur · kičä
F189$_{36}$　asursar aɣır ayur
F190$_{37}$　bolu[r · yon]t kündä
F191$_{38}$　[tangda asursar　　]
F192$_{39}$　[　bolur · kün orṭuta]
F193$_{40}$　[asursar　　]š bolur ·
F194$_{41}$　[kičä asursa]r [　　]
F195$_{42}$　[　　　　bolu]r
F196$_{43}$　[qoyn kün]dä tangda as[ur-
F197$_{44}$　sar [ädgü] s[av] äšitür ·

F169$_{16}$　中午打喷嚏，
F170$_{17}$　将会给别人财产；
F171$_{18}$　如果晚上打喷嚏，[　　]。
F172$_{19}$　在兔日，
F173$_{20}$　如果清早打喷嚏，
F174$_{21}$　[　　　　]。
F175$_{22}$　如果中午打喷嚏，
F176$_{23}$　将会获得财富；
F177$_{24}$　如果晚上打喷嚏，将
F178$_{25}$　会给别人财产。在龙日，
F179$_{26}$　如果清早打喷嚏，

F180$_{27}$ 将会有欢乐；
F181$_{28}$ 如果中午打喷嚏，是吉利。
F182$_{29}$ [ ]
F183$_{30}$ 如果晚上打喷嚏，
F184$_{31}$ 财产[ ]在蛇日，
F185$_{32}$ 如果清早打喷嚏，
F186$_{33}$ [ ]；如果中午
F187$_{34}$ 打喷嚏，将会发生
F188$_{35}$ 大喜之事；如果晚上
F189$_{36}$ 打喷嚏，将会
F190$_{37}$ 得到荣誉。在马日，
F191$_{38}$ 如果清早打喷嚏，
F192$_{39}$ [ ]；如果中午
F193$_{40}$ 打喷嚏，[ ]
F194$_{41}$ 如果晚上打喷嚏，
F195$_{42}$ [ ]
F196$_{43}$ 在羊日，如果清早打喷嚏，
F197$_{44}$ 会听到一个好话；

F198$_{45}$ kün orṭuta buyan
F199$_{46}$ ašılur · kičä asur-
F200$_{47}$ sar ögrünč [sävinč]
F201$_{48}$ bo[lur · bičin kündä]
F202$_{49}$ [tangda asursa]r t（a）var
F203$_{50}$ [kirür · kün] orṭuta
F204$_{51}$ [asursar buya]nı ašılur
F205$_{52}$ [kičä asur]sar ögrünč
F206$_{53}$ [bolur · taqıɣu kündä]

F207$_{54}$　[tangda asur]sar ülü[gi]

F208$_{55}$　aš[ılur ·] kün orṭuta

F209$_{56}$　asursar buyanı

F210$_{57}$　ašılur · kičä asursar

F211$_{58}$　yaɣı [　] savı [äši]ṭ[ür]

F212$_{59}$　[it kündä tangda]

F213$_{60}$　[asursar säv]inč

F214$_{61}$　[bolur · kün] orṭuta

F215$_{62}$　[asursar ülüg]i

F216$_{63}$　[ašılur · kičä asursar]

F217$_{64}$　[kišig]ä t（a）var

F218$_{65}$　[birür · tonguz kündä]

F219$_{66}$　[tangda a]sursar ög[rünč]

F220$_{67}$　sä[vinč bo]l[ur] · kün

F221$_{68}$　orṭuta qunčuylar

F222$_{69}$　birlä bolur · kičä

F223$_{70}$　asursar bulunč [　]

U 9245v（T. III M. 66. 2）

F224$_{01}$　（amtı yüvig kälmiš yavız）

F225$_{02}$　（künlärni）ay（a）lım（·）yaẓqı

F198$_{45}$　如果中午打喷嚏，

F199$_{46}$　运气将会增加；如果晚

F200$_{47}$　上打喷嚏，将会

F201$_{48}$　有欢乐。在猴日，

F202$_{49}$　如果清早打喷嚏，

F203$_{50}$　将会得到财富；如果中午

F204$_{51}$　打喷嚏，运气将会增

F205 52　加；如果晚上打喷嚏，
F206 53　将会有欢乐。在鸡日，
F207 54　如果清早打喷嚏，那么命
F208 55　运将会改善；如果中午
F209 56　打喷嚏，运气将会
F210 57　增加；如果晚上打喷嚏
F211 58　敌人[　]听到消息。
F212 59　在狗日，如果清早
F213 60　打喷嚏，那么将会
F214 61　有欢乐；如果中午
F215 62　打喷嚏，命运将
F216 63　会改善；如果晚上
F217 64　打喷嚏，将会
F218 65　给别人财产。在猪日，
F219 66　如果清早打喷嚏，将
F220 67　会有欢乐；如果
F221 68　中午打喷嚏，那么将会与
F222 69　公主在一起；如果晚上
F223 70　打喷嚏，会得到[　]
U 9245v（T. III M. 66. 2）
F224 01　现在我要讲述不吉祥的
F225 02　日子；在春天的

F226 03　üč aylarta tavıqš[an]
F227 04　taqı[ɣu] kün yavız [ol ·]
F228 05　yayqı üč aylarta
F229 06　yont kün yavız ol（·）küẓki
F230 07　üč aylarta taq（ı）ɣu kün

F231 08　yavız ol（·）qišqı üč aylar–
F232 09　ta küskü kün yavız ol（·）[bo]–
F233 10　lar yüvig kälmiš yavız kün–
F234 11　lär ol（·）ton bıčsar ol t[on]
F235 12　birlän ök adalar ·
F236 13　amtı tıṭıg qılɣu künlärni
F237 14　ayalım（·）kin kündä tiṭig qıls[ar]
CH/U 9001（T. II Y. 49. 2）
F238 01　küskü kündä körüm körsär yaramaz ·
F239 02　ud kündä ud satɣın alsar yaramaz（·）
F240 03　bars kündä sačıɣ sačsar yarašmaz ·
F241 04　tavıšɣan kündä [qu]d[u]ɣ [qaz]sar yarašmaz（·）
F242 05　luu kündä ıqı [　]t qılsar yarašmaz（·）
F243 06　yılan kündä qız tašqarsar yarašmaz（·）
F244 07　yont kündä künt[　]m aqtursar yarašmaz（·）
F245 08　[qoyn kündä　　qı]lsar yarašmaz（·）
F246 09　[bičin kündä　　] yarašmaz（·）
F247 10　[taqıɣu kündä　　] qılsar yar[ašmaz ·]

F226 03　三个月中的兔日和
F227 04　鸡日是凶日。
F228 05　在夏天的三个月中的
F229 06　马日是凶日。在秋天的
F230 07　三个月中鸡日是
F231 08　凶日。在冬天的三个月中
F232 09　鼠日是凶。
F233 10　这些都是不吉祥的凶
F234 11　日。如果有人在（这些凶日）裁剪衣服，

F235 $_{12}$ 他将会与这件衣服一起遭难。
F236 $_{13}$ 现在要讲述制作泥浆的日
F237 $_{14}$ 子；如果建日制作泥浆，
CH/U 9001（T. II Y. 49. 2）
F238 $_{01}$ 如果鼠日占卜，不吉祥。
F239 $_{02}$ 如果牛日买卖牛，不吉祥。
F240 $_{03}$ 如果虎日散发供祭不吉祥。
F241 $_{04}$ 如果兔日钻井，不吉祥。
F242 $_{05}$ 如果龙日[ ]，不吉祥。
F243 $_{06}$ 如果蛇日出嫁女儿，
F244 $_{07}$ 不吉祥。如果马日[ ]，不
F245 $_{08}$ 吉祥。如果羊日[ ]，不吉
F246 $_{09}$ 祥如果猴日[ ]，不吉祥。
F247 $_{10}$ 如果鸡日[ ]，不吉祥。

2.1.7 G：回鹘文医学历法和占卜文献

回鹘文医学历法和占卜文献是占卜术、历法、天文学、星相学、星占术和医学交织的产物，是科学与迷信的混合体。该文献有5件残片，其中U 9227（T. II Y. 29）、U 9228（T. I 602）、CH/U 9001（T.II Y. 49. 1）、U 9229（T. I 603）4个残片原件遗失。残片Ch/U 3911（T. III 62）现藏于德国柏林勃兰登堡科学院吐鲁番研究所。它由正面24行回鹘文组成，页面大小为33 cm × 25.2 cm，各行行距不同，纸质为棕米色。根据其草书体书写特点可以推断，该残片可能书写于11—12世纪。

阿拉特早在1936年《吐鲁番回鹘文献》第七卷一书中对回鹘文医学历法和占卜文献进行了转写、换写、德语翻译和注释，但在他的译释中有不少值得进一步探讨的内容。本书在前人研究成果的基础上对该文献进行了转写、汉译和注释。

文献的解读与汉文翻译

U 9227（T. II Y. 29）

G001 $_{01}$ öz qonuq käzigi ol ·

G002 $_{02}$ küskü kündä köztä bolur ·

G003 $_{03}$ ud kündä qulqaqta bolur ·

G004 $_{04}$ bars kündä kögüztä [bolur] ·

G005 $_{05}$ tavıšɣan kündä burunta bolur ·

G006 $_{06}$ luu kündä bältä bolur ·

G007 $_{07}$ yılan kündä qolta bolur ·

G008 $_{08}$ yont kündä [ ]ta bol[ur]

G009 $_{09}$ qoyn kündä yoṭata bolur

G010 $_{10}$ bičin kündä alınta bolur ·

G011 $_{11}$ taqıɣu kündä yanınta bolur

G012 $_{12}$ it kündä süsküntä bolur ·

G013 $_{13}$ tonguz kündä töpüdä bolur ·

U 9228（T. I 602）

G014 $_{01}$ [bir yangıda]

G015 $_{02}$ [ ]

G016 $_{03}$ t’ [iki yangıda]

G017 $_{04}$ taš tobıqta

G018 $_{05}$ üč yangıda

G019 $_{06}$ baltırta tört

G020 $_{07}$ yangıda učada

G021 $_{08}$ beš y（a）ngıda aɣız–

G022 $_{09}$ ta altı yangıda

G023 $_{10}$ äligtä yeti yangı–

G024 $_{11}$ da ič tobıqta

G025 12 säkiz yangıda ayata

G026 13 toquz yangıda qur-

U 9227（T. II Y. 29）

G001 01 （神秘之主）在人身各部分的位置。

G002 02 在鼠日，它处于眼中。

G003 03 在牛日，它处于耳中。

G004 04 在虎日，它处于胸中。

G005 05 在兔日，它处于鼻中

G006 06 生命之神经在龙日，它处于腰部。

G007 07 在蛇日，它处于臂部。

G008 08 在马日，它处于[ ]。

G009 09 在羊日，它处于大腿的上部。

G010 10 在猴日，它处于额部。

G011 11 在鸡日，它处于两肋。

G012 12 在狗日，它处于颈部。

G013 13 在猪日，它处于枕骨部。

U 9228（T. I 602）

G014 01 在第一日，

G015 02 [ ]

G016 03 在第二日，

G017 04 它处于外踝部。

G018 05 在第三日，

G019 06 它处于小腿部。在第

G020 07 四日，它处于腰部。

G021 08 在第五日，它处于

G022 09 嘴中。在第六日，

G023 10 它处于手中。在第

G024 $_{11}$ 七日，它处于内踝部。

G025 $_{12}$ 在第八日，它处于手掌中。

G026 $_{13}$ 在第九日，它处于

G027 $_{14}$ uɣsaqta on yangı-

G028 $_{15}$ da ärin ikin

G029 $_{16}$ ara bir y（e）g（i）rmidä

G030 $_{17}$ [ ] učınta

C H/U 9001（T.II Y. 49. 1）

G031 $_{01}$ [ ] bolur · ol kündä]

G032 $_{02}$ tügnäsär baš qılsar [ölür · tükädi beš]

G033 $_{03}$ otuz saqıš · altı ot[uzda öz qonuq]

G034 $_{04}$ adaqta bolur（·）ol künd[ä qanasar]

G035 $_{05}$ ölür（·）tükädi altı otuz [saqıš · yeti otuzda]

G036 $_{06}$ öz qonuq yüräktä bolur（·）[ol kündä qanasar]

G037 $_{07}$ qusup ölür · tükädi yeti o[tuz saqıš · säkiz otuzda]

G038 $_{08}$ öz qonuq uvut yerintä bolu[r · ol kündä qanasar]

G039 $_{09}$ anta oq ölür（·）tükädi säkiz [otuz saqıš · toquz otuzda]

G040 $_{10}$ öz qonuq udluqta bältä b[ ]

G041 $_{11}$ ta bolur（·）ol kündä qana[sar tügnäsär ol]

G042 $_{12}$ kündä ölür（·）tükädi toquz [otuz saqıš · otuzunč]

G043 $_{13}$ kišining öz qonuqı yüräk[tä bolur · ol]

G044 $_{14}$ kündä qanasar t[ü]gnäsär ba[šqı]l[sar]

G045 $_{15}$ ken ölür（·）tükädi ay[ ]ču küntäki öz qonuq

G046 $_{16}$ yoruqı otuzunč saqıš b[aɣ] ·

Ch/U 3911（T. III 62）

G047 $_{01}$ [ ]

G048 $_{02}$ [ ] k'lyr pwrwny [ ]

[ ] kälir（·）burunı [ ]

G049$_{03}$ [ ]t’ ’yckwt’ [ ]

[aš]ta ičgütä [kälmiš]

G050$_{04}$ [ ]k ’wl · ’wyqw ”rp’ [ ] vww p’qlyq sy[ ]

[i]g ol · uyqu arpa [ ] vuu baɣlıɣ sy[ ]

G027$_{14}$ 胃部。在第十日，

G028$_{15}$ 它处于嘴唇

G029$_{16}$ 之间。在第十一日，

G030$_{17}$ 处于[ ]顶部

C H/U 9001（T.II Y. 49. 1）

G031$_{01}$ 在二十五日，生命之气处于[ ]。

G032$_{02}$ 如果此日烧伤或受伤，就会死亡。二十

G033$_{03}$ 五日的预兆结束。在二十六日，生命之气

G034$_{04}$ 处于脚部，如果此日出血创伤，就会

G035$_{05}$ 死亡。二十六日的预兆结束。在二十七日

G036$_{06}$ 生命之气处于心脏中，如果此日出血创伤

G037$_{07}$ 就会呕吐而死。二十七日的预兆结束。在二十八日

G038$_{08}$ 生命之气处于私处，如果此日出血创伤，

G039$_{09}$ 就会立即死亡。二十八日的预兆结束。

G040$_{10}$ 在二十九日，生命之气处于胯骨部、腰部或者[ ]。

G041$_{11}$ 如果此日出血创伤或烧伤

G042$_{12}$ 就会死亡。二十九日的预兆结束。在三十日，

G043$_{13}$ 人的生命之气处于心脏中。如果此

G044$_{14}$ 日出血创伤、烧伤或受伤

G045$_{15}$ 将会死亡。生命之气所在身体

G046$_{16}$ 之部的预兆结束。三十日的预兆结束。

Ch/U 3911（T. III 62）

G047 01　[　　　　　　　　　　]

G048 02　[　]引起。他的鼻子[　　　　　]

G049 03　[　　　　　　]这是一种饮食引起

G050 04　的疾病。睡眠、青稞[　]它是带护身符的[　]

G051 05　[　]lq y'k –yk 'wyd[　　]nynk kydyn yynk[　]

[at]l（ı）ɣ yäkig 'wyd[　taš qapıɣ]nıng kädin yıng[aqınta]

G052 06　yyl'n kwynky 'wyz' ''s [　　] twnkwz kwynd' ''z 'ysl'y[ ]

yılan künki üzä aš [　　] tonguz kündä az išläy[ür]

G053 07　[ ] kwynd' 'ync pwlwr · [　]ywm q'rsysy t''vysq'n kwyn[ ]

[ud] kündä enč bolur · [　öl]üm qaršısı tavıšɣan kün[dä]

G054 08　[　　] yy[　] tysy ''qyr pwlwr · ''sy 'yckwsy pw 'rwr

[bolur · är] ye[nik] tiši aɣır bolur · aši ičgüsi bo ärür：

G055 09　[　　　]y twdwm tlqn yty t'ncw yykly

[yeti hasnı yet]i tuṭum t（a）l（a）qn y（e）ti tanču yigli

G056 10　[　　　]c t'qyqw y[　　]yr cyp 'yky qw'

[bıšıɣlı ät ü]č taqıɣu y[　　b]ir čıɣ iki qua

G057 11　[　　] m[　　] yyz ywl' [　　]' p'qyr lwql'n lqs qw'

[　　] m[inšin] yez yula [kägäd]ä baqır luqlan l（a）q（ı）š qua

G058 12　[　]ys swyd pwr ''zw [　　] sw pyl'n [　] cynk [　] [　yim]

iš süṭ bor azu [　　] suv bilän [　] čing [　]

G059 13　[　　]k' t'kswn typ qwd[　　　] twqwz 'wyn m'nk yyrd'

[　　]k' tägz]ün tep qod[up　　　] toquz on mang yerdä

G060 14　[　　　]nynk ''dyn py[ ]yp t's [　　　　]nynk

[　iglig kiši]ning aṭin bi[t]ip taš [　　　　]ning

G061 15　[　　　]mswn · 'wd yyl cqs'pt [　　　　]

[　　kö]msun · ud yıl č（a）qšap（a）t [ay　　　]

G062 16 [ ] 'wlwr · [ ]
[ ] ölür · [ ]

G063 17 [ ] qwyn kwynd' 'ykl's'r [ ]
[ ] qoyn kündä igläsär [ ]

G064 18 [ ] s'kyz'lyk kwynd' 'ync pwylwr · ky qwyn [ ]
[ ] säkiz älig kündä enč bolur · ki qoyn [kündä]

G065 19 [ ]sq'n kwynd' ''ltync [ ] 'ync pwlwr · kww qwyn kwynd'
[tavı]šɣan kündä altınč [kün] enč bolur · kuu qoyn kündä

G051 05 称为[ ]的夜叉，在外们的西侧[ ]。

G052 06 在蛇日，饭食[ ]身上的疾病在猪日逐渐消退。

G053 07 在牛日就会平息。死亡危险将会出现在兔日。

G054 08 男人（将会得）轻病，女人（将会得）重病。供祭的饭食如下：

G055 09 七个菊苣，七把大麦粉，七块生肉

G056 10 和熟肉，三只鸡，[ ]，一棵芨芨草，两朵花，[ ]

G057 11 minšin、青蒿、灯、纸、铜、luqlan、小麦粉、鲜花、[ ]

G058 12 水果、奶子、酒或者[ ]，水和[ ]芨芨草[ ]它都应该

G059 13 [ ]祈祷说：事事心愿可逐。[ ]在九十步的地方写成

G060 14 病人的名字，在外面[ ]要把它

G061 15 埋葬。牛年十二（闰）月[ ]

G062 16 就会死亡。[ ]

G063 17 [ ]如果羊日[ ]

G064 18 在四十八天中疾病就会消退。如果在己羊日[ ]

G065 19 如果在兔日得病，第六天就会恢复。 如果在癸羊日

G066 20　[　]nc kwyn ’ync pwlwr · m’[　]dyp sysy pyrkwl · ’ync
　[　]nč kün enč bolur · ma[　qa]ṭıp šiši birgül · enč

G067 21　[　] pycyn kwynd’ ’yk pwyls’r p’[ ]n ”qrydwr s’n
　[bolur ·] bičin kündä ig bolsar ba[šı]n aɣ（r）ıṭur san-

G068 22　yn sysl’dwr · ”s ’yckw ’ycs’r [　]qyqwsy k’lyr ·
　ın sısladur · aš ičgü ičsär [　]qyqwsy kälir ·

G069 23　pyyn qwlpycyn p’rc’ ”[ ]d[　]
　bä（l）in qolbičin barča a[ɣrı]ṭ[ur　]

G070 24　’wys[　] tnkrysy
　’wys[　]t（ä）ngrisi

U 9229（T. I 603）正面

G071 01　t（ä）ngrigä yaɣıš ayı[q] bermäyükkä baš[ın]

G072 02　köẓin aɣrıṭur qolın buṭın sıẓlaḍur

G073 03　yüräk ilän bälin qolbičin aɣrıtur

G074 04　süsküni arqası tuṭušur yanı adaqı

G075 05　aɣrıyur ayıẓı qurıyur qusqaq bolur · kišini

G076 06　tuṭaɣan tärkiš bolur · är aɣır tiši

G077 07　yenik bolur · burhanlarɣa sacıɣ tö[kük]

G078 08　saldurup öẓüṭkä aš bärgül · yäkkä

G079 09　amšusı bo ärür yeti qısung yeṭi

G080 10　tuṭum talqan yeṭirär t（a）nču yigli bıšıɣ-

G081 11　li ät yašıl burčaq bir čomurmıš suv

G082 12　bir tiṭig minšin bir yez yula kägädä

G083 13　baqır luqlan laqša qua yimiš süṭ

G084 14　bor bägni birlä taš qapıɣ iši[kingä]

G085 15　tägürüp öngdün kündin yı[ngaq　toquz]

G086 16　[o]n mang yerdä ting sı[čɣan kündä]　,

G087 17　[yäk]kä tep ’d[　]

G088 18 körkin y（a）ngılzun · küči yäṭmäsär [ ]

G089 19 yazsun · kumbandi taqzun [ ]

G066 20 [ ] 就会恢复。[ ] 与 šiši 混合，就会恢复。

G067 21 如果在猴日得病，那就会头疼，

G068 22 肋骨会疼痛。如果吃饭，那就会 [ ]

G069 23 如果腰部和腋下生病，[ ]

G070 24 [ ] 天神

U 9229（T. I 603）

G071 01 不向天神誓言和供奉奠酒的结果是：

G072 02 那天神使他头疼，眼疼，使他的手

G073 03 脚受伤。他的心脏、腰部和腋下疼痛，

G074 04 他的肩膀和背部患有抽搐，臀部和脚

G075 05 酸疼，嘴巴枯干，呕吐不断，将会与

G076 06 他人争吵。男人（将会得）重病，女人（将会得）轻病。

G077 07 应该要向佛献祭供品，向

G078 08 灵魂施舍饭食。夜叉的祭祀

G079 09 饭食如下：七个 qısung，

G080 10 七把大麦粉、七八块生肉和

G081 11 熟肉、绿豆、一船水、一块泥浆、

G082 12 minšin、青蒿、灯、纸、铜、luqlan、

G083 13 小麦粉、鲜花、水果、奶子、

G084 14 酒等供品放到外门门槛。

G085 15 在东南方向 [ ] 九

G086 16 十步远处的地方，在丁鼠日，

G087 17 向夜叉 [ ]

G088 18 失去它的美。如果力气不足

G089 19 要写 [ ]，要戴上鸠盘荼

G090$_{20}$　t（ä）ngrimlärgä yaɣïš yaɣsun · luu kün

G091$_{21}$　yenik bolup yont kündä enč bolur ·

G092$_{22}$　ölüm qaršïsï bičintä ol · yont

G093$_{23}$　yïl bešinč ay yont kün yont

G094$_{24}$　üdintä tuɣmïš kiši bir y（e）g（i）rminč ay

G095$_{25}$　sïčɣan kün sïčɣan üdintä

G096$_{26}$　igläsär ölür · munga yürüngṭäg šanda

G097$_{27}$　m（a）ndal qïlɣul · luu bičin yïl tuɣmïš

G098$_{28}$　kiši aɣïr bolur ölmäz · qap sïčɣan

G099$_{29}$　kündä igläsär yetinč kün enč

G100$_{30}$　bolur · pii sïčɣan kündä igläsär

G101$_{31}$　yeṭinč kün enč bolur · žim

G102$_{32}$　sïčɣan kündä igläsär säkiẓinč

G103$_{33}$　kün enč bolur ·

G090$_{20}$　要向天神奠酒。在龙日

G091$_{21}$　会轻快，在马日会平息。

G092$_{22}$　死亡危险在猴日出现。如果马年，

G093$_{23}$　五月，马日，

G094$_{24}$　马时辰诞生的人在十一月的

G095$_{25}$　鼠日，鼠时辰

G096$_{26}$　生病，就会死亡。要献祭

G097$_{27}$　曼荼罗。在龙年和猴年诞生的人

G098$_{28}$　遭受重大的痛苦，但不会死亡。

G099$_{29}$　如果在甲鼠日生病，那么第七天

G100$_{30}$　就会平息。如果在丙鼠日生病，

G101$_{31}$　那么第七天就会平息。如果在壬

G102$_{32}$　鼠日生病，那么第八天就会

G103$_{33}$　平息。

2.1.8 H：回鹘文道教《玉匣记》历法和占卜文献

汉文道教经典《玉匣记》也被译成回鹘文。其译文残片主要包括敦煌莫高北区石窟出土的4件残片。这些残片中B165：3和Peald6e+B157：54-2的一部分（B：157：54）是1988—1995年敦煌研究院对敦煌莫高窟北区进行考古发掘时出土的，现收藏于敦煌研究院。此外，Peald6e+B157：54-2、Peald 6h和Peald 6c以Peald为编号，现藏于美国普林斯顿大学东亚图书馆。

值得一提的是，Peald6e+B157：54-2、Peald 6h和 Peald 6c抄写于印刷版西夏文佛教《阿毗达磨大毗婆沙论》残片的背后。Peald6e+B157：54-2、Peald 6h、Peald 6c残片都由连在一起的编号为a、b、c的2件或3件小残片组成。但是，有些小残片与这些残片错误的结合在一起。从内容上来看，B165：3和Peald6e+B157：54-2残片的内容与道教经典《玉匣记》的内容很相似，而Peald 6h和Peald 6c残片的内容与《玉匣记》的内容部分相似，这些残片中出现了佛教音素和道教音素的混合。其中B165：3正面有6行回鹘文，右边有一个圆形图案，反面有18行回鹘文，纸质为白麻纸，页面大小为18.5cm×14.4cm，各行行距不同。残片B：157：54反面有2行回鹘文字，纸质为麻质，泛黄，纸较厚，较硬，页面大小为4.8cm×6.9cm，各行行距不同；根据其半草书体书写特点可以推断，该残片抄写于12—13世纪。B：157：54-2反面有17行回鹘文，纸质为麻质，泛黄，较厚，质较硬，页面大小为：2.7cm×4.1cm，各行行距不同；根据其半草书体书写特点可以推断，该残片抄写于12—13世纪。Peald 6h由a和b两个残片组成，页面大小分别为：a为13.5 cm×12.1cm，b为15.6 cm×8cm，纸质为麻质，泛黄，较厚，质较硬，各行行距不同；根据其半草书体书写特点可以推断，该残片抄写于12—13世纪。Peald 6c有8行回鹘文字，纸质为麻质，泛黄，较厚，质较硬，页面大小为：15.6cm×16cm，各行行距不同；根据其半草书体书写特点可以推断，该残片抄写于12—13世纪。

1989年，美国学者朱迪丝·奥格登·布里特女士在美国《葛斯德图书馆馆刊》（*Gest Library Journal*，该刊于1994年改名为《东亚图书馆馆刊》，*The East Asian Library Journal*）第三期发表了题为《敦煌出土的现藏于普林斯顿的残片》的论文。在论文中对出土于敦煌莫高窟北区石窟、现藏于美国普林斯顿大学东亚图书馆的编号为Peald6e+B157：54–2的回鹘文历占文献进行了简单介绍，并公布了这一文献的图样。此论文首次公布了收藏在美国的该类文献信息。2012年，日本学者松井太在俄罗斯圣彼得堡举行的"敦煌学"国际研讨会上发表的《敦煌出土的回鹘文占卜文献残片》一文，从文献学角度对敦煌莫高北区石窟出土的四个回鹘文历占文献进行了研究。在国内，2003年张铁山教授在《敦煌研究》第一期发表的《敦煌莫高窟北区出土回鹘文文献过眼记》对敦煌莫高窟北区出土的现藏于敦煌研究院的编号为B165：3的历占文献进行了简单的文献描写。该文在国内首次提供了有关这类文献的信息。2004年，彭金章和王建军编著的《敦煌莫高窟北区石窟》第三卷的第155—156页对编号为B165：3的回鹘文历占文献残片进行了描述、转写和汉文翻译，该书收录的出土于敦煌文献资料对相关研究具有极大价值。2006年，阿不都热西提·亚库甫教授在《日本学者庄垣内正弘教授退休纪念论集》发表的论文《敦煌莫高窟北区出土的回鹘文文献》对编号为B165：3的残片从文献学角度进行了探讨和分析，并根据该残片的内容和结构，准确断定其为一个日历。阿不都热西提·亚库甫教授在该文中的论断非常准确，观点明确，其研究成果对后续的研究具有不可替代的参考价值。

虽然国内外有不少学者对该文献进行了不同角度的研究，可他们的研究集中于介绍性论述和文献译释，迄今为止没有人对其进行全面而系统的语文学研究。本书在前人研究成果的基础上对上述残片进行了转写、汉译和注释。

文献的解读与汉文翻译

TextA= B165：3正面

H01 01 [ ]st’ [ ] ol ::

[ ]st’ [ ] ’wl ::

H02 02 [ ] tym’k twyr[ ] kwynly ’wyz’ ywl ywrysr

[ ] timäk tör[t] künli üzä yol yorıs（a）r

H03 03 [ ]l’rk’ dw ’’qyr ’ldwr q’yw synk’r

[ ]lärkä dw[ ] aɣır ilṭür qayu sıngar

H04 04 [ ] ’wykws t’pyswr ’mk’ksysyn ’’s

[ ] öküš tapıšur ämgäksiẓin aš

H05 05 [ ] tws ’’swr ’wyg[ ]wnc s’vynclykyn ywryr ::

[ ] tuš ašur ög[r]（ü）nč[1] sävinčligin yorır ::

H06 06 [ ] tym’k [ ] ’wyz’ ywl ywrys’r

[ ] timäk [tört kün] üzä yol yorısar

H07 07 [ ]kwym’ ’wylwr [ ] pwls’r n’kwm’

[ ]kwym’ ölür [ ] bolsar nägümä

H08 08 [ ] kw [ ]m’dyn ywl ywryr

[ ]kw [ ]m’dyn yol yorır

H09 09 [ ] ’wyklyl’rnynk

[ ] öglilärning

H10 10 [ ]wylwk ’’yl’r

[ ]wylwk aylar

H11 11 [ ] ’wyz’ ywrys’r ’ys

[timäk tört kün] üzä yorısar iš

H12 12 [ ]wr s’dyq ywlwq

① Matsui Dai，2012（Text A，B165：3，recto，05）：ö（g）[r]（ü）nč.

[　　　　　　]wr saṭıɣ yuluɣ
H13 13　[　　　　　　]wyrlwk
[　　　　　　t]ürlüg（?）

TextA= B165：3
H01 01　这是[　　　]
H02 02　如果在这四天中出行[　　]
H03 03　向[　]携带沉重的[　]。每一个方向
H04 04　[　]遇见诸多[　]。无痛苦的，饭食[　]。
H05 05　[　]地位必升为高，将会欢快喜悦的行路。
H06 06　如果在这四天中行路[　　]
H07 07　事业[　]，[　]会死亡。如果成为[　]任何[　]
H08 08　[　　　　　]如果行路[　]
H09 09　[　　　　　]事物的[　]
H10 10　[　　　　　]月的[　]
H11 11　[如果在这四天]中行路，事业将会[　]
H12 12　[　　　　]交易[　]
H13 13　[　　　　]，所有的[

H14 14　[　　　　　　　]
反面
H15 15　[　　　　] p[ ]r yky　twqwz ynky　’wn yydy　pys ’wtwz
[tängri oɣrısı（?）] b[i]r y（an）gı[①] toquz y（a）ngı[②] on yeṭi　beš
H16 16　[　　　　] ’yky ynky　’wn y’nky　’wn s’kyz　’’ldy ’wtwz

① 《敦煌莫高窟北区石窟》(第三卷，第155页）将原文中的p[ ]r yky读作bir iki，并译作“一二”。

② 《敦煌莫高窟北区石窟》(第三卷，第155页）将原文中的twqwz ynky读作toquz iki，并译作“九二”。

[tängri qapıɣı（?）] iki y（a）ngı[1] on yangı[2] on säkiz alṭı otuz

H17 17 [ ] ’wyc ynky ’wn pyr ’wn twqwz yydy ’wtwz

[tängri ordusı（?）] üč y（a）ngı[3] on bir on toquz yeṭi otuz

H18 18 tnkry ”q[ ]y twyrt ynky ’wn ’yky yykrmy s’kyz [ ] t（ä）

ngri aɣ[ıs]ı tört y（a）ngı[4] on iki yeg（i）rmi säkiz[otuz]

TextB=Peald6e+B157：54- 2

H19a 01 [ ]d t’v’r tyl’s’r pwlwr ’dkw kysyl’rk’ ywlwqwr

[ä]d tavar tiläsär bolur ädgü kišilärkä yoluqur[5]

H20a 02 ”yyq s’qynclyql’r ’yr’q tys’r s’dyqy ywlwqy

ayıɣ saqınčlıɣlar ıraq tiẓär saṭıɣı yuluɣı

H21a 03 ’dkw bwylwr ’wqry qr’qcyl’rq’ ywlwnm’z ’wl ’tk’ly

ädgü bolur oɣrı q（a）raqčılarɣa yolunmaz ol etgäli

H22a 04 kwys’s’r ’wd ’wydynt’ ’wynkw ’wl

küsäsär ud ödintä üngü ol

H23a 05 ’wycwnc ”y ”ltync ”y

üčünč ay altınč ay

H24a 06 qysyl sqysqn pyr ynky twqwz ynky yyty ykrmy pys ’wdwz

qıẓıl s（e）ɣısh（a）n bir y（a）ngı toquz y（a）ngı yeti

y（e）g（i）rmi beš oṭuz

---

① 《敦煌莫高窟北区石窟》（第三卷，第156页）将原文中的 ’yky ynky读作 iki iki，并译作“二二”。

② 《敦煌莫高窟北区石窟》（第三卷，第156页）将原文中的 ’wn y’nky读作on iki，并译作“十二”。

③ 《敦煌莫高窟北区石窟》（第三卷，第156页）将原文中的 ’wyc ynky读作üč iki，并译作“三二”。

④ 《敦煌莫高窟北区石窟》（第三卷，第156页）将原文中的twyrt ynky读作tört iki，并译作“四二”。

⑤ Matsui，2012（Text B，a01）：yulunur.

H14 14　[　　　　　　]

H15 15　[天盗（？）]　初一日　初九日　十七日　二十五日

H16 16　[天门（？）]　初二日　初十日　十八日　二十六日

H17 17　[天堂（？）]　初三日　十一日　十九日　二十七日

H18 18　天财　初四日　十二日　二十日　二十八日

TextB=Peald6e+B157：54- 2

H19a 01　如果祈求财富，会得到；会遇见善人①。

H20a 02　有恶意企图的人会消失。你的交易

H21a 03　会顺畅②。你永远不会遇到盗贼③。

H22a 04　如果你想做，你要牛时出行……

H23a 05　三月　　　　六月

H24a 06　朱雀　初一日　初九日　十七日　二十五日

H25a 07　''q p'rs p'sy 'yky ynky 'wn ynky s'kyz ykrmy ''lty [ ]wyz
aq bars bašı iki y（a）ngı on y（a）ngı säkiz y（e）g（i）rmi altı [ot]uz

H26a 08　''q p'rs 'ykwsy 'wyc ynky pyr ykrmy twqwz ykrmy yyty 'wdwz
aq bars äygüsi üč y（a）ngı bir y（e）g（i）rmi toquz y（e）g（i）rmi yeti oṭuz

H27a 09　''q p'rs 'yzy twyrt ynky 'yky ykrmy ykrmy s'kyz 'wdwz

---

① 该句类似于《诸葛武侯选择逐年出行图》中“天财日日出行者，最宜求财，好人相逢”。参见陈明、管众（注评）：《增补万全玉匣记注评》，郑州：河南人民出版社，1993年10月，第132页。

② 该句类似于《诸葛武侯选择逐年出行图》中的“天堂日出行者，贵人接引，买卖亨通”。参见陈明、管众（注评）：《增补万全玉匣记注评》，郑州：河南人民出版社，1993年10月，第131页。

③ 该句类似于《诸葛武侯选择逐年出行图》中的“顺阳日出行者，去处通达，争讼有理，不逢盗贼”。参见陈明、管众（注评）：《增补万全玉匣记注评》，郑州：河南人民出版社，1993年10月，第130页。

aq bars izi tört y（a）ngı iki y（e）g（i）rmi y（e）g（i）rmi säkiz oṭuz

H28a 10 q’r’ yyl’n pys ynky ’wyc ykrmy py[ ] [ ]
qara yılan beš y（a）ngı üč y（e）g（i）rmi bi[r yegirmi] [toquz otuz]

H29a 11 kwyk l[ ] [ ] [ ] [ ] [ ]
kök l[uu bašı] [altı y（a）ngı] [tört yegirmi] [iki otuz] [otuz]

H30a 12 kwyk lw[ ] ’y[ ] [ ] [ ] [ ]
kök lu[u] äy[güsi] [yeti y（a）ngı] [beš yegirmi] [üč otuz]

H31a 13 kwyk lww ’yzy [ ] ”lty[ ] twyrt ’wdwz
kök luu izi [säkiz yangı] altı [yegirmi] tört oṭuz

H32a 14 [ ] [ ]
[toquzunč ay] [čahšapat ay]

H33b 01 pw ’yrq kymk’ k’ls’r s’vyn ’ync tyr swyz
bo ırq kimkä kälsär savın inč（ä）tip söz–

H34b 02 l’ty swv ’wyz’ ky kyr n’d’k ”dyn ”dly twq
läti suv üzä ki kir näṭäg adın aṭlı tuq–

H35b 03 swz ’yrqsyz ”rs’r ’mty s’vyk kwnkwlnwnk
suz ırqsız ärsär amtı sävig köngülnüng

TextC=Peald 6h

H36a 01 [ ] ”tlq kwynt’ ywl ’wyns’r ’d t’v’r tyl’s’r t’pm’z twrwr
[tängri oɣrısı（?）] atl（ı）ɣ künḍä yol ünsär äd tavar tiläsär tapmaz turur

H37a 02 twrws’ twywwz pwlwr · ”lqw ’ysl’ry pwydmz
turušta törüsüz bolur · alqu išları büṭm（ä）z

H25a 07 白虎头 初二日 初十日 十八日 二十六日

H26a 08 白虎肋 初三日 十一日 十九日 二十七日

H27a$_{09}$　白虎足　初四日　十二日　二十日　二十八日

H28a$_{10}$　玄武　初五日　十三日　二十一日　二十九日

H29a$_{11}$　青龙头　初六日　十四日　二十二日　三十日

H30a$_{12}$　青龙肋　初七日　十五日　二十三日

H31a$_{13}$　青龙足　[初八日　十六日]　二十四日

H32a$_{14}$　九月　十二月

H33b$_{01}$　如果谁占到这个卦，它的预兆是：

H34b$_{02}$　水面如此弄脏[　　]无迹象

H35b$_{03}$　无征兆[　]，现在[　]愉快的心[　]

TextC=Peald 6h

H36a$_{01}$　如果在[天贼]日出行，祈求财富都不会成功，

H37a$_{02}$　官府的事不正当，所有的事都不会成功[①]。

H38a$_{03}$　ywlt’ ’wqry q’r’qcyl’rq’ ywlwqwp ’wnt’ pyr
yolta oɣrı qaraqčılarɣa yoluqup[②] onta bir

H39a$_{04}$　y’nyp twqwyzy ’wylwr · ’yklyk k’mlyk pwlwr
yanıp toquzı ölür · iglig kämlik bolur(·)

H40a$_{05}$　pw kwyn ’’rdwq y’vyz ’wl ::
bo kün arṭuq yavız ol ::

H41a$_{06}$　[　　　] ’’tlq kwynt’ ywl ’wyns’r n’kw tyl’s’r ’’syqlyq pwlwr
[tängri ordusı] atl(ı)ɣ künḍä yol ünsär n(ä)gü tiläsär asıɣlıɣ bolur

H42a$_{07}$　twynkwr pwyswk ’ysy pwyd’r ’wqry q’rqcyl’rq’
töngür bösük iši büdär oɣrı qaraqčılarɣa

---

① 该句类似于《诸葛武侯选择逐年出行图》中的“天贼日出行者，求财不成，纵有主事脱，官事无理”。参见陈明、管众（注评）：《增补万全玉匣记注评》，郑州：河南人民出版社，1993年10月，第131页。

② Matsui，2012（Text C，a03）：yulunup.

H43a 08 ywlwnm'z 'd t'v'r tyl's'r [ ]wq' t'pwq pwylwr pw kwyn ''rdwq 'dkw
yoluqmaz äd tavar tiläsär [ ]wq' tapuɣ bolur bo kün arṭuq ädgü

H44a 09 [ ] kwynt' ywl 'wyns'r tyl ''qyz pwlwr 'yr'q yyrk' p'rqw 'wl
[qara yılan] künḍä yol ünsär til aɣız bolur ıraq yerkä barɣu ol

H45a 10 'dy t'v'ry q'cylwr twydws k'rys swyzy twyrwswz pwlwr
ädi tavarı qačılur tüṭüš käriš sözi törüsüz bolur

H46a 11 'ys 'ysl's'r pwydm'z k'mwr cymwr pwlwr y'vyz 'wl
(・) iš išläsär büṭmäz kämür čimür bolur yavız ol

H47a 12 ''tlq kwynt' ywl 'wyns'r 'yr'q p'rs'r v'swr
atl（ı）ɣ künḍä yol ünsär ıraq barsar v'swr

H48b 01 kyn kwynt' 'ykl's'r 'wynkdwn synk'r ''s [ ]
kin künḍä igläsär öngdün sıngar aš [ ]

H49b 02 yww synk ''tlq y'kk' twsmys 'wl
yuu šing atl（ı）ɣ yäkkä tušmıš ol

H50b 03 tnkryk' y'qys qylyp [ ]
t（ä）ngrigä yaɣıš qılıp [bärmäyük ol]

H51b 04 [ ] pycyn tnkrysyntyn
[ ] bičin t（ä）ngrisintin

H38a 03 在路上遇到盗贼①，十人之一会平安回来，

H39a 04 而其他九个人会死亡②，会有疾病。

H40a 05 此日是大凶。

---

① 该成语类似于《诸葛武侯选择逐年出行图》中的"金库日出行者，车马不成，大有失误，路逢盗贼"。参见陈明、管众（注评）：《增补万全玉匣记注评》，郑州：河南人民出版社，1993年10月，第131页。

② 该句类似于《玉匣记》中的"此日犯着是枯焦，十人得病九人消"。参见《玉匣记》（正统道藏，续道藏），台北：新文豊出版公司，1985年，第60卷，第339页。

H41a 06　如果在[天堂]日出行，所求的一切都合乎心意[①]。
H42a 07　婚姻事情会成[②]，不会遇到盗贼，
H43a 08　如祈求财富就会得到，此日是大吉[③]。
H44a 09　如果在[玄武]日出行，会有口舌[④]，会去往远处，
H45a 10　会失去财产，在争执中所说的话会被忽视，
H46a 11　做事不成，会生病，此日是凶。
H47a 12　[ ]日，如果出行远处[ ]。
H48b 01　如果在建日生病[ ]东方的饭食[ ]
H49b 02　与宇星魔鬼相逢。
H50b 03　是因为你没有为天神[供奉]祭酒。
H51b 04　[ ]从猴子神[ ]

TextD=Peald6c

H52 01　[ ]wm swv'sdy syddh'm ''[ ] m'nkk'l pwlzwn
[o]om suvasṭi siddham a[t] manggal bolzun
H53 02　[ ]mty s'kyz p'rq'y 'wyz' pwlmysyn swyzl'lym
[a]mtı säkiz parqay üzä bolmıšın sözlälim
H54 03　''y 'wlwq ''rs'r lytyn 'wnk'rw q'r'qw 'wl
ay uluɣ ärsär litin ongaru qaraɣu ol
H55 04　''y kycyk ''rs'r k'mtyn tydrw q'r'qw 'wl

① 该成语类似于《诸葛武侯选择逐年出行图》中的“所求诸事如意”。参见陈明、管众（注评）:《增补万全玉匣记注评》，郑州：河南人民出版社，1993年10月，第131页。

② 该成语类似于《诸葛武侯选择逐年出行图》中的“天阳日出行者求婚得婚”。参见陈明、管众（注评）:《增补万全玉匣记注评》，郑州：河南人民出版社，1993年10月，第132页。

③ 该句类似于《诸葛武侯选择逐年出行图》中的“顺阳日出行者，不逢盗贼，求财得意，此日出行大吉”。参见陈明、管众（注评）:《增补万全玉匣记注评》，郑州：河南人民出版社，1993年10月，第130页。

④ 该成语类似于《诸葛武侯选择逐年出行图》中的“玄武日出行者，主招口舌”。参见陈明、管众（注评）:《增补万全玉匣记注评》，郑州：河南人民出版社，1993年10月，第133页。

ay kičig ärsär kämtin teṭrü qaraɣu ol

H56 $_{05}$ [ ]wnt' 'ykl's'r cwmwqlwqq' asw p'dyqq' p'r[ ]

[k]ünḍä igläsär čomuɣluɣqa aẓu baṭıɣqa① bar[mıš]

H57 $_{06}$ [ ] 'k' p'ldyz tnkryml'rtyn 'wyk q'nk 'wyswttyn

[ ] äkä baldız t（ä）ngrimlärtin ög qang öẓüttin

H58 $_{07}$ [ ]ld'qlyq 'wl · 'twyzt' ''qwlwq p's pwlwr

[tı]lṭaɣlıɣ ol · ätözḍä aɣuluɣ qart baš bolur

H59 $_{08}$ [ ] 'wyswtk' ''s pyryp ''myt'

[ ] öẓütkä aš birip amıta

TextD=Peald6c

H52 $_{01}$ 吉祥！幸福！（顶礼上师和至尊文殊）。应是荣誉和幸福！

H53 $_{02}$ 现在我要讲述八卦的内容：

H54 $_{03}$ 如果是大月（具有三十天），那么就要从右边的离开始看它。

H55 $_{04}$ 如果是小月（具有二十九天），那就要从倒序的坎开始看它。

H56 $_{05}$ 如果有人在[ ]日得病，将会去往沉溺处[ ]

H57 $_{06}$ [ ]它是姊妹天神和她们父母的灵魂引起的

H58 $_{07}$ 疾病。在身体上出现恶性的疙瘩和溃疡。

H59 $_{08}$ [ ]为魂灵供奉饭食，阿弥陀佛[ ]

2.1.9 I：回鹘文摩尼教历法和占卜文献

回鹘文摩尼教历法和占卜文献有三个残片，均出自吐鲁番地区，其中篇幅最大的一件由我国著名考古学家黄文弼先生于1928—1930年在吐

① čomuɣluɣqa aẓu baṭıɣqa意为“沉溺处”。其中čomuɣluɣq和baṭıɣ是同义词，都表示“沉溺处”。而aẓu是一个连词，它对应于汉语词“或”。参见Matsui，2012（Commentaries，D5）。

鲁番地区进行考古调查时发现，并把这一残片收录在他的著作《吐鲁番考古记》第101—103页（图88）中。该残片共有52行中期回鹘文，写在一件8世纪前后的汉文佛教写卷背面。1986年，法国学者詹姆士·哈密尔顿教授在其著作《9—10世纪敦煌回鹘文献汇编》中介绍了该文献，并考证为公元1003—1004年的日历。1989年，日本学者吉田丰教授在其著作《粟特语杂录（II）》的第1节《西州回鹘国摩尼教徒的历日》中对该残片进行了详细探讨，并全面而详细地讲述了回鹘文摩尼教历法文献的内容特点和概况。另外2件篇幅比较小的回鹘文摩尼教历法残片的原件遗失。阿拉特早在1936年出版的《吐鲁番回鹘文献》第七卷第19—20页第8号（T I 601）和第9号U 495（T M 299）中对这两件残片进行了转写、德文翻译和注释，但在著作中没有提供这些残片的复制图样。1992年，哈密尔顿教授在《路易·巴赞纪念文集》发表的论文《公元988、989及1003年的回鹘摩尼教历书》中对这三件回鹘文摩尼教历法文献进行了转写、换写、法文翻译和注释。哈密尔顿教授在论文中仔细探讨了回鹘文摩尼教历法的规则和内容特点，并参考和对比这些文献正确补充了阿拉特公布的文献残损部分。

虽然国内外有不少学者对该文献进行了不同角度的研究，可他们的研究基本上集中于介绍性论述和文献的译释，迄今为止没有人对其进行全面而系统的语文学研究。本书在前人研究成果的基础上对上述残片进行了转写、汉译和注释。

文献的解读与汉文翻译

Ch/U 6932v（T. I 601）正面

[törtünč]

I01 01　[　]’y pyr y’nkysy ’wlwq srws rwc [　]

[a]y bir yangısı uluɣ srwš rwč① [hwrmzt žmnw② bešinč]

① srwš rwč是粟特历法中每个月第17日的名称。参见Albêrûnî，46：سرش 。

② xwrmzt žmnw是粟特历法中星期四的名称。参见荣新江（编）：《黄文弼所获西域文献论集》，北京：科学出版社，2013年10月，第一版，第178页。

I02 02　　’yq’c qwtlwq kwy ’wd kwynk’ [　　　]
　　ıɣač qutluɣ kuy ud künkä [tünlä altınč üdtä]

I03 03　　’yky ywz ’’lty ykrmy qwlw ’rtmyst’ [　　　]
　　iki yüz altı y（e）g（i）rmi qolu ärtmištä [nysnyč① bešinč]

I04 04　　’’y pyr y’nkysy kycyk mysy rwc [　　　]
　　ay bir yangısı kičig myšy rwč② [n’hyd žymnw③ ikinti ıɣač]

I05 05　　qwtlwq sym ywnt kwynk’ [　　　]
　　qutluɣ žim yont künkä [küntüz altınč üdtä]

I06 06　　.. ps’knc ’’ltync ’’y [　　　]
　　.. ps’knč④ altınč ay [bir yangısı uluɣ myšy rwč myr žymnw ⑤]

U 495（T. M. 299）正面

I07 01　　[　　　]

I08 02　　[　　　] ’’y
　　[　　vp’nčy zün⑥] ay

Ch/U 6932v（T. I 601）

I01 01　　四月，其第一日是小，第十七日是周四，癸丑（牛）第五日属木。

---

① nysnyč是粟特历法中第三个月的名称。参见Albêrûnî，46：نيسنج。

② myšy rwč是粟特历法中每个月第16日的名称。参见Albêrûnî，46：مخش。

③ n’xyd žymnw是粟特历法中星期五的名称。参见荣新江（编）：《黄文弼所获西域文献论集》，北京：科学出版社，2013年10月，第一版，第178页。

④ T T VII，8（T. I 601，6）：读作psakič，是粟特历法中第四个月的名称。参见Albêrûnî，46：بساكنج。

⑤ myr žymnw是粟特历法中星期日的名称，这词在粟特语中的对应词为mihr-zam（a）nu。参见Gharib Badr al-Zaman，Sogdian Dictionary（Sogdian-Persian-English），Tehran：Farhangan Publications，2004，p224.

⑥ zün是汉语“闰”之音译。闰月特指中国农历每逢闰年增加的一个月的名称。参见徐仁吉：《说说农历闰月的科学》，《知识就是力量》第5期，2012年，第53页。

I02 02　　在夜间第六时216qolu[①] 流过。

I03 03　　五月，其第一日是小，第十六

I04 04　　日是周二。壬午（马）第二日属木。在日

I05 05　　间第六时开头。六月，

I06 06　　其第一日是大，第十六日是周日。

U 495（T. M. 299）

I07 01　　[　　　　]

I08 02　　[　　　　]闰月

I09 03　　[　　　　] vpncy

[bir yangısı kičig] vp（’）nčı[②]

I10 04　　[　　　　] rwc

[　　humna] roč[③]

I11 05　　[　　　]ync

[tyr žymnw[④] alt]ınč

I12 06　　[　] ky [　　　　　　　　　]

[oot qutluɣ] ki [qoyn künkä küntüz ikinti üdtä iki yüz alti yegirmi[⑤]]

I13 07　　[　]wlw ’rtmyst’

[　q]olu ärtmištä

I14 08

① qolu是一种时间量词，一qolu等于10秒。参见EDPT，617a。

② T T VII，9（T. M. 299，3）：该词读作vpači，它的正确读法可能是vp’nčy。该词是粟特历法中每年年底附加的Epagomenae的名称。参见Albêrûnî，46：ابانج（vp’nč）。

③ xwmn’ rwč是粟特历法中第三个闰日的名称。参见荣新江（编）：《黄文弼所获西域文献论集》，北京：科学出版社，2013年10月，第一版，第178—192页。

④ tyr žymnw是粟特历法中星期三的名称。参见荣新江（编）：《黄文弼所获西域文献论集》，北京：科学出版社，2013年10月，第一版，第180页。

⑤ Hamilton补充文献此行残损部分为“ekkinti üdtä ekki yüz alti yegirmi”。

I15 $_{09}$ ’wycwnc ’wwt q[ ]

üčünč oot q[utluɣ]

I16 $_{10}$ pww kwyskw yylqy・・・・

buu küskü yılqı・・・・

I09 $_{03}$ 其第一日小，

I10 $_{04}$ [ ]第三日是

I11 $_{05}$ 周三，己未（羊）第六日

I12 $_{06}$ 属火，在日间第二时216

I13 $_{07}$ qolu开头。

I14 $_{08}$

I15 $_{09}$ 子（鼠）戊第三年

I16 $_{10}$ 属火之（历），

I17 $_{11}$ yztykyrd ’ylyk s’ny・・

y（a）ztıgırd① elig sanı・・

I18 $_{12}$ ’wyc ywz t’qy s’kyz

üč yüz taqı säkiz

I19 $_{13}$ ’’ltmys・・・・kwyn

altmıš・・・・kün

I20 $_{14}$ tnkry pwn s’ny・・pyr

t（ä）ngri bun② sanı・・bir

I21 $_{15}$ t’qy ’wyc tsw

① 阿拉特和亨宁都认为耶斯提泽德（yaztıgırd）王在位的第358年应该是丑（牛）年，而不是子（鼠）年，认为这篇回鹘文摩尼教历法残片中有一年的计算差误。参见W.B. Henning：JARS，1945，p 157；T T VII，p 7，20，62，82。

② bun san是通过粟特语中介而从中古波斯语借入回鹘文的借词，意为“基本数”，在粟特语中的对应词为bunmaraɣ。参见 T T VII，p 61，注释914和918。

taqı üč tsu · · · ·

I22 $_{16}$ p'stynqy nqr'n rwc

baštınqı nɣr'n roč

I23 $_{17}$ 'yl'nwr · · · · ''y tnkry

elänür · · · · ay t（ä）ngri

U 495–b（T. M. 299）

I24 $_{18}$ pwn s[ ]

bun s[anı]

I25 $_{19}$ t' qy 'w[ ]

taqı ü[č paču]

I17 $_{11}$ 耶斯提泽德王

I18 $_{12}$ （在位）之

I19 $_{13}$ 第三百五十八年。

I20 $_{14}$ 太阳神的基本数为

I21 $_{15}$ 一又四分之三。

I22 $_{16}$ 第一个三十日时

I23 $_{17}$ 他统治　月神的

I24 $_{18}$ 基本数为 [ ]

I25 $_{19}$ 又五分之三

I26 $_{20}$ sqt' [ ]

sɣt'[①] [yorımaq bo]

I27 $_{21}$ yyl ws[ ]

---

① T T VII，p 62 注释920中解释该词为“sɣt'，是粟特语词saɣda之音译，该词对应回鹘文中的ärtmištä（经过）。参见荣新江（编）：《黄文弼所获西域文献论集》，北京：科学出版社，2013年10月，第一版，第181页。

	yıl wš[ɣn'[①] rwč]
I28 $_{22}$	'wl · · · · [ ]
	ol · · · · [taqı ymä]
I29a $_{23}$	[ ]
	[ay tängrining bun sanı]
b	[ ]
	[paču üntürmäk bo yıl]
c	[saqtımız · · san ol]
I30 $_{24}$	[ ]d kyv'n sm[ ]
	[n'wsr]d[②] kyw'n žm[nw][③]
I31 $_{25}$	[ ]c swv qwtlw[ ]
	[altın]č suv qutlu[ɣ]
I32 $_{26}$	[ ] yt kwynk' · ·
	[žim] it künkä · ·
I33 $_{27}$	· · · · n'vsrdyc 'wycwnc
	· · · · n'vsrdyč üčünč
I34 $_{28}$	''y · pyr y'nkysy . 'wlwq
	ay · bir yangısı . uluɣ

I26 $_{20}$	本年度流逝的日子
I27 $_{21}$	结束于第二十日。
I28 $_{22}$	此外，我们还计算出了
I29a $_{23}$	月亮神的基本数以
b	五等分增加，

① 'wšɣny rwč是粟特历法中每个月第20个太阳日的名称。参见Albêrûnî，46：وخشغر 。

② n'wsrd是粟特历法中第一月的名称。参见Albêrûnî，46：نوسرد 。

③ kyw'n žmnw是粟特历法中星期六的名称。参见荣新江（编）：《黄文弼所获西域文献论集》，北京：科学出版社，2013年10月，第一版，第180页。

c　　即数字为[　　]

I30$_{24}$　　新年（对应）于

I31$_{25}$　　周六，即壬戌

I32$_{26}$　　第六日属水

I33$_{27}$　　三月，

I34$_{28}$　　其第一日是大。

I35$_{29}$　　zmwqtwq rwc · n'qyd

　　zmwhtwɣ[①] rwč · n'hyd

I36$_{30}$　　smnw · 'wcwnc 'wwt

　　žmnu · üčünč oot

I37$_{31}$　　qwtlwq · · ky 'wd

　　qutluɣ · · ki ud

I38$_{32}$　　kwynk' · · twnl'

　　künkä · · tünlä

I39$_{33}$　　twqwzwnc 'wdt' · ·

　　toquzunč ödtä · ·

I40$_{34}$　　ywz twyrt 'ylyk

　　yüz tört elig

I41$_{35}$　　[　　]

　　[qolu ärtmištä]

Huang Wenbi Nr. 88[②]

I42$_{01}$　　[　　] ''lty ykrmy qwlw 'rtmyst'

　　[altınč üdtä ikki yüz] altı y（e）g（i）rmi qolu ärtmištä

① zmwxtwɣ是粟特语名称zmūxtuγ之音译，是粟特历法中每个月第二十八日的名称。

② 该残片影印本收录于《吐鲁番考古记》第88图。参见黄文弼：《吐鲁番考古记》，北京：中国科学院出版，1954年，第101–103页。

I43 $_{02}$ [ ]y pyr ykysy kycyk

[myšvwyč① čahšapat② a]y bir y（an）gısı kičig

I44 $_{03}$ [ ] swv qwtlwq kwy l’qzyn

[w’t rwč③ tyr žmnw altın]č suv qutluɣ kuy④ laɣzın

I35 $_{29}$ 第28日是

I36 $_{30}$ 周五，己丑（牛）

I37 $_{31}$ 第三日属火。

I38 $_{32}$ 夜间，

I39 $_{33}$ 第九时

I40 $_{34}$ 144 qolu时

I41 $_{35}$ 开头。

Huang Wenbi Nr. 88

I42 $_{01}$ 在第六时，216 qolu时流过。

I43 $_{02}$ 十二月，其第一日是小。第二十二日是癸

I44 $_{03}$ 亥（猪）第六日属水，在日间，中午第六

I45 $_{04}$ [ ]ltync ’wdt’ zymtyc

[künkä küntüz mydnč’ty⑤ a]ltınč üdtä žymtyč⑥

---

① myšvwyč是粟特历法中第十个月的名称。参见Albêrûnî，46：مسافوغ（misβuγēč）。

② Čaxšapat是通过粟特语中介而从梵语借入回鹘文的借词，在梵语中的对应词为siksapada，在粟特语中变成为čγš’pδ。在古代维吾尔历法中是第十二个月的名称。参见EDPT，412b。

③ w’t rwč是粟特历法中每个月第二十二日的名称。参见Albêrûnî，46：واد。

④ kuy是kuu的另一种变体。参见T T VII，p 98，第一表。

⑤ mydnč’ty在粟特历法中表示中午名称，它在粟特语中的对应词为nēmēθ。参见Gharib Badr al-Zaman，Sogdian Dictionary（Sogdian-Persian-English），Tehran：Farhangan Publications，2004，p 251。

⑥ žymtyč是粟特历法中第十一个月的名称。参见Albêrûnî，46：ژيمدا。

I46 05　[　　　]nkysy ’wlwq w’t rwc n’qy –d zmnw ’wycwnc
[aram ay[1] bir ya]ngısı uluɣ w’t rwč n’hyd žmnw üčünč

I47 06　[　] qwtlwq kwy yyl’n kwynk’ twynl’ · nymy ’qspn
[suv] qutluɣ kuy yılan künkä tünlä · nymy ’hšpn[2]

I48 07　’’ltync ’wydt’ ·　· ’qswmsypc ’ykynty ’’y pyr
altınč üdtä · · ahšumšıpč ikinti ay bir

I49 08　y’nkysy kycyk r’m rwc kwyn zmnw ’’ltync swv
yangısı kičig r’m rwč[3] kwyn žmnw altınč suv

I50 09　qwtlwq zym ’yt kwynt’ kwyntwz mydnc’ty yytync
qutluɣ žim it künḍä küntüz mydnčty yetinč

I51 10　’wydt’ · ywz twyrt qwlw ’rtmyst’
üdtä · yüz tört elig qolu ärtmištä

I52 11　pysync ’’ltwn qwtlwq kwyy t’vysq’n lyqzyr
bešinč altun qutluɣ kuyı tavıšɣan yılqı lıɣzır[4]

I53 12　pwykw pylk’ tnkry ’ylyk s’ny · s’kyz ·　· kwyn tnkry
bügü bilgä[5] t（ä）ngri elig sanı · säkkiz · · kün t（ä）ngri

---

① Hamilton解读该词为ram ay。

② nymy ’xšpn在粟特历法中表示午夜，其在粟特语中的对应词为nēmē–xšab。参见Gharib Badr al–Zaman，Sogdian Dictionary（Sogdian–Persian–English），Tehran：Farhangan Publications，2004，p 252。

③ r’m rwč是粟特语名称rām rōč之音译，是粟特历法中每个月第二十一日的名称。参见Gharib Badr al–Zaman，Sogdian Dictionary（Sogdian–Persian–English），Tehran：Farhangan Publications，2004，p 339。

④ lıɣzır很可能是汉语“历日”（？）之音译。

⑤ bügü bilgä（卜古毗伽）是西回鹘汗国君王，在位期间为996年到1007年。参见James Hamilton，Manuscrits Ouïgours du IXe–Xe Siècle de Touen–Houang（1–2），Paris：1986，引言部分（XVII–XVIII）。

I45 $_{04}$　时开头。一月，其第一日是大，第二十二
I46 $_{05}$　日是周五癸巳（蛇），第三日属水，在
I47 $_{06}$　夜间，午夜第六时开头。二月，
I48 $_{07}$　其第一日是小，第二十一日是
I49 $_{08}$　周六，壬戌（狗）第六日属水，在日间，
I50 $_{09}$　中午第七时，144qolu时开头。癸卯（兔）
I51 $_{10}$　第五年属金的历日。卜古毗伽天王
I52 $_{11}$　（在位）之第八年。太阳神的基本数
I53 $_{12}$　为九十又四分之一。第四个补充日

I54 $_{13}$　pwn s’ny · twqwz ’wn t’qy pyr tsw · · twyrtwnc ·
bun sanı · toquz on taqı bir tsw[①] · · törtünč ·
I55 $_{14}$　wpyncy ’rtwqwst rwc ’yl’nwr · · ”y tnkry pwn sny
wpynčy ’rtwhwšt rwč[②] elänür · · ay t（ä）ngri bun s（a）nı
I56 $_{15}$　[　　　]qy ’wyc pncw · · sqt’ ywrym’q pw yyl
[toquz（üd）ta]qı üč pnčw[③] · · sɣta yorımaq bo yıl
I57 $_{16}$　wsqn’ rwc ’wl · · t’qy ym’ ”y tnkrynynk pwn s’ny
wšɣn’ rwč ol · · taqı ymä ay t（ä）ngrining bun sanı
I58 $_{17}$　pncw ’wyntwrm’k pw yyl s’ qtymyz . yyty’wtwz s’n
pnčw öntürmäk bo yıl saqtımız . yeti otuz san
I59 $_{18}$　’wl · · n’wsrd myr zmnw p’stynqy swv qwtlwq
ol · · n’wsrd myr žmnw baštınqı suv qutluɣ

① tsw是粟特语名称tasūg之音译。在粟特历法中表示四分之一小时。参见荣新江（编）：《黄文弼所获西域文献论集》，北京：科学出版社，2013年10月，第一版，第181页。

② ’rtwxwšt rwč是粟特语名称artxušt rōč之音译，是粟特历法中每个月第三日的名称。参见Albêrûnî , 46 اردآخوشت 。

③ pnčw是粟特语名称panj ū g之音译，在粟特历法中表示五分之一小时（12分钟，或者72qolu）。参见荣新江（编）：《黄文弼所获西域文献论集》，北京：科学出版社，2013年10月，第一版，第181页。

I60 19　ty 'wd kwynk' · · n'wsrdync 'wycwnc'' pyr y'nkysi
　　ti ud künkä · · n'wsrdynč üčünč ay bir yangısı
I61 20　kycyk vq'y rwc m'hw zmnw · 'wycwnc qwtlwq
　　kičig vɣ'y rwč① m'hw žmnw② · üčünč suv qutluɣ
I62 21　sym lww kwynk' kwyntwz qwyrsny 'ykynty 'wy -dt'
　　žim luu künkä küntüz hwyrsny③ ikinti üdtä

I54 13　他统治[　]。月亮神的基本数
I55 14　为九（小时）又五分之三。本年度
I56 15　流逝的日子结束于第二十日。此外，
I57 16　我们今年还有算出了月亮神的基本
I58 17　以五等分增加，此即数字二十七。
I59 18　新年（对应）于周日，即丁丑（牛）第一日
I60 19　属水。三月，其第一日是小，
I61 20　第十六日是周一，壬辰（龙）第三日属水。
I62 21　在日出，第二时

I63 22　'yky s[　] 'wn qwlw 'rtmyst' · · qwrsynyc twyrtwnc
　　iki s[äkiz] on qolu ärtmištä · · hwrsynynč④ törtünč

① vɣ'y rwč是粟特历法中每个月第十六日的名称。参见荣新江（编）:《黄文弼所获西域文献论集》，北京：科学出版社，2013年10月，第一版，第180页。

② m'xw žmnw是粟特语名称māx-žam（a）nu之音译，是粟特历法中表示星期一的名称。参见 Gharib Badr al-Zaman，Sogdian Dictionary（Sogdian-Persian-English），Tehran：Farhangan Publications，2004，p 209。

③ xwyrsny是粟特语名称xwar-san/ xursan之音译，是粟特历法中表示日出时间的名称。参见Gharib Badr al-Zaman，Sogdian Dictionary（Sogdian-Persian-English），Tehran：Farhangan Publications，2004，p 437。

④ xwrsynynč是粟特语xur-žan（i）č之音译，是粟特历法中表示第二个月的名称。参见 Gharib Badr al-Zaman，Sogdian Dictionary（Sogdian-Persian-English），Tehran：Farhangan Publications，2004，p 437。

I64 $_{23}$ ”y pyr y’nkysy · ’wlwq pqy rwc tyr smnw ”ltync
ay bir yangısı · uluɣ vɣ’y rwč tyr žmnw altınč

I65 $_{24}$ swv qwtlwq sym ’yt kwynk’ · twynl’ qr’nqs’my
suv qutluɣ žim it künkä · tünlä ɣr’nhš’my①

I66 $_{25}$ [ ] ’wydt’ s[ ] ’wn qwlw ’rtmyst’ · ·
[ikinti] üdtä iki s[äkiz] on qolu ärtmištä · ·

I67 $_{26}$ [ ] pysync ”y pyr y’nkysy kycyk qws dscy
[nysnyč] bešinč ay bir yangısı kičig ɣwš dščy

I68 $_{27}$ [ ] smnw · ’wycwnc ’yq’c qwtlw tsyn t’vysq’n
[roč② hwrmzt] žmnw · üčünč ıɣač qutluɣ tsin③ tavıšɣan

I69 $_{28}$ [ ] rsyny ’ykynty ’wydt’ ywz ”lty
[künkä küntüz hw]rsyny ikinti üdtä iki yüz altı

I70 $_{29}$ [ ]krmy qwlw [ ]myst’ · · ps’kync ”ltync”y pyr
[y（e）]g（i）rmi qolu [ärt]mištä · · ps’k’nč altınč ay bir

I71 $_{30}$ y’nkysy ’wlwq qws rwc zynw”ltync
yangısı uluɣ ɣwš rwč kwyn žmnw altınč

I72 $_{31}$ ’yqc qwtlwq tsyn t’qyqw kwynk’ twynl’ qr’ns’my
ıɣ（a）č qutluɣ tsin taqıɣu künkä tünlä ɣr’nš’my

I63 $_{22}$ 72qolu时开头。四月，

I64 $_{23}$ 其第一日是大，第十六日是周三，

① ɣr’nxš’my是由ɣr’n（重）和xš’my（晚餐）构成的复合词，可能表示“在（吃）很隆重的晚餐（的时候）”，参见荣新江（编）:《黄文弼所获西域文献论集》，北京：科学出版社，2013年10月，第一版，第181页。

② ɣwš dščy roč是粟特语ɣōš δašči rōč之音译，是粟特历法中表示每个月第十五日的名称。参见Gharib Badr al-Zaman，Sogdian Dictionary（Sogdian-Persian-English），Tehran：Farhangan Publications，2004，p 144。

③ tsin是汉语“辛”之音译，是中国农历中用来计日子的符号，也就是所谓十天干中第八位的名称。参见 T T VII，p 98，第一表。

I65$_{24}$　在夜间，深夜第二时，

I66$_{25}$　72 qolu时开头。五月，

I67$_{26}$　其第一日是小，第十五日

I68$_{27}$　是周四。辛卯（兔）第三日属木，

I69$_{28}$　在日出第二时，

I70$_{29}$　216qolu时开头。六月，

I71$_{30}$　其第一日是大，第十五日是周六。

I72$_{31}$　辛酉第六日属木。在夜间，深夜

I73$_{32}$　'ykynty 'wydt' 'yky ywz ''lty ykrmy qwlw 'rtmyst'
ikinti üdtä iki yüz[1] altı y（e）g（i）rmi qolu ärtmıštä

I74$_{33}$　· · sn'qntync yytync ''y pyr y'nkysy kycyk · qws
· · šn'hntynč[2] yetinč ay bir yangısı kičig · ɣwš

I75$_{34}$　rwc myr smnw · 'wycwnc qwtlwq qy –y p'rs
rwč myr žmnw · üčünč ıɣač qutluɣ qıı bars

I76$_{35}$　kwynk' kwyntwz qwrsyny 'ykynty 'wydt' · m'zyqtyc
künkä küntüz hwrsyny ikinti üdtä · m'zyɣtyč[3]

I77$_{36}$　s'kyzync ''y pyr y'nkysy 'wlwq · qws rwc wnq'n smnw
säkizinč ay bir yangısı uluɣ · ɣwš rwč wnh'n žmnw

I78$_{37}$　''ltync 'yqc qwtlwq qy ptcyn kwynk' · · twynl'

---

① Hamilton解读该句为ekkinti üdtä ekki yüz。参见Hamilton，James：Calendriers Manichéens Ouïgours de 988，989 et 1003，Paris：Jean–Louis Bacqué–Grammont/Rémy Dor（edd.）：Mélanges Offerts à LouisBazin par Sesdisciples，Collègues et Amis，1992，p 7–23（Manuscrit 88，32）。

② šn'xntynč 是粟特语šnāxantīč之音译，是粟特历法中表示第五个月的名称。参见 Gharib Badr al–Zaman，Sogdian Dictionary（Sogdian–Persian–English），Tehran：Farhangan Publications，2004，p 375。

③ m'zyɣtyč 是粟特语xazānānč之音译，是粟特历法中表示第六个月的名称。参见Gharib Badr al–Zaman，Sogdian Dictionary（Sogdian–Persian–English），Tehran：Farhangan Publications，2004，p 443。

altınč ıɣ（a）č qutluɣ qı[1] bičin künkä · · tünlä

I79 38 qr'n 'qs'my 'ykynty 'wy –dt' · · vqk'nc twqwzwnc

ɣr'n 'hšamy ikinti üdtä · · vɣk'nč[2] toquzunč

I80 39 ''y pyr y'nkysy kycyk tys rwc tyr symnw 'wycwnc

ay bir yangısı kičig tyš rwč[3] tyr žmnw üčünč

I81 40 'wt qwytlwq ky 'wd kwynk' kwyntwz qwrsyny 'wycwnc

ot qutluɣ ki ud künkä küntüz hwrsyny üčünč

I73 32 第二时216qolu时开头。

I74 33 七月，其第一日是小，

I75 34 第十四日是周日。庚寅（虎）第三日属木。

I76 35 在日间，日出第二时开头。八月，

I77 36 其第一日是大，第十四日是

I78 37 周二。庚申（猴）第六日属木。在夜间，

I79 38 深夜第二时开头。九月，

I80 39 其第一日是小，第十三日是周三。

I81 40 己丑（牛）第三日属火。在日间，日出

I82 41 'wydt' · ywz ''lty 'ylyk qwlw 'rtmyst'

üdtä · yüz tört elig qolu ärtmištä

I83 42 ''p'nc'wnwnc ''y pyr y'nkysy tys rwc n'qy –d

---

① qı是qıı的另一种变体。参见 T T VII, p 98, 第一表。

② vɣk'nč 是粟特语βaγakānč之音译，是粟特历法中表示第七个月的名称。参见 Gharib Badr al-Zaman，Sogdian Dictionary（Sogdian-Persian-English），Tehran：Farhangan Publications，2004，p 101。

③ tyš rwč 是粟特语tiš rōč之音译，是粟特历法中表示每个月第十三日的名称。参见 Gharib Badr al-Zaman，Sogdian Dictionary（Sogdian-Persian-English），Tehran：Farhangan Publications，2004，p 395。

”p’nč① onunč ay bir yangısı uluɣ tyš ryč n’hyd

I84 43 smnw · ”ltync ’wt qwytlwq ky qwyn kwynk’ twynl’

žmnw · altınč ot qutluɣ ki qoyn künkä tünlä

I85 44 qr’nqs’my’wycwnc ’wydt’ ywz’ylyk qwlw

ɣr’nhš’my üčünč üdtä yüz tört elig qolu

I86 45 ’rtmyst’ · · vwqc pyr ykrmync ”y pyr y’nkysy

ärtmištä · · vwɣč② bir y（e）g（i）rminč ay bir yangısı

I87 46 kycyk m’qw rwc kyw’n smnw ’wycwnc ’wt qwtlwq

kičig m’hw rwč③ kwyn žmnw üčünč ot qutluɣ

I88 47 pww kwyskw kwyntwz qwrsyny ’wycwnc ’wydt’

buu küskü künkä küntüz hwrsyny üčünč üdtä

I89 48 ’yky ywz s’kyz twqwz ’wn qwlw ’rtmyst’ · · mysvwqc

iki yüz säkiz toquz on qolu ärtmištä · · myšvwɣč④

I90 49 cqs’p’t ”y pyr y’nkysy ’wlwq m’qw rwc m’qw

č（a）hšapat ay bir yangısı uluɣ m’hw rwč m’hw

I91 50 smnw ”ltync ’wt qwtlwq pww ywnt kwynk’ · twynl’

žmnw altınč ot qutluɣ buu yont künkä · tünlä

I92 51 [ ] s’kyz twqwz ’wn

---

① ”p’nč是粟特语 āb/βānč之音译，是粟特历法中表示第八个月的名称。参见Gharib Badr al-Zaman，Sogdian Dictionary（Sogdian-Persian-English），Tehran：Farhangan Publications，2004，p 1。

② vwɣč是粟特语β/fūɣč之音译，是粟特历法中表示第九个月的名称。参见 Gharib Badr al-Zaman，Sogdian Dictionary（Sogdian-Persian-English），Tehran：Farhangan Publications，2004，p 114。

③ m’xw rwč是粟特语Māx-rōč之音译，是粟特历法中表示每个月第十二日的名称。参见Gharib Badr al-Zaman，Sogdian Dictionary（Sogdian-Persian-English），Tehran：Farhangan Publications，2004，p 209。

④ myšvwɣč是粟特语mis-βuɣēč/ misβuɣič之音译，是粟特历法中表示第十个月的名称。参见 Gharib Badr al-Zaman，Sogdian Dictionary（Sogdian-Persian-English），Tehran：Farhangan Publications，2004，p 219。

[ɣr’nhš’my üčünč üdtä iki yüz] säkiz toquz on

I93 52 [ ] y’nkysy

[qolu ärtmištä žymtyč aram ay bir] yangısı

I82 41 第三时144 qolu时开头。

I83 42 十月，其一日是大，第十三日

I84 43 是周五。己未（羊）第六日属火。在夜间，

I85 44 深夜第三时144 qolu时开头。

I86 45 十一月，其第一日是小，

I87 46 第十二日是周六。戊子（鼠）第三日属火。

I88 47 在日间，日出第三时

I89 48 288qolu时开头。十二月，

I90 49 其第一日是大，第十二日是周一。

I91 50 戊午（马）第六日属火。在夜间，深夜

I92 51 第三时288qolu时开头。

I93 52 一月，其一日是……

2.1.10 J：回鹘文星相学历法和占卜文献

回鹘文星相学历法和占卜文献由10件残片组成。其中5件残片原件遗失，其他残片原件都现收藏于德国柏林勃兰登堡科学院吐鲁番研究所。残片U 494 由正面20行、反面4行回鹘文组成，页面大小为13cm × 7.4cm，各行行距不同，纸质为灰色。根据其草书体特点可以假定，该残片抄写于11—12世纪。U 501（T. II Y. 29）由a和b两个小残片组成，它由正面23行、反面26行回鹘文组成，纸质为土黄色，行距为0.5—0.9cm。a残片页面大小为6.2 cm × 5.5 cm，b残片页面大小为10.3 cm × 4.9 cm。残片U 493（T. II D. 79）由正面6行回鹘文组成，页面大小为5.6cm × 10.5cm，行距为0.7—0.8cm，纸质为米色。根据其草书体特点可以假定，该残片抄写于

11 — 12世纪。

阿拉特早在1936年出版的《吐鲁番回鹘文献》第七卷一书中对回鹘文星相学历法和占卜文献进行了转写、换写、德语翻译和注释。但是，在他的译释中有不少值得进一步探讨的内容。本书在前人研究成果的基础上对上述残片进行了转写、汉译和注释。

文献的解读与汉文翻译

U 9244（T. II D. 522）

J001 01　ymä šögün[1]tegmä baš bašlaɣ ičinṭäki 4-ünč[2]

J002 02　baɣdaqı qı küskügä sanlıɣ buu šipqanlıɣ

J003 03　taɣdaqı topraq qutluɣ bud grah[3]elänür saṭabiš

J004 04　yulduzluɣ bešinč sarıɣ orduluɣ bičin yılqı

J005 05　örtünmiš beš grahlar yorıqı sangıš ol

J006 06　oot yultuz

J007 07　aram ay purvabadirpt uṭrabaḍpat revaṭi[4]

J008 08　toquz yangıɣa baṭar [　]

J009 09　baṭar

J010 10　baṭar

① šögün可能是汉语“上元”šioŋ–ŋgyæn之音译。参见 T T VII，p 54，注释11。

② 由于该残卷原件已失，我们无法对其进行文字识别和纠正，但是根据 T T VII注释部分得知，原本中的数字都是由用印度数字写成的，而转写者用阿拉伯数字转写，T T VII的注释中解释4–ünč中的4是用印度数字书写的，而附加后缀–ünč是回鹘文写成的。参见 T T VII，p 54，注释11。

③ bud grax是梵语budha gráha之音译，意为“水星”。其中bud在梵语中对应budha，表示“水星或月亮之子“等之意；grax在梵语中对应gráha，意为“行星”。

④ saṭabıš，pürvabadırpt，uṭrabaḍpat，rıvadı分别为梵语sadabhisa，poorvabhadrapada，uttarabhadrapada，revati之音译，是古印度星相学二十八宿体系中第二十四位“危宿”、第二十五位“室宿”、第二十六位“壁宿”、第二十七位“奎宿”的名称。

J011 11　baṭar
J012 12　on yangıɣa tuɣar punarvasu pušta
J013 13　ašlıš mag
J014 14　purvapalguni
J015 15　y（e）g（i）rmigä [köẓünür uṭra]šatta bir tuu[①]

U 9244（T. II D. 522）
J001 01　还有下面是对于五尊曜于狗年
J002 02　运行的计算，该年的天干分类符
J003 03　号为戊，其五行（五气）为山中之土，其星宿为危宿，
J004 04　由水曜主宰，居第五宫，黄色，
J005 05　此年处于宣光、上元第四组，
J006 06　其干支为庚子鼠。火星（星期二），
J007 07　一月（正月），室宿、壁宿、奎宿、
J008 08　二月，其第九日下沉。
J009 09　三月，将会下沉。
J010 10　四月，将会下沉。
J011 11　五月，将会下沉。
J012 12　六月，其第十日将会出现井宿、
J013 13　鬼宿。七月，柳宿、星宿。
J014 14　八月，张宿。
J015 15　九月，翼宿。

J016 16　badar
J017 17　on yangıɣa [tang]da köẓünür uṭrašatta on 8 tu

① tuu/tu 为汉语“度”之音译。参见 T T VII, p 56，注释 128。

J018 $_{18}$　tört otuzɣa tang ärṭä köẓünür širavanta①

J019 $_{19}$　yıɣač yultuz

J020 $_{20}$　abiči②

J021 $_{21}$　širavan

J022 $_{22}$　širavan

J023 $_{23}$　tört yangıɣa särär širavanta

J024 $_{24}$　särär širavanta

J025 $_{25}$　širavan

J026 $_{26}$　särär abiči（da）

J027 $_{27}$　särär abiči（da）

J028 $_{28}$　širavan

J029 $_{29}$　širavan

J030 $_{30}$　daništa

J031 $_{31}$　toquz yangıɣa baṭar daništa ·

J032 $_{32}$　alṭun yultuz

J033 $_{33}$　toquz y（e）g（i）rmi tünlä särilür rivadıta toquz tu

J034 $_{34}$　yeti yangıɣa [　　　　]

J035 $_{35}$　altı [yangıɣa　　　　]

J036 $_{36}$　tört yangıɣa särär širavanta

J037 $_{37}$　särär širavanta

① punarvasu，puš，ašleš，mag，purvapalguni，uṭrapalguni，xast，čaydir，suvadi，sušak，k（i）ridik，ardir，m（a）rgašir，uṭrašat，širavan分别为梵语punarvasu，pushyami，ashlesha，makha，purvaphalguni，uttaraphalguni，hastha，chitra，swati，vishaka，kritika，Ārdrā，mrigshirsha，uttarashadha，sravana之音译，它们是古印度星相学二十八宿体系中第七位“井宿”、第八位“鬼宿”、第九位“柳宿”、第十位“星宿”、第十一位“张宿”、第十二位“翼宿”、第十三位“轸宿”、第十四位“角宿”、第十五位“亢宿”、第十六位“氐宿”、第三位“昴宿”、第五位“觜宿”、第二十一位“斗宿”、第二十二位“女宿”的名称。

② abıčı是梵语abhijit之音译，是古印度星相学二十八宿体系中的第二十八位“牛宿”的名称。其他参见陈志辉：《牛宿的故事》，《中国国家天文》第10期，2012年，第88-93页。

J016 $_{16}$ 十月，翼宿、轸宿。

J017 $_{17}$ 十一月，轸宿、角宿。

J018 $_{18}$ 十二月，亢宿、氐宿。

J019 $_{19}$ 水星，其数量为三十，

J020 $_{20}$ 一月，其第十一日出现。

J021 $_{21}$ 二月，将会下沉。

J022 $_{22}$ 三月，其第十三日，在黄昏时

J023 $_{23}$ 候出现昴宿星。四月，参宿、井

J024 $_{24}$ 宿将会下沉。五月，其第十日，

J025 $_{25}$ 在清晨出现觜宿。六月，井宿将

J026 $_{26}$ 会下沉。七月，其第十日 [ ]

J027 $_{27}$ 八月，将会下沉。

J028 $_{28}$ 九月，其第十一日出现斗宿，

J029 $_{29}$ 一度。十月，将会下沉。

J030 $_{30}$ 十一月，其第十日，在清晨出现斗宿。

J031 $_{31}$ 十二月，其二十四日，在清晨出现女宿。

J032 $_{32}$ 木星。

J033 $_{33}$ 一月，牛宿，九度。

J034 $_{34}$ 二月，女宿。

J035 $_{35}$ 三月，女宿。

J036 $_{36}$ 四月，其第四日处于是女宿。

J037 $_{37}$ 五月，处于是女宿。

J038 $_{38}$ širavan

J039 $_{39}$ särär abiči（da）

J040 $_{40}$ särär abiči（da）

J041 $_{41}$ širavan

J042 $_{42}$ širavan

J043 43　daništa
J044 44　toquz yangıɣa baṭar daništa ·
J045 45　alṭun yultuz
J046 46　toquz y（e）g（i）rmi tünlä särilür rivaṭita toquz tu
J047 47　yeti yangıɣa [　　　　　]
J048 48　altı [yangıɣa　　　　　]
J049 49　rivadi [a]šbini ba[rani]
J050 50　barani k[irtik] [urugurroh]ini
J051 51　urugini [mrig]ašir a[rdir] punarvasu
J052 52　punarvasu puš [ašleš] mag

（从8月到12月的部分（53–57）是空缺的）

J058 58　[toquz yultuz　]
J059 59　[ ]
J060 60　mul①
J061 61　yana [mu]lta
J062 62　mul
J063 63　mul
J064 64　yana [mu]lta
J065 65　mul
J066 66　mul

J038 38　六月，女宿。
J039 39　七月，处于牛宿。
J040 40　八月，牛宿。
J041 41　九月，女宿。

① taniš，ašbini，barani，urugini，mul分别为梵语dhanista，aswini，bharani，rohini，mool之音译，是古印度星相学二十八宿体系中第二十三位“虚宿”、第一位“娄宿”、第二位“胃宿”、第四位“毕宿”、第十九位“尾宿”的名称。

J042 $_{42}$　十月，女宿。

J043 $_{43}$　十一月，虚宿。

J044 $_{44}$　十二月，其第九日将会下沉虚宿。

J045 $_{45}$　金星，一。

J046 $_{46}$　一月，其第十九日，夜间处于奎宿，是九度。

J047 $_{47}$　二月，其第七日 [　　]

J048 $_{48}$　三月，其第六日 [　　]

J049 $_{49}$　四月，奎宿、娄宿、胃宿。

J050 $_{50}$　五月，胃宿、昴宿、毕宿。

J051 $_{51}$　六月，毕宿、觜宿、参宿、井宿。

J052 $_{52}$　七月，井宿、鬼宿、柳宿、星宿。

（从8月到12月的部分（53—57）是 空缺的）

J058 $_{58}$　九星，[　　　]

J059 $_{59}$　一月，[　　　]

J060 $_{60}$　二月，尾宿。

J061 $_{61}$　三月，同样也是尾宿。

J062 $_{62}$　四月，尾宿。

J063 $_{63}$　五月，尾宿。

J064 $_{64}$　六月，同样也是尾宿。

J065 $_{65}$　七月，尾宿。

J066 $_{66}$　八月，尾宿。

J067 $_{67}$　mul

J068 $_{68}$　altı yangıɣa baṭar multa

J069 $_{69}$　on yangıɣa tuɣar multa

J070 $_{70}$　mul purvašt[1]

---

① purvašt是梵语poorvashada之音译，是古印度星相学二十八宿体系中第二十三位“箕宿”的名称。

J071 71　ymä šögün tegmä baš bašlaɣ ičinṭäki

J072 72　4–ünč baɣtaqı buu küskügä sanlıɣ

J073 73　qı šipqanlıɣ supraq alṭun qutluɣ

J074 74　šükür grah elänür udrabatrbat yulduzluɣ

J075 75　it yılqı örṭünmiš beš grahlar

J076 76　yorıqı sangıš ol ·

J077 77　oot

J078 78　suv

J079 79　yıɣač

J080 80　alṭun

J081 81　topraq säkiz

U 494（T. II S. 131）

J082 01　[　]

[ašvini]→mys（meš[①]）

J083 02　p'r'ny

barani

J084 03　kyrtyk

kirṭik→vrys ywyz（vriš yüz）

J085 04　'wrwkyny

urugini

J067 67　九月，尾宿。

J068 68　十月，其第六日尾宿将会下沉。

J069 69　十一月，其第十日尾宿将会出现。

J070 70　十二月，尾宿、箕宿。

J071 71　还有，下面是有关狗年五尊耀

① miš是梵语mesa之音译，是古印度星相学十二星座体系中第一位“白羊座”的名称。

J072 72　运行的计算，其天干分类符
J073 73　号为庚，五行（五气）为矿
J074 74　中之金，星宿为壁宿，由金
J075 75　曜主宰，该年处于宣光上元，
J076 76　第四组，其干支为戊子（鼠）。
J077 77　火
J078 78　水
J079 79　木
J080 80　金
J081 81　土

U 494（T. II S. 131）

J082 01　娄宿（aśvını̄）　白羊座（mesa）
J083 02　胃宿（bharaṇı̄）　白羊座（mesa）
J084 03　昴宿（krttikāh）　金牛座（vrsabha）
J085 04　毕宿（rohıṇı̄）　金牛座（vrsabha）

J086 05　mryksyr
　mrig（a）šır→m’ydwn（maıdun）
J087 06　6 ’rdyr
　6 ardir
J088 07　pwp’sw
　pu（nar）basu→k’rk’d（karkaṭ）
J089 08　pws
　puš
J090 09　’’slys
　ašleš
J091 10　m’k
　mag→synq’ ’yty ywz（sinha y（e）ti yüz）

J092 $_{11}$　pwrv’p’lkwny

purvapalguni ↗

J093 $_{12}$　’wdr’p’lkwny

uṭrapalguni → kanya（k’ny’）

J094 $_{13}$　q’st

1 hast ↗

J095 $_{14}$　c’ydyr

čaiṭir → twly’（tulya①）

J096 $_{15}$　swv’dyr

šuvaṭir② ↗

J086 $_{05}$	觜宿（mrgasıras）	双子座（mıthunu）
J087 $_{06}$	参宿（ārdrā）	双子座（mıthunu）
J088 $_{07}$	井宿（punarvasa）	巨蟹座（karkaṭa）
J089 $_{08}$	鬼宿（pusya）	巨蟹座（karkaṭa）
J090 $_{09}$	柳宿（āśleṣā）	狮子座（kımha）
J091 $_{10}$	星宿（maghā）	狮子座（sımha）
J092 $_{11}$	张宿（pūrvaphalgunı）	狮子座（sımha）
J093 $_{12}$	翼宿（uttaraphalguni）	处女座（kanyā）
J094 $_{13}$	轸宿（hasta）	处女座（kanyā）
J095 $_{14}$	角宿（cıtrā）	天秤座（tulā）
J096 $_{15}$	亢宿（svātı）	天秤座（tulā）

① vriš，maidun，karkaṭ，sinha，kanya，tulya分别为梵语vrishabha/vrisha，mıthunu，karkaṭa，sımha，kanyā，tulā之音译，是古印度星相学十二星座体系中第二位“金牛座”、第三位“双子座”、第四位“巨蟹座”、第五位“狮子座”、第六位“处女座”、第七位“天秤座”的名称。参见Pamulaparti Venkata Narasimha Rao，Vedic Astrology，an Integrated Approach，New Delhi：Sagar Publications，2000，p 6。

② šuvaṭir是梵语swati之音译，是古印度星相学二十八宿体系中第十五位“亢宿”的名称。

J097 $_{16}$ sws'k

šusak → vrcyk ywyz (vrčik yüz)

J098 $_{17}$ ''nwr't

anurat

J099 $_{18}$ cyst

češt → t'nw (tanu)

J100 $_{19}$ mwl

mul

J101 $_{20}$ pwrv's't

purvašat

J102 $_{21}$ 'wydr's't

uṭrašat → [makara]

J103 $_{22}$ [ ]

[širavan]

J104 $_{23}$ [ ]

[daniš] ① → [kumba] [ ]

J105 $_{24}$ [ ]

[satabiš]

---

① anurat，češt，daniš 是梵语 anuradha，Jesta，Dhanista 之音译，是二十八宿中第十七位“房宿”、第十八位“心宿”、第二十三位“虚宿”的名称。

J106 $_{25}$　[　]
　　　　　[purvabadra] ⟶ [mina①] [　]
J107 $_{26}$　[　]
　　　　　[utrabadra]
J108 $_{27}$　[　]
　　　　　[irivadi]

J097 $_{16}$　氐宿（vısakhā）　　　蝎座（vrscıka）
J098 $_{17}$　房宿（anurādhā）　　天蝎座（vrscıka）
J099 $_{18}$　心宿（jyesthā）　　　射手座（dhanus）
J100 $_{19}$　尾宿（mūla）　　　　射手座（dhanus）
J101 $_{20}$　箕宿（pūrvāṣāḍhā）　 射手座（dhanus）
J102 $_{21}$　斗宿（uttarāṣāḍhā）　摩羯座（makara）
J103 $_{22}$　女宿（sravaṇa）　　　摩羯座（makara）
J104 $_{23}$　虚宿（dhanıṣthā）　　水瓶座（kumbha）
J105 $_{24}$　危宿（satabhı saj）　水瓶座（kumbha）
J106 $_{25}$　室宿（pūrvabhadra）　双鱼座（mına）
J107 $_{26}$　壁宿（uttarabhadra）　双鱼座（mına）
J108 $_{27}$　奎宿（evatī）　　　　双鱼座（mına）

U 9227（T. II Y. 29. 1）
J109 $_{01}$　kirṭik yultuzlar a（1）ṭı yultuz ·
　　　　　⟶ bir kün bir tün turur
J110 $_{02}$　uruguni
　　　　　⟶ bir tün（?）bir kün turur
　　　　　yana bir kün（turur）

---

① vrčik, tanu, makara, kumba, mina 分别为梵语 vrischika, dhanus, makara, kumbha, meena 之音译，是古印度星相学十二星座体系中的第八位"天蝎座"、第九位"射手座"、第十位"摩羯座"、第十一位"水瓶座"和第十二位"双鱼座"的名称。

J111 03 mrgašir bir tün bir kün turur

 turur ·

J112 04 ardir

 bir tün turur ·

J113 05 pun（a）rvasu（·）bir kün
bir tün yana bir kün turur

J114 06 p[uš] ·  bir kün
bir tün turur

J115 07 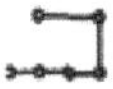 ašleš（·）bir kün turur ·

J116 08 mag（·）bir kün
bir tün turur

J117 09 purvapalgunı（·）bir kün

 bir tün turur ·

J118 10  [utra] palguni（·）bir kün
turur ·

J119 11  hast（·）bir kün
bir tün turur

J120 12 čaiṭir（·）bir [kü]n
bir tün turur

J121 13  [s]uv[a]d[i]（·）bir tün
（turur）·

U 9227（T. II Y. 29. 1）

J109 01 昴宿星，共有六颗星。它停留一天，一夜。

J110 02 毕宿，它停留一夜，一天，再加一天。

J111 03 觜宿，它停留一夜，一天

J112 04 参宿，它停留一夜。

J113 05 井宿，它停留一天，一夜，再加一夜。

J114 $_{06}$　鬼宿，它停留一天，一天。

J115 $_{07}$　柳宿，它停留一天。

J116 $_{08}$　星宿，它停留一天，一夜。

J117 $_{09}$　张宿，它停留一天，一夜。

J118 $_{10}$　翼宿，它停留一天。

J119 $_{11}$　轸宿，它停留一天，一夜。

J120 $_{12}$　角宿，它停留一天，一夜。

J121 $_{13}$　亢宿，它停留一夜。

J122 $_{14}$　 [však・] bir kün
bir tün yana bir kün
turur ・

J123 $_{15}$　anur（a）t(・)bir kün
bir tün turur ・

J124 $_{16}$　[češt]
bir tün turur

J125 $_{17}$　[mul]
[bir kün bir t]ün [turur ・]

J126 $_{18}$　p[urvašadi]
[bir k]ün bir tün turur

J127 $_{19}$　utrašadi
bir kün bir tün turur

J128 $_{20}$　ab[ıčı]

J129 $_{21}$　 šravan
bir [kün bir tün] turur ・

J130 $_{22}$　daniš
bir tün bir kün

turur · bičin öd[indä ……]

J131$_{23}$ [sat]a[bıš]

bir tün bir kün tur[ur ·]

J132$_{24}$ purvabadirabat（ · ）bir tün

bir kün turur

J133$_{25}$ utrabadrabat（ · ）bir tün

bir kün turur ·

J134$_{26}$ iravadi（ · ）bir tün bir kün turur ·

J122$_{14}$ 氐宿，它停留一天，一夜，再加一天。

J123$_{15}$ 房宿，它停留一天，一夜。

J124$_{16}$ 心宿，它停留一夜。

J125$_{17}$ 尾宿，它停留一天，一夜。

J126$_{18}$ 箕宿，它停留一天，一夜。

J127$_{19}$ 斗宿，它停留一天，一夜。

J128$_{20}$ 牛宿，

J129$_{21}$ 女宿，它停留一天，一夜。

J130$_{22}$ 虚宿，它停留一天。在猴时辰 [ ]

J131$_{23}$ 危宿，它停留一夜，一天。

J132$_{24}$ 室宿，它停留一夜，一天。

J133$_{25}$ 壁宿，它停留一夜，一天。

J134$_{26}$ 奎宿，它停留一夜，一天。

J135$_{27}$ [a]svini（ · ）bir kün bir tün

turur

J136$_{28}$ barani[①]（ · ）bir kün bir tün

① barani是梵语bharani之音译，是古印度星相学二十八宿体系中第二位"胃宿"的名称。

turur ·

U 501（T. II Y. 29.1）正面[①]

J137 01　it yılqı ordu
J138 02　ol · yıl yultuzı
J139 03　uṭarabaḍiravat · grahı
J140 04　šaničar[②] ol（·）qutı suv
J141 05　ordusı altı · aram ay
J142 06　kičig · bir yangısı ti
J143 07　[　] kyncwm'ny p' · twyrt
qoyn kinčumani[③] pa · tört
J144 08　[　]kyq' syrky · ywlt[　]
[yan]gıɣa sirki（·）yult[uzı]
J145 09　[ ]t'pys · 'ykynty ''y py[ ]
[s（a）]tabiš · ikinti ay bi[r]
J146 10　y'nkysy · 'wlwq · p[ ]
yangısı · uluɣ p[i]
J147 11　sycq'n · q'y kwyn ·
sıčɣan · qay kün ·
J148 12　ywltwzy 'yr'vdy
yultuzı irav（a）di ·

J135 27　娄宿，它停留一天，一夜。
J136 28　胃宿，它停留一天，一夜。

① 该残片损失比较严重，其正面部分仅包括 T T VII, 4（7–26）。参见 T T VII, 4, p 14（T. II Y. 29，7–26）。

② šaničar是梵语 sanaiscara之音译，意为“土星”。参见 T T VII, p 60, 注释52。

③ kinčumani是汉语“建除满”之音译，是指中国古代历法中的十二神吉凶日符号中的前三位。参见 T T VII, p 98, 第三表。

U 501（T. II Y. 29）

J137$_{01}$ 这是狗年之宫。

J138$_{02}$ 该年的星宿是

J139$_{03}$ 壁宿。行星

J140$_{04}$ 为土星，水福，其宫为

J141$_{05}$ 第六宫。正月（一月）是小，

J142$_{06}$ 其第一日是丁未（羊）日，

J143$_{07}$ 建除满（预兆标志）是破。

J144$_{08}$ 第四日是节气。其星宿

J145$_{09}$ 是危宿。二月，

J146$_{10}$ 其第一日是大，

J147$_{11}$ 丙子（鼠）开日。

J148$_{12}$ 其星宿是奎宿。

J149$_{13}$ ’’lty y’nky syrky ·
altı yangı sirki ·

J150$_{14}$ ’wn y’nkyq’ t[ ]
on yangıɣa t[ ]

J151$_{15}$ [ ]
[üčünč]

J152$_{16}$ ’’y kycyk pyr
ay kičig（·）bir

J153$_{17}$ y’nkysy pw
yangısı bu

J154$_{18}$ ywnt · pyy kwyn ·
yont · pii kün ·

J155$_{19}$ p’r’ny ywltwz ·
barani yultuz ·

J156 20　”nk’r’q k’rq ’wl

angarak garh ol（・）

J157 21　”lty y’nkyq’

altı yangıɣa

J158 22　ty syrky・twyrtwnc

ti sirki ・ törtünč

J159 23　”y kycyk・p[ ]

ay kičig ・ b[ir]

J160 24　y’nkysy ’yr twnkwz

yangısı ir tonguz（・）

J161 25　kww kwyn・ywltwzy

kuu kün ・yultuzı

J162 26　’wrwkwny・pwd k’rq・

uruguni ・ bud garh ・

J163 27　yyty ynky syrky

yeti yangı sirki（・）

J149 13　其第六日是节气。

J150 14　其第十日是[ ]

J151 15　[ ]三月

J152 16　是一个小月，

J153 17　其第一日是戊

J154 18　午（马）平日。

J155 19　其星宿是胃宿。

J156 20　其行星是火星。

J157 21　其第六日是

J158 22　丁节气。四月是一个

J159 23　小月，其第一日

J160$_{24}$ 是乙亥（猪）
J161$_{25}$ 危日。其星宿是
J162$_{26}$ 毕宿。其行星是水星。
J163$_{27}$ 其第七日是节气。

J164$_{28}$ [ ]ync ”[ ]
[beš]inč a[y uluɣ ·]
J165$_{29}$ bir yangısı
J166$_{30}$ qap luu · pi kün ·
J167$_{31}$ brahasvaḍi garh ·
J168$_{32}$ ardır yultuz（·）
J169$_{33}$ toquz yangıɣa
J170$_{34}$ sirki · tört otuz-
J171$_{35}$ ɣa qunčı ol ·
J172$_{36}$ altınč ay kičig（·）
J173$_{37}$ bir yangısı qap
J174$_{38}$ it · ti kün ·
J175$_{39}$ puš yultuz ·šaničar
J176$_{40}$ garh · toquz yangı
J177$_{41}$ sirki · yetinč a[y]
J178$_{42}$ kičig · bir yangı-
J179$_{43}$ sı kuu tavıšɣan ·
J180$_{44}$ äži[①] kün · ad（i）tya
J181$_{45}$ garh ·yultuzı purva-
J182$_{46}$ palguni · bir y（e）g（i）rmi-
J183$_{47}$ gä sirki · säkizinč

① Äži，该词词义不明。

J184$_{48}$　ay uluɣ（・）bir yangı
J185$_{49}$　sı äžim bičin（・ ）
J186$_{50}$　kin kün ・ soma
J187$_{51}$　garh čaitir yultuz（・ ）
J188$_{52}$　iki y（e）g（i）rmigä
J189$_{53}$　s（i）rki ・ altı y（e）g（i）rmi–
J190$_{54}$　gä qunčı ärdäm（?）

J164$_{28}$　五月是一个大月，
J165$_{29}$　其第一日是
J166$_{30}$　甲辰（龙）闭日。
J167$_{31}$　其行星是木星。
J168$_{32}$　其星宿是参宿。
J169$_{33}$　其第九日是
J170$_{34}$　节气。其二十四日
J171$_{35}$　是中气。
J172$_{36}$　六月是一个小月，
J173$_{37}$　其第一日是甲戌
J174$_{38}$　（狗）定日。
J175$_{39}$　其星宿是鬼宿。其
J176$_{40}$　行星是土星。其第九
J177$_{41}$　日是节气。七月是一个
J178$_{42}$　小月，其第一日是
J179$_{43}$　癸卯（兔）äžı 日。
J180$_{44}$　其行星是太阳。
J181$_{45}$　其星宿是张宿。
J182$_{46}$　其第十一日是
J183$_{47}$　节气。八月是一个

J184 $_{48}$ 大月，其第一日是

J185 $_{49}$ 壬申（猴）

J186 $_{50}$ 建日。其行星是月亮。

J187 $_{51}$ 其星宿是角宿。

J188 $_{52}$ 其第十二日是

J189 $_{53}$ 节气。其第十六日是

J190 $_{54}$ 公德的中气。

J191 $_{55}$ toquzunč ay

J192 $_{56}$ uluɣ（·）bir yangısı

J193 $_{57}$ äžim① baars · čip

J194 $_{58}$ kün · bud garh ·

J195 $_{59}$ hast yult[uz] ·

J196 $_{60}$ üč y（e）g（i）rmi sirki ·

J197 $_{61}$ onunč [ay u]l[uɣ ·]

J198 $_{62}$ bir yangısı

J199 $_{63}$ äžim bičin · qay

J200 $_{64}$ kün šükür grah（·）

J201 $_{65}$ anurad yultuz ·

J202 $_{66}$ üč y（e）g（i）rmi–

J203 $_{67}$ gä [sirk]i ·

J204 $_{68}$ bir y（e）g（i）rminč [ay]

J205 $_{69}$ kičig（·）bir yangı–

J206 $_{70}$ sı [äži]m baars ·

J207 $_{71}$ [pi]i kün adit–

J208 $_{72}$ [ya] grah · [aš]l[eš]

---

① äžim是汉语词“壬”之音译，中国农历中用来计算日子的符号，十天干中第九位。

J209$_{73}$　yultuz（·）tört

J210$_{74}$　y（e）g（i）rmigä sirki

J211$_{75}$　č[aqšapat] ay ulu[ɣ ·]

J212$_{76}$　[bir yang]ıs[ı]

J213$_{77}$　[　　　]

J214$_{78}$　[　　 ·] kün（·）

J215$_{79}$　[soma gar]h · daniš

J216$_{80}$　[yultuz · tört] y（e）g（i）rmi-

J217$_{81}$　[gä sirki · 　] kẓi [　]

J191$_{55}$　九月是一个大月，

J192$_{56}$　其第一日是

J193$_{57}$　壬寅（虎）执日。

J194$_{58}$　其行星是水星。

J195$_{59}$　其星宿是轸宿。

J196$_{60}$　其第十三日是节气。

J197$_{61}$　十月是一个大月，

J198$_{62}$　其第一日是

J199$_{63}$　壬申（猴）开日。

J200$_{64}$　其行星是金星。

J201$_{65}$　其星宿是房宿。

J202$_{66}$　其第十三日是

J203$_{67}$　节气。

J204$_{68}$　十一月是一个小月，

J205$_{69}$　其第一日是

J206$_{70}$　壬寅（虎）平日。

J207$_{71}$　其行星是太阳。

J208$_{72}$　其星宿是柳宿。

J209$_{73}$ 其第十四日是

J210$_{74}$ 节气。

J211$_{75}$ 十二月是一个大月。

J212$_{76}$ 其第一日是

J213$_{77}$ [ ]

J214$_{78}$ [ ]日。

J215$_{79}$ 其行星是月亮。

J216$_{80}$ 其星宿是虚宿。其

J217$_{81}$ 第十四日是节气。

T. I D. 595

J218$_{01}$ [ ] q'n yıngaqınta sarıɣ

J219$_{02}$ [önglüg] oɣušluɣ bud garhı

J220$_{03}$ [saqınmıš k（ä）rgäk · darni]si bo ärür ·

J221$_{04}$ [ ]

J222$_{05}$ [bulung]ta al sarıɣ

T. III M. 200

J223$_{01}$ [saqınmıš kärgäk] · darnisi bo ärür ·

J224$_{02}$ [ ] ·

J225$_{03}$ [kädin kündün nai]riti[①] bulungta

J226$_{04}$ [ ] barhasivadi garhıɣ

J227$_{05}$ [saqınmıš k（ä）rgäk] · darnisi bo ärür ·

J228$_{06}$ qara önglüg [garhıɣ saqınmıš]

J229$_{07}$ k（ä）rgäk] · darnisi [bo ärür ·]

J230$_{08}$ [ ]s'n yarnay[a]

J231$_{09}$ taɣtın yıngaqta q[ ] m[ ]

---

① nairiti是梵语 "nirrti" 之音译，是西南方的神涅哩底的名称。

J232 10　önglüg rahu garhıɣ saqınmıš k[（ä）rgäk]
J233 11　darnisi bo är[ü]r ·　·　·
J234 12　[　　　] biriaya svaha
J235 13　[öngdün taɣ]ṭın ayšani bulungta
J236 14　t[　] öngl[üg] ketu garhıɣ
J237 15　saqın[mıšk]（ä）rgäk · [darnisi bo ärür ·]
J238 16　oom čiy[ut]i kitavi [　　　]
J239 17　öngdün yıngaq qapıɣ [　　　]
J240 18　burhan · kündin yınga[q　　　]
J241 19　[vačrapan]i① · kädin yıng[aq　　　]

T. I D. 595
J218 01　要赞美 [　]方向的，
J219 02　黄色的[　]属于[　]的
J220 03　水星。它的陀罗尼是如此。
J221 04　要赞美 [　　]
J222 05　角落的，浅黄色的[　]。
T. III M. 200
J223 01　它的陀罗尼是如此。
J224 02　[　　　]
J225 03　要赞美西南方的涅哩底（罗刹天）角落
J226 04　的[　]木星（毕利诃斯主）。
J227 05　它的陀罗尼是如此。
J228 06　要赞美黑色的[　]行星。
J229 07　它的陀罗尼是如此。[　]
J230 08　[　　　]

① vačrapani是梵语vajra-pāṇi之音译，是金刚手菩萨的名称。参见任继愈（编）：《佛学大词典》，南京：江苏古籍出版社，2002年，第801页。

J231$_{09}$ 要赞美北方的[ ]

J232$_{10}$ 颜色的罗睺行星。

J233$_{11}$ 它的陀罗尼是如此。

J234$_{12}$ [ ]跋陀耶、娑婆诃。

J235$_{13}$ 要赞美东北角落的[ ]

J236$_{14}$ 颜色的计都星（彗星）。

J237$_{15}$ 它的陀罗尼是如此：

J238$_{16}$ 唵、悉殿都、迦罗帝

J239$_{17}$ 在东方的门[ ]

J240$_{18}$ 佛。在南方的[ ]

J241$_{19}$ 金刚手菩萨。在西方的[ ]

J242$_{20}$ [ ]

U 4737（T. III M. 228）

J243$_{01}$ [ ]

J244$_{02}$ [ ] q’pyq[ ]

[öngdün yıngaq] qapıɣ[nıng]

J245$_{03}$ t’synt[ ]rtyr’stry mq’r’c · · kwyndyn

tašınt[a da]rtiraštri m（a）harač[1] · · kündin

J246$_{04}$ yynk’qynt’ vyrwt’ky mq’r’c · · kydyn

yıngaqınta viruḍaki[2] m（a）harač · · kädin

J247$_{05}$ yynk’qynt’ vyrwp’ksy mq’r’c · · t’qdyn

---

① dartiraštri maxarač分别为梵语 dhṛtarāṣṭra 和mahārāja之音译。dhṛtarāṣṭra是佛教四大天王一之持国天王的名称，mahārāja意为“大王”。参见 Soothill，Edward William and Lewis Hodous，a Dictionary of Chinese Buddhist Terms，台北：新文丰出版公司，1998年，第302页，第197页。

② virutaki是梵virūḍhaka 之音译，是佛教四大天王之一“增长天王”的名称。参见 Soothill，Edward William and Lewis Hodous，A Dictionary of Chinese Buddhist Terms，台北：新文丰出版公司，1998年，第431页。

yıngaqınta virupakši① m（a）harač · · taɣṭın

J248$_{06}$　yynk'qynt' v'ysr'v'ny mq'r'c

yıngaqınta vaišravani② m（a）harač

J249$_{07}$　s'qynmys krk'k · · "sl'ry 'rs'r · ·

saqınmıš k（ä）rgäk · · ašları ärsär · ·

J250$_{08}$　"dyty' k'rqq' swyt 'wykr' · ·

aditya garhqa süt ügrä · ·

J251$_{09}$　swm' k'rqq' ywqrwt lwq "s · ·

swm' k'rqq' ywqrwt lwq "s · ·

J242$_{20}$　[　　　　　　　]

U 4737（T. III M. 228）

J243$_{01}$　[　　　　　]

J244$_{02}$　[　]要赞美东方门

J245$_{03}$　外的持国天王，南

J246$_{04}$　方的增长天王，西

J247$_{05}$　方的广目天王，北

J248$_{06}$　方的多闻天王。

J249$_{07}$　要思索，它们的饭食如下：

J250$_{08}$　日星（太阳）的是牛奶和面条。

J251$_{09}$　月星（月亮）的是由酸奶做成的饭。

---

① virupakši是梵语virūpākṣa 之音译，是佛教四大天王之一“广目天王”的名称。参见Robert E. Buswell Jr. and Donald S. Lopez Jr., The Princeton Dictionary of Buddhism.Princeton and Oxford：Princeton University Press，2014，p 980。

② vaišravani是梵语vaiśravaṇa 之音译，是佛教四大天王之一“多闻天王”的名称，参见Robert E. Buswell Jr. and Donald S. Lopez Jr., The Princeton Dictionary of Buddhism.Princeton and Oxford：Princeton University Press，2014，p 951。

J252$_{10}$ ”nkk’r’k k’rq q’ y’syl pwrc’q ’wyz’ky
anggaraq garhqa yašıl burčaq üzäki

J253$_{11}$ ”s · · pwd k’rqq’ y’qlyq ”s · ·
aš · · bud garhqa yaɣlıɣ aš · ·

J254$_{12}$ p’rq’swv’dy k’rq q’ swyt · · swkwr k’rqq’
barhasuvadi garhqa süt · · šükür garhqa

J255$_{13}$ y’qlyq ”s · · š’nysc’r k’rq q’ y’syl pwrc’q
yaɣlıɣ aš · · šaniščar garhqa yašıl burčaq

J256$_{14}$ qwndw pwrc’q ’wyz ’ky ”s · · r’qw k’rqq’
qundu burčaq üzäki aš · · rahu garhqa

J257$_{15}$ kwyncyt ’wyz’ky ”s · · kytw k’rqq’
künčit üzäki aš · · ketu garhqa

J258$_{16}$ p’nyt q’tyqlyq kwyncyt ’wyz’ky ”s · ·
banit qatıɣlıɣ künčit üzäki aš · ·

J259$_{17}$ y’ks’ l’rnynk twrm’ l’ry ’rs’r · ·
yaksalarnıng turmaları ärsär · ·

J260$_{18}$ d’rtyr’stry mq’r’cq’ ywqrwtlwq ”s · ·
dartiraštri m（a）haračqa yoɣrutluɣ aš · ·

J261$_{19}$ vyrwd’ky mq’r’c q’ y’syl pwrc’q ’wyz’ky
virudaki m（a）haračqa yašıl burčaq üzäki

J262$_{20}$ ywqrwtlwq ”s · · vyrwp’ksy mq’r’cq’
yoɣrutluɣ aš · · vırupakšı m（a）haračqa

J263$_{21}$ swyt ’wykr’ · · v’ysyr’v’ny mq’r’cq’
süt ügrä · · vaiširavani m（a）haračqa

J264$_{22}$ [ ]yl pwrc’qlyq ywqrwt pyrl’ky ”s · ·
[yaš]ıl burčaqlıɣ yoɣrut birläki aš · ·

J265$_{23}$ [ ]m’ · · qlty yyyn
[ ]m’ · · q（ı）ltı eyin

J266 $_{24}$　[　　　　] y'r'sy qw'

　　　　[　　　　] yarašı qua

J252 $_{10}$　火星是由绿豆做成

J253 $_{11}$　的饭。水星的是高脂肪的饭。

J254 $_{12}$　木星的是牛奶。金星的是

J255 $_{13}$　高脂肪的饭。土星的是由绿豆

J256 $_{14}$　和红豆做成的饭。罗睺星的是

J257 $_{15}$　由芝麻做成的饭。计都星（彗星）是

J258 $_{16}$　由芝麻和蜂蜜做成的饭。

J259 $_{17}$　供祭夜叉们的祭品是如下：

J260 $_{18}$　持国天王的祭品是由酸奶做成

J261 $_{19}$　的饭。增长天王的祭品是由绿豆

J262 $_{20}$　和酸奶做成的饭。广目天王

J263 $_{21}$　的祭品是牛奶和面条。多闻

J264 $_{22}$　天王的祭品是由绿豆和酸奶做

J265 $_{23}$　成的饭。[　　　　]

J266 $_{24}$　[　　　] yarašı qua

J267 $_{25}$　[　　　　]'wnk

　　　　[　　　　]'wnk

U 9113（T. I a 560）正面

J268 $_{01}$　[yıl] säkizinč ay yeti yeti yangı kün [ ]d'r öd（?）

J269 $_{02}$　[bud] garh ašlıš yulduz ärür（·）sa[qla]nɣu ·

J270 $_{03}$　it topraq tözlüg yıl y[i　ki（?）]

J271 $_{04}$　ärkäk yıl ärür · munga tuɣmıš kiši-

J272 $_{05}$　lär luqusus1 yulduzɣa

J273 $_{06}$　özi sanıčar garhqa sanur · qılı[qı]

J274$_{07}$ [tär]kiš kiši birlä elṭišgüči ·otsuz
J275$_{08}$ [ ]q' keṭ tıɣraq [ ]mlyk
J276$_{09}$ [ ]sy –lyk tört oɣulluɣ iki
J277$_{10}$ [ ] yipkin äd tavar yarašur · adası qaršısı
J278$_{11}$ [ ]wnc（·）toquzunč ay yeti yidi yangı
J279$_{12}$ [bra]hsuvati garh širavan yulduz ·
J280$_{13}$ [ ] saqlanɣu ·

反面

J281$_{14}$ [ ] adası bars bičin yıl aram ay
J282$_{15}$ [ ] tört orun aditya garh
J283$_{16}$ [yulduz ä]rür · saqlanɣu ·
J284$_{17}$ [ta]qıɣu tämir tözlüg kädin
J285$_{18}$ [ ] tiši yıl ärür ·munga tuɣmıš
J286$_{19}$ [kiši]lär pakunsi atl（ı）ɣ yulduzqa sanur ·
J287$_{20}$ isig öẓin šükür garhqa sanur ·
J288$_{21}$ alqu ädirämgä tükällig · kiši–
J289$_{22}$ tin ayaɣlıɣ qılıqı yas savı ädgü（·）tärk kiä
J290$_{23}$ ädgü ögli tuṭuṣtačı · tärk öpkäči kiṭišgüči ·
J291$_{24}$ [ ] qırq yašta atqa t[äg]däči（·）oɣulı qızı
J292$_{25}$ [ ]
J293$_{26}$ [ ]

U 9113（T. I a 560）

J268$_{01}$ [ ]年，八月，其第七日 [ ] 时辰。
J269$_{02}$ 其他的行星是水星。其他的星宿是柳宿。要多加留心。
J270$_{03}$ 狗、土曜年，[ ]
J271$_{04}$ 是阳年。诞生于该年的人
J272$_{05}$ 属于禄存星，他的生命

J273 $_{06}$　属于土星。他的性格
J274 $_{07}$　爱吵架，使他陷入争吵。
J275 $_{08}$　[ ]很强大[ ]
J276 $_{09}$　[ ]将会有四个男孩和两个
J277 $_{10}$　[ ]将会获得财富，危险会
J278 $_{11}$　[ ]。九月，其第七日是[ ]
J279 $_{12}$　行星是木星，其星宿是女宿。
J280 $_{13}$　[ ]要多加留心。
J281 $_{14}$　[ ]的危险。虎、猴年，正月，
J282 $_{15}$　[ ]在四个地方，它的行星是日星，
J283 $_{16}$　其星宿是[ ]。要多加留心。
J284 $_{17}$　鸡、金耀年属于[ ]
J285 $_{18}$　[ ]是阴年。在该年诞生的
J286 $_{19}$　人属于破军星，
J287 $_{20}$　他的生命属于金星。
J288 $_{21}$　他拥有一切美德，受人
J289 $_{22}$　尊重。他的性格温和，说话温柔。
J290 $_{23}$　要立即与好心的人联盟，远离怒不可遏的人。
J291 $_{24}$　[ ]在四十岁将会获得名望，他的子女
J292 $_{25}$　[ ]
J293 $_{26}$　[ ]

U 5391（T. I a 562）

J294 $_{01}$　[ ] p’rmys
[ ] barmıš
J295 $_{02}$　[ ]yrs’r twm’ny
[ ]yrs’r tumanı
J296 $_{03}$　[ ] ’wyc kwyn twd’r ::

[ ] tuṭar :: bayaz

J297 04 [ ] twd'r :: p'y'z

[ ] tuṭar :: bayaz

J298 05 [ ] kwn twd'r :: ''qyqwl'qwn pysync

[ ] kün tuṭar :: aɣıyulaɣun (?) bešinč

J299 06 [ ] twd'r :: ''d'p'y q'rync ''ltync 'vt'

[ävtä] tuṭar :: adabay (?) qarınč altınč ävtä

J300 07 [ ]w qwmyr' ytync [ ]t' [ ]my

[ ]w qumıra yetinč [äv]tä [ ]my (?)

J301 08 [ ]'kyzync 'vt' k'lz' pyr ''y

[s]äkizinč ävtä kälṣä bir ay

J302 09 [ ]wnc 'vt' k'lz'

[toquz]unč ävtä kälṣä

J303 10 [ ] 'vt' k'lz' ''lyr

[ ] ävtä kälsä alır

J304 11 [ ]t' k'lz'

[äv]tä kälṣä

J305 12 [ ] 'vt' k'lz'

[ ] ävtä kälṣä

J306 13 [ ]wycwnc'vt' k'lz'

[ ]üčünč ävtä kälṣä

J307 14 [ ]ync 'wn twyrtwnc

[qar]ınč on törtünč

U 5391 (T. I a 562)

J294 01 [ ] 要去的

J295 02 [ ] 浓雾

J296 03 [ ] 要斋戒三天

J297 04 [ ]要斋戒[ ]。[ ]

J298 05 要斋戒[ ]天，如果到第五

J299 06 宫[ ]要斋戒[ ]。如果

J300 07 到adabay和qarınč第六宫

J301 08 [ ]。如果到qumıra第七宫

J302 09 [ ]。如果到第八宫，要

J303 10 一个月[ ]。如果到第九宫

J304 11 [ ]。如果到[ ]宫，[ ]。

J305 12 如果到[ ]宫，[ ]。如果到

J306 13 [ ]宫，[ ]。如果到[ ]宫，

J307 14 [ ]。如果到qarınč第十四[ ]。

J308 15 [tuta]r ∷ [ ] amavat on bešinč
[ ] ∷ [ ] ”m’v’t ’wn pysync

J309 16 [ ]t[u]ṭar ∷ usiradu qarınč
[ ] t[ ]d’r ∷ ’wsyr’dw q’rync

J310 17 [ ] yüz otuz alṭı kün tuṭar ∷
[ ] ywz ’wtwz ”lty kwyn twd’r ∷

J311 18 [ ]w taɣıl ikigü baš ävtä [yä]kšämbi kün
[ ]w t’qyl yykynty p’s ’vt’ [ ]ks’mpy kwyn

J312 19 [ ]l kävsäč [iki]gü ikinṭi ävtä adina
[ ]l k’vs’c [ ]kw yykyndy ’vt’ ”dyn’

J313 20 [ ]dym’ [ik]igü üčünč ävtä
[ ]dym’ [ ]ykw’wycwnc ’vt’

J314 21 [ikig]ü törtünč ävtä
[ ]w twyttenc ’vt’

J315 22 [ ] bešinč ävtä
[ ] pysync ’vt’

J316 23　[　　　] tayıl [ikigü] altınč

[　　　] t'qyl [　] ''ltync

J317 24　[　　　　　] ikigü

[　　　　　] yykykw

U 493（T. II D. 79）

J318 01　[　] ülkär yultuz[①] ・・

[　] 'wylk'r ywltwz・・

J308 15　如果到amavat第十五[　]，要

J309 16　斋戒 [　]。usıradu qarınč

J310 17　[　　]要斋戒136天。前两

J311 18　个tayıl第一宫是星期日。

J312 19　前两个kävsäč第二宫是星期五。

J313 20　前两个第三宫是[　　　]

J314 21　前两个第四宫是[　　　]

J315 22　[　　]第五宫是[　　　]

J316 23　[　　]前两个tayıl第六宫

J317 24　是[　　　　　]两个

U 493（T. II D. 79）

J318 01　昴宿

J319 02　pir[②]　baqrsuqra[③] yultuz ・・

---

① ülkär yultuz对应中国古代历法体系中第十八宿“昴宿”。参见EDPT 143a。

② pir 是汉语“毕”之音译，是中国古代星相学二十八宿体系中第十九宿“毕宿”的名称。参见Clauson Sir Gerard, Early Turkish Astrological Terms, Ural-Altaische Jahrbücher, vol. XXXV, 1964, p 354。

③ 克劳森认为baqrsuqra可能是阿拉伯词ya γ ïz sïrïn的误写，他指出yaγïz sïrïn是二十八宿体系中第十九位“毕宿”的名称。参见Clauson Sir Gerard, Early Turkish Astrological Terms, Ural-Altaische Jahrbücher, vol. XXXV, 1964, p 354。

pyr　p’qrswqr’ ywltwz · ·

J320 03　tsuı[①] äräntir[②] yultuz · ·

tswy　’r’ntyr ywltwz · ·

J321 04　š（i）m[③] qoysuq[④] yultuz ·

sm qwyswq ywltwz ·

J322 05　tsii　tirgäk yultuz[⑤] ·

tsyy　tyrk’k ywltwz ·

J323 06　[　] yaltraq aṭ[⑥][　]

[　] y’ltr’q ”d [　]

J319 02　毕（宿）毕星团和金牛座

J320 03　觜（宿）猎户星座的头部

J321 04　参（宿）鬼宿

J322 05　井（宿）双星座

J323 06　鬼（宿）

---

① tsuı 是汉语“嘴”之音译，是中国古代星相学二十八宿体系中第二十三位“嘴宿”的名称。参见Clauson Sir Gerard, Early Turkish Astrological Terms, Ural-Altaische Jahrbücher, vol. XXXV, 1964, p 354。

② 克劳森认为äräntir是阿拉伯词erentiz（嘴宿）的不正确的拼读。参见Clauson Sir Gerard, Early Turkish Astrological terms, Ural-Altaische Jahrbücher, vol. XXXV, 1964, p 354。

③ šim是汉语“参”之音译，是中国古代星相学二十八宿体系中第十一宿“参宿”的名称。参见Clauson Sir Gerard, Early Turkish Astrological terms, Ural-Altaische Jahrbücher, vol. XXXV, 1964, p 354。

④ 克劳森指出qoısuq是汉语“鬼宿”之音译，也就是中国古代星相学二十八宿体系中第二十三位“鬼宿”。参见Clauson Sir Gerard, Early Turkish Astrological Terms, Ural-Altaische Jahrbücher, vol. XXXV, 1964, p 354。

⑤ 克劳森指出tsii是汉语“井”之音译，是中国古代星相学二十八宿体系中第十二位“井宿”，而tirgäk yultu其回鹘文的对应名称。参见Clauson Sir Gerard, Early Turkish Astrological Terms, Ural-Altaische Jahrbücher, vol. XXXV, 1964, p 354。

⑥ 克劳森认为yaltraq aṭ 是中国古代星相学二十八宿体系中第二十三位“鬼宿”在突厥语中的对应名称。参见Clauson Sir Gerard, Early Turkish Astrological Terms, Ural-Altaische Jahrbücher, vol. XXXV, 1964, p 354。

2.1.11 K：回鹘文算命书

算命书文献有两件残片，其中U 5803+U+5950+U6048+6227（T. III M. 234）残片正面有57行回鹘文，页面大小为44.5cm × 18cm，行距为0.4—1.2cm，纸质为棕色。根据其草书体特点可以推断，该残片抄写于11—12世纪。另一件残片U 5959（T. I 604）由正面11行，反面11行回鹘文组成，页面大小为12.2cm × 13.5cm，各行行距不同，纸质为棕色。根据其草书体特点可以推断，该残片抄写于11—12世纪。

阿拉特早在1936年出版的《吐鲁番回鹘文献》一书第七卷中对回鹘文星相学历法和占卜文献进行了转写、换写、德语翻译和注释。但是，在他的译释中有不少值得进一步探讨的内容。本书在前人研究成果的基础上对上述残片进行了转写、汉译和注释。

文献的解读与汉文翻译

U 5803+U+5950+U6048+6227（T. III M. 234）

K01 01 wkwz swvy ’y[ ]

ögüz suvı ’y[ ]

K02 02 yyky y’kl’r pyr[ ] ”d’ qylq’lyr ’wyrkwrw pwyn qyl y’sy

yigi yäklär bir[lä] ada qılɣalır ürkürü buy（a）n qıl（.）yašı-

K03 03 nkc’ nwm ’wqydqyl kwynklwnkt’ n’kw ’ys qyl’yyn [ ]

ngča nom oqıṭɣıl（.）könglüngtä nägü iš qılayın [tisär]

K04 04 n’kw s’qync s’qyns’rs’n pwydm’z kwyn ’ysl’s’rs’n t’v’r qwr pw[ ]

nägü saqınč saqınsarsän büṭmäz（.）kön išläsärsän tavar qor bo[lur .]

K05 05 kysy pyl’ twdws k’rys pwylwr ”qyr ’yk k’m pwylwr ’yr’q p’rs[ ]

kiši bilä tüṭüš käriš bolur（.）aɣır ig käm bolur（.）ıraq bars[ar]

K06 06 pwlm’z ’yr’qt’qy kysy ”s’n y’nm’z nkwnk ywryp yrw ’yrql’s’r bolmaz(.)ıraqtaqı kiši äsän yanmaz(.) n(ä) güg yorip irü[①] ırqlasar

K07 07 pwydm'z ywrwnt'k qylmys k'rk'k pyr ykrmync qwrwq

büṭmäz(.)yörüntäg qılmıš kärgäk. bir y(e) g(i) rminč(.) quruɣ

K08 08 swykwdk' k'ls'r pw swykwd y's'ryp 'mty qwrymys pw 'yrq y[ ]

sögüṭkä kälsär bo sögüṭ yašarıp amtı qurımıš(.)bo ırq y[mä]

K09 09 "ncwl'yw 'wq wl pw 'yrqyq 'yrql'qwcy kysy qwdswz pwlwr [ ]

ančulayu oq ol(.) bo ırqıɣ ırqlaɣuči kiši quṭsuz bolur(.) [üküš]

K10 10 pwyn qylmys k'rk'k 'yr'q p'rs' s'dyq qylz' pwydm'z qwr pwlwr 'yr[ ]

buy(a)n qılmıš kärgäk ıraq barsa saṭıɣ qılsa büṭmäz qor bolur ır[aq]-

K11 11 t'qy kysy k'lm'z t'v'r ywq pwls'r [ ]

taqı kiši kälmäz(.)tavar yoq bolsar [ ]

K12 12 'yklyk pwlwr nkw 'ysk' 'wqwr'[ ]

iglig bolur(.)n(ä) gü iškä oɣura[sar]

U 5803+U+5950+U6048+6227(T. III M. 234)

K01 01 河水[ ]

K02 02 众多的夜叉在一起[ ]他们会造成危险。为了阻止他们，要行

K03 03 善事，要请人念与你岁数一样多次数的佛经。在心里想要做的

K04 04 事情和愿望都不会实现。如果你要制作生皮，你将会

① Irü 意为“预兆”。参见 EDPT，197a。

失败。

K05 05 你将会与人吵架，将会生重病。如果要远行，将不会成功。

K06 06 在远方的人不会平安回来。如果要寻求占卜的预兆，它是令人不满

K07 07 意的，要采取措施阻止它。如占到第十一：枯树占卜，这棵树曾经

K08 08 是青绿的，但它现在枯萎。这个占卜的

K09 09 预兆是如此：占到这个占卜的人是不幸的，要多行

K10 10 善事。如果远行、买卖，都不会成功，将会有损失。在远方的人

K11 11 不会回来。如果失去财产[ ]

K12 12 将会生病。无论想要做何事[ ]

K13 13 ol(.)yavız ırq ol . iki y（e）g（i）rmin[č]

’wl y’vyz ’yrq ’wl . ’yky ykrmyn[c]

K14 14 ’wl pw swykwdnwnk twysy ”lqw [ ]

ol(.)bo sögüṭnüng tüši alqu [bo ırq ymä ančulayu]

K15 15 ’wq ’wl s’dyqq’ p’rs’r ywl ywr[ ]

oq ol(.)saṭıɣqa barsar yol yor[ısa]

K16 16 ywq pwyls’r t’pyswr ’yr’qt’q[ ]

yoq bolsar tapıšur(.)ıraqtaq[ı]

K17 17 wnkwlwr ’v ’yk’sy qwtlwq[ ]

ongulur(.)äv igäsi qutluɣ qıv[lıɣ]

K18 18 p’rc’ pwyd’r . ’wyc ykrm[ ]

barča büṭär . üč y（e）g（i）rm[inč]

K19 19 t’sdyn ’wyns’r ’yr’q p’rs’r [ ]

tašṭın ünsär ıraq barsar [ ]

K20 20　[ ]v'r ywq pwls'r kysy q'cz' t'p[ ]
[ta]var yoq bolsar kiši qačṣa tap[maz]

K21 21　[ ]'rz' pwlm'z 'yklyk 'rz' 'ws'q pwlwr [ ]
[b]arsa bolmaz (.) iglig ärsä uẓaq bolur [ ]

K22 22　'yrql's'r 'dkw 'wl . twyrd ykrmync ''ltwn lw[ ]
ırqlasar ädgü ol . törṭ y（e）g（i）rminč (.) altun lü[kšän[1]]

K23 23　swmnw y'kl'r ''d' twd' qylw wm'z wyz 'twzy [ ]
šumnu[2] yäklär ada tuda qılu umaz (.) öz ätözi [üčün ärsär iglig]

K24 24　'wycwn ''rs'r pwy'n 'wykws qymys k'rk'k [ ]
üčün ärsär buyan üküš qı（l）mıš kärgäk (.) [beš y（e）g（i）rminč (.) at]–

K25 25　q' k'ls'r 'dkw 'wl qwp kwyswsy kwnkwlc' q'n[ ] 'wqwl qyz[ ]
qa kälsär ädgü ol (.) qop kösüši köngülčä qan[ar .] oɣul qız [ ]

K13 13　这个占卜是凶。第十二：[ ]
K14 14　这棵树的果实，所有[ ]这个占卜的预兆是如此：
K15 15　如果要买卖，行路，[ ]
K16 16　如果失去，将会得到。在远方的[ ]
K17 17　将会恢复。房主是幸福的[ ]
K18 18　一切都会实现。第十三：[ ]
K19 19　如果出门远行[ ]
K20 20　如果失去财产，奴隶逃跑，将不会恢复。
K21 21　如果要去，将不会成功。如果生病，将很难
K22 22　会恢复。[ ]占到这个卜是吉祥。第十四：金色的lükšän

① lükšän一词词意不明。

② šumnu是粟特语词šmnw之音译，意为“恶魔”。参见EDPT，868a。

[ ]

K23$_{23}$ 夜叉们就会无法损害。为了自身，为了疾病恢复，

K24$_{24}$ 要多行善事。第十五：如果占到[ ]

K25$_{25}$ 是吉祥的。所有的愿望都会被满足。得到子女[ ]。

K26$_{26}$ pwlwr pw kysyk’ kym kym y’vyz s’qynz’ n’kwm’ qylw ’wm’z .

bolur (.) bo kišigä kim {kim} yavız saqınsa nägüma qılu umaz .

K27$_{27}$ t’nkryl’r kwys’dw twd’r ’v –t’ ’d t’v’r ”sylwr t’sdyn ’wynz’ t’v’r

tängrilär küẓäṭü tuṭar (.) ävtä äd tavar ašılur (.) tašṭın ünsä tavar

K28$_{28}$ [ ]’pyswr ’yklyk ”rs’r p’d ’wnkwlwr p’kt’ swzy ywryr nkw ’ysk’

[t]apıšur (.) iglig ärsär baṭ ongulur (.) bägtä sözi yorır (.) n (ä) gü iškä

K29$_{29}$ wqwrz’ pwyd’r nwm ’wqz’ pwy’n qyls’r tnkryk’ t’pyns’r t’qym’ ’d[ ]

oɣuraṣa büṭär (.) nom oqısa buyan qılsar t (ä) ngrigä tapınsar taqıma äd[gü]-

K30$_{30}$ lwk . k’lyr ”ldy ykrmync l’p’yq’ k’ls’r pw l’p’ynynk ’wykws

lük kälir . alṭı y (e) g (i) rminč (.) labayɣa kälsär bo labaynıng üni üküš

K31$_{31}$ [ ]nlyql’rq’ ’ysydylwr pw ’yrq ym’ ’ncwl’yw ’wq ’rwr pw kysynynk

[t] (ı) nlıɣlarɣa äšiṭilür (.) bo ırq ymä ančulayu oq ärür (.) bo kišining

K32$_{32}$ ’wlwq’dw y’sy k’lmyst’ ’dkw kwyrwr ’wysy ’wycwn pwy’n qylqwl t’sdyn ’wyns’[ ]

uluɣadu yašı kälmištä ädgü körür (.) öẓi üčün buyan qılɣul (.) tašṭın ünsä[r]

K33$_{33}$ qwd’dwr ’vt’ twrs’r kwynynk’ ”sylwr qwp ’ysk’ ’yrql’s’r pwyt’r

quṭadur(.)ävtä tursar küningä ašılur(.)qop iškä ırqlasar büṭär

K34 34 yydy ykrmync v'cyrq' k'ls'r pw v'cyr qwp 'wqr'mysy kwnkwlc' pwd'r pw

yeṭi y（e）g（i）rminč vačirɣa kälsär bo vačir qop oɣramıšı köngülčä büṭär bo

K35 35 'yrq ym' ''ncwl'yw 'wq 'wl 'v ''ds'r 'wd m'nd'l qylz' pwd'r 't'wyz

ırq ymä ančulayu oq ol(.)äv eṭsär oṭ mandal qılsa büṭär(.)ätöz

K36 36 wycwn 'z' 'v 'wycwn 'z' ''lqw ''sylwr 'yr'q p'rz' ywl ywryz' ''syq pwlwr

üčün ä（r）ṣä äv üčün ä（r）sä alqu ašılur(.)ıraq barsa yol yorısa asıɣ bolur

K37 37 'yr'qt'qy kysy p'd k'lyr n'kym 'ys qylz' pwyd'r skyz ykrmync qwrwq swykw[ ]

ıraqtaqı kiši baṭ kälir näkim iš qılsa büṭär（.）s（ä）kiz y（e）g（i）rminč quruɣ sögü[t]

K26 26 如果邪恶的人试图阴谋伤害他，将会无能伤害他。[ ]

K27 27 是因为天神会保佑他。在家里财产会增多。如果出门，就会

K28 28 得到财产。如果生病，很快会恢复。他说的话受伯克的尊敬。所做

K29 29 的事情会成功。如果念经，行善，崇拜天神，就会得

K30 30 到好运。如果占到第十六：海螺占卜，它的声音被许多动物听到。

K31 31 此占卜的预兆是：占到这个占卜的人在他的

K32 32 晚年会得到好运。为了自身要行善。如果出门，将会得到好运。

K33 33 如果留在家里，将会得到更好的日子。占到此占卜的事情都会成功。

K34 34 第十七：金刚，如果占到金刚，所有的愿望都会实现。此占卜

K35 35 的征兆是：如果盖房，坛场（曼荼罗）铺火，都会成功。自身和房子

K36 36 的征兆是：一切都会改善。如果出门远行，就会得到利润。在远方

K37 37 的人不久会回来，所做的任何事情都会成功。第十八：枯树是凶，

K38 38 qwrwq swykwd pycynt' k'ls'r y'vyz 'wl qwp 'ysy pwydm'z 'wlwq y'ky'pyswr

quruɣ sögüṭ bičintä（?）kälsär yavız ol（.）qop iši büṭmäz uluɣ yäk yapıšur（.）

K39 39 t'sdyn 'wns'r 'yr'q p'rz'r swyzk' kyrwr 'vt' twrz' 'yklyk pwlwr 'yklyk

tašṭın önsär ıraq barsa sözgä kirür（.）ävtä tursa iglig bolur（.）iglig

K40 40 'yrql'z' 'ws'q pwywr s'tyqq' p'rz' kysy q'cz' t'v'r ywq pwlz' n'm' t'pm[ ]

ırqlasa uẓaq bo（l）ur（.）satıɣqa barsa kiši qačṣa tavar yoq bolṣa nämä tapm[az .]

K41 41 n'kwm' pwydm'z twqwz ykrmync tnkryl'r 'ylykynk' k'ls'r 'dkw 'wl kym

nägümä büṭmäz . toquz y（e）g（i）rminč t（ä）ngrilär eligingä kälsär ädgü ol（.）kim

K42 42 q'yw kysy swykwd tyks'r 'wl swykwdt' yydy twyrlwk twys yymyst'k pw

qayu kiši sögüṭ tiksär ol sögüṭṭä yeṭi türlüg tüš yimištäg bo

K43 43 'yrq pw 'yrq ym' ''ncwl'yw 'wq 'wl 'v 'ycynd' yylqy q'r' 'd t'v'r 'wykly

ırq (.) bo ırq ymä ančulayu oq ol (.) äv ičinṭä yılqı qara äd tavar ükli–

K44 44 wr t'sdyn 'wyns'r s'vynclyk pwlwr 'vt' twrz' qwd puy'n ''sylwr ywl

(y) ür taštın ünsär sävinčlig bolur (.) ävtä tursa quṭ buyan ašılur yol

K45 45 [ ]wryz' ''syq pwlwr 'yklyk 'z' p'd 'wnkwlwr ''lqw 'ys kwnkwlc' pwyd'r

[y]orısa asıɣ bolur (.) iglig ä (r) sä baṭ ongulur (.) alqu iš köngülčä büṭär

K46 46 ykrmync tysy p'lyqq' k'ls'r 'dkw 'wl pw kysy pwrwnd' 'twz 'mk'n

y (e) g (i) rminč tiši balıqqa kälsär ädgü ol (.) bo kiši burunda ätöz ämgän–

K47 47 mys ''mdym' 'mk'nyp swynk ywryyw 'dkwk' t'k'r ''ndyn kyn m'nkylyk pwlwr

miš amṭima ämgänip song yorıyo ädgükä tägär (.) andın kin mängilig bolur

K48 48 n'yv'zykyl'r kwys'dwr 'yklyk 'z' 'wnk'dwr t'v'r ywq pwls'r kynyn

naivazikilar küẓäṭur (.) iglig ä (r) sä öngädür (.) tavar yoq bolsar kenin

K38 38 如果占到猴在枯树上是凶，所有的事情都不会成功，强大的夜叉会

K39 39 牵缠。如果出门远行，就会遭到谴责，如果留在家里，就

会生病，

K40 $_{40}$ 如果生病，康复会很漫长。如果买卖，奴隶逃跑，失去财产，都不

K41 $_{41}$ 会取回，都不会成功。第十九：天国是吉祥。如果谁要

K42 $_{42}$ 植树，这占卜就像这棵树上的七种果实。

K43 $_{43}$ 这个占卜的预兆是：在家里畜生、财产会

K44 $_{44}$ 增多。如果出门，就会有欢乐。如留在家里，幸运会增加。如果行

K45 $_{45}$ 路，就会获得利润。如果生病，不久会康复。万事如意。

K46 $_{46}$ 第二十：母鱼占卜是吉祥。占到此占卜的人曾经身体生病；

K47 $_{47}$ 现在仍然在痛苦，但不久会康复，尔后快乐。

K48 $_{48}$ 善良的灵魂会保佑他。如果生病，就会康复。如果失去财产，就会

K49 $_{49}$ t’pyswr ’’dyn nkw ’ysk’ ’yrql’z’ ’wz pwyd’r pyr ’wtwzwnc kwyclwk

tapıšur (.) adın nägü iškä ırqlasa uz büṭär (.) bir otuzunč (.) küčlüg

K50 $_{50}$ ’rk’ k’lz’ y’vyz ’wl ywz twyrlwk ’ysy pwydm’z t’sdyn ’wynz’ ywl ywr[ ]

ärgä kälsä yavız ol (.) yüz türlüg iši büṭmäz (.) tašṭın ünsä yol yor[ısa]

K51 $_{51}$ kwycyn p’rz’ ’wylwq swyzk’ kyryr kyryr k’kyn ’’lz’ t’pyndwrm’z’yklyk ’z’ ’ws’q

küčin bersä uluɣ sözgä kirir (.) kälin alsa tapındurmaz (.) iglig ä (r) sä uẓaq

K52 $_{52}$ pwlwr nkw kym ’ysy pwydm’z qwr pwlwr y’vyz ’yrq ’wl .

’yky ’wtwzwnc

bolur (.) nägü kim iši büṭmäz (.) qor bolur (.) yavız ırq ol .

iki otuzunč (.)

K53 53 m’ncwsyry pwdystv –nynk ’’vysk’nd’ qylyncynk’ k’ls’r ’dkw ’wl tydy[ ]

mančǔsiri bodis（a）t（a）vnıng ayaskanda qılınčınga kälsär ädgü ol (.) teṭi[k]

K54 54 pylk’ kysy ’z’ ’wlwq pwy’n qylmys k’r’k t’qy ’dkw pwlwr ’yklyk

bilgä kiši ä (r) sä uluɣ buyan qılmıš käräk taqı ädgü bolur (.) iglig ä（r）sä

K55 55 p’t [ ]lwr ’yr’q p’rz’ ’’syqlyq y’n’r ’vt’ky kysy ’wz pwlwr kwnkwl

baṭ [ongu]lur ıraq barsa asıɣlıɣ yanar (.) ävtäki kiši uz bolur (.) köngül–

K56 56 t’ky ’’lqw s’qynmys s’qyncy p’rc’ kwnkwlc’ ’wz [ ]

täki alqu saqınmıš saqınčı barča köngülčä uz [bütär .]

K57 57 ’yrq twyk’dy .

ırq tükädi .

U 5959（T. I 604）正面

K58 01 y’qmwr y’qydqwq’ kwrs’r ’dkw

yaɣmur yaɣıdɣuɣa körsär ädgü (.)

K59 02 qwdwq q’ss’r pwl’q ’wyk’n q’ss’r

quduɣ qaẓsar bulaq ögän qaẓsar

K60 03 ’dkw pw ’yrq twyz ’wl ∷

ädgü (.) bo ırq tüz ol ∷

K61 04 swqwn ’yt qwlq’qynk’ k’ls’r yyr

suɣun it qulqaqınga kälsär yer

K62 05 swv ’yk’syndyn pwlwr . yylqy
suv igäsindin bolur . yılqı

K49 49 取回。占到这个占卜的任何事情都会成功。第二十一：强壮的男人
K50 50 占卜：是凶。百事不成。如果出门行路，付出力气，会遭到重大的
K51 51 指责。如果娶一个儿媳，这个儿媳就不会尊重他。如果生病，那么
K52 52 恢复期会很漫长。任何事情都不会成功，会有损失。这个占卜是凶。
K53 53 第二十二：文殊师利佛的开导（菩萨地），是吉祥。如果是一个明智、
K54 54 聪明的人，那么要履行伟大的功德。这样会更好。如果生病，即将
K55 55 会康复。如果去往远处，收回利润。家里的人会很灵巧。心里的
K56 56 所有愿望都会被满足，而都会成真。
K57 57 占卜结束。
U 5959（T. I 604）
K58 01 如果占到下雨占卜是吉祥。
K59 02 如果要打井，挖泉或沟渠是吉祥。
K60 03 此占卜是确实的。如果占到
K61 04 马拉赤鹿和狗耳朵占卜，就
K62 05 会成为地主。如果占到众多

K63 06 q’r’ t’k’r’ kwyrs’r ym’n [ ]
qara tägärä körsär y（a）man [ ]

K64 $_{07}$　[　　] . ywl t’k’r’ kwyrs’r

[　ol] . yol tägärä körsär

K65 $_{08}$　pwlwr . pw ym’ ”nd’q ’yrq ’wl .

bolur . bo ymä andaɣ ırq ol .

K66 $_{09}$　kwk lwwq’ k’ls’r ”lqwtyn synk[　]

kök luuɣa kälsär alqutın sıng[ar]

K67 $_{10}$　’dkw ”tynk y’dylyp twr[　]

ädgü aṭıng yadılıp tur[ur .]

K68 $_{11}$　’ylk’ q’nq’ p’kk’ [　]

elkä hanqa bägkä [ešikä]

K69 $_{12}$　q’dwnq’ k’ls’r ’wqwlswz ’rs’r

haṭunɣa kälsär oɣulsuz ärsär o[ɣulı]

K70 $_{13}$　pwlwr . qwrwq q’y’ t’ swv ”q[　]

bolur . quruɣ qayata suv aq[ar .]

K71 $_{14}$　”n’synk’ ’wqwlynkk’ ym’ ’dkw

anasınga oɣulınga ymä ädgü (.)

K72 $_{15}$　t ’v’r t’k’r’ kwrs’r ”nk’ m’

tavar tägärä körsär angama

K73 $_{16}$　’dkw t’v’r t’p’r ’dkw

ädgü tavar tapar (.) ädgü (.)

K74 $_{17}$　tyd swykwdk’ k’ls’r tyny

tıṭ sögüṭkä kälsär tini

K75 $_{18}$　’wswn ”qryq ywq . ’r tysy

uẓun aɣrıɣ yoq . är tiši

K76 $_{19}$　’ ykykwk’ ywmqy ’dkw

ikigugä yomqı ädgü .

K77 $_{20}$　pwl’qq’ k’ls’r ”qryq t’k’r’

bulaqqa kälsär aɣrıɣ tägärä

K63 06 畜生占卜是凶。[ ]
K64 07 [ ]如果占到行路占卜，
K65 08 那么就会实现。这就是如此的
K66 09 占卜。如果占到青龙占卜，
K67 10 那么该人的好名是广为流传。
K68 11 对国王、王子和王后[ ]
K69 12 占到王后占卜的人，如果是
K70 13 无儿无女，就会得到子女。在
K71 14 干燥的山崖里将会流水。对于
K72 15 母亲和孩子都吉祥。如果占到
K73 16 财富占卜，就会得到财富，
K74 17 是吉祥。如果占到落叶松
K75 18 占卜，将会得到长寿而健康的
K76 19 生活。对于男人和女人都吉祥。
K77 20 如果占到泉占卜，并且要

K78 21 körsär yer suv igäsindin
kwyrs'r yyr swv 'yk'syndyn
K79 22 tılṭaɤ ol . aɤrıɤın baẓun (.) yaman (.)
tyld'q 'wl . ''qryq yn p'swn y'm'n

K78 21 寻求疾病的预兆，这个（疾病）是
K79 22 土地神和水神引起的，在缠绕疼痛的部位。这个占卜是凶。

第二节　回鹘文历法和占卜文献词句注释

2.2.1 A：回鹘文道教占卜文献《易经》残片注释

A003 qaıtsı意为“面庞、面色、表面”，Semih Tezcan（1996：336）将原文中的q’ytsy读作“qïrtïšï”，并认为TT I，3和ETŞ，282（3）对该词的读音和所做的词源解释不正确。“qaitsï”似为汉语“咳子”之音译。关于该词详解参见TT I，3注释3。

A007- A008 asra atıng yegäṭting kičig atıng bädütüng，意为“你曾在下而现有了改善；你曾小而现成为伟大”。UWb，235a将该句原文中的”tynk读作ärting，并译该句为：du warst ein Gemeiner und bist hochgekommen；du warst klein und bist groß geworden（你曾经是个平凡的人而成为了高人；你曾经是个小人而成为了大人）。从上下文看，该词应读作atıng。

A009-1 bayıng čuɣung yuluntı，意为“你的束缚和包裹被解除”。EDPT，931b将该句中的yuluntı读作“yulundı”。yulun-这词表示“去掉、揭开、脱掉”等之意。该句中的baɣ 表示“束带、带子、条带”（EDPT，310b）之意，čuɣ表示“包裹、袋子、钱包”（EDPT，405a）之意。

A009-2 tägürmiš（？），意为“传达、送去”。ETŞ，282（7）将原文中的残损部分t[　　]填补为tamgang“印章”。而TT I，9认为t[　　]空缺部分的是一个以八个字母组成的词“t///////”，按照这个假设空缺部分应填补的词很可能是t[ägürmiš]。

A010 urı，意为“男性、男孩”，TT I，10将原文中的’wry 读作ür。I，4，II，7（20），Chuas.（116-17），Mal.（26-2，48-9），Uyg. IX，U II（20-20，29-16），Suv.（597-23），TT VII，28（18），H II，18（65），DLT（I. 88，251-9），QB，3832都收有urı这一词，并DLT将该词解释为“男孩”。关于该词详解参见EDPT，197a。

A011 könäk yasɣač bašɣardı，TT I，11将这一句子中的所有单词作词义不明处理。ETŞ，283（9）将此句子译作 kova，tahta değişti（木桶和木板变换了）。该句子中的动词bašɣar是由名词baš后缀接构词词缀 –ɣar构成的派生动词，原意为“开始、指导、引领”。与现代维吾尔语中的动词bašqur（管理、领导）之意很相似。但它在该句子中之意很可能是“完成、成功的引领”。其中第一个名词könäk的原意为“木桶、水桶”，而它在该句中意为“宝瓶、水瓶”（黄道十二宫的星座之一名称）。IrkB，57，DLT I.，392，QB，141中都收有这一词。其中第二个名词yasɣač原意为“木盆”，而该句中应意为“双鱼座”（黄道十二宫的星座之一名称）。yasɣač是一个由两个偏正关系的名词组合构成的复合名词，原型以yası ıɣač（平木板）的形式见于DLT III，38中。关于该词详解参见 EDPT，975a。

A013 tušušmaq atl（ı）ɣ ırq，意为“相遇之卦”，该词是道教易经第四十四卦姤（天风姤）卦在回鹘文中的对应名称。tušušmaq是动词词干tuš–后缀接不定名动词词缀 –uš再缀接构形名动词词缀 –maq而构成的构形名动词。关于该词详解参见 EDPT，558a。

A019 saqınčɣuluq，原意为“思考、思索”，而它的变意为“焦虑、忧虑”。TT I，19和ETŞ，284（15）的读音分别为saqïɣuluɣ，sakıngulug。此词是一个形动词，它是由动词词干saqın– 后缀接 –ič再加 –ɣuluq而构成的。关于该词详解参见EDPT，374a。

A020 busanɣuluq，意为“忧愁”。TT I，20和ETŞ，284（15）将该词的读音分别为bošnɣuluɣ，buşungulug。该词是一个形动词，它是由动词词干busan– 缀接 –ɣuluq而构成的。关于该词详解参见EDPT，812a。

A024 eš，原意为“伴侣、同伴”，扩展意为“配偶、夫或妻。TT I 24和ETŞ 284，（18）都将原文中的’ys读作iš，并iš译作“事情”。T 7，I X.21，TT VIII B.4，TT VII（40，83–5），TT IV，6，21，PP，53（4–5），DLT I.（47，458，13），QB（49，75，500，1694，2254，3784）中都收有eš这一词，并DLT将解释该词为“伴侣、同伴”。关于该词详解参见EDPT，254a。

A025-1 ärklig han，原意为“强大的国王”，而此处应意为“阎王”。TT I，25将该词作词义不明处理。ETŞ，285（19）将这词译作“Kudretli hukümdar”（强大的国王）。ärklig han是印度九宫星相体系中的第七宫的梵语名称Yama（阎王）在回鹘文中的对应名称。该词表示的概念很可能在佛教环境中编摹而成的。关于该词详解参见EDPT，224a。

A025-2 arqulayu，意为“十字交叉似的”，TT I，25将该词作词义不明处理。EDPT，200b将此词读作arjulayu，并把它误译为“jackals”（豺狼），EDPT，200b将DLT 中出现的两个句子作为依据：kiši arjulayu turdı “the people crowded round it，as jackals crowd round a man to eat”（人们就像围着吃人的豺狼一样包围了它）DLT I. 127，20和 arju：layu：er avar “the crowd of men round him were like jackals，because if they find a man alone they surround him and eat him”（一群人像豺狼一样包围了他，因为，如果他们发现单独的人，他们就会包围他，吃他）DLT III 401，14。从上下文看，arqulayu正确的之意可能为“十字交叉似的”。

A029 beš yäk talašur üč özüt övk（ä）läšür，TT I，29，EDPT，107b和ETŞ，284（21）对该句原文中’wvkl’swr 的读音分别为ökläšür，ökläšür，ökleşür。TT I，29将该句译作Fünf Dämonen bekämpfen sich，Drei Geister schlagen sich（五个恶魔相互争吵，三个灵魂彼此冲突）。EDPT，107b译该句中的短句üč özüt övk（ä）läšür 为three souls take counsel together（三个灵魂彼此商议）。ETŞ，284（21）译该句为beş şeytan kendi aralarında kavga eder，uç ruh birbiri ile didişir（五个魔鬼互相争斗，三个灵魂彼此争吵）。Semih Tezcan（1996）指出他们对原文中’wvkl’swr的转写有误，正确的转写应该为ovk（ä）läšür。他认为TT I，29和ETŞ，284（21）对该句的译作基本上是正确的，但是EDPT，107b对该句中短句的译文有误。关于该词详解参见 Semih Tezcan（1996）。

A031 süü sülämäk atl（ı）ɣ ırq，意为“帅兵之卦”，该词是道教易经第七卦，师卦在回鹘文中的对应名称。süü意为“兵”，对应于汉语“师、兵”。sülämäk是动词词根sülä-缀接构形名动词词缀-mäk而构成的构形名动词，表示行军、帅兵等之意。关于该词详解参见EDPT，825a。

A038 yäk ičgäk，意为“恶魔”，其中yäk来自梵语的yakṣa，ičgäk一词由动词词干ič-缀接构词后缀-gäk构成的表示一种习惯性动作的名词，它一般与yäk搭配在一起，该词与yäk词义相同，也表示恶魔。关于该词详解参见EDPT，910a，24b。

A042 kälän kayak，意为“麒麟”，kälän是汉语“麒麟”之音译。关于该词详解参见TT I，注释42。据中国自由百科全书，麒麟是中国古代汉族神话传说中的传统祥兽，是中国古籍中记载的一种神物，与凤、龟、龙共称为“四灵”，是神的坐骑，古人把麒麟当作仁宠，雄性称麒，雌性称麟。käyik原来是所有的野生动物的通称，后来的变意指具体的野生动物，如野山羊、鹿，等等。关于该词详解参见EDPT，755a。

A043-1 kötlür-，意为“上升、提起”。kötlür-的正确写法是kötrül-，关于该词详解参见EDPT，706b。

A049-1 tuurıqa turušqa barma，意为“你得逃避斗争和冲突”。TT I，49将该句中的tuurıqa turušqa作词义不明处理。其中tuurı原意为“苦、酸”，它在该句中的词义为“冲突、争吵”，其中第二个词turuš通常表示“站起来，起立”等之意，但该句中表示“斗争、冲突”之意。它是由动词词干tur-后缀接 -uš构成的。关于该词详解参见EDPT，531b，554a。

A049-2 iging aɣrıɣıng ačıdı，意为“你的疾病恶化了”。该句中的动词ačı- 原意为“苦、酸”，该句中的词意为“发酸、恶化”。ETŞ，289（39）将原文中的”cydy读作öčdi，并译这句为 Hastalığın ağrın dindi（你的疾病平息了）。EDPT，20b和UWb，3都读该词为ačıdı，且UWb，3指出也有读作öčdi 或ačıṭ<t>ı的可能性。上下文看，该词应读作ačıdı。该句中的名词ig和aɣrıɣ都是表示疾病之意的对偶词。TT I，11，220，221，中都收有“ig aɣrıɣ”这对偶词。关于该词详解参见EDPT，98b。

A050 ädıng t（a）varıng yevildi，意为“你的财富已达到顶峰”。TT I，50，EDPT，982a 和ETŞ，289（3）9对该句中的动词yevildi读音分别为yayïldï，yayıldı，yuvuldı并分别译该句为“Deine habe wurde zerstreut”

（你的财物被分散），“your property has been upset”（你的财富被消散），“malın mülkün toplandı”（你的财产被集聚了）。根据上下文，该句动词应为yevil-。关于该词详解参见EDPT，877b。该句中名词äd t（a）var是对偶词，表示“财产、财物”等之意。关于该词详解参见EDPT，33b。

A051 quṭu，意为“一群”，在QB，2710，4400，4456中都收有qutu一词。关于该词详解参见EDPT，596b。

A054 qoramaq atl（ı）ɣ ırq，意为“减损之卦，该词组是道教易经第41卦损卦在回鹘文中的对应名称。该词组中的qoramaq是动词词根qora-缀接构形名动词词缀-maq而构成的构形名动词，表示减损、损省等之意。关于该词详解参见EDPT，645b。

A065 örki kišilärkä ıčanɣıl，意为“你要信赖达官贵人”。Gerhard Ehlers（1983）将该句原文中的 'wyrky 误读为öngi（外人）。他认为原文中的字母r和n是斜体形式写成的，这容易引起误读，因此前人误读该词为örki。从上下文看，该词应读为örki。

A069 arqa bermäk atl（ı）ɣ ırq，意为“翻身之卦”，TT I，69将该词组原文中的 ''rqa误读为qatqa，并作词义不明处理。arqa bermäk是道教《易经》六十四卦中的第四十二卦益卦在回鹘文中的对应名称。该词组中的动名词bermäk是动词词根ber-缀接构形名动词词缀-mäk而构成的构形名动词，表示“给予”。关于该词详解参见EDPT，354b。

A075 yangqu，意为“回声”，在TT I，75，EDPT，918b和ETŞ，290（56）中的读音分别yangaru，yaŋaru，yangaru。BT III，261指出yangaru（诽谤”）是yangɣu的误读，上下文看，该词应读为yangɣu。

A087 sävinmäk at[lıɣ irq，意为“欢喜之卦”，是道教《易经》六十四卦中的第十六卦豫卦在回鹘文中的对应名称。该词组中的sävinmäk是动词词根sävin-缀接构形名动词词缀-mäk而构成的构形名动词，表示欢喜、快乐等之意。关于该词详解EDPT，790b。

A088 sävinč özin sanga kälti，意为“快乐自身到来”，TT I，88和ETŞ，292（65）对该句原文空缺部分的填补分别为ögrünč sanga，ögrünč sanĝa。他们都认为sävinč后面的词是ögrünč。而Semih Tezcan（1996）指出他们的填补有误，空缺部分应填补为özin sanga，在所有的文献中ögrünč sävinč的搭配形式不出现，而见于sävinč ögrünč搭配形式。他也指出，在TT I，116中出现的atayu qut qıv ozin kälti这句子类似于sävinč özin sanga kälti。根据上下文，这一填补很可能是正确的。

A095 yangqusı：意为“回声、回响”，TT I，95将原文中的y’nkqwsy误读为yanguruši̇。DLT III ，379，TTS（I 779，II 993）中都收有yangqu一词。关于该词详解参见EDPT，949b。

A096-1 bayumaq，意为“致富”，TT I，96将原文中的p’ywm’q误读为bar t（a）maq。Semih Tezcan（1996：338）指出这词应读为bayumaq。从上下文来看这读法是正确的。Bayumaq是由动词词干bayu-后缀接-maq而构成的动名词，DLT（III 274，406-9），QB（256，291，737，1423，5523）中都收有bayu- 一词。关于该词详解参见EDPT，384b。

A096-2 taryarsar，意为“如果要克制住”，TT I，96和ETŞ，292（70）的读音分别为tarqrsar，tarkasar。Semih Tezcan（1996）认为正确的读音是tarqarsar。该词是由动词词干taryar-后缀接-sar 而构成的条件式动词。关于该词详解参见EDPT，541a。

A097 adang，意为“你的危险”，TT I，97和ETŞ 292（71）中的读音分别为äding，eding，并译作“你的财产”。Semih Tezcan（1996）指出，从上下文看该词最适当的读音为adang。

A099 yungla-，意为“使用、利用”，来自汉语“用”（yong）。该词是由名词词干yong缀接构词词缀-la构成的派生动词。关于该词详解参见EDPT，951b。

A105 söki，意为“先前的”，söki是词根sö“先前的”缀接-ki后缀构成的派生词。关于该词详解参见EDPT，819a。

A106 qong yutsı，是汉语“孔夫子”（kǒng fū zǐ）之音译。TT I，106，ETŞ，290，75，EDPT，120b都误读该词为song yutsı。该词中的“夫子”有多重含义，在《论语》一书中指儒家代表人物孔子，它是中国古时对男人、学者或有文化的老师的尊称，在此处可能指的是有学问的道教高僧或学者。

A109 yörüntäg，意为“补救措施、计策”，该词常与äm“治疗”搭配在一起，并缀接夺格词尾-täg，但该词词源不明。关于该词详解参见EDPT，155a，971a。

A120 özüngčä，意为“如你意愿”，TT I，120和ETŞ，294（85）中的读音分别为 ögüngčä，ögüngçä。Özüngčä，该词由反身代词词干öz-后缀接领属性人称词尾，再缀接-çä构成。关于该词详解参见EDPT，278a。

A126 la，是汉语“骡”之音译，TT I 注释126将该词作词义不明处理，并以为该词可能为汉语“骡”之音译。

A135 b（ä）rä，意为“里”，该词很可能是来自吐火罗语，在吐火罗语A和B中的平行词分别为pärra，prere（参见EDPT，355b）。TT I，135和ETŞ，294（85）都将原文中的pr’误读为ban，并认为这词是汉语借词“萬”之音译。Semih Tezcan（1996：340）将该词读作brä，并指出TT I，135原文中出现的brä与Hüen-ts，329m中出现的bärä的书写都相同。

A150-A151 ašnuqıča，意为“先前的、以前的”，TT I，150-51，EDPT，264b和ETŞ，298（103）中的读音分别为ašnuqïna，ašnuqına，aşnukına。UWb，128（关键词：amıtıkan）中最初读该词为ašnukyan，后来在1981—1982年再版的修改本UWb，298中纠正以前的转写，读该词为ašnuqıča。

A151 amtıqıča，意为“现在”，TT I，151和ETŞ，298（104）中的读音分别为ämtï-qïna，amtıkına。UWb，128（关键词：amıtıkan）中最初读该词为amıtıkan，后来在1981—1982年再版的修改本UWb，298中纠正以前的转写，读该词为amtıqıča。

A152 törüng，意为“有规矩的、谦虚的”，Semih Tezcan（1996）读该词为törü[lü]g。该词是由名词词根törü（法律）缀加构词词缀-üng构成的派生形容词。关于该词详解参见EDPT，531b。

A169 ešitin，意为“从伴侣”，TT I，169和ETŞ，298（113）中的读音

分别为iši -tin，işitin，并译作为“Fürstin”（公主），“işi”（事情）。eš这词表示配偶、伴侣等之意。关于该词详解参见EDPT，253b。

A195 ming bräčä，意为“一千里左右”，TT VII，30（7）和ETŞ，300（126）中的读音分别为ming banča，ming ban-ça。其中ming是基数词，意为“一千”。该词在古代维吾尔文献中ming和bing两种形式出现，关于该词详解参见EDPT，346b。bräčä是由词根bärä缀加后缀-ča而构成的约数词。

A238 ötüg，意为“请求”，TT I，221和ETŞ，304，（148）都将原文中的 'wytwk 读作itüg。

A241 uluɣ münükmäk，意为“大超过”，该名称对应于易经第28卦大过卦。大过卦象征为过甚，含有过失的意思。该词组中的münükmäk由动词词干münük- 缀接构形名动词词缀-mäk而构成的构形名动词，表示超限、过度等之意。关于该词详解参见EDPT，69a。

2.2.2 B：回鹘文佛教占卜文献：《护身符》注释

B004 äsänč，意为“安稳”，BT XXIII，185（U 3834，04）将原文中的'ys'nc读作isinä，但并没有做任何词源解释。该词很可能是äsän的变体。关于该词详解参见EDPT，248a。

B035 tiltaɣ，意为“诬告”。TT VII，27（3）将该词读作til tar，该词的正确读音为tiltaɣ。参见EDPT，494a。

B038 čin čaq，其中čin词义不明，čaq表示“打碎、破碎”等之意。参见EDPT，405b）。该词组很可能表示某一种护身符的名称。

B072 ad m（a）ngal，意为“名声与幸运”，其中m（a）ngal来自梵语的mangala（幸福、幸运）。ad m（a）ngal与梵语rakšand mangala（名声与幸运）相对应。参见DTC，337a。

B074 umay，意为“胎盘”，该词也指古代维吾尔女神“乌弥”。关于该词详解参见EDPT，164b。

B077 čuža，意为“朱砂”，很可能来自汉语“朱砂”（tʂyă–ʂaː）。朱砂又称辰砂、丹砂、赤丹、汞沙，是硫化汞的天然矿石，大红色，有金刚光泽至金属光泽，属三方晶系。古时称作“丹”。东汉之后，为寻求长生不老药而兴起的炼丹术，使中国人逐渐开始运用化学方法生产朱砂。

B104 ısak，该词词意不明，是一个算命字母名称，很可能来自汉语。

B107 irtsi，该词词意不明，是一个算命字母名称，很可能来自汉语。

B109–B110 ırtay，该词词意不明，是一个算命字母名称，很可能来自汉语。

B112– B113 ıruru，该词词意不明，是一个算命字母名称，很可能来自汉语。

B115 ırwang，该词词意不明，是一个算命字母名称，很可能来自汉语。

B118– B119 tört uluɣ，意为“四神”，很可能指的是中国古代汉族神话中的四方之神灵，四神又称四象，即青龙、白虎、朱雀和玄武，是汉族人民所喜爱的吉祥物。

B127 süskün oɣurqası，意为“脊骨”，其中süskün表示“脊柱”，参见EDPT，856a。oɣurqa表示“脊骨”。oɣurqa在现代突厥语族各语言中以omurtqa，omırtqa，onurɣa，omurɣa，onguryа之形式、之意保留，参见EDPT，92b。

B129 aɣılıq bilig，意为“知库”，指佛教寺庙里管理仓库之人，相当于外当家或副寺，其主要任务是管理每日来往的收入，到了晚上便统计，交与库房，参见Soothill，Edward William and Lewis Hodous，1998，275。

B130 lakšan，意为“相”，来自梵语lakṣaṇa（相），是佛教术语，表示“形相或状态”之意。参见 Robert E. Buswell Jr. and Donald S. Lopez Jr.，2014，463。

B132 sınhanata dyan，意为“狮吼观音静虑（禅那）”，来自梵语simhanada dhyāna，是佛教术语。其中sınhanata（狮吼观音）指观音菩萨的化身名称，是为降伏一切龙魔所生的病苦，使三界众生脱离苦海所化现的观音，具有极为威猛的力量，汉译亦名骑吼观音、狮子吼观音。此观音与阿摩提观音一样，都是以狮子为坐骑。dyan“静虑（禅那）”指的一种心思处于极为专注所缘的状态，修行者的意念与思维完全静止的状态，在这种状态中五种感官的活动完全停顿。参见Robert E. Buswell Jr. and Donald S. Lopez Jr.，2014，256，824。

2.2.3 C：回鹘文民间信仰有关占卜文献注释

C005 uzun tonluɣ，原意为“穿着长衣服的人”，而此处指女人。该词最早的回鹘文文献中指的是“僧侣”。参见EDPT，288b。

2.2.4 D：回鹘文《佛说北斗七星延命经》残片注释

D192 pra，意为“身体、容貌”，冯家昇（1987）读该词为ban，并译作“富”。松川节（2004）同样读该词为ban，他以986年刊本于高山寺的《大藏经》写本中记载的有用于表示五色和五行的脚本中出现的“幡子”为依据，认为ban是汉字“幡”之音译。茨默（BT XXIII，145）认为这一论断不合理，他在该词记载的同一文献的蒙古文版本中列出对应于该词的beyetü（身体），推测其应为“身体”；他又指出，该词很可能来源于粟特语pr，所对应的巴利语词为paḍāā，古和田语词为pale，而汉语“幡”字所对应的梵语词为paṭākā。

D206 yeti gr（a）hlar，意为“七颗行星”，其中gr（a）h来自梵语gráha（行星），参见Soothill，Edward William and Lewis Hodous，1998，372）。所谓的七颗行星指的是《佛说北斗七星延命经》中出现的“贪狼星”“巨门星”“禄存星”“文曲星”“廉贞星”“武曲星”“破军星”等。

D207 säkiz otuz nakšadırlar，意为“二十八个星宿”。其中nakšadır来自梵语Nakshatrá（星宿），参见Soothill，Edward William and Lewis Hodous，1998，372。所谓“二十八宿是中国古代天文学家为观测日、月、

五星运行而划分的二十八个星区，用来说明日、月、五星运行所到的位置，并广泛应用于古代的天文、文学及星占、星命、风水、择吉等术数中。二十八宿包括角、亢、氐、房、心、尾、箕、井、鬼、柳、星、张、翼、轸、奎、娄、胃、昂、毕、觜、参、斗、牛、女、虚、危、室、壁。

D207–D208 otuz tümän koltı yultuzlar，意为“三十万亿星辰”，其中koltı来自梵语koṭi（一千万）。参见DTC，311a。

D235 č（a）hšap（a）t ay，意为“闰月”，其中č（a）hšap（a）t来自梵语sikṣapada，该词中介粟特语以čYš’pδ的形式借入回鹘文，最早是摩尼教徒们在翻译文献的过程中与其他佛教术语一起引用在摩尼教经文中，而逐渐成了摩尼教术语，参见EDPT，412b。闰月是一种历法置闰方式，闰月特指中国古代农历每逢闰年增加的一个月，是为了协调回归年与农历年的矛盾，防止农历年月与回归年及四季脱节，每2至3年置1闰。有时，闰月也指公历的闰年中包含闰日的月份。

D242 uluɣ buṣaṭ bačaɣ kün，意为“神圣的大斋日”，其中buṣaṭ来自粟特语β ws’nty（斋日），参见DTC，127b。神圣的大斋日是佛教最隆重的一项佛事历日，在此日一般是大护法居士们来到庙里供斋，请和尚上堂说法、上供等。

D246 yetikän sudur，意为“北斗七星延命经”，其中sudur来自梵语sūtra（经），参见DTC，515a。yetikän sudur（北斗七星延命经）是说明供养此经之功德的经文。此经叙述各时辰所生之人应配何种星符以调吉凶，供养此经得免各种灾祸疾病的方法。

D249 v（a）hšık，意为“天尊”，该词来自粟特语w’xšk，参见DTC，632b。天尊是中国古代文化中的一种神圣的生物。

D267 kušala sıtıbala，意为“吉祥星”，其中kušala来自梵语kusala，参见DTC，322a，sıtıbala来源不明。

D288 tužıt，意为“兜率天宫”，来自梵语tusita，兜率天宫是佛教中的一生补处菩萨的住处，也是弥勒菩萨的处所，是弥勒信仰者的归依处。参见Robert E. Buswell Jr. and Donald S. Lopez Jr.，2014，256，930。

2.2.5 E：回鹘文佛教占星术历法和占卜文献注释

E003 bısamın，意为“毗沙门”，以bi–ša–mon的形式从梵语借入回鹘文，梵语中的对应词为vaisramaṇa，毗沙门是佛教中的四大天王或十二天之一的名称，由于其乐善好施，又被称为财宝天王。参见DTC，103a。

E005 yäk išiki，意为“夜叉门坎”，其中yäk来自梵语yakkh ā（恶魔），夜叉门坎是古印度佛教九宫星相学体系中第一宫的名称。参见DTC，253b。

E021 ičgäk išiki，意为“精灵门坎”，精灵门坎是古印度佛教九宫星相学体系中的第二宫的名称，其所对应的梵语名称为Bhūta。参见Robert E. Buswell Jr. and Donald S. Lopez Jr.，2014，117。

E025 basaman išiki，意为“财神门坎”，其中basaman是汉语bi–ša–mon（毗沙门）之音译，财神门坎是古印度佛教九宫星相学体系中第三宫的名称，其所对应的梵语名称为vaisramaṇa。参见Robert E. Buswell Jr. and Donald S. Lopez Jr.，2014，951。

E030 magıšvarı išiki，意为“大自在门坎”，其中magıšvarı来自梵语mahesvara，大自在门坎是古印度佛教九宫星相学体系中第四宫的名称。参见Robert E. Buswell Jr. and Donald S. Lopez Jr.，2014，94。

E034 äzrua t（ä）ngri išiki，意为“梵天门坎”，其中äzrua来自粟特语'zrw'（梵天），其所对应的梵语名称为brahma，梵天门坎是古印度佛教九宫星相学体系中的第五宫的名称。参见DTC，76a。

E039 vınayakı išiki，意为“善导门坎”，其中vınayakı来自梵语vıñayaka（善导），善导门坎是古印度佛教九宫星相学体系中第六宫的名称。参见DTC，634a。

E044 ärklig han išiki，意为“阎王门坎”，阎王门坎是古印度佛教九宫星相学体系中第七宫的名称，其所对应的梵语名称为y ā ma。参见Robert E. Buswell Jr. and Donald S. Lopez Jr.，2014，1018。

E050 alp süngüš išiki，意为“虎狼门坎”，虎狼门坎是古印度佛教九宫星相学体系中第八宫的名称，其所对应的梵语名称为vyāghra。参见TT

VII，p64，注释，1349。

E054 uz t（ä）ngr išiki，意为“吉祥相门坎”，吉祥相门坎是古印度佛教九宫星相学体系中第九宫的名称，其所对应的梵语名称为lakism ī 。参见DTC，332b。

2.2.6 F：回鹘文十二生肖周期的历法和占卜文献注释

F003 br（a）hsıvaṭı，意为“木星”，来自梵语brhaspati，木星是佛教中的七曜（七个天体）之一。参见DTC，85a。

F004 aram ay，意为“正月”，其中aram来自粟特语r'm，aram ay是古代维吾尔历法中每年第一个月的名称。参见DTC，50b。

F101 beš qutlar，意为“五种元素”，道教学说认为金、木、水、土、火五种元素是世界万物的起源，也即整个世界的起源，道教学说用来五种元素来说明事物的结构关系和运动形式。

F099 šıpqan，意为“十干”，来自汉语ʑiəp–kân，十干是由戊、己、庚、辛、壬、癸、甲、乙、丙、丁等十个符号构成的古代中国干支纪年历法体系的名称。参见DTC，524b。

2.2.7 G：回鹘文医学历法和占卜文献注释

G096 šanda m（a）ndal，来自梵语śănti maṇḍala，现图曼荼罗是一种佛教术语，指绘制成图以传世的两界曼荼罗。参见DTC，520a。

2.2.8 H：回鹘文道教《玉匣记》历法和占卜文献注释

H52 oom suvasṭı sıddham，意为“吉祥！幸福！顶礼上师和至尊文殊”，来自梵语om svasti siddham。

H53 säkiz parqay，意为“八卦”，其中parqay来自汉语pu ǎ t–kwa：j，

参见 Matsui Dai，2012：10。八卦是古代汉民族的基本哲学概念，是古代的阴阳学说，所谓八卦就是八个卦相，由太昊伏羲氏所画。八卦其实是最早的文字，是文字符号。

H56 čomuɣluɣqa aẓu baṭıɣqa，意为“到沉溺处”，其中čomuɣluɣq和baṭıɣ是同义词，都表示“沉溺处”。而aẓu 是一个连词，对应汉语的“或”。参见 Matsui Dai，2012，注释，D5。

2.2.9 I：回鹘文摩尼教历法和占卜文献注释

I17 y（a）ztıgırd，意为“耶斯提泽德”（人名），来自粟特语Yazdagird。耶斯提泽德是从634—642年在位的波斯萨珊王朝的末代国王。参见《黄文弼所获西域文献论集》，第184页。

I29 bun sanı，意为“基本数”，其中bun来自粟特语bwn（基本），参见 EDPT，347a。bun sanı是回鹘文摩尼教历法中表示太阳的基本数，它所对应的粟特语词为bunmaraɣ，参见《黄文弼所获西域文献论集》，第19页。

2.2.10 J：回鹘文星相学历法和占卜文献注释

J071 šögün，意为“上元”，来自汉语ʑiâŋ–ŋjwen。上元是中国古代历法名称之一 。参见 T T VII，p54，注释11。

J073 supraq，词意不明，TT VII注释173 指出该词很可能是topraq的误读。

J234 bırıaya svaha，意为“跋陀耶、娑婆诃”，其中跋陀耶意为“逐心圆满”，svaha（娑婆诃）来自梵语svāhā（吉祥、息灾），是佛教咒语经文中出现的词句，多见于佛教的真言之末。参见：林忠亿，1983年，第112页。

回鹘文历法和占卜文献词汇索引

abiči 牛宿 <<Skt. abhijit
J020，J128
a.+da J026，J027，J039，J040
abira aki 光明的 <<Skt. prabhāka?
D191
abita 阿弥陀 <<Skt. amitābha
burhan D126
ačı- 恶化、发酸
a.-dı A049
ačıɣ1 怒气
a.+ın A083
ačıɣ2 苦、痛苦
a.-（ı）ɣ D118
ačıɣ3 赏赐、恩泽、礼品、
A182
a. ayaɣ C42
ačıl- 被打开
a.-tı A003，A144
ačın- 恩宠
a.-sar A224
ačmaq 打开
F113
ada 危险、恶劣
A030，A060，A190，C26，D009，D011，D020，D028，D039，D050，D060，D070，D080，D091，D181，E009，F130，K02，K23
a. +larta D260
a.+ng A066，A097
a.+qa A245
a.+sı A176，B017，B048，D024，D031，D042，D053，D063，D073，D083，D097，J277，J281
a.+sınga D088
a.+sız D270
a.+tın A020，A183
a. tuda D009，D011，D020，D028，D039，D050，D060，D070，D080，D181，K23
a. tudalar D091
a.+ang tudang A140
adabay ？
A299
adal（ı）ɣ 危险的、恶劣的
A189，A249
adalan遭祸
a.-duru umaɣay D182
adaq 脚
a.+ı G074
a.+ın A216

a.+ta G034

adina 星期五 <Pers. ”dyn’

J312

aditya 日星 <<Skt. āditya

E037，F017，F020，F023，

F027，F030，F035，F040，

F043，F047，F053，F056，

F061，F063，F066，F073，

F076，F080，F095，J207，

J250，J282

a. garh J282

a. garhqa J250

a. grah E037，J207

ad（i）tya 见 adıtya

a. garh J180

adın 不同的、别的

a. adlı H34

a. kiši A235

a. kišilärdin A230

a.+larqa D263

a. nägü iškä K49

adınčıɣ 神圣的、特殊的

D264

adırt 差异

a.+ı A081

adırtla– 区分、区别

a.–ɣuluq A071

adruq 多余的、大量的

a. adruq D118

a.+ın D276

aɣı 财富

a. barım C35

t（ä）ngri a.–sı H18

aɣılıq 宝库

a. bilig B129

aɣır 重、严重

D154，D242，D256，D265，

F189，G054，G076，G098，

H03，K05

a. ayur F189

aɣırla– 加重

a.–sar D122

aɣıyulaɣun ？

J298

aɣız 嘴

A108，H44

a.+ta G021

aɣız̤ 见 aɣız

a.+ı G075

aɣ（ı）z 见 aɣız

C24

aɣrı– 疼

a.–ṭur G069

a.–tur G072，G073

a.–yur G075

aɣ（r）ı– 见 aɣrı–

a.–tur G067

aɣrıɣ 疾病

A011，A016，B070，D154，D275，K75，K77

a.+ın K79

a.+ıng A049

a.+ınga A220

a.+ıntın D156

a.+lar A168

a.+ta A224

a.+tın D277

aɣrıɣlıɣ 疾病

a. qatıntı A203

aɣuluɣ 有毒的

a. qart H58

a. yılanɣa qurt qonguzɣa B066

aɣzan– 说、讲

a.–ıp D262

a.–mıš A147

ahšpn 午夜 <<Sogd. ”hšpn

I47

ahšumšipč 四月 << Sogd. axšūmic

I48

al 方法

a.+ ı A107

al– 取、拿

a.–ɣu B065，B068

a.–ɣučı C02

a.–ıp A125，B094，B094

a.–ır C43，J303

a.–sa K51

a.–sar F239

alın 前额、额头

a. lakšanıntın B130

a.+ta G010

allıɣ 狡猾的

a. čävišlig A026

alp 艰苦的、坚强的

A078，A084，A160，B039，B062，E050，E062，F109

a. süngüš E062

a. süngüš išiki E050

alqamaq 荣幸

a.+qa tüškälirs（ä）n A170

alqat– 赞美

a.–mıš D253

alqın– 耗尽、穷竭

a.–tıng A221

a.–ur A033，D092

alqınč– 穷竭

a.–sız D249

alqu 所有的

B057，B058，D091，D213，D260，D269，D271，H37，J288，K14，K36，K45，K56

a.+nı D272

a.+tın K66

a. türlüg D260，D271

al sarıɣ 浅黄色

J222

alta- 欺骗

a.-yu A026

a.-yur A039

altı 六

F089，J109，J141

a. yangı F040，F049，F052，F073，F077，F081，J149

a. y（a）ngı H29

a. yangıda G022

a. yangıɣa J035，J048，J068，J157

altı otuz 二十六

G035，H16，H25

a. +da G033

altı yegirmi 十六

H31

altı y（e）g（i）rmi 见 altı yegirmi

a. +gä J189

altı y（e）g（i）rminč 第十六

K30

altın 下面

C08，D248

a.+qı A128

a.+ta B035

altınč 第六

D065，D229，D255，E039，E102，F032，F078，G065，H23，I02，I05，I06，I11，I31，I42，I44，I45，I48，I49，I64，I70，I71，I78，I84，I91，J172，J299，J316

altınč ay 六月

D229，D255，F032，F078，H23，I06，I70，J172

altun 黄金

E071，F100，I52，J080

a. etig A197，A200

a. kümüštäg A147

a. küzäč A206

a. lükšän K22

a. qutluɣ D192，J073

a.+uɣ A070

a. uruɣları D268

a. yultuz J032，J045

amavat <<Skt. ?

J308

amita 阿弥陀 <<Chin. amitābha

H59

amraq 喜欢

C06

amšu 祭祀的食物 <<Chin. ?

a.+sı G079

amtı 现在
C15，F224，F236，H35，H53，K08
a.+ma K47
amṭı 见 amtı
E004
amtıqıča 到现在
A152
an 它
a.+ın D212
ana 母亲
a.+sınga K71
anča 由此、于是
a.+ta A086
ančulayu 如此
A051，D153，D266，K09，K31，K35，K43，K14
andaɣ 那样
K65
andın kin 尔后
K47
anga 就是
a.+ma K72
angaraq 火星
F095
a. garh J156
a. grah E042
anggaraq 见 angaraq
a. garh J252
anıng 他的
a.+ta A130
anta 此后
G039
antaɣ 那样
D140
anurat 房宿 <<Skt. anurādhā
J098
anur（a）ṭ 见 anurat
J123
anuraṭ 见 anurat
a. yultuz J201
anut- 准备
a.-ɣıl A109
ap ayaɣlıɣ 贵人
D102
ap ayaɣsız 贱人
D102
apam bir 如果
A215
apanč 八月 <<Sogd. ”b’nc
I83
aq 白色
A159，H25，H26，H27
a. bars äygüsi H26
a. bars bašı H25
a. bars izi H27

a. qıšıng az A159

aq- 流

a.-ar K70

a.-ıp A104

aqtarıl- 流动

a.-ıp A105

aqtur- 使流动

a.-sar F244

arı- 变纯净

a.-p B123

ara 之间、中间

ärin ikin a. G029

kiši a. A160

aram ay 正月

D224，F004，F005，F016，F059，I46，I93，J007，J141，J281

ardir 参宿 <Skt. ā rdrā

J051，J087，J112，

a. yultuz J168

arıɣ 洁净

D254，D261

a. ävtä D158

arıš 神圣的

D261

arpa青稞

G050

arqa 背面

yaruqqa a. A247

a.-sı G074

arqa bermäk atl（ı）ɣ ırq 翻身之卦

A069

arqulayu 十字交叉似地

a. turur A025

arquru 倒反

B073

artat- 使增多

a. -ur A065

artuč sögüt 杜松树

A165

artuhušt 三日 <<Sogd. ”rthwst

a. roč I55

artuq 多余、大量

H40，H43

artuqraq 更多

A193

aš 饭食

A215，G052，G068，G078，H04，H48，H59，J251，J253，J253，J255，J256，J257，J258，J260，J262，J264

a.+ı D008，D019，D027，D038，D049，D059，D069，D079，G054

a.+ları J249

a.+ta G049

aš1- 越过、超越

a.-ayın A047

aš2- 增多

a.-ur H05

ašbini 见 ašvini

J049

ašıl- 增多

a.-ıp D269

a.-mıš D252

a.-sun D251

a.-ur B059, D149, F199, F204, F208, F210, F216, K27, K33, K36, K44

ašleš 柳宿 <<Skt. āśleṣā

J013, J052, J090, J115

a. yultuz

J208, J269

ašnuqan 早先、首先

a A172

ašnuqı 以前、早先

A189

ašnuqıča 以前的、早先的

A150

ašvini 娄宿 <<Skt. aśvınī

J082, J135

asıɣ 收益

A113, C39, C40, F124, F139, F162, K36, K45

a.+ıng A058

a. tusu A113

asıɣlıɣ 有益的

A061, C17, H41, K55

a. tusuluɣ C17

asra 低

a. atıng A007

asur- 打喷嚏

a.-sar F155, F158, F159, F162, F164, F165, F167, F169, F171, F173, F175, F177, F179, F181, F183, F185, F187, F189, F191, F193, F194, F196, F199, F202, F204, F205, F207, F209, F210, F213, F215, F216, F219, F223

at1 名誉、名称

a.+ı D148

a.+ı küsi D148

a.+ın B120, G060

a.+ıng A007, A008, A043, A116, A117, A118, A146

a.+ıng küng A043, A146

a.+qa B045, C11, J291

a. yol B059

aṭ1 见 at1

a.+ıng K67

a.+lı H34
a. m（a）ngal B072，H52
a. yol A213
at2 马
a.+larıɣ A125
a.+qa kälsär K24
aṭ2 见 at2
yaltraq a. J323
at- 射出、投出
a.-qalır A162
ata- 称呼、叫
a.-yu A116
atıš 诅咒
B047
atl（ı）ɣ 称为、叫
a. kündä H47
a. uzık B102
a. yäkig G051
a. yüüzlüg D100
arqabirmäk a. ırq A069
ayıɣ a. E008
enč kälmäk a. ırq A132
ırtay a. uzık B110
ıruriu a. uzık B113
ırwang a. uzık B116
ısak a. uzık B104
igitmäk a. ırq A222
irtsi a. uzık B107
kičig igitmäk a. ırq A157
kiši birikmäk a. ırq A192
kumunsı a. yultuz D015
kün yaruqı a. ırq A174
limčin a. yultuz D055
luusun a. yultuz D034
pakunsı a. yulduzqa J286
pukunsı a. yultuz D075
qoramaq a. ırq A054
sävinmäk a. ırq A087
süü sülämäk a. ırq A031
tamlang a. yultuz D004
taɣ a. ırq A044
t（ä）ngri oɣrısı a. kün H36
t（ä）ngri ordusı a. kün H41
tärıng quduɣ a. ırqA102
tušušmaq a. ırq A013
uluɣ münükmäk a. ırq A241
utru kälmäk a. ırqA11
vukuu a. yultuz D065
vunkyu a. yultuz D045
yuu šing a. yäkkä H49
ay1 月亮
a. A027，A040，A193，I29，I55，I57
a.+li A093
a. t（ä）ngri A040，A193，I23，I55

a. t（ä）ngrining I29，I57
ay2 月
A127，D224，D225，D226，D227，D228，D229，D230，D231，D232，D233，D234，D235，D241，D256，F001，F004，F005，F009，F011，F014，F016，F018，F021，F025，F028，F032，F036，F041，F046，F050，F054，F059，F062，F065，F069，F074，F078，F083，G045，G061，G093，G094，H23，H23，H32，H32，H54，H55，I01，I04，I06，I08，I23，I34，I43，I46，I48，I60，I64，I67，I70，I74，I77，I80，I83，I86，I90，I93，J007，J141，J145，J152，J159，J164，J172，J177，J184，J191，J197，J204，J211，J268，J278，J281，J301
a.+ınga A086
a.+lar H10
a.+larta F226，F228，F230，F231
a.+ta D206
ay- 说、讲
a.-alım F225，F237
a.-u C15，D223，E005
a.-ur A014，A032，A070，F189
aya 手掌
a.+sınta B040
a.+ta G025
aya- 尊重
a.-ɣıl A066
a.-sar D122，D180
ayaɣ 荣誉
a. čiltäg A114，
ačıɣ a. C43
asıɣıng a.+ıng A059
ayaɣlıɣ 有名望的
D102，J289
ayaɣsız 下贱的
D102
ayaskanda 开导 <<Skt. ayaskāṇḍa
K53
ayıɣ 坏、糟糕
a. atl（ı）ɣ E008
a.+lı A081
a. saqınčlıɣlar H20
a. saqınɣučılar A141
ayıq 奠
yaɣıš a. bermäyükkä G071
ayšani 东北 <<Skt. aiśānī
J235

az 少、缺

a. išläyür G052

aq qıšıng a. A159

bütmäki a. A083

az- 迷失

oɣul qız a.-maɣu B036

yol a.-sar A033

azu 或者

D107, D129, G058, H56

a.+ča B077

ažun 世界 <<Sogd. ” žwn

a.+lar D278

a.+ta D114

a.+taqı D210

äd 财富、财产

ä. yol tilämäktä A213

ä. tavar A010, A074, A099, D167, D293, F183, H19, H36, H43, J277, K27, K43

ä.+i tavarı H45

ä.+ing tavarıng A050, A059

ädgü 好、善

F181, K58, K60, K71

ä. aṭıng K67

ä. bolur B073, H21, K54

ä. bolmaz E007

ä.+kä K47

ä. kälgäy A030, A066

ä. kiši F128

ä. kišilär A028

ä. kišilärkä H19

ä. körür K32

ä. lalarıɣ A126

ä.+lük K29

ä.+ng A098

ä. ol K25, B003, B022, E027, E031, E036, E052, K22, K25, K41, K46, K53

ä. ögli J290

ä. öglisi F125

ä. qılınč A030, A068, A111, A229, D113, D280

ä. qılınčlıɣ iš A053

ä. qılınčlıɣ išlärkä A079

ä. sav F156, F197

ä. yavızların E004

ä. yavız käzigi E013

ä. yultuzɣa C03

angama ä. K73

arṭuq ä. H43

ikigugä yomqı ä. K76

iš bütüdi ä. A140

sav äšidüti ä. A139

savı ä. J289

tavar tapar ä. K73

ädgülüg 吉祥的

ä. savım（ı）znı D220

ä. yolung A160

ädik- 兴盛、繁荣

ä.–di A147

ä.–mägäy A107

ä.–mäz A076

ädiräm 见 ärdäm

alqu ä.+gä J288

ädlig 富裕的

ä. sanlıɣ A084

ädrämlig 有道德的

A065

ägir- 包围

ä.–di A017

ä.–sär B058

ä.–ür A038

ägirt- 纠缠

ä.–ip D155

ägri 不正当的、邪恶的

ä. yorıq A110

ägsü- 欠缺、不足

ä.–di A059

ägsüt- 减少、减损

ä.–mä A230

äkä 姐姐

ä. baldız H57

ä.+ng yängäng A155

älig 手 älig elig

ä.+ingdä A127，A129

ä.+tä G023

äm 补救、治愈

ä.+i yoq A220

ämgäk 苦难、痛苦

ä. ämgändäčilär D119

ä. bar A019，A072

ä.+sizin H04

ä.+tin D124

ämgäklä- 受苦

ätözüng ä.–r A179

ämgän- 疼痛、痛苦

ä.–ip K47

ä.–miš K46

ämgändäči 受苦者

ä.+lär D119，D120

ämgät- 折磨

ä.–ip D143

ä.–käli A018

ämin 措施

A109

änätkäk 印度 <<Sogd. ’yntk’k

ä. toyın D001

äng 最

ä. ilki D004，E014

ä. töpintä D284

ängir- 顺服、献殷勤

kim bolɣay sanga ä.+mädäči

A009

ängirä 明显

A079

är 男性、男人

A024, A186, E001, G054, G076, K75

ä.+gä K50

är- 是

ä.–ip B085

ä.–mäz A073, A074, D132

ä.–sä K21

ä.–sär A067, A068, A206, D131, E001, E003, E016, H35, H54, H55, J249, J259, K23, K24, K28, K69

ä.–särlär D103

ä.–tä J018

ä.–ür D005, D016, D035, D046, D056, D066, D076, E070, E073, E076, E079, E082, E085, E088, E091, E094, E097, E100, E103, E106, E109, G054, G079, J220, J223, J227, J229, J233, J237, J269, J271, J283, J285, K31

ä.–ürsiz D211, D217, D219

ä（r）– 见 är-

ä.–sä K36, K36, K45, K48, K51, K54, K54

ärän 男、男人

ä.+lär D101

äräntir 嘴宿 <Ar. ’yr’ntyz

ä. yultuz J320

ärdäm 道德、品德

J190

ärdini 珠宝 << Skt. ratna

ä.+g D246, D261

ä.+kä D089

ä.+lärdä D243

ä.+lärtä D257

ä.+si A204

ärig 男人

B065, B068, E064

äriglä- 解注、讲解

ä.–di D003

ä.–p D111

ärik 自由、力量

ä.+kä tägir C38

ärin 嘴唇

ä. ikin ara G028

ärk 见 ärik

uluɣ ä. kälti A121

ärkäk 男性、阳

ä. yıl J271

ärklig 强大的

ä. han E062

ä. han išiki E044

ä. hannıng A025

ärksin- 所管

ä.–ür D173，D179

ärt- 过、过去

ä.–är D024，D031，D042，D053，D063，D073，D083

ä.–gäli A035

ä.–gäy A030，A066，A224

ä.–mišlär D117

ä.–mištä I03，I13，I41，I42，I51，I63，I66，I70，I73，I82，I86，I89，I93

ärtingü 特别、特色

B003，B005，B022，B024，D125

ärük ıɣač 李子树

B077

äsän1 健康的、平安的

B062，K06

äsän2 艾山（人名）

D281

äski 旧、老

ä. atıng A117

äsrük 醉

ä. boltung A057

äšit- 听

ä.–ür C28，F197

äšiṭ- 见 äšit-

ä.–ilür A095，A134，K31

ä.–ip D105，D121，D134，D277

ä.–ür F157，F211

ä.–üti A139

ät 身体、肉

yigli bıšıɣlı ä. G056，G081

äṭ 见 ät

ä. öngädmäki A078

yig ä. +lär A209

ätöz 身体

A107，A224，B034，B041，B044，K35，K46

ä.+dä D023，B072，H58

ä.+i K23

ä.+in D143

ä.+indä B071，B076，D013，D030，D041，D052，D062，D072，D082，D278

ä.+üng A060，A179，A227，A236，A240

ä.+üngdä A114

ä.+üngin A041，A172

äv 房子、屋

ä eṭsär K35

ä.+i barqı D294

ä ičinṭä K43
ä igäsi K17
ä.+ingdä A016，A025，A189
ä tapmaz A033
ä.+tä D158，J300，J301，J302，J303，J304，J305，J306，J311，J312，J313，J314，J315，K27，K33，K39，K44
ä.+täki K55
ä. üčün ä（r）sä K36
bešinč ä.+tä J299
altınč ä.+tä J299
ävirü 长辈
ä. uluɣlarım D285
äygü 肋
aq bars ä.+si H26，
kök luu ä.+si H30
äzrua 梵天 <<Sogd. ’zrw’
E061
t（ä）ngri išiki E034
äži ？
kün J180
äžim 见 žim
F098，J185，J193，J199，J206
baars 见 bars
J193，J206
bača- 斋戒
b.-p B087
bačaɣ 斋戒
b. kün D242，D256
baɣ 缚
b.+daqı J002
b.+ıng čuɣung A009
b.+taqı F002，F005，J072
saɣıš b. G046
baɣır 内脏、肝脏
b.+tın A238
baɣlıɣ 束缚的
G050
baldız 妹妹
äkä b. H57
balıq1 城市
b. +da ärsär A067
b.+ qa C37
uluš A007
balıq2 鱼
tiši b.+qa K46
baltır 小腿
b.+ta G019
banıt 蜂蜜 << Skt. phāṇita
J258
baqır 铜
G057，G083
baqır suqra yultuz 火星
J319
bahšı 博士 << Chin. pâk-ʂi

b.+larım D286
bar 有、存在
adab. A060
ämgäkb.A019，A072
bälgüb. A071
buryuqb. A064
busušb.A060，A247
qadɣu b. A020
tıdıɣ b. A231
yaɣı b. A232
yäk b. A063
bar- 去
b.–dačı D144
b.–ɣalı D165
b.–ɣu C29，H44
b.–ır A176，C37
b.–ırtäg A097
b.–ma A049
b.–mıš A078，A195，H56，J294
b.–sa K10，K21，K36，K39，K40，K55
b.–sar H47，K05，K15，K19
baranı 胃宿 << Skt. bharani
J049，J050，J083，J136，J155
barča 所有、一切
A115，D091，D104，D162，D173，G069，K18，K56
barhasivadi 木星 << Skt. brhaspati
b. garhıɣ J226
b. garhqa J254
barım 财富、财产
aɣı b. C36
barq 屋、房子
ävi b.+ı D294
bars 老虎
B069，D035，E089，F017，F031，F039，F052，F063，F080，F085，F119，F139，F166，F240，G004，H25，H26，H27，I75，J281
b. kündä F119，F139，F166，F240，G004
b. künkä I75
b. yıllıɣ D035，E089
b. yıl（1）ıɣ B069
bas- 制服、抑止、遮盖
b.–ıtur A057
b.–tı A098
bas- 见 bas-
b.+un K79
basaman 财神宫 << Skt. vāiśravaṇa
b.+dın E065
b. išiki E025
basındur- 折磨、抑止
b.– mıš D130

bastıqmaq 遭遇

b. tıltaɣınta D275

baš 头、首、前部

b. aɣrıɣ B070

b. ävtä J311

b. bašlaɣ J001，J071

b. bolur H58

b.+ı C38，H25，H29

b.+ın G067，G071

b qılsar G032，G044

b.+taqı B117

b.+tınqı E075，E081，E096，I22，I59

b（a）š 见 baš

b.+ı C35，C37

bašɣar- 开始、出现

b.–dı A011

bašla- 开始

b.–ɣıl A150

b.–p D268，E002，E003

bašlaɣ 开头的、首位的

J001，J071

baṭ 不久、快

b. kälir K37

b. ongulur K28，K45， K55

baṭ- 沉入、沉落

b.–ar J008，J009，J010，J011，J016，J031，J044

b.–tı A040

b.–ar J068

batıɣ 沉溺处

aẓu b.+qa H56

bay 富裕

C03，C08，D296，F137，F151

bayu- 发财、致富

b. –maq utru kälir A095

bayaz ？

J297

bädüt- 使增大、增强

kičig atıng b. –üng A008

bäg 伯克

b. är A024，A186

b. ärsärlär D103

b. bolɣalı A036

b. eši D099

b.+i kišigä E007

b. išig B067

b.+kä D147

b.+kä ešikä A108，D141，K68

b.+lärtin C42

b.+li yutuzlı B086

b. qılɣalı A090

b. t（a）mɣası A129

b.+tä K28

b.+tin ešitin A168

b. yutuz B096

bägni 酒

b. birlä G084

b（ä）k 实结、紧紧

b. tutɣıl A034，A041

b. qatıɣ D258

bäkürü 固坚地、实结地

b. toqayın tisär A188

bäklä- 停留、闭塞

b.–p B093

b.–ti A104

bälgü 征兆、迹象

b. bar A071

b.+ng A062

b.+si A079

b.+sin C15

b（ä）lgü 见 bälgü

b. köẓünsär D132

bälgülük 有征兆的

A207

bälgür- 出现、显示

bälgülik b.–mäz A062

bälinglä- 受恐惧

b.–sär D133

b（ä）rä 里 <<Tokh. prere

ming b. +čä A195

tümän b. yerdä A135

bärklig 强壮的

b. yäk ičgäklär A166

bärt- 伤害

saydi seni b. –gäli A017

bel 腰

b.+in G069，G073

b.+tä C23，G006，G040

ber- 给予

b.–älim C15，D223，E005

b.–däči A215

b.–di A115

b.–gäy B083，F170

b.–gü B040

b.–gül G078

b.–imig D097

b.–ip H59

b.–mäyük H50

b.–mäyükkä G071

b.–sä K51

b.–ür F178，F218

bermäk 给予

A069

beš 五

F088

b. grahlar J005，J075

b. qutlar F101

b. vu B053

b. y（a）ngı F023，F044，F048，F056，F072，F076，H28

b. yangıda G021

b. yäk A028
beš otuz 二十五
F015, G032, H15, H24
b.+ ɣa D228, F014
beš y（e）g（i）rmi 十五
H30, D241
b.+kä D233, D234
beš y（e）g（i）rminč 第十五
K24
bešinč 第五
D055, D228, E034, E105, E108, F001, F028, F074, G093, I01, I03, I52, I67, J004, J164
b. ävtä J298, J315
bešinč ay 五月
D228, F028, F074, G093, I03, I67, J164
beš y（e）g（i）rminč 第十五
B115
beti 脸面、面孔
B105
bhuta 浮陀（精灵）<< Skt. bhūta
E066
bıč- 剪
b.–sar F116, F132, F234
bıčɣu 剪的
F115, F133
bıqın 肋
C30
biriaya 佛啰耶 << Skt.?
b. svaha J234
bıšıɣ 熟
b. boltı A209
bıšıɣlı
yigli b. G056, G080
bičin 猴子
F043, F048, F060, F091, F126, F148, F201, F246, G010, G067, J130, J185, J199
b.+tä G092, K38
b. künkä I78
b. t（ä）ngrisintin H51
b. yıl F059, J281
b. yılqı J004
b. yıllıɣ D057, E071, E101
bil- 懂得、知道
ätözüng b. A240
b.–ip D179
b.–täči D272
bilä 见 bilän
F121, K05
bilän 一起、同、和
F125, F128, G058
bilgä 智人

I53，K54
b.+ning A107
bilig 知识
B129
bir 一
b. ay J301
b. čomurmıš suv G081
b. kün J109，J110，J111，J113，J114，J115，J116，J117，J118，J119，J120，J122，J123，J125，J126，J127，J129，J130，J131，J132，J133，J134，J135，J136
b. oq üt C21
b .taqı üč tsu I20
b. tuu J015
b. tün J109，J110，J111，J112，J113，J114，J116，J117，J119，J120，J121，J122，J123，J124，J125，J126，J127，J129，J130，J131，J132，J133，J134，J135，J136
b. y（a）ngı D256，F017，F019，F022，F026，F029，F033，F037，F042，F047，F051，F055，F060，F063，F066，F070，F075，F079，H15 H24
b. y（a）ngıda G014
b. yangısı I34
b. y（a）ngısı F001，I01，I04，F005，F011，J173，I06，I09，I46，I48，I60，I64，I67，I70，I74，I77，I80，I83，I86，I90，I93，J142，J145，J152，J159，J165，J178，J184，J192，J198，J205，J212
b. y（an）gısı I43
yana b. kün J110，J113，J122
bir otuzunč 第二十一
K49
bir yegirmi 十一
F094，H28
bir y（e）g（i）rmi 见 bir yegirmi
H26，B120
b.+dä G029
b.+gä J182
bir y（e）g（i）rminč 第十一
B103，F050，G094，K07
bir y（e）g（i）rminč ay 十一月
D234，I86，J204
birär 每一个、各一
B121，B122
birgül 和、同
G066
birik- 和、混合
b.-di A136

b.–ip A193, A197
birikmäk结合、团结
b. atlıɣ ırq kälsär A192
birlä 与……一起
A191, A196, D245, D268, D282, F222, G084, J274, K02
b.+ki J264
birlän 见 birlä
F235
birl（ä）n 见 birlä
B097
birök 如果
A031, A043, A054, A069, A087, A112, A132, A157, A173, A191, A222, A240, D087, D098, D105, D115, D133, D151, D163, D170
bi（r）ök 见 birök
A013, A101
bisamin 见 basaman
b.+ni bašlap E003
bit– 写
b.–ip B076, B077, G060
b.–itü D246
bitig 书、文书
b.+ig D012, D121, D180
b.+kä D010, D021, D029, D040, D051, D061, D071, D081, D160
biz 我们、咱们
D243, D281
b.+ning D212
bo 这个
A013, A020, A43, A054, A066, A069, A080, A087, A101, A151, A173, A175, A222, A240, B006, B012, B015, B033, B034, B035, B036, B037, B038, B039, B040, B041, B069, B070, B071, B072, B073, B074, B075, B076, B087, B088, D001, D005, D006, D010, D011, D016, D018, D021, D026, D029, D035, D037, D040, D046, D048, D051, D056, D058, D061, D066, D068, D071, D076, D078, D081, D089, D105, D112, D113, D120, D134, D159, D161, D179, D210, D246, D247, D261, D276, D280, E018, E023, E027, E030, E036, E041, E046, E052, E057, G054, G079, H33,

H40, H43, I26, I29, I56, I58, J220, J223, J227, J229, J233, J237, K08, K08, K09, K26, K30, K31, K31, K34, K34, K42, K43, K46, K60, K65, K14, K14

b.+lar F232

bodistv 菩萨 << Skt. bodhi–sattva

b.+ning B041, K53

b.+qa D094

bodun 人民

B067

bol– 得到、拥有、成为

b.–duqta D011, D021

b.–ɣalı A036, D142

b.–ɣay A008, A190

b.–ɣıl A180

b.–ɣuluq A062

b. –ɣuluqı A239

b.–ɣunuɣ A061

b.–ɣuqa A205

b.–madın A024

b.–maqları D272

b.–maz E007, K06, K21

b.–mıšın H53

b.–sa K40

b.–sar A181, B030, B070, C03, C05, C07, C08, C09, C11, C13, D130, D144, D293, G067, H07, K11, K16, K20, K48

b.–tačı D260

b.–tı A045, A046, A058, A127, A209, A210, A246

b.–tung A001, A010, A011, A058, A117, A118, A204

b.–tuqta D009, D028, D039, D050, D060, D070, D080

b.–turayın D283

b.–up A084, B098, D141, D148, D281, G091

b.–ur A051, A212, B020, B027, B069, B071, B072, B073, C02, C03, C06, C07, C08, C10, C14, C17, C18, C20, C26, C30, C32, C36, C39, C41, C41, C44, C44, D014, D033, D044, D054, D064, D075, D085, D114, D151, D170, D294, D296, E006, E007, E008, E008, E009, E009, E071, E074, E077, E080, E083, E086, E089, E092, E095, E098, E101, E104, E107, E110, F117, F118, F119, F122,

F123, F124, F127, F130,
F133, F137, F139, F142,
F143, F144, F146, F148,
F151, F152, F159, F160,
F163, F165, F180, F186,
F188, F190, F192, F193,
F195, F201, F206, F214,
F220, F222, G002, G003,
G004, G005, G006, G007,
G008, G009, G010, G011,
G012, G013, G031, G034,
G036, G038, G041, G043,
G053, G054, G054, G064,
G065, G066, G067, G075,
G076, G077, G091, G098,
G100, G101, G103, H19,
H21, H37, H39, H41, H43,
H44, H45, H46, H58, K04,
K05, K05, K09, K10, K12,
K21, K26, K36, K39, K40,
K44, K45, K47, K52, K52,
K54, K55, K62, K65, K70

b.–urmu A182

b.–zun B097, D238, D273, D289, H52

boqdam 臭

A118

bor 酒

G058, G084

b.–ɣa B070

bošɣun– 学

b.–mıš D286

b.–sar D112, D134

bösük 婚姻

töngür b. iši H42

böz 粗布

C32

br（a）hsivati 见 barhasivadi

F003

brahasvadi 见 barhasivadi

b. garh J167

brahma 梵天 << Skt. brahmā

E067

brahsuvati 见 barhasivadi

b. garh J279

brahsvadı 见 barhasıvadı

b. grah E048

brahsvati 见 barhasivadi

F096

bu 戊 <Chin məu

J153, F098,

bud1 佛 << Skt. buddha

b. kötürmäčä D282

bud2 水星 << Skt. buddha

F084, F096

b. garh J162, J194, J269

b. garhı J219

b. garhqa J253

b. grah E027，J003

buɣday 小麦

D049

bulaq 泉

K59

b.+qa K77

bulɣa- 扰乱、败坏

b.-yur A063

bulıt 云

A005

bultuq- 实现

b.-maz A022

bulunč 收益

F223

bulung 角落

b.+da A142，A143

b.+dın A246

b.+ta J222，J225，J235

bun 基本 <<Sogd. βwn

b. sanı I20，I24，I29，I54，I57

b. s（a）nı I55

bura 发出….气味

A210

burčaq 豆

D070，D079，G081，J252，J255，J256，J261

b.+lıɣ J264

burhan 佛

D093，D126，D272，D280，J240

b.+larɣa A131，G077

b. qutın D272，D280

burun 鼻子

b.+da K46

b.+ı G048

b.+ta G005

buryuq 官员

A064

busan- 忧愁

b.-ɣuluq A020

busaṭ 斋戒 <<Sogd. β ws'nty

b. bačaɣ kün D256

busaṭ 见 busaṭ

b. bačaɣ kün D242

busu 痛苦、悲伤

b.+suẓ bolur C44

busuš 悲伤、痛苦

b. bar A060，A247

b.+ı B082

b. köngül A101

b. ol A204

b. qadɣu A078

b. qaḍɣu A167

busušluɣ 忧愁的

b. qadɣuluɣ A234

but 腿

b.+ı C35

b.+ın G072

butıq 枝条、树枝

artuč sögüt b.+ı A165

tit sögüt b.+ı A164

buu 见 bu

F017，F031，F039，F085，I16，I88，I91，J002，J072

buyan 功德 << Skr. puṇya

A002，A030，A068，A172，D112，D247，D263，D280，E010，F198，K24，K29，K32，K44，K54

b.+ı F204，F209

b.+ıɣ A111

b.+ları D269

buy（a）n 见 buyan

K02，K10

buyanlıɣ 功德的

D265

buzulmaq 破坏

F108

bügü bilgä t（ä）ngri 卜古毗伽天

I53

bügür 肾脏

iki b. üzä B102

büt- 成、实现

b.-är A139，E028，K18，K29，K33，K34，K35，K37，K45，K49，K56

b.-di A202

b.-gü A248

b.-gükä A208

b.-m（ä）z H37

b.-mäyüktäk A052

b.-mäz A034，A036，A076，A179，H46，K04，K10，K38，K41，K50，K52

b.-üdi A140

b.-üp D271

b.-ürüng D221，D215

büṭ- 见 büt-

b.-är F149，H42

b.-mäz K07

bütmäk 成、实现

F111

b.+i az A083

bütün 完整、全

b. ärmäz A073

čahšapat 十二月 << Skt. siksapada

č. ay2 F001，F054，G061，H32，I43，I90，J211

čahšap（a）t 见 čahšapat

č. ay2 D235

čaıtır 角宿 << Skt. cıtrā
J095, J120
č. yultuz J187
čaq ？
čin č. qılɣu B038
čašut 诽谤
č. yongaɣ tigiläšir A074
čärig 士卒
č.+ing üzä A039
čävišlig 狡猾的
allıɣ č. kišilär A026
čıɣ 芨芨草
bir č. G056
čızdur– 写出
č.–up B090
či 成 << Chin. źjäŋ
F111
či či 至治 << Chin. tsis–ḍ'iəi
č. baštınqı yıl E096
č. ikinti yıl E093
č. üčünč yıl E090
čiltäg 荣耀
ayaɣ č. ornaɣu A114
čimür kämür 生病
H46
čin ？
č. čaq qılɣu B038
čing ？
G058
čip 执 << Chin. tɕiəp
F076, F077, F092, F107
č. kün F003, J193
čirabira 光明的 << Skt. tejacira
D191
čirčati 怛啰夜 << Skt. cirate
D190
čišt 心宿 << Skt. jyesthā
J099, J124
či šün 至顺 << Chin. tsis dʑ'iuĕn
E069, E072, E075
čiu 邱 << Chin. khjw
tört uluɣ č.+larta A207
čiyuti 悉殿都 << Skt. ciyuti
J238
čök 耳朵后面
č.–ṭä C39
čomuɣluɣ 沉溺处
č.+qa H56
čomurmıš 船
bir č. suv G081
čuɣ 包裹
bayıng č.+ung A009
čuu 除 << Chin. ḍjwo
F024, F026, F073, F075, F088, F103
čuža 朱砂 << Chin. tʂyă–ʂa:

B077

daniš 见 daništa

J104，J130

yultuz J215

J215

daništa 虚宿 << Skt. dhanıṣṭhā

J030，J031，J043，J044

darm 法 << Skt. dharmā

D240

darni 陀罗尼 << Skt. dhāranī

d.+ɣ B088

d.+sı J220，J223，J227，J229，J233，J237

dartiraštri 持国 << Skt. dhritarastra

d. m（a）harač J245

d. m（a）haračqa J260

diča 怛啰 << Skt. tejacira

D190

dšči 十五日 << Sogd. δšcy

d. roč I67

dyan 禅那 << Skt. dhyāna

B132

eči 兄弟

ini e. tüzülti A137

ediš 罐子

aš berdäči e. A215

bälgülük e. A208

ornaɣlıɣ e. A206

ediz 高

e. boltı A046

e. turur A047

el 王国

e. han A083，A203

e. ičintä A063

e.+ig ulušuɣ D253

e.+ingä K41

e. +kä hanqa A205，K68

e. oluryays（ä）n A053

e. +tin hantın A059，A170，A181，A219

e. tutqalır A167

e. ulušlar A001

elän- 所管、属于

e.+ür D173，D179，E020，E024，E028，E033，E038，E043，E049，E053，E058，I23，I55，J003，J074

elg 手、前臂 elg älig

e.+ingdä A197

elig 五十

G064，I17，I40，I53

eltiš- 集聚

e.–güči J274

e.–miš kišilär A198

eltü ？

D002

enč 平安、宁静
e. bolur G053，G064，G065，G066，G091，G099，G101，G103
e. kälmäk A132
e.+siztin A080
e. tur A239
e. turmaɣ A237
enčgü 安适、平安
e.+ ng mänging A021
enčgülüg 平安
e. bolɣuluq bälgüng A061
e. qılɣıl A153–154
entür- 击倒
yel yeltirip e.–di A242
ergürü 抓紧
e. ätözüngni küzäṭ A172
erin 嘴唇
e. üzä C09
erngäk 拇指
uluɣ e. üzä C12
ertäkün 清早
e. tavraq buyan qıl A171
eš 伴侣、配偶
e. bulmadın A024
e.+i D099
e.+ikä A109，D141，D147，K68
e.+ingä D108
e.+itin A169
e.+tä tušta A048
esänč 安稳
B004
et- 做
e.–gäy A243
e.–gäli H21
e.–sär K35
etig 装饰
altun e. A197，A200
e.+i ol B119
etilü 顺序
yıl ay e. A127
eyin 由于
yel e.+ın A133
i.+in J265
ɣranhšamı 深夜 <<Sogd. γr’n–xš’m
I65，I85，I92
ɣranıhšamı 见 ɣranhšamı
I79
ɣranšamı 见 ɣranhšamı
I72
ɣuš 十四日 <<Sogd. ɣwš
ɣ. dšči roč I67
ɣ. roč I71，I74，I77
garh 见 grah
J156，J162，J167，J176，J181，

J187，J194，J215，J269，J279，J282
g.+ı J219
g.+ıɣ J226，J228，J232，J236
g.+qa J250，J251，J252，J253，J254，J254，J255，J256，J257，J273，J287
gr（a）h 见 grah
g.+lar D206
grah 行星 << Skt. gráha
E019，E024，E028，E033，E038，E043，E048，E053，E058，J003，J074，J200，J208
g.+ı F003，F006，F012，J139
g.+lar F097，J005，J075
han 可汗
ärklig h. E062
ärklig h. išiki E044
h. ačıɣın A083
h. köngüli A203
h.+lar küči A105
h.+nıng A025，A185
h.+ɣa A205，K68
h.+tın A060，A170，A181，A219
haqan h. süüsi D265
haqan 可汗
D265
hasni 菊苣 << Per. kāsmī
G055
hast 轸宿 << Skt. hasta
J094，J119
h. yultuz J195
hatun 妻妾
h.+larım D285
haṭun 见 hatun
h.+ɣa K69
hormzt 星期四 << Sogd. wrmzt
h žımnu I01，I68
human 三日 << Sogd. xwm'n
h. roč I10
hunghyu 皇后 < Chin. xwaŋˊ–xəẁ
h. qutı D267
hungtayhıu 皇太后 < Chin. xwaŋˊ–thaj–xəẁ
h. qutı D266
hursını 日出 << Sogd. xwrsn
I62，I69，I76，I81，I88
hursınınč 二月 << Sogd. xwrjn（y）c
I63
ıčan- 避免、当心
ı.–ɣıl A065，A232
ı.–ɣu A214
ıčɣınɣučı 浪费者
C10
ıduq 神圣的

ırqla- 占卜、算卦
ı.-sa K40, K49
ı.-sar K06, K22, K33
ırqlaɣučı 算卦者
ı. K09
ısır- 啃咬
ı.-sar C18, C19, C20, C23, C24, C25, C27, C29, C30, C32
ič 内、里面
i.+in A104
i.+inṭäki J001, J071
i.+intä A018, A019, A022, A057, A062, A063, A144, A216, A145, K43
i öngürdä C22
i.+tin B122
i. tonınıng oqında B091
ič tobıq 内踝
i.+ta G024
ič- 喝
i.-ip B096
i.-sär G068
i.-zun B070, B074
ičgü 喝的
i. ol B039
i. vu B031
i ičsär G068
i.+si G054
i. +tä G049
ičgäk 精灵
A038, A225, B032, B049, E060
i.+kä B037, D129
i.+lär A166
ičgäk išiki 精灵们
i. E021
ičikgüg 报送、报请
i. söz A217
ičlig 怀孕
i. bolup B098
ig 疾病
i. aɣrıɣ A011, A016, D154, D275
i. aɣrıɣlar A167
i. aɣrıɣta A224
i. bolsar G067
i.+ing aɣrıɣıng A049
i.+ingä aɣrıɣınga A220
i.+intin D155
i. käm K05
i. kirdi A018
i. ol A238, G050
i. tapa A077, A098, A237
i.+tin D277
i.+tin aɣrıq tın D277

i. toɣa A017，B058
igä 主人
i.+ si K17
i.+ sinṭin K62，K78
igitmäk 抚养
i. atl（ı）ɣ ırq A222
i. kälti A159
i.+ṭä ačınsar A223
kičig i. atl（ı）ɣ ırq A157
iglig疾病
i. A202，C20，F144，G060，H39，K12，K21，K23，K28，K39，K39，K45，K48，K51，K54
igl（i）g 见 iglig
i.+kä B033
iglä- 生病
i.-sär G063，G096，G099，G100，G102，H48，H56
iki 二
A062，A071，A136，A180，A196，A199，B060，B077，B102，D226，F004，F030，F034，F063，F085，G016，G056，H16，H25，J276
i.+n ara G028
i. yangı F030，F034，F063
i. y（a）ngı H16，H25
i. yangıda G016
i. yangıqa D226
iki otuz 二十二
H29
i.+ɣa F004
iki säkiz on 七十二
i. qolu I63，I66
iki y（e）g（i）rmi 十二
i. H27
i.+gä J188
iki yegirminč 第十二
A085
iki y（e）g（i）rminč 见 iki yegirminč
i. B106，K13
iki yüz altı y（e）g（i）rmi 二百一十六
i. qolu I03，I12，I42，I69，I73
iki yüz säkiz toquz on 二百八十八
i. qolu I89，I92
ikigü 俩
J311，J312，J313，J314，J316，J317
i.+gä K76
ikinti 第二
i. D015，E021，I04
i. ävtä J312
i. baɣtaqı F005
i. üdtä I12，I62，I66，I69，I73，

I76, I79

i. yıl E072, E078, E093

ikinti ay 二月

D225, F008, F018, F062, I48, J145

iki otuzunč 第二十二

K52

ilän 见 bilän

G073

ilig 国王

i.+lär A093

ilk 前面、早前

i.+i D004, E014

ilṭür- 挂、携带

H03

inčä 是、这样

A014, A032, A044, A055, A070, A088, A103, A113, A133, A158, A174, A192, A223, A241, D094, H33

inčkä 细小

i. A124

inčip 这样、是

A079, D145, D157

ingäk 牛

i.+ning sütingä B095

ini 弟弟

A136

ipkin 见 yipkin

J277

ir 乙 <<Chin. iĕt

F037, F042, F072, F092, F099, J160

irtay <<Chin. 二太（?）

ı. atl（ı）ɣ uzık B109

irtsi <<Chin.（?）

i. atl（ı）ɣ uzık B107

irü 兆、征兆

D132, K06

iruriu <<Chin.（?）

i. atl（ı）ɣ uzık B112

irwang <<Chin. ?

i. atl（ı）ɣ uzık B115

isak <<Chin.（?）

i. atl（ı）ɣ uzık B104

isig 发烧

B033, D174, J287

i. igl（i）gkä B033

isvara 大自在 <<Skt. ıśvara

E067

iš 事情、动作

A029, A034, A053, A076, A086, A138, A140, C30, E007, E028, H11, H46, K03, K37, K45

i.+i A234, H42, F149, K38,

K50，K52
i.+i küdügi A051
i.+ig B067
i.+in A150，A211
i.+ing A036，A037，A148，A156，A161，A178，A226，A249
i.+ingin A064，A152
i. išläsär H46
i.+kä D144，K12，K28，K33，K49
i.+ları H37
i.+lärkä A080
i. küdgüng A119
i. küdüg A072
i. küdüglär A073
i.+tä B051
išik 门
E041，E057，E059
i.+i E015，E021，E026，E030，E035，E040，E045，E050，E055
i.+ingä E005，G084
i.+lärning E004，E012
išlä- 做（事）
i.-sär E007，H46
i.-särsän K04
i.-yür G052
išlät- 使用、利用
i.-gil A125
it 狗
D036，E095，F012，F058，F076，F093，F129，F151，F212，G012，I32，I50，I65，J075，J137，J174，J270，K61
i. kün F012
i. kündä F129，F151，F212，G012，I50
i. künkä I32，I65
i. yılqı J075，J137
i. yıllıɣ D036，E095
iz 足迹、痕、痕
aq bars i. +i H27
kök luu i. +i H31
kanya 处女座 <<Skt. kanyā
J093
karkat 巨蟹座 <<Skt. karkaṭa
J088
käḍil- 穿、戴
k.-ti A149
kädin 西边
k. J284
k. küntün A246，J225
k. taɣtın A143
k. yerA006
k. yıngaq J241

k. yıngaqınta G051, J246

kägädä 纸

G057, G082

käl- 来

k.–gäy A031, A066

k.–ip D002

k.–ir A096, A104, A138, C22, F166, A048, A068, K30, K37

k.–mäki A078

k.–mäz A233, K11

k.–miš F224, F233, G049

k.–mištä K32

k.–sä J303, J306, K50

k.–ṣä J301, J302, J304, J305

k.–sär A014, A031, A044, A055, A067, A069, A087, A102, A112, A133, A158, A174, A192, A223, A241, B060, H33, K08, K25, K30, K34, K38, K41, K46, K53, K61, K66, K69, K74, K77

k.–ti A089, A094, A114, A116, A121, A159

k.–ürgäyin B100

k（ä）l– 见 käl–

k.–ir A177

k.–ti A001, A015

kälin 儿媳妇

K51

kälmäk 来

A112, A132

käm1 疾病

ig k. bolur K05

k.+ing yoq A250

käm2 坎 <<Chin. kham

k.+tin H55

kämiš– 抑制

k.–gil A110

k.–sär B076

käml（ä）n– 生病

k.–ip A244

kämlik 疾病

H39

kämür 病

k. čimür H46

käntir 麻、大麻

k. uruɣı D059

käntü 自己、自身

k. könglüngčä A007

k. köngülüngin A041

öz k.+ngin A034

öz k.+ngkä A040

k（ä）ntü 见 käntü

D106

k.–n A002

k.+nüng D087

käräk 见 kärgäk

K54

kärgäk 应该

D013，E011，J223，K07，K10，K24

k（ä）rgäk 见 kärgäk

D024，D031，D042，D053，D063，D073，D083，J220，J227，J229，J232，J237，J249

käriš 争吵

tütüš k. A179

tüṭüš k A182，H45，K05

tüṭüš k.+tä A048

käs- 剪断

sačıɣ k.-sär C26

uzatı k.-sär C16

yolın k.-ä qatıɣlanur A028

kävsäč ？

J312

kälän käyik 鸟兽

A042

käzig 顺序

k.+i E013，G001

keč 晚、长久

B074

kelän 麒麟 <<Chin. gi-lin

k. käyik A042

ken 就会

k. ölür G045

kengäš 劝告

k. bolur F158

kenin 尔后、以后

K48

k.+dä D282

kertgün- 信奉

k.-sär D180

kertgünč 虔诚

k. köngüllüg D244，D258

k. köngülin k. D121

ket- 消除，治愈

k.-ṭi A011，A141

k.-ti A097，A123

k.-tilär D189

keṭ 见 ket

J275

ketär- 驱除、排除

k.+ däči D217

ketiš- 脱离、分离

k.+güči J290

keṭirti 后面

k. täprämiš A122

ki 己 <<Chin. kịại

E080，E104，F086，F098，G064，I12，I37，I81，I84

kičä 晚上

B098，F159，F165，F171，

F176，F183，F188，F194，F199，F205，F210，F216，F222

kičig 小
A073，D103，F001，F016，F021，F032，F046，F054，F062，F069，F078，H55，I04，I09，I43，I49，I61，I67，I74，I80，I87，J142，J152，J159，J172，J178，J205
k. atıng A008
k. igitmäk A158
k. igitmäk atl（ı）ɣ ırq A157
k. iš küḍüglär A073
k. oɣlan A161，B040

kim 谁
A008，D087，D098，D103，D115，D127，D139，D151，D163，D170，K26，K26，K41，K52
k.+kä A067，H33

kin1 见 king
E101

kin2 建 <<Chin. kian
F017，F033，F034，F043，F044，F063，F067，F068，F071，F072，F087，F102，K47
k. kün J186
k. kündä F237，H48

kinčumani 建除满 <<Chin. kian ḍjwo man'
J143

king 庚 <<Chin. kaŋ
E077

kintik 肚脐
C06，C07

kir 脏
H34

kir- 进
k.-di A018，A020，A022，A127
k.-ir K51
k.-kälirs（ä）n A169
k.-p B079
k.-sär E005
k.-ü A176
k.-ür C23，C31，F004，F009，F010，F015，F168，F176，F203，K39

kirtik 昴宿 << Skt. krttikāh
J050，J084
yultuzlar J109

kišän 腰带
k.+intä C29
kiši 人
A033，A034，A056，A078，

A159, A191, A193, A199, A233, A236, B069, B070, C02, C16, C22, D006, D018, D025, D036, D048, D057, D068, D078, D087, D089, D172, D192, D193, D194, D195, D196, E005, E070, E073, E076, E079, E082, E085, E088, E091, E094, E097, E100, E103, E106, E109, F121, F128, G094, G098, J274, K05, K06, K09, K11, K20, K37, K40, K42, K46, K54, K55
k.+gä B004, E007, F170, F177, F217, K26
k.+kä A057, A194, B019, B020
k.+lär A026, A028, A196, A198, A199, J271, J286
k.+l（ä）r A050
k.+lärig A065
k.+lärkä A065, H19
k.+lärtin A231
k.+lärṭin A230
k.+ ng A154, A233
k.+ni G075
k.+ning B075, B091, C34, C36, E001, E002, G043, G060, K31
k.+tin J288
kitavi 迦罗帝 <<Skt. kivati J238
kitu 计都 <<Skt. ketu
k. garhıɣ J236
k. garhqa J257
k. grah E058
kivan 星期六 <<Sogd. kyw'n
k. žımnu I30, I49, I71, I87
koltı 一千万 <<Skt. koṭi D208
Kögü ? F030
kögüz 胸部、心
k.+tä G004
k.+üng A082, A082
kök1 天空
k. qalıqta A023
k. +ṭä qan（a）tı sinip A245
k.+täki D248
kök2 蓝色
k. luu äygüsi H30
k. luu bašı H29
k. luu+izi H31
k. luuɣa K66
k. orduluɣ E026

k. pra D193

kök3 毯子

k.+ün C25

kök4 忧愁

k. yoq A145

köl 湖

k.+ingä A232

kölün- 静止

kün t（ä）ngri k.-ti A039

köm- 埋

k.-sun B077，G061

kön 皮革

k. išläsärsän K04

könäk 桶、水瓶座

k. yasɣač bašɣardı A011

köngl 见 köngül

k.+üng A082，A178

könglä- 耿耿于怀

k.-mä A151

köngül 心

A019，A071，A100，A101，A136，A180，A181，A196

k.+čä K25，K34，K45，K56

k.+i A199，A200，A203，D133

k.+in D121

k.+intägi B081

k.+nüng H35

k.+täki K55

k.+ümüzčä D214

k.+üng A081，A145，A239

k.+üngčä A007，A122

k.+üngin A012，A041，A063

k.+（ü）ngin A153

k.+üngtä K03

k.+üngtägi A115

köngüllüg 愉快的

D244，D258

kör- 看

k.-sär A236，A237，F238，K58，K63，K64，K72，K78

k.-särs（ä）n A016，A077，A098，A169，A170

k.-ür K32

körk 像

k.+in y（a）ngılzun G088

körklä- 变美

k.-di A004

körklüg 美丽的

B099

körüm 占卜、算卦

F238

körünčlä- 欣赏、炫耀

k.-gil A124

körüš- 见面

k.-di A093

k.-gäys（ä）n A196

kösä- 渴望
k.-miš D288
kösüš 愿望
B072，D279
k.+i K25
k.+üng A115
kötlür- 提升、增高
k.-gäy A043
kötür- 提、抬
k.-mäčä D282
köyür- 使燃烧
k.-di A070
k.-üp B094，D159
köz 眼睛
k.+in G072
k.+tä G002
k.+üng A144
közün- 出现、可见
k.-mäz A021，A061
k.-sär D132
k.-ti A195
k.-ür D114，J015，J017，J018
kšantı 忏悔 <<Skt. kṣānti
k. bolzun D238
kumba 水瓶座 <<Skt. kumbha
J104
kumbandi 鸠盘荼 <<Skt. kumbhāṇḍa
G089
kumunsı 巨门星 <<Chin. gi–mon–sieŋ
k. atl（ı）γ yultuz D015
kumuntsi 见 kumunsi
k. yultuz B015
kušala 硕德 <<Skt. kusala
D267
kuu1 危 <<Chin. ŋiuě
F060，F094，F109，J161
kuu2 见 kuy
E092，F051，F055，F090，
G065，J161，J179
kuy 癸 <<Chin. kiuěi
D255，F099，I02，I44，I47
kuyi 见 kuy
I52
kü 运气、名望
atıng k.+ng kötlürgäy A043
atıng k.+ng yaḍıldı A146
atı k.+si ašılur D149
küč 力量
k.+i A056，A106，F149，G088
k.+in K51
k.+l（ä）ri D250
k.+intä D247，D263，D280
k.+üngin A064
küčlüg 强壮的
k. ärgä K49
k.+in D252

k yaɣı A122
küḍgü 见 küdüg
iš k.+ng A119
küdüg 事情
uluɣ iš k. A072
iši k.+i A052
išin k.+in yangılsar A212
küḍüg 见 küdüg
kičig iš k.+lär A073
kül 灰烬
k.+in B094
kümüš 银
altun k.+täg A147
kün1 太阳
k. ay yaruqın A027
k. ayta ulatı yeti gr（a）hlar D206
k. kirü barır A175
k.+li ayli körüšdi A092
k. orṭuta F157, F163 F168, F175, F181, F186, F192, F198, F203, F208, F214, F220
k. t（ä）ngri bun sanı I53
k. t（ä）ngri kirdi A022
k. t（ä）ngri kölünti A039
k. t（ä）ngri qaytsısı A003
k. yaruqı atl（ı）ɣ ırq A173
kün2 天、白天
B003, B005, B021, B093, D242, D257, F002, F003, F006, F007, F012, F013, F115, F120, F135, F163, F168, F175, F181, F186, F192, F198, F203, F208, F214, F220, F227, F229, F230, F232, G065, G066, G090, G093, G095, G099, G101, G103, H06, H11, H40, H43, I19, J0123, J109, J110, J110, J111, J113, J113, J114, J115, J116, J117, J118, J119, J120, J122, J122, J125, J126, J127, J129, J130, J131, J132, J133, J134, J135, J136, J147, J154, J161, J166, J174, J180, J186, J194, J200, J207, J214, J268, J296, J298, J310, J311
k. +ḍä F141, F145, F150, H36, H41, H44, H47, H48, H56, I50
k.+dä F116, F117, F119, F121, F122, F123, F124, F126, F128, F129, F131, F136, F138, F139, F142, F144, F146, F148, F151,

F152, F154, F161, F167, F172, F179, F185, F190, F196, F201, F206, F212, F218, F237, F238, F239, F240, F241, F242, F243, F244, F245, F246, F247, G002, G003, G004, G005, G006, G007, G008, G009, G010, G011, G012, G013, G031, G034, G036, G038, G041, G042, G044, G052, G053, G053, G063, G064, G064, G065, G065, G067, G086, G091, G099, G100, G102

k.+gätägi B086

k.+i F004, F009, F014

k.+ingä K33

k.+kä B079, I02, I05, I12, I32, I37, I38, I45, I47, I60, I62, I65, I69, I72, I76, I78, I81, I84, I88, I91

k.+ki G052

k.+lär D236, F134, F233

k. +lärig D223

k. +lärni F225, F236

k. +li H02

k. orṭuta F157, F164, F169, F175, F181, F186, F192, F198, F203, F208, F214, F221

k.+täki G045

k.+ tän F166

kün3 嫉妒

k.+ ä+yingi A153

künčit 芝麻 << Toch. A/B kuñcit

J257, J258

künikäki 日常的

k. išing 160

kündin 见 kündün

k. yıngaq G085, J240

k. yıngaqınta J245

kündün 南方

J225

künḍün 见 kündün

A006, A142, A185, A246

küntüz 白天

I05, I12, I45, I50, I62, I69, I76, I81, I88

kürlüg 狡猾的

tävlig k. buryuq A064

tävlig k. tapıɣčı A184

küsä- 渴望

bolɣalı k.-sär D142

etgäli k.-sär H22

k.-gü B029

k.-miš kösünüg A248
k.-miš küsüšüg D210,
k.-miš küsüšümüz D213
k.-miš küsüšüng A177, A201
oɣul qiz k.-s（ä）r B085
öngädgäli k.-sär D157
urı oɣul k.-sär A010
küskü 老鼠
A009, D005, F029, F079, F116, F136, F154, F232, F238, G002, I16, I88
k.+gä J002, J072
k. kün F232
k. künkä I88
k. kündä F136, F238
k. kündä F116, F154, G002
k. yılqı I16
k. yıllıɣ B009, D005
küsün 实力、力量
k.+läri D251
k.+üg A248
küsünlüg 强大的
k.+in D252
küsüš 愿望
k.+in D168
k.+läri D271
k.+üg D211
k.+ümüz D213
k.+üng A177, A201
küün 见 kün
D262
küzäč 壶、罐子
altun k. ärsär A206
k. tašar A211
k.+ig közäṭip s（ı）nmasar A214
küzät- 守护
k.-gü B034, B041, B044, D292
k.-ü K27
k.-ür K48
küzäṭ- 见 küzät-
A173
k.-gäy A243
k.-ip A214
k.-särs（ä）n A042
küzki 秋天的
k. ıɣač A134
küẓki 见 küzki
k. üč aylarta F229
la 骡 << Chin. lua
ädgü l.+larıɣ A126
labay 螺贝 << Chin. lua pai
l.+ɣa kälsär K30
l.+nıng üni K30
laɣzın 猪

I44

l. künkä I44

lakšan 征兆 <<Skt. lakṣaṇa

alın l.+ıntın B130

laksma 吉祥相 <<Skt. laksma

E068

l（a）q（ı）š 见 laqša

G057

laqša 小麦粉

G083

lıɣzır 历日 << Chin. liajk–nʑi ĕ t

I52

li 离 << Chin. liǝ̆

l.+tin ongaru H54

lim 栋梁

l. sindi A242

limčin 廉贞星 << Chin. liam–triajŋ

l. atl（ı）ɣ+yultuz D055

livi aši 禄食 << Chin. ləwk–zik

D008，D019，D027，D038，

D049，D059，D069，D079

lükšän ？

K22

luqlan ？

G057，G083

luqususı 禄存星 << Chin. log–dzon–sieŋ

l. yultuzɣa J272

luu 龙 << Chin. lioŋ

F047，F068，F071，F087，

F242，G097，H29，H30，H31，

J166

l.+ɣa K66

l. kün G090

l. kündä F121，F142，F178，

F242，G006

l. künkä I62

l. yıllıɣ D056，E083

luusun 见 luqususı

l. atl（ı）ɣ yultuz D034

mag 星宿 <<Skt. maghā

J013，J052，J091，J116

magišv（a）ri 见 magišvari

E061

magišvari 大自在 <<Skt. mahesvar

m. išiki E030

m（a）ha 大威德 <<Skt.maha

D190

maharač 国王 <<Skt. mahārāja

m.+qa E010

m（a）harač 见 maharač

J245，J246，J247，J248

m+qa J260，J261，J262，J263

mahu 第十二日 <<Sogd. m'x

m. roč I87，I90

m. žımnu I61，I90

maıdun 双子座 <<Skt. mıthunu

J086

makara 摩羯座 <<Skt. makara

J102

man 满 <<Chin. man'

F089, F104

mančuširi 文殊师利 <<Skt. mañjuśrī

m. bodis（a）tv（a）nıng K53

m. bodis（a）t（a）vqa D094

m.+ya D095

mandal 曼荼罗 <<Skt. maṇḍala

K35

m（a）ndal 见 mandal

G097

m（a）ngal 见 manggal

B072

mang 步

G059, G086

manggal 幸福 <<Skt. mangala

H52

maziɣtič 六月 <<Sogd. xz'n'nc

I76

m（ä）n 我

D257, D274

m.+ing D219

mäng1 黑痣

C03, C05, C07, C08, C09, C11, C13, C14

mäng2 喜悦

m.+ing A022

mängilig 喜悦的

B069, D125, K47

mängizlig 漂亮的

B099

mängü 永远

D292

mıdnč'ti 中午 <<Sogd. nymyδ（h）

I45, I50

mina 双鱼座 <<Sogd. mına

J106

ming 一千

m. b（ä）räčä A195

m. küün D262

m. türlügin A164

minšin ？

G057, G082

mir 周日 <<Sogd. myhr

m. žımnu I06, I59, I75

miš 白羊座 <<Skt. meṣa

J082

miši 十六日 <<Sogd. mxš

m. roč I04, I06

mišvuyč 十月 <<Sogd. msβwγyc

I43, I89

mrgašır 觜宿 <<Skt. mrgasiras

J111

mrig（a）šir 见 mrgašir

J086

mrigašir 见 mrgašir

J051

münükmäk 错过、错误

uluɣ m. A241

müyüz 角

m.+itäg A042

mul 尾宿 <<Skt. mūla

J060，J062，J063，J065，J066，

J067，J070，J100，J125

m.+ta J061，J064，J068，J069

munga 就

m. G096，J271，J285

muni 这样、如此

m.+täg B125

nahid 周五 <<Sogd. n'xyd

I35

n. žımnu I04，I46，I83

nairiti 涅哩底 <<Skt. nairṛtī

J225

naivaziki 善良的灵魂 << Per. naivāsik

n.+lär K48

nakšadir 星宿 <<Skt. nakshatras

n.+lar D207

namo 南无 <<Skt. namaḥ

n. bod D240

n. ratna D190

n. sang D240

nausrd 新年 <<Sogd. n'w–s'rδ

I30，I59

nausrdınč 一月 <<Sogd. n'wsrδyc

I33，I60

nä 什么

A190，A204

n.+kim K37

nägü 那儿

K03，K04，K49，K52

n.+mä H07，H41，K26

n（ä）gü 见 nägü

H41，K12，K28

n.+g K06

nämä 任何东西

K40

nätäg 如何

H34

nɣran 三十日 <<Sogd. 'nγr'n

n. roč I22

nirvan 涅槃 <<Skt. nirvāṇa

n.+ıɣ D283

nimi 'hšpn 午夜 <<Sogd. nymyxšp

I47

nisnič 三月 <<Sogd. nysn

I03，I67

nom 经 <<Gr. nomos

D246，E009，K03，K29

n. ärdinikä D089

n. bitigig D011, D120, D179

n. bitigigkä D010, D021, D029, D040, D051, D061, D071, D081, D159

n. bošɣunmıš D286

n.+uɣ D105, D134, D161, D254

oɣlan 见 oɣul

A161, B040

o. +ınga D283

oɣra- 想做

o.-mıšı K34

oɣrı 贼

C07, H21, H42, H38

o.+sı H15, H36

oɣrı q（a）raqčı 盗贼

o.+larɣa H21

o.+larqaH42, H38

oɣul 孩子、男孩

A010, B036, B062, B073, B085, B100, C25, E069, E072, E075, E078, E081, E084, E087, E090, E093, E096, E099, E102, E105, E108, K25

o.+ı A233, B084, D116, D128, D139, D152, D164, D171, F147, J291, K69

o.+ın B064

o.+ınga K71

o.+luɣ J276

o.+nıng D290

o. qız B085

o.+suz K69

o.+ung A154

oɣur- 见 oɣra-

o.-asar K12

oɣura- 见 oɣra-

o.-ṣa K29

oɣurqa 脊骨

süskün o.+sıntın B127

oɣušluɣ 联合的

J219

ol_1 它、那个

B003, B079, B098, D089, D093, D123, D155, D183, E006, F234, G031, G034, G036, G038, G041, G041, G043, K42,

ol_2 第三人称单数谓语性附加成分

A068, A155, A155, A205, A207, A208, A213, A214, A215, A238, B005, B008, B011, B022, B024, B033, B034, B036, B037, B038, B039, B040, B041, B041,

B102, B103, B105, B106, B108, B109, B110, B112, B113, B114, B116, B117, B119, B122, B125, D005, D016, D035, D046, D055, D065, D076, D209, E002, E003, E014, E015, E018, E022, E023, E026, E027, E030, E031, E032, E032, E035, E037, E038, E040, E045, E047, E052, E055, E057, E058, E064, E065, F003, F003, F004, F006, F007, F007, F008, F013, F101, F110, F115, F120, F135, F227, F229, F231, F232, F234, G001, G050, G092, H01, H21, H22, H40, H44, H46, H49, H50, H54, H55, H58, I28, I29, I57, I59, J005, J076, J138, J140, J156, J171, K09, K13, K13, K14, K15, K22, K25, K35, K38, K41, K43, K46, K50, K52, K53, K60, K64, K65, K79,

olar ol_1 的复数形式

D103

olur- 坐

o.-ɣays（e）n A054

o.-tuq sayu orun yurt A120

o.-up körünčlägil A124

on 十

A094, F068, F093, G027, G059, G086, H16, H25, J012, J017, J069, J150

o.+ta H38

o.+ta bir H38

on bešinč 第十五

J308

on bir 十一

H17

on iki 十二

H18

on qat qaš oyun 十层玉石游戏

A094

on säkiz 十八

E072, H16

on 8 见 on säkiz

o. tu J017

on törtünč 第十四

J307

on toquz 十九

E075, H17

o. yangı F068, H16

o. y（a）ngı H25

o. yangıda G027

o yangıɣa J012，J017，J069，J150

on yeti 十七

E069，H15

ong 右

B060

o. ayasınta B040

o.+aru H54

o.+dın C43

o.+dun C36，C39

o（n）g 见 ong

o.+dın C45

ongul– 恢复

o.–ur K17，K28，K45，K55

onunč 第十

D233，F046，I83，J197

onunč ay 十月

D233，F046，I83，J197

oom 吉祥 <<Skt. oom

o. suvasṭı sıddham H52，

o čıyutı kıtavı J238

oot 见 ot

A019，A070，A123，A211，B023，E104，E107，F002，F101，I12，I15，I36，J006，J077

o. yalını A123

oot yultuz 火星

J006

opra– 消损

o.–tı ölürA218

oq$_1$ 箭

bir o. üt C21

o. atqalır A162

o. üzkälir A163

oq$_2$ 而、是

ančulayu o. D266

ančulayu o. ärür K31

ančulayu o. ol K35，K43

o bolur D114

o. ol K09，K15

o ölür G039

ol o. kičä B098

oqı 里面

ič tonınıng o.+ nda B092

oqı– 读

o.–ıp D162

o.–sa K29

oqıt– 使读

o.–ıp E010

oqıṭ– 见 oqıt–

o.–ɣıl K03

ordu 宫

J137

o.+sı H17，H41，J141

orduluɣ 宫殿的

E015，E022，E026，E032，
E036，E041，E046，E051，
E056，E069，E071，E072，
E074，E075，E077，E078，
E080，E081，E083，E084，
E086，E087，E089，E090，
E092，E093，E095，E096，
E098，E099，E101，E102，
E104，E105，E107，E108，
E110，J004

orna- 奠定
o.-ɣu A114
o.-tı A003

ornaɣ 设立、奠定
o. tutq（a）lır A168

ornaɣlıɣ 设立的、奠定的
o. ediš A206
o. orun A129

ornanmaq 定、奠定
F106

orun 位置
o.+lar B121
ornaɣlıɣ o. A130
sayu o. yurt A120
sıngar o. B123，
tört o. J282

oruq 道路
yolung o.+nung A021

ot 火
D195，I81，I84，I87，I91，K35
o. mandal K35
o. qutluɣ kiši D195
o.+suz J274

otačı 医师
B064

otuz 三十
E102，H29
o.+ɣa F004，F008
o.+qa D227，D228，D229

otuz bir 三十一
E105

otuz iki 三十二
o. E108

otuz tümän 三十万
o. koltı D207

otuzunč 第三十
G042，G046

oyun 游戏
on qat qaš o. A094

oyunčı 戏人
B051

oz- 解脱、超越
o.-ɣays（ä）n A183
o.-ɣuluq yolung A021

öč- 熄灭
ö.-är D092

ö.-ti A124
ö.-ürdäči D096
ög1 母亲
ö.+ä kälmäz A233
ö.+din qangdın F155
ö.+i D132
ö. qang H57
ö.+süz C43
ö.+üm D285
ög2 心思
ö.+i köngüli D132
ö.+üngin köngülüngin A063
ögän 河
ö. qaẓsar K59
ögli 想的
ö J290
ö.+lärning H09
ö.+si F125
ögrünč 快乐
ö. bolur F205
ö.+i üküš A136
ö. köngül A100
ö. sävinč B071, D014, F118, F187, F200, F219
ö. sävinčligin H05
ö. t（ä）ngrim D245
ö.+ ü C28
ögrünčlüg 快乐的、喜悦的
ö. ärmäz A073
ö bolur F180
ö qılɣıl A012
ö sävinčlig D032, D043, D054, D064, D074, D084, D150
ö. yel A142
ögüz 河
ö. ärtgäli A035
ö. suvı K01
ök 语气词
ö. adalar F235
ökünmäk- 后悔
ö.+i üküš A082
öl- 死
ö.-mäz G098
ö.-sär B075
ö.-ür A218, C27, G032, G035, G037, G039, G045, G062, G096, F153, G042, H07, H39
ölüm 死亡
ö. ada bolur E009
ö. qaršısı g053, g092
öng1 面前的
ö.+i bo savqa A151
ö. išin bašlayıl A150
öng2 荒废的

ö. yer A250
öngäd- 恢复
ö.–di A202
ö.–gäli D157
ö.–gäy D162
ö.–mäki A077
ö.–ür K48
öngdün 东方
ö. kedin A006
ö. kündin G085
ö. küntün A142
ö. sıngar H48
ö. tayṭın J235
ö. yıngaq J239，J244
öngdürti 前面的
ö. täprämiš ootA123
ö. utru k（ä）lir A176
önglüg 英俊的
J219，J228，J232，J236
öngrä- 愤怒
ö.–gän A225
öngräki 先前的
ö. iliglär A093
öngür 衣服里子
ič ö.+dä C22
taš ö.+dä C31
öpkä- 怒火
tärk ö.–či J290
öriṭü 见 ötrü
ö. tägintim D279
örki 达官贵人
ö. kišilärkä A065
örlät- 折磨
ö.–miš ärsär D131
örtün- 隐蔽
ö.–miš beš grahlar J005，
örṭün- 见 örtün-
ö.–miš beš grahlar J005，J075
örüki 高、贵
ö. qoḍıqı A128
öṭäk 补偿、索赔
ö. berimig D097
ötlä- 讲解
ö.–di D003
ö.–p D111
ö.–p ärigläp D111
ötrü ….之后
B080，B082，D123，D181
ötüg 祈求
A035，A238
ö. savqa A035
ö. tiläk A238
ötün- 祈求
ö.–üp B080
övk（ä）läš- 动怒
üč özüt ö.–ür A029

öyür tögisi 黍

ö. D008

öz 自己、自身

ö. ätözi üčün ärsär K23

ö bahšılarım D286

ö.+i C27，D170，E008，J273，K32

ö.+in A005

ö.+in kälti A116

ö.+in sanga A083

ö. käntüngin A034

ö. käntüngkä A040

ö. kökün ısırsar C25

ö. kösämiš D288

ö.+läri D106

ö.+lärining B088

ö. tapıngča A006

ö.+üg yašıɣ D218

ö.+üngčä A120

ö.+üngin A018

ö. yaš qısılur F140

öẓ 见 öz

ö.+in J287

öz qonuq 生命之气

G001，G033，G036，G038，G040，G045

ö.+ı G043

özüt 灵魂

A029

ö.+kä H59

ö.+lär D123

ö.+tin H57

öẓüṭ 见 özüt

ö.+kä G078

pa 破 <<Chin. p‘uâ

F013，F029，F038，F039，F047，F079，F093，F108，J143

p. kün F013

paču 分之

I25，I29，I56，I58

pakunsi 破军星 <<Chin. p‘uâ –kyn–sieŋ

p. atl（ı）ɣ yultuzqa J286

parqay 八卦 <<Chin. puăt–kwa：j

H53

pi1 闭 <<Chin. piei

F081，F082，F086，J166

pi2 见 ping

F011，F099，J146

pi3 平 <<Chin. b‘iuaŋ

F105

p. kün J166

pii1 见 pi1

F114

pii2 见 ping

F026，F029，F033，F073，

F093
pii3 见 pi3
F052，F053，F055，F090，
G100，J154，J207
p. kün J154，J207
ping 丙 <<Chin. piuaŋ′
E089
pir 毕 <<Chin. piĕt
J319
pra 身体、容貌 <<Skt. pra
D192，D193，D194，D195，
D196
psaknč 四月 <<Sogd. ps'kye
I06，I70
pukunsi 见 pakunsi
p. atl（ı）ɣ yultuz D075
pun（a）rvasu 见 punarvasu
J113
punarvasu 井宿 <<Skt. punarvasu
J012，J051，J052，J088
purvabadirabat 室宿 <<Skt. purvabadirabat
J132
purvabadra 见 purvabadırabat
J106
purvapalguni 张宿 <<Skt. pūrvaphalguni
J014，J092，J117，J181
purvašadi 见 purvašat
J126
purvašat 箕宿 <<Skt. pūrvāṣāḍhā
J101
purvašt 见 purvašat
J070
puš 鬼宿 <<Skt. pusya
J052，J089，J114
p. yultuz J175
p.+taJ012
purvabadirpt 见 purvabadırabat
J007
qa 亲戚、同胞
q. qadašqa C13
q.+sınga D109
qabaq 眼皮
C45
qač- 逃离
q.-sa K20，K40
qačıl- 逃跑
q.-ur H45
qadaš 亲戚、同胞
qasınga q.+ınga D110
qa q.+qa C13
qadɣu 悲哀
q. bar A020
q. bälgüsi A079
q. yoq A145
qaḍɣu 见 qadɣu

busuš q. A167

qadɣuluɣ 悲哀的

q. turur A234

qadır 残忍的

q. qatqı qaṭıɣ sav A014

qal- 留下

ančulayu bolur q.-tı A051

qalıq 天空

kök q.+ta A023

qamaɣ 所有

q. adatın A183

q. bayumaq A095

q. el ulušlar A001

q. iš A029

q. küsämiš küsüšümüz D213

q. qılınčlar D096

q.+un taplatı A090

qamaɣlıɣ 所有的

q. kišikä A194

qamɣaq 飞蓬

q. barırtäg A096

qan- 满足

q.-ar B072, K25

q.-ıp D271

q.-maz A177

q.-tı A115, A201

qana- 流血

q.-sar G034, G036, G038, G041, G044

qan（a）t 翅膀

q.+ı sinip A245

qandur- 满足

q.-dačı D211

qanḍur- 见 qandur-

q.-ung D215

qang 父亲

H57

q.+dın F156

q.+ım D285

qap 甲 <<Chin. kab

F047, F071, F091, F099, g098, J166, J173

qapıɣ 门

q. B035, G084, J239

q.+ı A144, H16

q.+ıng A235

q.+nıng G051, J244

q.+ta B075

qar 内脏

q. ičintä ig kirdi A018

qara 黑

q. burčaq D069

q. ingäkning B095

q. orduluɣ E022

q. önglüg J228

q. pra D194

q. yılan H28
q. yılan kündä H44
yılqı q. K43，K63
yıl（q）ısı q.+sı F153
qara- 看、瞧
q.-ɣu ol H54，H55
qaraqčı 盗贼
q.+larɣa H38，H42
q（a）raqčı 见 qaraqčı
q.+larɣa H21
qarın 胃
q.+ınta B073
qarınč ？
J299，J307，J309
qarıš- 敌对
iki köngül q.-dı A071
qaršı 反、对面
q.+sı G053，G092，J277
qaršı bol- 敌对
q.-ur E008，F121，F123
qart 疮疖
q. baš bolur H58
qaš1 眼眉
q. täbr（ä）s（ä）r C44
q. t（ä）br（ä）s（ä）r C43
qaš2 玉石
on qat q. oyun A094
q tingitäg A097
qat 层
on q. qaš oyun A094
q. qat C20
qaṭ- 加上
q.-ıp G066
qata 次
yeti q. D090
qaṭıɣ 硬
q. b（ä）k qatıɣ D258
q. boltı A210
q. sav A014
q. tatıɣınıng A204
qatıɣlan- 变硬
tıda q.-ur A027
yolın käsä q.-ur A028
qatıɣlıɣ künčit 芝麻
J258
qatın- 变强
aɣrıɣlıɣ q.-tı A203
qatqı 苛刻的
qadır q. qaṭıɣ A014
q（a）tun- 见 qatın-
tep ootın q.-sar A211
qav- 聚集
t（ä）ngri hannıng q.-udı A185
qavıš- 遇见
q.-ur F126
qavuq 膀胱

q. üzä B114

qay 开 <<Chin. k ‘ai

F031, F048, F049, F051,

F056, F085, F113

q. kün J147, J199

qay- 转

q.–arsar A228

qaya 山崖

quruɣ q.+ta K70

qaytsı 晐子 <<Chin. ɣ‘ậi–tsiạ̣i

kün t（ä）ngri q.+sı A003

qayu 谁

B070, B073, B075, B080,

B083, B101, C16, C34, C36,

D087, D098, D115, D127,

D139, D152, D163, D171,

E005, H03, K42

qaz- 挖、开采

q.–ıp B077

q.–sar F241, K59, K59

qazɣuɣ 桩子

q. bäkürü toqayın tisär A188

qı 见 king

F075, F079, F087, F098, I78,

J002, J073

qıı 见 king

I75

qıl- 做

buyan q. A172

buy（a）n q. K02

üküš q. A053

q.–ayın K03

q.–durup E010

q.–ɣalı A090, D166

q.–ɣalır K02

q.–ɣıl A012, A111, A154,

A189, A229

q.–ɣu A068, B038, F236

q.–ɣul G097, K32

q.–ıp H50

q.–masars（ä）n A182

q.–mıš A037, A076, A226,

A249, K07, K10

q.–sa K10, K35, K37

q.–sar C21, D181, F237,

F242, F245, F247, G032,

G044, K29

q.–u umaz K23, K26

q.–ur C24

qılınč q. A030

tapıɣ q. A132

q（ı）l- 见 qıl-

q.–tı J265

qı（l）- 见 qıl-

q.–ɣuɣa D003

q.–mıš K24

qılıč 剑

yalıng q. A162

qılın- 被做、被成为

bäg bolɣalı q.–tıng A036

q.–ıntuq sayu iš A138

uluɣ q.+ tačı A191

qılınč 行为

ädgü q. A111，A229，

buyan ädgü q. A030，A068，D113，D280

q.+ınga K53

q.+lar D096

qılmıš q. A076

qılınčlıɣ 行为的

ädgü q. iš A053

ädgü q. išlärkä A079

qılıq 性格

q.+ı J273，J289

qılmıš 所做的

K54

qıltačı 所做的人

D219

qıraqžın 黑母马 <<Mong. qaraqčın

q. bodıs（a）t（a）vnıng B041

qırq 四十

q. yašta J291

qıš 冬天

aq q.+ıng az A159

qısıl- 缩短、挤压

öz yaš q.–ur F140

qısung ?

G079

qıv 福分

qut q. özin kälti A116

qıvlıɣ 幸运的

qutluɣ q. K17

qız 女、女性

A156，B029，B036，B060，B085，D278，E070，E073，E079，E085，E088，E091，E094，E097，E100，E103，E106，E109，F243，K25

q.+ɣa C25

q.+ı D116，D128，D140，D153，D164，D172，F147，J291

q.+ıɣ E065

q.+nıng D291

qızıl 红色

q. orduluɣ E045

q. pra D195

q. s（e）ɣısh（a）n H24

qıšqı 冬天的

q. üč aylarta F231

qod- 放、放弃

köngül q.–ɣıl A101

qamaɣ iš q.–ɣıl A030

tägzün tep q.–up G059

tütüš käriš q.–ɣıl A180

qodıqı 低、下

örüki q. A128

qol 手

q.+ın G072

q.+ta G007

qolɣu 防止

yäk ičgäkkä tar q.+ B037

qolbičin 腋下

G069，G073

qolu 十秒 <<Sogd. qolu

I03，I13，I41，I42，I51，I63，

I66，I70，I73，I82，I85，I89，

I93

qon– 降落

kölingä q.–maz A233

qonaq tögisi 粟

D019，D027

qong yutsı孔夫子 <<Chin. k‘ung–fuǝ̆–tsiẹi

q. bilgäning alı A106

qonguz 甲虫

qurt q.+ɣa B066

qonšı 邻居

q. qız A156

qop 很、非常

q. ädgülüg D220

q. iši K38

q. išing A148，A156

q. iškä K33

q. kösüš B072

q. kösüši K25

q. oɣramıšı K34

q. qamaɣ D212

q. türlüg E006

qor 损失

q. bolur K04，K10，K52

q.+ı yoq A148

qora– 减弱

kiši küči q.–sar A056

q.–yur A068

qoramaq 减弱

A054

q. atl（ı）ɣ ırq A054

qorqınč 危险

q. bolur C18，F117

qovı 不合

q. bolsar A181

qoyɣu 应避

F008，F013，F105，F112

qoyn 羊

B052，D066，D241，E074，

E104，F013，F016，F019，

F034，F053，F056，F066，

F090，F124，F146，F196，
F245，G009，G063，G064，
G065，I12，I84，J143
q. kündä F124，F146，F196，
F245，G009，G063，G064，
G065
q. künkä I12，I84
q. yıl D241，F016
q. yıllıɣ D066，E074，E104
qoysuq 鬼宿
q. yultuz J321
qua 花 <<Chin. xwa
q. G056，G057，G083，J266
quduɣ 井
q. ičin A103
q. qazsar F241
q. qaẓsar K59
täring q. atl（ı）ɣ ırq A102
quɣu quš 鸟、飞禽
q. učtı A232
qulaq 见 qulqaq
C41，C42
qulq（a）q 见 qulqaq
C40
qulqaq 耳朵
q.+ınga K61
q.+ta G003
qum 沙子
q. üzä A051
qumıra ？
J300
qunčı 中气 <<Chin. k–ljuŋ–k‘iəi
q. ärdäm J190
q. ol J171
qunčuy 公主 <<Chin. kəwŋ–tɕua'
q.+lar B039，B060，D101，
F221
q.+larnıng B073
qundu 红豆 <<Chin. ɣəwŋ–dəu
q. burčaq J256
qur 腰带
q. ısırsar C27
qur– 串起
ya q.–up oq atqalır A162
qurı– 干枯、枯萎
ayıẓı q.–yur G075
ädıng t（a）varıng q.–tı A059
ämti q.–mıš K08
suv t（a）mırı q.–ısar A055
yaš yavıšɣu q.–yur A056
qurt 虫子
q. qonguzɣa B066
quruɣ 干、枯
q. qayata K70
q. sögüt K37
q. sögüṭ K38

q. sögüṭkä K07,
quruɣsaq 肚子
q.+ta G026
quš 鸟、飞禽
quɣu q. učtı A232
učar q. učuumadın turdı A023
qus– 呕吐
q.–up ölür G037
qusqaq 呕吐不断
q. bolur G075
qut 福分
B014
q.+adur K33
q. buyan utmaq A002
q.+ı D266, D267, J140
q.+ın D272, D281
q. kälir A138
q. kältiA094
q. kösüš öriṭüD279
q.+lar ol F101
q. qıv özin kälti A116
q.+ung üzäA040
q. v（a）hšık D249
quṭ 见 qut
q. buyan ašılur K44
q.+ı E071, E074, E077, E080, E083, E086, E089, E092, E095, E098, E101, E104, E107, E110
q.+suz bolur K09
qutluɣ 吉祥的
B023, D192, D193, D194, D195, D196, D241, F002, F006, F012, I02, I05, I12, I15, I31, I37, I44, I47, I50, I52, I59, I61, I65, I68, I72, I75, I78, I81, I84, I87, I91, J003, J073
q. kün B021
q. qıvlıɣ K17
qutrul– 解脱
q.–tı A092
q.–up D125
quṭu 群
A051
quvraɣ1 群
yultuzlar q.+ı D208
quvraɣ2 僧众
q.+qa nom oqıṭıp E009
rahu 罗睺 <<Skt. rahu
r. garhıɣ J232
r. garhqa J256
r. grah E019
ram 二十一日 <<Sogd. r’m
r. roč I49
ratna 喝啰怛那 <<Skt. ratna

D190

rıvadı奎宿 << Skt. revat ī

J007，J049

r.+ta J033，J046

roč 日、天 <<Sogd. rwc

I01，I04，I06，I10，I22，I27，I35，I44，I46，I49，I55，I57，I61，I64，I68，I71，I75，I77，I80，I83，I87，I90

sač 头发

s. sırtıγıntın B130

s. soqunγu F134

s. soqun（γ）u kün2 F135

s. yürüng bolur F141

sač– 散发

s.–sar F240

sačıγ 供祭

C26，F240

s. tökük G077

sačıl– 消散

s.–ur A075

sadu 善哉 <<Skt. sādhu

B132，B133，D237，D237

saldur– 使放入

s.–up G078

saman 财神

E060

san 数、数量

I29，I58

s.+ı I17，I20，I24，I29，I53，I54，I57

s.+ın G067

s.+ınča B089

s（a）n 见san

s.–ı I55

san– 数、计算

s.+ur J273，J286，J287

sana– 计算

s.–γu ärsär E001，E003

s.–γu ol E002，E003，E064，E065

sančı– 刺入，刺痛

süüdä ärsär s.–ıtur A067

sanga第二人称代词方向格形式

s. ängirmädäči A008

s. kälti A088

s. uṭruntačı kišil（ä）r A050

s. öngdürti A0176

s. torülüg törü t[ägdi] A089

s. ton üzä ton kätilti s. A0149

s. yaqın eltišmiš A0198

sangıš 计数、列举

s. ol J005，J076

sanlıγ1 有名望的

ädlig s. A084

sanlıɣ2 属于

küskügä s. J002，J072

yäkkä s. E006

yetikänkä s. D104

yultuzɣa s. D007，D018，D026，D037，D049，D058，D069，D079

saqın- 想、思索

s.-mıš A201，D214，J220，J223，J227，J228，J232，J237，J249，K56

s.-sa K26

s.-sar D167

s.-sarsän K04

s.-sars（ä）n A187

saq（ı）n- 见 saqın-

s.-ɣuluq A019

saqınč 担忧、想法

A110，K04，

s.+ı K56

s.+ımıznı D214

s.+ıng A202

s（a）qınč 见 saqınč

B002

saqınčlıɣ 担忧的

A178

s.+lar H20

saqınɣučı 思索着

ayıɣ s.+lar A141

saqıš 计数、列举

G033，G035，G037，G039，G042，G046

saqlan- 避免

s.-ɣıl A231

s.-ɣu A213，J269，J280，J283

saqtı- ？

s.+mız I29，I58

sarıɣ 黄色

s. orduluɣ E035，J004

s. önglüg J218

s. pra D196

sarp 艰难

bolɣuluqı s. A239

kälmäki s. A078

yorımaqıng s. A084

sarqınaq 腹部

s. üzä B111

satabiš 危宿 <<Skt. satabhiṣaj

J105，J131

s. yultuzluɣ J003

s（a）tabiš 见 satabiš

J145

satıɣ 买卖

s.+ın F239

s.+qa K40

s. yuluɣ D166，H12

s. yuluɣı H20
saṭıɣ 见 satıɣ
K10
s.+qa K15
sav 话
aɣzanmıš s.+ıng A0147
ayıɣlı s.+ıngnıng A081
ädgü s. F156，F197
bu s.+qa A151
ögrünčü s. C28
ötüg s.+qa yorıma A035
qadır qatqı qaṭıɣ s. A015
s. alqınur A033
s. äšiṭüti A139
s.+ı F211，J289
s.+ım（ı）znı D220
s.+ın inčä ayur A014，A032，A070
s.+ın inčä tir A044，A055，A088，A102 A112，A133，A158 A174，A192，A223，A241
s.+ın inč（ä）tip H33
s. +qa kirkälir s（ä）n 169
sözlämiš s.+ıng A038
tümän s tüküni A126
say- 伤害
s.–dı seni bärtgäli A017
sayu 每个、按
qılıntuq s. iš A138
s. birär birär B121
s. iš küḍgüng A119
s. orun yurt A120
s. qız D278
s. qut kälir A138
säčil- 被选
eštä tušta s.–ting A048
säkiz 八
D235，F058，F091，G025，G064，H53，I53
s. yangı F058，H31
s. yangıda G025
s. yangıqa D235
säkiz elig 四十八
G064
säkiz otuz 二十八
D207，G039，H18，H27
s.+da G037
säkiz parqay 八卦
H53
säkiz y（e）g（i）rmi 十八
H25
s（ä）kiz y（e）g（i）rminč 第十八
K37
säkizinč 第八
B093，D231，E049，F041，

I77, J183, J268
s. ävtä J301
s. orduluɣ E069
säkiẓinč 见 säkizinč
s. kün G102
säkizinč ay 八月
D231, F041, I77, J183, J268
sängir 山峰
s. boltı A045
sär- 持续
s.-är J023, J024, J026, J027, J036, J037, J039, J040
s.- ilür J033, J046
säv- 喜欢
buyanıɣ s.-gil A111
s.+är B076
sävig 愉快的
s. köngülnüng H35
sävin- 喜悦
örüki qoḍıqı s.-ti A129
üngürsär s.-ür A235
sävinč 快乐
A013, A052, A088, A131, B071, D014, F118, F188, F200, F213, F220
sävinčlig 喜悦的
A155, D032, D043, D054, D064, D074, D084, D150, K44
s.+in H05
sävinmäk 喜悦
s. atl（ı）ɣ ırq A087
sen 你
ig toɣa ägirdi s.+i A017
s.+i birlä uluɣ qılıntačı A190
s.+i qamaɣun taplatı
sav tüküni s.+idä A126
saydı s.+i bärtgäli A017
s（e）ɣısh（a）n朱雀
qıẓıl s. H24
sɣta 时刻<< Sogd. saɣta
I26, I56
sı- 折断
adaqın s.-sar A216
sıčɣan 老鼠
C15, G086, G095, G095, G102, J147
s. kün G095
s. kündä G086, G098, G100
s. üdintä G095
siddham幸福 <<Skt. siddhaṃ
H52
sıɣ- 容纳
qılmıš qılınč s.-maz A076
sılıɣ tegin色利王子（人名）
D259, D274, D281

s（ı）n- 碎
s.–masar A215
sıng- 沉入
s.–ar B123，H03，H48，K66
s.–sar B063
sıqıl- 郁闷
bäg är s.–ur A024
sırtıɣın 外部、外面
sač s.+tın B131
sısla- 疼痛
s.–dur G068
sıtıbala 硕德八剌 <<Mong. sidibala
D267
sızla- 受伤
qolın buṭın s.–dur G072
sin 辛 <<Chin. si ĕ n
E074，E098，F066，F070，
F088，F098
sin- 见 sın-
kökṭä qan（a）tı s.–ip A245
lim s.–di A242
sinčav 辛朝 <<Chin. siĕn ȶiɛu
F009
sinha 狮子座 <<Skt. simha
J091
sinhanata 狮吼观音 <<Skt. siṃhanāda
B132
sirki 节气 <<Chin. tsier–k'iəi
F039，F044，F066，F071，
F072，F073，F077，J144，
J149，J158，J163，J170，J177，
J183，J196，J203，J210，J217
s（i）rki 见 sirki
s F024，J189
sitir 两 <<Sogd. styr
B077
siz 您
s.+ingiz ol t（ä）ngrimä D209
soɣıq 冷
s. suv A104
sol 左边
s.+tın C38，C41，C44
soma 月亮 <<Skt. soma
F013，F095
s. garh J186，J215
s. garhqa J251
s. grah E052
song 尔后、终结
s. yorıyo K47
soqul- 幢
yimrilti s.–tı taltı A244
soqun- 剪
s.–sar F137，F138
soqun（ɣ）u 见 soqunɣu
sač s. kün F135
soqunɣu 剪

sač s. künlär F134

soquš- 遇见

s.-ur C04，C19

sögüš 诅咒

s. atıš B047

sögüt 树

artuč s. buṭıqı A165

quruɣ s. K37

tit s. buṭıqı A163

sögüṭ 见 sögüt

ol s.+tä K42

quruɣ s. bičintä K38

quruɣ s.+kä kälsär K08

s.+nüng tüši K14

s. tiksär K42

tıṭ s.+kä kälsär K74

söki 先前的

s. hanlar A105

sön- 下沉

toz topraq özin s.-di A006

söz 话

ičiggüg s. A217

s.+gä K39，K51

s.+i H45，K28

s.+läyü B082

sözlä- 说、讲

s.-lim C34，H53

s.-miš A037

s.-p B089

s.-sär A033

s.-ti H33

sroš 十七日 <<Sogd. sr'wš

s. roč I01

sudur 经 <<Skt. sutur

D246，D261

s.+nung D276

s.+uɣ D001

suɣun 公马拉赤鹿

s. it qulqaqınga K61

supraq 矿

s. alṭun qutluɣ J073

suv 水

bir čomurmıš s. G081

oot qutluɣ s. B023

ögüz s+ı K01

F100，J078，J140

s. adası A176

s. aqar K70

s. bilän G058

s. igäsindin K62，K78

s. qutluɣ I31 I44，I47，I49，

I59，I61，I65

s. qutluɣ kiši D194

s. t（a）mırı A055

s. üzä H34

süzüg s. tigisi 135

yelli s.+lı täbräyü A103

yıdlıɣ s.+ta toqıp B074

suvadi亢宿 <<Skt. svātı

J121

suvasti幸福 <<Skt. suvasti

H52

svaha 娑嚩诃 <<Skt. svaha

D191，J234

sülä- 行军、帅兵

süü s.-sär A032

sülämäk行军

süü s. atl（ı）ɣ ırq A031

süngüš 战斗

B048，E050，E062

süskün 脊骨

s. oɣurqasıntın B127

s.+i G074

s.+tä G012

süt 奶

J254

s. ügrä J250，J263

s.+ingäB095

süṭ 见 süt

G058，G083

süü 行军

haqan han s.+si D265

s.+dä ärsär A067

s.+kä barɣu C29

s. sülämäk atl（ı）ɣ ırq A031

s. süläsär A032

süzük清

s. kertgünč köngüllük D243，D258

s. suv tigisi A135

š（a）mnanč比丘尼<<Sogd. šmn’nch

D098

šanda 献祭 <<Skt. santi

š. m（a）ndal qılɣul G096

šaničar 土星 <<Skt. sanaiscara

F097，J140

š. garh J175

š. garhqa J273

š. grah E023

šaniščar 见 šaničar

š. garhqa J255

šazin 清净 <<Skt. śāsana

š.+ıɣ D254

š（i）m参 <<Chin. səm̂

J321

šimnu 恶魔 <<Sogd. šmnw

D130

šipqan 十干 <<Chin. ʑiəp-kân

F099

š.+lıɣ D255，J002，J073

širavan女宿 <<Skt. sravaṇa

J021，J022，J025，J028，J029，

J038，J041，J042，J103，J129

š. yulduz J279

š.+ta J018，J023，J024，J036，J037

šiši ?

š. birgül G066

šiu 收 <<Chin. ɕiəu

F084，F112

š. kün F007

šiv 见 šıu

F022，F042，F057，F058，F070

šnahntinč 五月 <<Sogd. šn’xntyc

I74

šögün 上元 <<Chin. ʑiâŋ–ŋjwen

J001，J071

šük 安静、肃静

š. tur A240

šükür 金星 <<Skt. sukra

F007，F096

š. garhqa J254，J287

š. grah E033，J074，J200

šumnu 见 šimnu

š. yäklär K23

šusak 氐宿 <<Skt. visakhā

J097

šuvatır 亢宿 <<Skt. svātı

J096

taɣ 山

t. atl（ı）ɣ ırq A043

t.+da B050

t.+daqı J003

t. ičintä A062

t. ünti A045

t. yerintä A044

taɣıl- 成为

J311，J316

taɣtın 北方

kädin t. A143

küntün t. A007

t. yıngaqta J231

taɣṭın 见 taɣtın

öngdün t. J235

t. turup A184

t. yıngaqınta J247

tai ting 泰定 <<Chin. t‘âi–tieŋ

t. törtünč yıl E084

t. üčünč yıl E087

tal- 疲乏

soqultı t.–tı A244

talaš- 争斗

beš yäk t.–ur A029

til t.–ur A074

talqan 大麦粉

yeti tuṭum t. G080

tal（a）qn 见 talqan

yeti tuṭum t. G055

tam 墙

t. tägirmi t ičintä A057

tamdur– 烧

yula t.–ɣu D222

tamḍur– 见 tamdur–

yula t.–ɣu D236

t（a）mɣa 印章、盖章

bäg t.+sı A129

t（a）mır 脉

suv t.+ı qurısar A055

tamlang 贪狼 <<Chin. tham–laŋ

t. atl（ı）ɣ yultuz D004

tamlosi 见 tamlang

t. yultuznung B006

tamu 地狱 <<Sogd. tmw

t.+ta D117

t.+taqı D124

tanču 块

y（e）ti t. G055

t（a）nču 见 tanču

y（e）ti t. G080

tang 清晨

t. ärṭä J018

t.+da F154，F161，F167，F173，F179，F185，F191，F196，F202，F207，F212，F219，J017

tanu 射手座 <<Skt. dhanus J099

tap 心愿、满足

iš küḍgüng t.+ıngča A119

öz t.+ıngča A006

öz kösämiš t.+larınča D288

qop išing t.+ıngča A148

t.+ıngča alıp išlätgil A125

tap– 挣得、发现

äv t.–maz A033

bultung t.–tıng A011

kenin t.–ıšur K49

kiši qačṣa t.–maz K20

nämä t.–maz K40

öküš t.–ıšur H04

tavar t.–ar K73

tavar t.–ı bolur F132

tavar t.–ıšur K28

til ayız t.–ɣay A108

tiläsär t.–maz H36

t.–uɣ bolur H43

yoq bolsar t.–ıšur K16

tapa 疾病

ig t. körsär A237

ig t. körsärs（ä）n A077，A098

tapıɣ 效劳 供职

el ulušlar t.+ı A001

t. qıl A131

t. uduɣ D003，D180
tapıɣčı 仆人
tävlıg kürlüg t. A184
tapın- 供养
t.-ıp D012，D022
t.-ıp udunup D010，D029，D040，D051，D061，D071，D081，D160
t.-mıš E010
t.-sar D106，D122，K29
t.-sar udunsar D106，D122
t.-durmaz K51
tapla- 乐意
seni qamaɣun t.-tı A090
üstünki altınqı t.-dı a128
taq（ı）ɣu 鸡
D047，E098，F044，F049，F051，F092，F127，F150，F206，F227，F230，F247，G011，G056，I72，J284
t. kün F227，F230
t. kündä F127，F206，F206，F247，G011
t. künḍä F150
t. künkä I72
t. yıllıɣ D047，E098
t（a）q（ı）ɣu 见 taq（ı）ɣu
F057
taq- 戴
kumbandı t.-zun G089
taqı 更加
A199，A205，B079，B083，I18，I21，I25，I28，I54，I56，I57，K54
t.+ma K29
tar qolɣu 防止
t. vu ol B037
tarɣar- 抑制
t.-sar A096
tätrü saqınč t.-ɣıl A110
tarıɣ 后裔
t.-ı yavız bolur E009
tarıɣlaɣ 田地
B077
tarın- 抑制
yäk ičğäk t.-sar A225
tarqa 种种
t. ämgäk ämgändäčilär D119
tarqardačı 驱除者
t. ärürsiz D217
tart- 拉
quṭu t.-ıp A051
yel t.-sar B040
tart（ı）n- 亲近、亲密
t.+ɣučıC14
taš 外面、外部

G060
t.+ınta J245
t. öngürdä C31
t. qapıɣ G084
t. qapıɣnıng G051
t.+tın K19，K27，K32，K39，K44，K50
t. tört+uluɣnıng B118
t. tobıqta G017
taš- 沸腾
küzäč t.-ar a211
tašqar- 出外
t.-sar F243
tašqaru 外面
t. toqıɣu B124
tatıɣ 美味
ičinḍäki t. A216
qaṭıɣ t.+ınıng ärdinisi A204
t.+lar bütgükä A208
tatıɣlıɣ 美味的
t. boltung A118
tavar 财产、财富
A010，C09，C23，C31，D293，F127，H19，H36，H43，J277，K04，K11，K20，K27，K27，K40，K43，K48，K72，K73
t.+ı A137，H45
t.+ıng A050，A059
t（a）var 见 tavar
A075，A099，C41，D168，F132，F168，F170，F176，F178，F184，F202，F217，
tavɣač 中国
t.+qa kälip D002
tavıšɣan 兔子
D046，E086，F055，F086，F120，F141，F172，F226，F241，G005，G053，G065，I52，I68，J179
t. kün F120
t. kündä F172，F241，G005，G053，G065
t. künḍä F141
t. künkä I68
t. yılqı I52
t. yıllıɣ D046，E086
t（a）vraq 赶紧
t. buyan qıl A171
tayaɣ 支撑
t.-ı tetir A208
tayanč 官员
ınanč t. D142，D148
täg- 到达、得到
t.-är K47
t.-däči J291
t.-di A089

t.–gülük B028

t.–ir C12，C38

t.–mäzun B035

t.–särs（ä）n A085

t.–ürüp G085

t.–zün G059

tägärä 见 tägrä

K63，K64，K72，K77

tägin– 得到、到达

t.–tim D279

t.–tim（i）z D247

tägirmi 圆圈

t. tam A057

t. ısırsar C17

tägirmilä– 包围

t.–yüki yaɣıng A058

täglüg 失明

t. bolur F145

tägrä 周围

A060，A236

tägšil– 变成

äski atıng t.–ip A117

boqdam atıng t.–ip 118

yig äṭlär t.–ip 209

tägür– 传送、派遣

t.–miš y（a）rl（ı）ɣıng A009

tägzin– 流转

t.–miš A249

tälim 许多

t. boltı A058

t. qut D249

tavarı t. A137

üküš t. ögrünč A100

tälin– 裂

yer t.–ür A032

tämir 铁

t. tözlüg J284

t（ä）ngri 天神

A003，A022，A039，A040，A193，A243，D093，D292，E034，E054，I23，I53，I53，I55

t. aɣısı H18

t.bun sanı I20

t.+gä A012，A052，A130，G071，H50，K29

t. hannıng A185

t.+lär K27，K41

t.+lärning D250

t.+li A092

t.+m D212，D216，D217，D219，D221，D245

t.+mä D209

t.+mlärgä G090

t.+mlärning D250

t.+mlärtin H57

t.+ning I29, I57

t. oɣrısı H15, H36

t. ordusı H17, H41

t qapıɣı A144, H16

t.+si D093, E063, G070

t.+sintin H51

t. t（ä）ngrisi D093

t（ä）ngridäm 天神的

A002

täprä- 动

t.-mä A229

t.-mäsär A221

t.-miš A122, A123, A238

t.-s（ä）r C37, C40, C44

t.-sär A221, B126, B129, C45

t.-tük A119, A137

t.-yüA103

t（ä）prä- 见 täprä-

t.-sär C42

t.-s（ä）r C35, C39

t（ä）pr（ä）- 见 täpra-

t.-sär C38

t.-s（ä）r C41, C43

täpräš- 动摇

t（ä）ngrili yerli t.-ti A092

tärbi 台尔比（人名）

t. D244

täring 深

köngüli taqı t. A199

t. quduɣ atl（ı）ɣ ırq A102

tärk kiä 温和

J289, J290

tärkiš 争吵

t. bolur G07

t. kiši birlä J274

tärs 邪恶的

t. tetrü šmnu D130

tävlig 狡猾的

A064, A184

t.kürlüg buryuq A064

t. kürlüg tapıɣčı A184

täz- 消失、逃离

ayıɣ saqınɣučılar t.-di A141

täẓ- 见 täz-

tüṭüš kärištä t.-gil A048

te- 说

t.-p D095, D174, D179, D182, D279, G059, G087, H33

t.-s（ä）r B035

t.-sär A188, A250, B062, K03

t.-särs（ä）n A046, A047

tegin 王子

sılıɣ t. D259, D274, D281

tegmä 称为、叫

šögün t. J001, J071

temin 立即

A086

tep 局势

t. ootın q（a）tunsar A211

teräk 胡杨树

t. ıγač B077

tet- 品尝

t.-ir A209，D009，D020，D028，D039，D050，D060，D070，D080，D096

tetik 明智

t. bilgä kiši ä（r）sä K53

tetrü 相反的、邪恶的

t. qaraγu ol H55

t. šmnu D130

t. saqınč A110

tıd- 阻止

yaruqın t.–a qatıγlanur A027

tıdıγ 阻止

t. bar A231

tıdıγlıγ 阻扰的

tišingdä t. A161

tıḍıγlıγ 见 tıdıγlıγ

tišingdä t. A187

tıḍıl- 被阻碍

y（a）rumaqı t.–dı A023

tıγraq 强大

J275

tıltaγ 原因

B035，K79

t.+ınta D275

tıltaγlıγ 有原因的

t. H58

tıngraq 指甲

t. bıčγu F133

t. bıčγu kün F115

t. bıčsar F116，F131

tınlıγ 动物

D283

t（ı）nlıγ 见 tınlıγ

üküš t.+larγa K31

tınl（ı）γ 见 tınlıγ

tiši t. B071

ti1 见 ting

F006，F019，F022，F034，F038，F056，F067，F094，F099，I60，J142，J158

ti2 定 <<Chin. tieŋ

F019，F037，F066，F084，F091，F106

t. kün J174

tigi 声音

süzüg suv t.+si A135

yerdä t. ünti A091

tigilä- 发声、出声

čašut yongaγ t.–šir A074

yel üzä yel t.–p A015

tik- 植

sögüṭ t.–sär K42

til 舌

t. talašur A074

t. aɣız tapɣay A108

t. aɣız H44

t. aɣ（ı）z C24

tilä- 祈求

t.–är A185，A186

t.–miš D167

t.–sär A010，H19，H36，H41，H43

tiläk 请求、祈求

ötüg t. A238

tilämäk 求、恳求

t.+tä ıčanɣu ol A214

tilgän 地轴

t.+tin täpräsär B126

timäk 那么、如果

H02，H06，H11

tin 身体

t.+i uẓun aɣrıɣ yoq K74

ting1 丁 <<Chin. tieŋ

E086，E110，G086

ting2 听 << Chin. tieŋ

qaš t.+itäg A097

tir1 是

savın inčä t. A044，A055，A088，A103，A113，A133，A158，A174，A192，A223，A242

tir2 周三 <<Sogd. tyr

t. žımnu I11，I44，I64，I80

tirgäk yultuz 井宿

t. J322

tirig isig 生命

t. D174

tiš1 十三日 <<Sogd. tyš

I80，I83

tiš2 牙齿

t.+ingdä tıḍıɣlıɣ A187

tiši 女性、女人

är t. ikigugä K75

kiši t. üzä A236

t. aɣır bolur G054

t. balıqqa K46

t. kišining B091

t. kišining yılin E002

t. tınl（ı）ɣ B071

t. yenik bolur G076

t. yıl ärür J285

tit 落叶松

t. sögüt A163，K74

tit- 平息、制服

t.–mäking alp A083

tiṭig 泥浆
bir t. minšin G082
t. qılɣu künlärni F236
t. qılsar F237
titri- 颤抖
ming türlügin t.-yür A164
tiz- 消失
ıraq t.-är H20
tobıq 手腕
t.+ta G017，G024
t. üzä C10
toɣa 疾病
ig t. ägirdi A017
ig t. ägirsär B058
tolmaq 满
F104
ton 衣服
ol t. birlän F234
t. bıčsar F234
t.+ın uzatı kässär C16
t.+ınıng oqında B092
t üzä t. kätilti A149
uzun t.+luɣ B062
uzun t.+ luɣlarning B084
uzun t.+ luɣqa C05
y（a）ngı t. bolur C32
tonču 土块
t.+daqı A091
tonguz 猪
B016，D017，D025，E092，F007，F037，F077，F094，F130，F152，F218，G013，G052，J160
t. kün F006
t. kündä F130，F152，F218，G013，G052
t. yıllıɣ B016，D017，D025，E092
topraq 土
quṭı t. E074，E077，E110
t. F100，J081
t. qutluɣ D196，F006，F012，J003
toz t. özin A005
t. tözlüg J270
t. üzä t. A045
toq- 加入
borɣa t.-ıp B070
ingäkning sütingä t.-ıp B096
suvta t.-ıp B074
tašqaru t.-ıɣu B124
toqa- 钉
t.-yın tesär A188
toquz 九
t. E004，E012，E059，F067，F092，G026，G059，G085，

H15，H15，H24，I56，J031，J044，J169，J176

t.+ı H39

t. üd taqı üč paču I56

t. tu J033，J046

t. yangı F067，J176

t. y（a）ngı H24

t. yangıda G026

t. yangıɣa J031，J044，J169

t. yultuz J058

toquz on 九十

t. mang yerdä G059，G085

t. taqı bir tsu I54

toquz otuz 二十九

t. G042，H28

t.+da G039

toquz y（e）g（i）rmi 十九

t H26，J033，J046

toquz y（e）g（i）rminč 第十九

K41

toquzunč 第九

D232，E054，E072，H32，I79，J191，J278

t. ävtä J302

t. orduluɣ E072

t. üdtä I39

toquzunč ay 九月

D232，H32，I79，J191，J278

tosul- 被阻扰

küči ymä t.–maɣı A106

toyın 僧侣

änätkäk t. D001

kim qayu t. D098

t.+larıɣ ötlädi D002

toz 土、灰尘

t. topraq özin A005

tögi 谷物

öyür t.+si D008

qonaq t.+si D020，D027

tökük 供品

sacıɣ t. G077

tökül- 溢出

tatıɣ t.–gükä A216

töl 后代

t.+i yoq A220

töngür bösük 婚姻

H42

töpü 顶部

yinčürü t.+n D189

t.+dä bolur G013

töpi 见 töpü

t.+ntä D284

tört 四

B118，B118，D225，D232，F027，F039，F043，F061，F071，F087，G019，H18，

H27，I40，J023，J036，J143，J276
t. kün H06，H11
t. künli H02
t. orun J282
t. uluɣ čıularta A207
t. yangı F027，F039，F043，F061，F071
t. y（a）ngı H18，H27
t. yangıda G019
t. yangıɣa D225，J023，J036，J143
t. yıngaq A121
tört otuz 二十四
F015，F024，H31
t.+ɣa J018，J170
tört yegirmi 十四
H29
t.+kä D232
tört y（e）g（i）rmi 见 tört yegirmi
t.+gä J209，J216
tört y（e）g（i）rminč 第十四
B112，K22
törtünč 第四
D045，E029，E070，E084，E108，I01，I54，I63
t. ävtä J314
törtünč ay 四月
D227，D241，F014，F025，F069，F083，I01，I63，J158
törü 法度
törülüg t. tägdi A089
t.+süz H37，H45
t. yavız A099
tüzünlär t.+sin A190
törü- 出世
ätöz t.–gäy A108
törülüg 法度的
t. törü A089
törüng 稳住
t. tutɣıl A152
töz 源
t.+i bir A200
tözlüg 曜
tämir t. J284
topraq t. J270
tsii 觜 <<Chin. dzuai
J322
tsin 见 sin
I68，I72
tsu 四分之一 <<Sogd. t’swg
bir taqı üč t. I21，I54
tsui 嘴 <<Chin. dzuai
J320
tsun 寸 <<Chin. ts‘uən
B077

tu 度 <<Chin. do/dâkh

J033, J046

tuda 危险

ada t. adalanduru umaɣay D182

ada t. boltuqta D009, D039, D050, D070, D080

ada t. bolduqṭa D011, D020, D028, D060

ada t. qılu umaz K23

ada t.+lar D091

tuḍa 见 tuda

adang t.+ng A141

tuɣ- 出生

t.–ar D008, D019, D027, D038, D049, D059, D069, D079, D127, J012, J069

t.–arlar D105

t.–maqları D289

t.–mayın D278

t.–mıš D172, D295, E070, E073, E076, E079, E082, E085, E088, E091, E094, E097, E100, E103, E106, E109, G094, G097, J271, J285

t.–up D117

t.–urayın B062

t.–ursar B039

t.–uru B073

t.–uru B073

t.–urur B071

tul 寡妇

t. kiši alɣučı bolur C02

tulya 天秤座 <<Skt. tulā

J095

tuman 浓雾

t.+ı J295

tuq 迹象

t.+suz H34

tur– 站、起来

enč t. A239

šük t. A240

t.–dı A024

t.–sa K39, K44

t.–sar K33

t.–up A184, A186, B073

t.–ur A025, A026, A047, A047, A079, A210, A234, A248, H36, J0123, J109, J110, J110, J111, J112, J113, J114, J115, J116, J117, J118, J119, J120, J121, J122, J124, J125, J126, J127, J129, J130, J131, J132, J133, J134, J135, J136, K67

turma 祭品

yakšalarnıng t.+ları J259
turmaɣ 站、起来
A237, F102
turqaru 不断地
A152
turuš 争吵
t.+qa barma A049
t tütüštä B059
t.+ta törüsüz bolur H37
t.+ta tüṭüštä A212
tusu 收益
asıɣ t. A113
tusuluɣ 有益的
C17
tuš1 同伴
ešingä t.+ınga D108
eštä t.+ta A048
tuš2 收益
t. ašur H05
tuš- 遇见
t.–ar F129
t.–mıš H49
tušušmaq 相逢
t. atl（ı）ɣ ırq A013
tut- 抓、持
t. A053, A131
t.–ar J308
t.–ɣays（ä）n A197
t.–ɣıl A013，A035，A041，A100, A153
t.–mıš D013，D024，D030，D041，D052，D062，D073，D083
t.–q（a）lır A168
t.–qalır A167
t.–sar B069，B071，B072，D134
t.–up A163, A181
t.–zun B060
tuṭ- 见 tut
t.–ar J296, J297, J298, J299, J309, J310, K27
t.–aɣan tärkiš bolur G076
tuṭuš- 抽搐
t.– ur G074
tutdur- 使抓
t.–sar D112
tutmaq 执
F107
tutum 块
yeti t. G055, G080
tuturqan 稻米
t. tetir D038
tuṭuštačı 温和的
ädgü ögli t. J290
tuu 见 tu

bir t. J015

tuurı 争斗

t.+qa turušqa A049

tužıt 兜率天宫 <<Skt. tusit

üstün t.+ta D288

tüb 根

qulaq t.+i C42

tügnä- 烧伤

t.–sär G032，G041，G044

tükä- 结束

t.+di B131，D236，E059，G032，G035，G037，G039，G042，G045，K57

tükäl 结束

alqu ädirämgä t.–lig J288

ming küün t. D262

t.–di mäng C14

tükün 症结

tümän sav t.+i A126

tül 梦

yavız t. tüšäsär D131

tümän 一万

t. b（ä）rä yerdä A134

t. koltı yultuzlar D208

t. sav tüküni A126

tün 夜晚

t. J0123，J109，J110，J111，J112，J113，J114，J116，J117，J119，J120，J121，J122，J124，J125，J126，J127，J129，J130，J131，J132，J133，J134，J135，J136

t.+lä B064，I02，I38，I65，I47，I72，I78，I84，I91，J033，J046

t.+ün B056

tün li 天历 <<Chin. t'ien–liajk

t. baštınqi yıl E081

t. ikinti yıl E078

türlüg 种类

B081，D216，D260，D271，E004，E006，E012，H13，K42，K50

t.+in A164，A165

tüš 果子

ädgü qılınč t.+in D113

bo sögüṭnüng t.–i K14

t yimištäg K42

tüš- 落下

t.–är B074

t.–kälirs（ä）n A171

t.–sär B074

tüšä- 做梦

yavız tül t.–sär D131

tütsüg 香

t. köyürüp D158

tütüš 冲突

t.+kä C19
t käriš A179, H45, K05
t.+tä B059
tüṭüš- 见 tütüš
t. bolur A212, F150
t.–gülük ämgäk A072
t. kärištä A048
t. k（ä）riš A182
t.+ta saqlanɣu ol A213
tüṭüšlüg 敌对的
sözlämiš savıng tüṭüšlüg t. A038
tüz 平
t. ol K60
t. qoıɣu F105
tüzül- 整理、和好
tört yıngaq t.–ti A121
ini eči t.–ti A137
tüzün 善良的、品行端正的
t. äränlär D100
t. +lär oɣlı D115, D127, D139, D152, D163, D171
t.+lär qızı D116, D128, D139, D153, D164, D171
t.+lär törüsin A190
t. qunčuylar D101
uč- 飞
quɣu quš u.–tı A232
u.–u umadın A024
uča 腰
u.+da G020
učar quš 鸟
A023
učın 顶部
u.+ta G030
učıq yelpik 火妖
u. sıngar B063
učuz 容易
B065, B068, B071
ud 牛
B016, B046, B055, D016, D255, F013, F022, F038, F070, F084, F117, F138, F161, F239, F239, G003, G053, G061, H22, I02, I37, I60, I81
u. kündä F117, F138, F161, F239, G003, G053
u. künkä I02, I37, I60, I81
u. üdintä H22,
u. yıl D255, G061
u. yıllıɣ B016, D016
udluq 胯骨部
u.+ta G040
udrabatrbat 见 utarabadıravat
u. yultuzluɣ J074
uduɣ 供养

tapıɣ u. D003, D181
udun- 顶礼
tapınsar u.-sar D106, D123
tapınıp u.-up D010, D029, D040, D051, D061, D072, D082, D160
uɣra- 想做
u.-mıš A075, A178
u.-tıng A036
uɣur 原因
ig aɣrıɣ u.+ınta A016
uɣurıyıqı 打算
u. bolup D140
ulatı 等、有关
D206, D270
uluɣ 大、伟大、神圣
A072, A191, A207, B002, D014, D031, D053, D063, D074, D084, D102, D150, D242, D256, F005, F011, F018, F025, F028, F036, F050, F059, F065, F074, F083, H54, I01, I06, I34, I46, I64, I71, I77, I83, I90, J146, J164, J184, J192, J197, J211, K51, K54
u. atqa C11
u. ärk A121
u. erngäk C12
u.+larım D285
u. münükmäk atl（ı）ɣ ırq A241
u.+nıng B119
u. yäk K38
uluɣadu 晚年
u. yašı K32
uluš 国家
A007
u.+ınta D127
u.+lar A001
u.+uɣ D254
uma- 不能
adalanduru u.-ɣay D182
qılu u.-z K23, K26
tuɣuru u.-sar B073
uču u.-dın A024
umay1 胎盘
B074, B116
umay2 乌弥
u. isigikä B061
umuɣ 信赖
u. boltačı D260
unhan 周二 <<Sogd. wnx'n
u. žımnu I77
upasanč 比丘尼 <<Sogd. wp's'nc
D099, D245, D259

upası 比丘 <<Sogd. wp’sy

D099，D244

upınčy 八月 <<Sogd. ”b’nc

I55

ur- 挂

qapıɣ altınta u.-zun B035

urɣu 关节

u. ol B103，B106，B108，B111，B114，B117，B122

urı 男孩

u. oɣul A010，B100

uruɣ 种子

käntir u.+ı D059

u.+ları D268

urugini 毕宿 <<Skt. rohiṇ ī

J050，J051，J085

uruguni 见 urugini

J110，J162

ušɣna 二十日 <<Sogd. wšɣn’h

u. roč I27，I57

usıradu ？

J309

ut 二十二日 <<Sogd. w’t

u. roč I44，I46

utlılıɣ 快乐的

qonšı qız u. A156

utmaq 赢得、得到

A002

utarabadıravat 壁宿 <<Skt. uttarabhadrapadā

J139

utrabadpat 见 utarabadıravat

J007

utrabadra 见 utarabadıravat

J107

utrabadrabat 见 utarabadıravat

J133

utrapalguni 翼宿 <<Skt. udarapalguni

J093，J118

utrašadi 见 utrašatta

J127

uṭrašat 见 utrašatta

J102

utrašatta 斗宿 <<Skt. uttarāsāḍhā

J015，J017

utru 面对、对面

u. kälir A096

u. k（ä）lir A177

u. kälmäk atl（ı）ɣ ırq A112

u.+ngda A113

utruntačı 反对的

u. kišil（ä）r A050

uu 见 vu

E083

uvšaq 细小

u. ısırsar C18

uvut 害羞

C04，F143，G038

uvut yerin 私处

u.+ta C04，G038

uyqu 睡眠

G050

uz 美、完美

u. bolur K55

u. bütär K56

u. büṭär K49

uz t（ä）ngri išiki 吉祥相门

E054

uz t（ä）ngrisi 吉祥相

E063

uz- 解脱、脱离

u.-up D124

u.-yın D277

uzaq 远

K21，K40，K51

uzatı 纵向的

tonın u. kässär C16

uzaṭı 长久

B069

uzık 字 <<Chin. tzŭ

B102，B105，B107，B110，B113，B116，B118，B120

uzun 长

u. tonluɣ B062

u. tonluɣlarning B083

u. tonluɣqa C05

uẓun 见 uzun

u. aɣrıɣ K75

u. bolur D170

u. qıltačı ärürsiz D218

u. yaša maqta D270

üč 三

A029，D243，F031，F038，F080，F086，F230，F231，G056，H17，H26，I21，I25，I56，J296

ü. aylarta F226，F228，F230，F231

ü. ärdinilärtä D257

ü. ärdinilärṭä D243

ü. paču I25

ü. yangı F031，F038，F080

ü. y（a）ngı H17，H26

ü. yangıda G018

üč otuz 二十三

H30

ü.+ɣa F008，D229

üč y（e）g（i）rmi 十三

H28，J196

ü.+gä J202

üč y（e）g（i）rminč 第十三

B109，K18

üč yüz taqı säkiz altmıš 三百五十八
I18
üčün 为
D120，K23，K24，K32，K36，K36
üčünč 第三
D034，D226，E025，E073，E087，E090，F011，F021，F065，H23，I15，I33，I36，I46，I60，I61，I68，I75，I80，I87，J151
ü. ävtä J306，J313
ü. üdtä I81，I85，I88，I92
ü. yıl E069
üčünč ay 三月
D226，F011，F021，F065，H23，I33，I60，J151
üd 时辰、时刻
I56，J268
ü.+tä D269，H22，I02，I05，I12，I39，I42，I45，I48，I51，I62，I66，I69，I73，I76，I79，I82，I85，I88，I92
ü.+intä G093，G094，G095，J130
ü.+üngtä A003
üdün 尔时
ol ü. D093，D183
ügrä 面条
J250，J263
ükli- 增多、增大
ü.-（y）ür K43
ü.-yür D295
yala yangaru ü.-yür A075
üküš 许多
B035，B060，B075，C35，D248，F147，H04，K09，K24，K30
ögrünči ü. A136
ökünmäki ü. A082
ü. äd t（a）var A099
ü. qıl A053
ü. tälim A100
ülä- 分配、分发
ü.-miš buyan küčintä D263
ülgü 范例、等同
ü.-siz D287
ü.-süz D248
ülkär 昴宿
ü. yultuz J318
ülüg 运气
ü.+i F207，F215
ülüglüg 幸福的
A154
üm kišänin 裤子腰带
ü.+tä C28

ün- 出现、萌芽
ü.-är B076, B128, B131
ü.-gü H22
ü.-i K30
ü.-sä K27, K50
ü.-sär B064, H36, H41, H44, H47, K19, K32, K39, K44
ü.-ti A045, A046, A091
ü.-türmäk I58
ü.-üp A005
üngür- 破坏
qapıɣıng ü.-sär A235
üntä- 说话
ü.-däči til aɣız A108
üntürmäk 增加
I29
ürk- 受恐惧
ü.-sär D133
ürkürü 立即
K02
üsk 前面
ü.+üngdä A015, A027
üsk 见 üsk
ü.+üngdä A001
üstäl- 上升、升高
ü.-ip D269
ü.-miš D252
ü.-sun D251
ü.-ür D149
üstün 上面
C06, D247, D287
üstünki 上面的
A128
üsṭünki 见 üstünki
C45
üt 孔、穴
bir oq ü. C21
üz- 射
ü.-kälir A163
üzä 之上、借用
A015, A040, A040, A045, A051, A149, A235, A236, B077, B077, B077, B103, B105, B108, B111, B114, B116, C09, C11, C13, C30, D155, D168, D243, D257, D275, G052, H02, H06, H11, H34, H53
üzäki 以 … .. 而做的
ü. aš J252, J256, J257, J258
ü. yoɣrutluɣ aš J261
üẓäki 见 üzäki
ü öṭäk berimig D097
üzäliksiz 至上、无比的
ü. nom bošɣunmıš D286
v（a）hšik 天尊 <<Sogd. w’xšk

D249
vačir 金刚 <<Skt. vajra
v.+ɣa K34
vačrapani 金刚手菩萨 <<Skt. vajrapāṇi
J241
vaiširavani 多闻 <<Skt. vaisravaṇa
v. maharačqa E010
v. m（a）haračqa J263
vaišravani 见 vaiširavani
v. m（a）harač J248
vaisravana 见 vaiširavani
E066
vɣay 十六日 <<Sogd. β'γy
v. roč I61, I64
vɣkanč 七月 <<Sogd. βγk'nc
I79
vinayaka 善导 <<Skt. viñayaka
E067
vınay（a）kı 见 vınayaka
E061
vinayaki išiki 善导门
v. E039
virudaki 增长 <<Skt. virūḍhaka
v. m（a）haračqa J261
viruḍaki 见 virudaki
v. m（a）harač J246
virupakši 广目 <<Skt. virūp ā kṣa
v. m（a）harač J247
v. m（a）haračqa J262
višak 氐宿 <<Skt. viśakhā
J122
vpanči 八月 <<Sogd. ''b'nc
I08, I09
vrčik 天蝎座 <<Skt. vrscıka
J097
vriš 金牛座 <<Skt. vrṣabha
J084
vu1 符 <<Chin. buǝ̆
B012, B030, B031, B033, B034, B035, B036, B037, B038, B040, B041, B044, B050, B053, B056, B057, B060, B064, B065, B067, B068, B069, B070, B071, B072, B073, B074, B075, B076,
v.+nı B093
v.+sı B008, B011, B015, B025
v.+sın B090
vu2 见 bu
E107
vuɣč 九月 <<Sogd. βwγc
I86
vukuu 武曲星 << Chin. mbvy-khyog
atl（ı）ɣ yultuz D065

vunkyu 文曲星 << Chin. miuən–k'iuok

v. atl（ı）ɣ yultuz D045

vuu 见 vu1

G050

v.+sı D005，D016，D035，D046，D056，D066，D076

v.+sın D012，D023，D030，D041，D052，D062，D072，D082

vyaghra 虎狼 <<Skt. vyāghra

E068

ya 箭

y. qurup A162

yadıl– 被纪念、流传

y.–dı A146

y.–ıp K67

yaɣ– 下

y.–dı A005

y.–sun G090

yaɣı 敌人

küčlüg y. A122

y. F211

y. bar A232

y.+ng tälim A058

y. yavlaq A039

yaɣıd– 下

yaɣmur y.–ɣuɣa K58

yaɣılıɣ 敌对的

qılmıš išing y. A037

yaɣıš 供奉

y. ayıq G071

y. qılıp H50

y. yaɣsun G090

yaɣız 棕色

y.+daqı D249

y. yer A004

y. yerdä A090

yaɣlıɣ 有油的

y. aš J253，J255

yaɣmur 雨

y. yaɣdı A005

y. yaɣıdɣuɣa K58

yaɣuq 近

y.+taqı iš A140

yaksa 夜叉 <<Skt. yakṣa

E066

y.+larnıng J259

yala 谣言

y. yangɣu A075

yalanguquɣ 众生

D172

yalɣa– 解救

y.–ɣu vu ol B033，B036

yalın 火焰

oot y.+ı A123

yalıng 赤

y. qılıč A162
yaltraq at 鬼宿
J323
yaltrı- 发光、照亮
artuqraq y.–ıdı A194
yam（ı）z 鼠蹊部
y.+da mäng bolsar C02
yama 阎王 <<Skt. yāma
E068
yaman 坏、凶
K79
y（a）man 见 yaman
K63
yan 腰胁、身边
y.+ı adaqı G074
y.+ınta bolur G011
yan- 回
asıɣlıɣ y.–ar K55
äsän y.–maz K06
onta bir y.–ıp H39
yana 又、还
D108，D143，D274，J061，J064，J110，J113，J122
yangı 新
A085，A117，C32，D256，F017，F019，F020，F022，F023，F026，F027，F029，F030，F031，F033，F034，F035，F037，F038，F039，F040，F042，F043，F044，F047，F048，F049，F051，F052，F053，F055，F056，F057，F058，F060，F061，F063，F063，F066，F067，F068，F070，F071，F072，F073，F075，F076，F077，F079，F080，F081，F082，H15，H16，J149，J163，J176，J268，J278
y.+da G014，G016，G018，G020，G021，G022，G023，G025，G026，G027
y.+ɣa D224，D225，D226，D235 J008，J012，J017，J023，J031，J034，J035，J036，J044，J047，J048，J068，J069，J144，J150，J157，J169
y.+sı F001，I01，I04，I06，I09，I34，I46，I49，I60，I64，I67，I71，I74，I77，I80，I83，I86，I90，I93，J142，J146，J152，J153，J160，J165，J173，J178，J184，J192，J198，J205，J212
y（a）ngı 见 yangı
H15，H16，H17，H18，H24，H24，H25，H25，H26，H27，

H28，H29，H30

y.+γa F009

y.+sı F005，F011

y（an）gı 见 yangı

y.–sı I43

yangıl– 失败

išin küdügin y.–sar A212

kiši y.–sar A034

y（a）ngıl– 失败、失去

y.–zun G088

yangırṭı 新的、新鲜的

y. el olurγays（ä）n A053

yangqu 声音

küzki ıγač y.+sı A095

on qat qaš oyun y.+sı A134

y. yala A075

yangqur– 出声、回荡

tümän b（ä）rä yerdä y.–ar a135

yanturu 相反的

y. adalıγ ävingdä A189

y. yorıtı A105

y. yana D143

yapıš– 牵缠

enč turmaγ y.+ur A237

qapıγta y.–urzun B075

uluγ yäk y.+ur K38

yaq– 好感、喜欢

y.–maz A077

yaqın 近

y. eltišmiš A198

yaqṭur– 点燃

ming küün tükäl y.–up D262

yara– 中意、投合

y.–maγu vu B064

y.–maz F238，F239

yaraγlıγ 令人满意的

A156

yaraš– 比配、适合

y.–maz E008，F240，F241，F242，F243，F244，F245，F246，F247

y.–ur J277

yarašı ?

J266

yaratınmaq 行善积德

y.+ın ägsütmä A230

yarlıγ 敕令

ärklig hannıng y.+ı A025

tägürmiš y.+ıng A009

y.+ıng yorımaz A037

y（a）rlıqa– 命令

y.–dı D095，D174，D183

yarman– 爬

y.–ayın tesärs（e）n A046

yarnaya <<Skt. ?

J230
yaru- 照亮、发光
y.–dı A004
y（a）ru- 见 yaru
y.–dı A193
y.–maqı A023
y.–mıš A194
yaruq 光
kün ay y.+ın A027
kün y.+ı A174
y.+qa arqa A247
y（a）ruq 见 yaruq
y.+qı A194
y.+uɣ B123
yas 温和
ayaɣlıɣ qılıqı y. J289
yaš1 新鲜
y. yavıšɣu A056
yaš2 年龄
öz y. qısılur F140
özüg y.+ıɣ D218
y.+ı B089，K32
y.+ıngča K02
y.+ta J291
yaša- 生活
uẓun y.–maqta D270
yašar- 变年轻、变青
y.–dı A004
y.–ıp K08
yašıl 绿色
D079，E032，G081，J252，
J255，J261，J264
y. orduluɣ E032
y. burčaq D079，G081，J252，
J255，J261
y. burčaqlıɣ J264
yašlıɣ 年龄的
D287，E070，E073，E076，
E078，E082，E085，E088，
E091，E094，E097，E100，
E102，E106，E109
yašuruq 秘密的、隐私的
y.+ı iši A234
yasɣač 平板、双鱼座
könäk y. bašɣardı A011
yasqaɣ 平滑的
y. turur A046
yaṭ 外人、陌生人
y. kišikä A056
y. kišilär A198
y. kišilärtin A231
yavıšɣu 树叶
yaš y. A056
yavız 凶、坏
bo. išik y E042
törü y. A099

y. bolur E007，E009

y. ırq ol K13，K52

y. käzigi ol E013

y. künlär F233

y. künlärni F224

y.+ların E004

y. ol B005，B024，E018，E023，E047，E057，F120，F227，F229，F231，F232，H40，K38，K50，H46

y. saqınṣa K26，

y. tül tüšäsär D131

yavlaq 邪恶的

yaɣı. y A039

yayqı 夏天的

y. üč aylarta F228

yaz- 写

y.-sun G089

yaẓqı 春天的

y. üč aylarta F225

y（a）ztigird 耶斯提泽德（人名）I17

yäk 夜叉 <<Skt. yaksa

beš y. talašur A029

iki y. bar A062

uluɣ y. yapıšur K38

E060

y. ičgäk A038，A225，B032，B049

y. ičgäkkä B037

y. ičgäklär A166

y.+ig G051

y. išiki E014

y. išikingä E005

y.+kä D129，E006，G078，G087，H49

y.+kä ičgäkkä D129

y.+lär K02，K23

y.+ni E001

y.+tin E064

yäkšämbi 周日 <<Per. ykš'nbä

y. kün J311

yängä 嫂子

äkäng y.+ng sävinčlig A155

yäṭ- 够、能够

küči y.-mäsär G088

ye- 吃

bäg är yemin y.-yin A186

yegäṭ- 改善、变大

asra ärting y.-ting A008

täprämäsär y.-ing A222

yegätmäk 改善、变大

qut buyan utmaq y. A002

yeg 十分

y.+in äšiṭip D276

yegirmi 二十

y.+gä D231, D232

yeg（i）rmi 见 yegirmi

H18

y（e）g（i）rmi 见 yegirmi

D242, E078, H27

y.+gä D230, D233, D234, J210

yegirmi alti 二十六

E090

y（e）g（i）rmi bir 二十一

E081

yegirmi iki 二十二

E084

y（e）g（i）rmi säkiz 二十八

E096

y（e）g（i）rmi toquz 二十九

E099

yegirmi üč 二十三

E087

yegirmi yeti 二十七

E093

y（e）g（i）rminč 第二十

D234, K46

yel 风

y. eyın A133

y.+li suvlı A103

y tartsar B040

y. üzä y. tigiläp A015

y. yeltirdi A143

y. yeltirip A242

yelpik 哮喘

učıq y. sıngsar B063

yeltir– 刮风

y.–di A016, A143

y.–ip A242

yem 食物、饭食

bäg är y.+in A186

yenik 轻

A125, G054, G077, G091

yer 地、土地

A004, A006, A022, A032, A250, B125, K61, K78

y.+dä A091, A135, A187, G059, G086

y.+d（ä）ki C22

y.+intä A044, C05

y.+kä A012, A052, A130, H44

y.+li A092

yertinčü 世界

y.+tä D126, D287

yeti 七

B077, B086, D090, D206, D224, D227, D231, F009, F020, F035, F053, F057, F082, F090, F097, G023, G055, G055, G079, G079,

H30，J034，J047，J163，J268，J278，K42
y.+rär G080
y（e）ti 见 yeti
G055
yangı F020，F035，F053，F057，F082，J163，J268，J278
y. y（a）ngı H30
y. yangıda G023
y. yangıɣa D224，J034，J047
y. y（a）ngıɣa F009
yeti otuz 二十七
G037，H17，H26，I58
y.+da G035
y.+ɣa D227
yeti yegirmi 十七
y.+kä D231
yeti y（e）g（i）rmi 见 yeti yegirmi
H24
yeti y（e）g（i）rminč 第十七
K34
y（e）ti yüz 7 七百零七
J091
yetinč 第七
D075，D230，E044，E099，E109，F036，I74，J177
y. ävtä J300
y. kün G099
y. üdtä I50
yeṭinč 见 yetinč
G101
yetinč ay 七月
D230，F036，I74，J177
y. kün2 G101
yetikän 七星经
y.+kä D104，D173，D222
y. sudur ärdinig D261
y. sudur nom ärdinig D246
y. sudurnung D276
yevil- 顶峰、收集
ädıng t（a）varıng y.–di A050
yez 青蒿
G057，G082
yıdlıɣ 有气味的
y. suvta B074
yıɣ 降雨
y. tilär A186
yıɣ- 集中
köngülüng y. A239
yıɣač 见 ıɣač
J019，J079
yıɣač yultuz 木星
J019
yıl 年
A127，D088，D241，D255，J270，E006，E070，E073，

E076, E079, E082, E085, E088, E091, E093, E100, E103, E106, E109, F016, F059, G061, G093, G097, I27, I29, I56, I58, J138, J268, J271, J281, J285
y.+in E001, E002
y.+ning A085
y.+qı I16, I52, J004, J075, J137
y.+ta B101
yılan 蛇
B013, D067, D290, E080, E110, F007, F042, F067, F072, F081, F088, F122, F143, F184, F243, G007, G052, H28, H44, I47
y.+ɣa B066
y. kündä F122, F143, F184, F243, G007
y. künkä I47
y. künki G052
y. yıllıɣ B013, D067, D290, E080, E110
yılıɣ 温和
y. yumšaq A180
yıllıɣ 年的
B010, B013, B016, B016, D006, D016, D017, D025, D035, D036, D047, D047, D056, D057, D066, D067, D077, D290, D291, E071, E074, E077, E080, E083, E086, E089, E092, E095, E098, E101, E104, E107, E110
yıl（l）ıɣ 见 yıllıɣ
B069
yılqı 牲畜
y. qara K43, K62
y.+sı B075
yıl（q）ı 见 yılqı
y.+sı qarası F153
yıngaq 边、方
A121, G085, J239, J240, J241, J244
y.+ınta G051, J218, J246, J247, J248
y.+ta J231
yıpar 麝香
yid y.+täg A146
yiḍi y.+ı A210
yıraq 见 ıraq
A078
yid 气味
y. yıpartäg A146

yiḍ 见 yid

y.+i yıparı A210

yig 生疏、生

y. äṭlär A209

yigi 众多的

y. yäklär birlä K02

yigli 生疏的

y. bıšıɣlı ät G055，G080

yimiš 水果

G058，G083

y.+täg K42

yimril– 流失

y.–ti A244

yinčür– 鞠躬

y.–ütöpün D189

yipkin 紫色

y. orduluɣ E056

yitärü 足够的

y. kälti A113

ymä 还、又

A072，A073，A106，A107，B083，B101，D140，D154，D181，D218，D220，D232，D255，D274，E023，E047，F122，I28，I57，J001，J071，K08，K31，K35，K43，K65，K71，K14

yiu yio 延祐 <<Chin. yiæn–wiu

y. altınč yıl E102

y. bešinč yıl E105

y törtünč yıl E108

y. yetinč yıl E099

yoɣrut 酸奶

J264

yoɣrutluɣ 酸奶的

y. J251，J260，J262

y. aš J251，J260

yoɣurqan 毯子

y.+ıɣ C24

yol 路

A033，A213，B059，D165，F109，H02，H06，H08，H36，H41，H44，H47，K15，K36，K44，K50，K64

y.+ɣa C12

y.+ı B125

y.+ın A028

y.+ta H38

y. oruqnung A021

y.+ung A021，A061，A160

yoluq– 遇见

y.–maz H21，H43

y.–up H38

y.–ur H19

yomqı 都

C35，K76

yomuz 胯部
B108
yongaɣ 诽谤
čašut y. A074
yont 马
D077，E077，E107，F002，F002，F026，F033，F073，F075，F082，F089，F123，F145，F190，F229，F244，G008，G091，G092，G093，G093，I05，I91，J154
y. kün F002，F229，G093
y. kündä F123，F145，F190，F244，G008，G091
y. künkä I05，I91
y. yıl G092
y. yıllıɣ D077，E077，E107
yoq 没有
A081，A145，A145，A148，A220，A221，A250，B085，F127，K11，K16，K20，K40，K48，K75
yorı- 行路、奉行
y.–ɣalı D165
y.–ma A035
y.–maq I26，I56
y.–maz A037
y.–p K06
y.–r H05，H08，K28
y.–s（a）r H02
y.–sa K15，K36，K45，K50
y.–sar A095，A247，H06，H11
y.–tı A010，A105
y.–yo K47
yorıq 行动、运行
A110
y.–ı D088，J005，J076
yorımaq 行动、运行
y.–ıng A084
yoruq 见 yorıq
y.–ı G046
yoṭa 大腿
y.+ta G009
yörüntäg 措施
ämin y.+in A109
y qılmıš kärgäk K07
yörünṭäg 见 yörüntäg
y. šanda m（a）ndal qılɣul G096
yula 香
y. G057，G082
y. tamdurɣu D222
y. tamḍurɣu D236
yultuz 行星
B011，B015，B025，D005，D015，D034，D045，D055，

D065, D076, J006, J019, J032, J045, J058, J155, J168, J175, J187, J195, J201, J209, J216, J269, J279, J283, J318, J319, J320, J321, J322

y.+ɣa C04, D007, D018, D026, D037, D048, D058, D068, D078, J272, J286

y.+ı J138, J144, J148, J161, J181

y.+lar D208, J109

y.+luɣ J004, J074

y.+nung B007

yuluɣ 买卖

satıɣ y. D166

saṭıɣ y. H12

saṭıɣı y+ı H20

yulun- 剥去

bayıng čuyung y.-tı A009

yumšaq 软

yılıɣ y. bolɣıl A180

yumuš 事情

iškä y.+qa D144

yungla 使用 <<Chin. yioŋ

y.-ɣıl A099

yurt 家乡、居住地

olurtuq sayu orun y. A120

yutuz 女人、女性

B097, D293

y.+lı B087

yuušing 宇星 <<Chin. wua'-siəŋ

y. atl（ı）ɣ yäkkä H49

yügärü 起身、呈现

A001, A015, C40

yügürük 快跑的

y. atlarıɣ A124

yükün- 蹲

y.-üp D189

y.-zünlär D090

yüräk 心脏

G073

y.+tä G036, G043

yürüng 白色

y. bulıt A004

y. bolur F142

y. orduluɣ E015, E040, E051

y. pra D192

yüüz 见 yüz

C40

yüüzlüg 有名的

D100

yüvig 凶、不吉祥

y. kälmiš F224, F233

yüz 一百

A165, D216

yüz 66 一百六十六

J097

yüz otuz alṭı 一百三十六

y. kün2 J310

yüz tört elig 一百四十四

y. qolu I40, I51, I82, I85

yüz 脸

y.+i A004

zmuhtuɣ 二十八日 <<Sogd. zmwxtw γ

z. roč I35

zün 闰 <<Chin. ń z juen

z. ay I08

žim 壬 <<Chin. nʑịəm

F060, F063, F089, I05, I32, I50, I62, I65

žim 见 žim

E071, E095, G101

žimnu 星期 <<Sogd. ž'mnw

I01, I04, I06, I11, I30, I36, I44, I46, I49, I59, I61, I64, I68, I71, I75, I77, I80, I84, I87, I91

žimtič 十一月 <<Sogd. žymd'

I45, I93

下篇：语言研究篇

第三章　回鹘文历法和占卜文献语言的结构特点

第一节　回鹘文历法和占卜文献语言的语音分析

3.1.1 元音

古代回鹘文历法和占卜文献语言里共有a，ä，e，ı，i，o，ö，u，ü等九个一般元音音素。

3.1.1.1 元音的分类

古代回鹘文历法和占卜文献语言中的元音音素根据舌位前后、开口度和嘴唇圆展情况可做以下分类：

1. 根据舌位前后分

a. 前元音：ä，i，ö，ü

b. 后元音：a，ı，o，u

c. 央元音：e

2. 根据开口度大小分

a. 宽元音：a，ä

b. 窄元音：ı，i，u，ü

c. 半宽半窄元音：e，o，ö

3. 根据嘴唇圆展分

a. 圆唇元音：o，ö，u，ü

b. 展唇元音：a，ä，e，ı，i

此外，古代回鹘文历法和占卜文献中的一些回鹘语固有词和汉语借词中出现o，u和ü等元音的双拼情况。古代回鹘文历法和占卜文献中出现oot（ 火，A 019，A 070，A 123，A 211，B023，E104，E107，F002，F101，I12，I15，I36，J006，J077），tuurıqa（冲突，A 049），süü（军队，A031，A 032，A 067，C29，D265），yüüz（脸，C40，D100），küün（日，D262）等词中元音o，u和ü重写现象，但这些词中重写的oo，uu和üü不能与一般元音o，u，ü形成绝对对立，也没有特殊的书写标记。因而可以推断，古代回鹘文历法和占卜文献语言中可能不存在长元音音素，文献中这些词出现的元音双拼现象可能受书写习惯的影响。古代回鹘文历法和占卜文献中出现vuu（符，D005，D012，D016，D023，D030，D035，D041，D046，D052，D056，D062，D066，D072，D076，D082，G050），luusun（禄存，D034），luu（龙，D056，E083，F068），vukuu（武曲，D065），uu（戊，E083），kuu1（癸，E092，F051，F055），kuu2（危，F060），buu（ 戊，F017，F031，F039，F085，I16，I88，I91，J002，J072），čuu（除，F024，F026，F073，F075，F088，F103）等汉语借词中元音u的双拼现象，汉语借词中的这种现象应与回鹘语词汇双拼区别对待，因为这些词的写法可能表示二合元音，且都涉及古代维吾尔人所接触的汉语方言读音。

3.1.1.2 元音分布

1. 元音a 可出现在词首、词腰、词末或词的任何一个位置，最常见的位置为词首和词腰

a. 词首：ačıɣ　　　　（赏赐，A182，C042）

adruq （多余的，D118，D276）
ayı （财富，C035，H018）
ayız （嘴，A108，H044）
b. 词腰：baš （头，B070，J311）
barq （房屋，D294）
bars （老虎，B069，D035）
bayır （内脏，A238）
c. 词末：ada （危险，A030，A060）
qara （黑，B095，D069）
t（a）mya （印章，A129）
tapa （疾病，A077，A098）

2. 元音 ä 可出现在词首、词腰和词末，在词腰出现较多

a. 词首：äd （财富，A010，A074，A099）
ädgü （好，F181，K058）
ädlig （富裕的，A084）
ägri （歪、不正当，A110）
b. 词腰：bäg （伯克，A024，A186）
bägni （酒，G084）
bälgü （征兆，A062，A079）
küzäč （壶，A206，A211）
c. 词末：nä （什么，A190，A204）
tägrä （周围，A060，A236）
ügrä （面条，J250，J263）
üzä （之上，A015，A040）

3. 元音 o 可出现在词首和词腰，一般不出现在词末

a. 词首：oyrı （贼，C007，H021，H042）
oyul （孩子，A010，B036）
ol （它，B003，B079，B098）

	oyun	（游戏，A094）
b. 词腰：	qodıqı	（低，A128）
	qol	（手，G07，G072）
	qolɣu	（防止，B037）
	qolbičin	（腋下，G069，G073）

4. 元音 u 可出现在词首、词腰和词末

a. 词首：	uča	（腰，G020）
	učuz	（容易，B065，B068）
	ud	（牛，B016，B046，B055）
	ulatı	（等，D206，D270）
b. 词腰：	uduɣ	（供养，D003，D181）
	uɣur	（原因，A016）
	uluɣ	（大，A072，A191）
	uluš	（部落联盟、国家，A007，D127）
c. 词末：	alqu	（所有的，B057，B058）
	paču	（分之，I025，I029，I056）
	qadɣu	（悲哀，A020，A079）
	qayu	（谁，B070，B073，B075）

5. 元音 ö 只能出现在词首和词腰，不出现在词末

a. 词首：	ögän	（河，K059）
	ögli	（事物，J290）
	ögrünč	（快乐，A136，F205）
b. 词腰：	kögüz	（心，A082，A082）
	kök	（天空，A023，A245）
	kön	（皮革，K004）
	köngül	（心，A019，A071）

6. 元音 ü 可以出现在词首、词腰和词末，但词末出现较少

a. 词首：	üč	（三，A029，D243，F031）

üsk （前面，A015，A027）
üt （孔，C021）
ülkär （昴宿，J318）
b. 词腰：üčünč （第三，D034，D226）
üküš （许多，A082，A099）
ülüg （运气，F207，F215）
tün （夜晚，J109，J110，J111）
c. 词末：ädgü （好，F181，K058）
ülgü （范例，D248，D287）
ärtingü （特别，B003，B005）
äygü （肋，H026，H030）

7. 元音e只能出现在词首和词腰

a. 词首：ediš （罐子，A206，A208）
ediz （高，A046，A047）
el （王国，A083，A203）
enč （平安，G053，G064）
b. 词腰：keč （晚，B074）
kelän （麒麟，A042）
kenin （尔后，K048）
kertgünč （虔诚，D244，D258）

8. 元音ı可出现在词首、词腰和词末，但词末一般很少出现

a. 词首：ıduq （神圣的，D253）
ıɣač （木，A134，B077，B077）
ınanč （大臣，A205，D142）
ıraq （远，C037，D165，K010）
b. 词腰：butıq （枝条，A164，A165）
čaıtır （角宿，J095，J120）
čıɣ （芨芨草，G056）

laɣzın　（猪，I044）
c. 词末：oɣrı　（贼，C007，H021）
otačı　（医师，B064）
qıšqı　（冬天的，F231）
tapıɣčı　（仆人，A184）

9. 元音 i 可出现在词首、词腰和词末

a. 词首：ič　（内，A104）
ičgäk　（精灵，A038，A225）
ig　（疾病，A011，A016）
igä　（主人，K062，K078）
b. 词腰：bir　（一，J109，J110）
bilän　（一起，F125，F128，G058）
bilgä　（智人，I053，K054）
birök　（如果，A031，A043）
c. 词末：či　（成，F111）
iki　（二，A062，A071，A136）
eči　（兄弟，A137）
ikinti　（第二，D015，E021，I004）

3.1.1.3 元音和谐

古代回鹘文历法和占卜文献语言中的元音和谐一般体现为发音部位上的和谐和唇状和谐两个方面。其中发音部位和谐是基本的、绝对的，而唇状和谐是次要的，它在部位和谐的基础上得以实现。

1. 发音部位和谐

发音部位和谐指词中前后音节中的元音在部位上的同类搭配，即前元音和前元音、后元音和后元音的组合。这种和谐只有在多音节词中前后元音之间或词根后缀接附加成分时才会出现。

（1）词干内部的发音部位和谐

古代回鹘文历法和占卜文献语言中词干内部的元音和谐有以下几种模式。

①后元音与后元音组合形式

a—a 型：ada　（危险，A030，A060）
qara　（黑，B095，D069）
tapa　（疾病，A077，A098）
bačaɣ　（斋戒，D242，D256）

a—ı 型：aɣır　（重，D154，D242，D256）
aɣız　（嘴，A108，H044）
alın　（额头，B130，G010）
baɣır　（内脏，A238）

a—u 型：alqu　（所有的，B057，B058）
arquru　（倒反，B073）
artuq　（多余，H040，H043）
altun　（黄金，F071，F100）

o—u 型：bodun　（人民，B067）
čomurmıš　（船，G081）
oɣul　（孩子，A010，B036）
ordu　（宫，H017，H041）

o—a 型：ornaɣ　（设立，A168）
toɣa　（疾病，A017，B058）
tolmaq　（满，F104）
topraq　（土，E074，E077）

o—ı 型：tobıq　（手腕，G017，G024）
toyın　（僧侣，D001）
yomqı　（都，C035，K076）
yorıq　（行动，D088，J005）

u — u 型：uduɣ　　（供养，D003，D181）
yuluɣ　　（买卖，D166，H012）
yumuš　　（事情，D144）
yutuz　　（女人，B097，D293）
u — a 型：uča　　（腰，G020）
utmaq　　（赢得，A002）
uvšaq　　（细小，C018）
uzaq　　（远，K021，K040）
u — ı 型：tuurı　　（争斗，A049）
učın　　（顶部，G030）
ulatı　　（等，D206，D270）
urı　　（男孩，A010，B100）
ı — ı 型：bıqın　　（胁，C030）
bıšıɣ　　（熟，A209）
qılıč　　（剑，A162）
qılınč　　（行为，A111，A229）
ı — a 型：tıɣraq　　（强大，J275）
tıltaɣ　　（原因，B035，K079）
tıngraq　　（指甲，F133）
yıpar　　（麝香，A146，A210）
ı — u 型：bıčɣu　　（剪的，F115，F133）
ıduq　　（神圣的，D253）
saqınɣučı　　（思索着，A141）
taq（ı）ɣu　　（鸡，D047，E098）

② 前元音与前元音组合形式

ä — ä 型　ärän　　（男，D101）
äsän　　（平安的，B062）
kägädä　　（纸，G057，G082）

	tägrä	（周围，A060，A236）
ä—ü 型	äsrük	（醉，A057）
	käntü	（自己，A007，A041）
	mängü	（永远，D292）
	nägü	（为何，K003，K004）
ä—i 型	äski	（旧，A117）
	čärig	（士卒，A039）
	kädin	（西边，J284）
	käntir	（麻，D059）
ö—ü 型	köngül	（心，A019，A071）
	ötrü	（尔后，B080）
	ötüg	（祈求，A035，A238）
	özüt	（灵魂，A029）
ö—i 型	ögli	（事物，J290，H009）
	örki	（达官贵人，A065）
	öngdürti	（前面，A123，A176）
	söki	（先前的，A105）
ü—ü 型	küsün	（实力，D251，A248）
	küsüš	（愿望，D168）
	süngüš	（战斗，B048，E050）
	süskün	（脊骨，B127）
ü—ä 型	bütmäk	（成，F111）
	müyüz	（角，A042）
	tümän	（一万，A134，D208）
	ügrä	（面条，J250，J263）
ü—i 型	küzki	（秋天的，A134）
	üstünki	（上面的，A128）
	yüvig	（凶，F224，F233）

	künčit	（芝麻，J257，J258）
i—i 型	bičin	（猴子，F043，F048）
	bilig	（知识，B129）
	bitig	（书，D012，D121）
	iki	（二，A062，A071）
i—ä 型	birlä	（一起，A191，A196）
	ičgäk	（精灵，A038，A225）
	kičä	（晚上，B098，F159）
	kišän	（腰带，C029）
i—ö 型	birök	（如果，A031，A043）
i—ü 型	ičgü	（喝的，B031，B039）
	ikigü	（俩，J311，J312）
e—ä 型	erngäk	（拇指，C012）
	ertäkün	（清早，A171）
	esänč	（安稳，B004）
	kengäš	（劝告，F158）
e—i 型	bešinč	（第五，D055，D228）
	beti	（脸面，B105）
	eči	（兄弟，A137）
	ediš	（罐子，A206，208）

（2）词干和附加成分之间的元音部位和谐

词干和附加成分之间的元音内部和谐是指词干后缀接附加成分时，在带有后元音的词干后缀接带有后元音的附加成分或在带有前元音的词干后缀接带有前元音的附加成分。这样就形成了每一附加成分的两种变体，即前元音性变体和后元音性变体。下面以附加成分的这两种变体为据，对古代回鹘文历法和占卜文献语言中词干和附加成分之间的元音部位和谐进行实例解释。

① 前元音性和谐

ämgändäči+ lär	（受苦者们，D119）
ätöz+üng	（身体的，A060）
iglä+ sär	（若生病，G063）
k（ä）ntü+ nüng	（自己的，A106）
käs+ sär	（若剪断，C016，C026）
közün+ mäz	（不出现，A021）
öč+ är	（熄灭，D092）
ükli+ yür	（增多，D295）
sär + är	（持续，J023）
yäk+ lär	（夜叉们，k002）

② 后元音性和谐

ayrı+ yur	（疼痛，G075）
alqın+ ur	（耗尽，A033，D092）
alta+yur	（欺骗，A039）
aqtur+ sar	（若使流动，F244）
bar+sa	（若果要去，K010，K021）
ongul+ur	（恢复，K017，K028）
qana+sar	（若果流血，G034，G036）
sı+sar	（若折断，A216）
ton+ ınıng	（衣服的，B092）
yalɣa+ ɣu	（解救的，B033）

2. 齿状和谐

唇状和谐指多音节词中词干内部和附加成分之间的元音在唇状方面的搭配，即圆唇元音同圆唇元音、展唇元音同展唇元音的相互搭配。

（1）词干内部的齿状和谐

① 圆唇元音的和谐

bodun	（人民，B067）

čomuɣluɣ　（沉溺处，H056）
köngül　（心，A019，A071）
müyüz　（角，A042）
oɣul　（孩子，A010，B036）
ögrünč　（快乐，F205）
qonguz　（甲虫，B066）
sögüt　（树，A165）
tonguz　（猪，B016，D017）
yomuz　（胯部，B108）

②展唇元音的和谐

allıɣ　（狡猾的，A026）
ärkäk　（男性，J271）
čärig　（士卒，A039）
ičgäk　（精灵，A038，A225）
kärgäk　（应该，D013，E011）
nätäg　（如何，H034）
qaraqčı　（盗贼，H038，H042）
sačıɣ　（供祭，C026，F240）
taɣtın　（北方，A007，A143）
yaqın　（近，A198）

（2）词干和附加成分之间的元音齿状和谐

①圆唇元音的和谐

kös+üš+üng　（愿望，A115）
köy+ür+üp　（使……燃烧，B094）
köz+üng　（眼睛，A144）
oɣul+ ung　（孩子，A154）
olur+up　（坐，A124）
öl+ür　（死，A218，C027）

qur+up （串起，A162）
qus+up （呕吐，G037）
soq+uš+ur （遇见，C004，C019）
ton+luɣ （衣服，B062）
②展唇元音的和谐
ač+ıl+ tı （被打开了，A003，A144）
alqat+ mıš （赞美的，D253）
baɣır+tın （内脏，A238）
ıčan+ ɣıl （要避免，A065）
ig+lä+sär （若生病，G063，G096）
ingäk+ning （牛的，B095）
käm+l（ä）n+ip （生病，A244）
qapıɣ+ nıng （门，G051，J244）
sär+är （持续，J023，J024）
tarɣar+sar （若被抑制，A096）

3.1.1.4 元音音变

古代回鹘文历法和占卜文献语言中元音唯一的变化现象是元音脱落。古代回鹘文历法和占卜文献语言中的一些多音节词后缀接附加成分发生词法变化时，出现后一个音节中的元音因为重音后移而脱落的现象。例如：

köngül+üng — könglüng（你的心，A082，A178）
küḍüg+üng — küḍgüng （你的事情，A119）
oɣul+ı — oɣlı （他的儿子，A233，B084，D116，D128）

3.1.2 辅音

从文字记录情况来看，古代回鹘文历法和占卜文献语言中共有b，p，d，t，g，k，s，z，ɣ，q，m，n，ng，l，r，š，v，y，č，w，h，ž等22

辅音。其中b，p，d，t，g，k，s，z，ɣ，q，m，n，ng，l，r，š，v，y，č，h等20个辅音具有音位的功能。辅音w和ž只用于记录借词，分别为辅音v和z的条件变体①。

3.1.2.1 辅音的分类

古代回鹘文历法和占卜文献语言的辅音据发音部位、发音方法和声带振动与否可以分为以下三类。

1. **按发音部位分**

a. 双唇音：b，p，m，w

b. 唇齿音：v

c. 舌尖前音：s，z

d. 舌尖中音：d，t，n，l，r

e. 舌叶音：š，ž，č，y

f. 舌面音：g，k，ng

g. 小舌音：q，ɣ

h. 喉壁音：h

2. **按发音方法分**

a. 塞音：b，p，d，t，g，k，q

b. 擦音：s，z，š，ž，ɣ，h，y，v，w

c. 塞擦音：č

d. 鼻音：m，n，ng

e. 边音：l

f. 颤音：r

3. **按声带震动与否分**

a. 清音：p，t，k，q，s，š，č

b. 浊音：b，d，g，ɣ，z，ž，l，r，m，n，ng，h，y，v，w

---

① 阿不都热西提·亚库甫，1996。

3.1.2.2 辅音的分布

1. 辅音b主要出现在词首，较少出现在词腰和词末

a. 词首：baqır （铜，G057，G083）
bälgü （征兆，A062）
bel （腰，G069，G073）
bıqın （胁，C030）
bilgä （智人，I053，K054）
bor （酒，G058，G084）
bulung （角落，A142，A143）
bütün （全，A073）

b. 词腰：qabaq （眼皮，C045）

c. 词末：tüb （根，C042）

2. 辅音p比较常出现词腰，在词末出现的较少，一般不出现在词首，借词中才见于词首

a. 词腰：apam bir （如果，A215）
arpa （青稞，G050）
opra （消损，A218）
qapıɣ （门，B035）
tapa （疾病，A077）
tapıɣ （效劳，A001）
tapla （乐意，A090，A128）
töpü （顶部，D189，G013）

b. 词末：alıp （取A125，B094）
alp （艰苦的，A078）
qop （所有，D220）
sarp （艰难A078，A239）

c. 词首：pa （<<Chin. p‘uâ 破，F013）

parqay　（<<Chin. pu ǎ t–kwa：j 八卦，H053）

pra　（<<Skt. pra 身体，D192）

purvašat　（<<Skt. pūrvāṣāḍhā 箕宿，J101）

3. 辅音d主要出现在词腰和词末，借词中才见于词首

a. 词腰：ada　（危险，A030，A060）

ädgü　（好，F181，K058）

boqdam　（臭，A118）

buɣday　（小麦，D049）

ordu　（宫，J137）

qadɣu　（悲哀，A020）

quduɣ　（井，A103，F241）

uduɣ　（供养，D003）

b. 词末：äd　（财富，A010，A074）

üd　（时辰，I056，J268）

qod–　（放，A030，A101）

tıd–　（阻止，A027）

ud　（牛，B016，B046，B055）

yid　（气味，A146）

c. 词首：darni　（< Skt. dh ā ran ī 陀罗尼，B088）

dyan　（< Skt. dhyāna禅那，B132）

4. 辅音t出现于词首、词腰和词末

a. 词首：taɣ　（山，A043，B050）

t（a）mɣa　（印章，A129）

tavar　（财产，A010，C009，C023）

täglüg　（失明，F145）

tıltaɣ　（原因，B035，K079）

tiläk　（请求，A238）

ton　（衣服，F234）

töl （后代，A220）

b. 词腰：atıš （诅咒，B047）

atl（ı）ɣ （称为，H047）

ätöz （身体，A107，A224，B034）

batıɣ （沉溺处，H056）

butıq （树枝，A164，A165）

etig （装饰，A197）

hatun （妻妾，D285）

ötüg （祈求，A035，A238）

c. 词末：at （马，A125，K024）

äšit- （听，C028，F197）

ät （身体，G056，G081）

baṭ （不久，K028，K045）

bit- （写，B076，B077）

büt- （成，A139，E028）

it （狗，D036，E095）

oot （火，A019，A070）

5. 辅音 k 出现于词首、词腰和词末，但最典型的分布位置为词首

a. 词首：käm （疾病，A250，K005）

käntir （麻，D059）

kön （皮革，K004）

kösüš （愿望，D279）

küdüg （事情，A072）

kül （灰烬，B094）

küsün （力量，D251）

küzäč （壶，A206）

b. 词腰：äkä （姐姐，H057）

bäkürü （固坚，A188）

bärklig （强壮的，A166）
iki （二，A062，A071）
üküš （许多 ，B035，B060）
säkiz （八，D235）
süskün （脊骨，B127）
ülkär （昴宿，J318）
c. 词末：ärik （自由，C038）
b（ä）k （紧紧的，A034）
birök （如果，A031，A043）
erngäk （拇指，C012）
ičgäk （精灵，A038，A225）
öṭäk （补偿，D097）
teräk （胡杨树，B077）
tiläk （请求，A238）

6. 辅音g主要出现在词腰和词末，借词中才见于词首

a. 词腰：ägri （邪恶的，A110）
bügür （肾脏，B102）
kärgäk （应该，D013，E011，J223）
ögrünč （快乐，B071）
ögän （河，K059）
ögüz （河，A035，K001）
tägirmi （圆圈的，A057）
ügrä （面条，J250，J263）
b. 词末：ärklig （强大的，E044，E062）
bäg （伯克，A024）
bitig （书，D012，D121，D180）
čärig （士卒，A039）
etig （装饰，A197，A200）

iĉlig （怀孕，B098）
isig （发烧，B033，D174，J287）
käzig （顺序，E013）
c. 词首：grah （<< Skt. gráha，行星，E019，E024，E028）

7. 辅音 s 出现在词首、词腰和词末

a. 词首：sač （头发，B130，F134）
satıɣ （买卖，D166）
sav （话，F156，F197）
sävinč （快乐，A013）
sıčɣan （老鼠，C015，G086，G095）
soɣıq （冷，A104）
süngüš （战斗，B048，E050，E062）
süt （奶，J250，J263）
b. 词腰：asıɣ （收益，A113，C039，C04）
asra （低，A007）
äski （旧，A117）
busuš （悲伤，A060）
küsün （实力，D251）
qusqaq （呕吐不断的，G075）
tusuluɣ （有益的，C017）
yasɣač （平板，A011）
c. 词末：bars （老虎，B069，D035，E089）
bas- （制服，A057，A098）
käs- （剪断，C016，C026）
qus- （呕吐，G037）

8. 在回鹘语词中辅音 z 一般出现在词腰和词末，借词中才能见于词首

a. 词腰：közün- （出现，A021，A061）
küzki （秋天的，A134）

küzäč　（壶，A206，A211）
özüt　（灵魂，A029）
qızıl　（红色，E045，H024）
tüzül-　（整理，A121）
uzaq　（远，K021，K040，K051）
uzun　（长，B062，B083）

b. 词末：az　（少，A083，A159，G052）
biz　（我们，D243）
iz　（足迹，H027，H031）
köz　（眼睛，G002）
otuz　（三十，E102，H029）
oz-　（解脱 A021）
ögüz　（河，A035，K001）
öz　（自己，K023）

c. 词首：zmuhtuɣ　（<<Sogd. zmwxtw γ 二十八日，I35）
zün　（<Chin. ń z juen 闰，I08）

9. 在回鹘语词中辅音š一般出现在词腰和词末，借词中才见于词首

a. 词腰：ašıl-　（增多，D252，D269）
ašnuqan　（早先，A172）
äšit-　（听，C028，F197）
bašla-　（开始，D268）
išik　（门，E041，E057，E059）
išlät-　（使用，A125）
tašqar-　（出外，F243）
tiši　（女性，A236）

b. 词末：aš　（饭食，A215，G052，G068）
atıš　（诅咒，B047）
baš　（头，J001，J071）

beš （五，J005，J075）

busuš （悲伤，A060，A247）

eš （伴侣，A109）

iš （事情，A029，A034，A053）

käriš （争吵，A182）

c. 词末：šaničar （<Skt. sanaiscara 土星，F097）

10. 辅音 ž 只能出现在词腰和词首，且只出现在借词中

a. 词首：žim （<<Chin. nẓiəm 壬，F060，F063，F089）

žimnu （<<Sogd. ž'mnw 星期，I001，I004）

žimtič （<<Sogd. žymd' 十一月，I045，I093）

b. 词腰：ažun （<<Sogd. '' žwn 世界，D114，D278）

čuža （<< Chin. tşyă–şa：朱砂，B077）

11. 辅音 m 出现在词首、词腰和词末

a. 词首：mang （步，G059，G086）

mäng （黑痣，C003，C005）

mängü （永远，D292）

ming （一千，A195，D262）

müyüz （角，A042）

muni （这个，B125）

b. 词腰：amraq （喜欢，C006）

amtı （现在，C015，F224）

ämgäk （苦难，A019，A072）

t（a）mɣa （印章，A129）

t（a）mır （脉，A055）

tilämäk （求，A214）

c. 词末：äm （补救、治愈，K005）

käm （疾病，A250）

kim （谁，A008，D087）

lim　（栋梁，A242）

qum　（沙子，A051）

tam　（墙，A057）

12. **辅音n能够可在词首、词腰和词末，除借词外，只在nä，nägü，nämä，nätäg等回鹘词中出现在词首**

a. 词首：nä　（什么，A190，A204）

nägü　（那儿，K003，K004）

nämä　（东西，K040）

nätäg　（如何，H034）

nirvan　（<<Skt. nirvāṇa涅槃，D283）

nom　（<Gr. nomos经，D246）

b. 词腰：ana　（母亲，K071）

anča　（由此，A086）

inčä　（是，A014，A032）

käntir　（麻，D059）

tınlıɣ　（动物，D283）

yana　（又，D108，D143）

c. 词末：altun　（黄金，E071，F100）

ašnuqan　（早先，A172）

erin　（嘴唇，C009）

hatun　（妻妾，D285）

kädin　（西，A246，J225）

kün　（太阳，A027）

13. **辅音ng只出现在词腰和词末**

a. 词腰：angaraq　（火星，F095，J156）

ängirä　（明显，A079）

köngül　（心，A019，A071，A100）

mängilig　（喜悦的，B069）

mängizlig （漂亮的，B099）
mänggü （永远，D292）
b. 词末：bulung （角落，A142，A143）
äng （最，D004，E014）
ong （右，B060，C043）
öng （面前的，A151）
qang （父亲，D285，F156）
tang （清晨，F154，F161）

14. 辅音l只出现在词腰和词末，除借词外，在layzın，laqša，lim等回鹘词中可列于词首

a. 词腰：alp （艰苦的，A078，A084）
alqu （所有的，B057）
altı （六，F089，J109，J141）
altın （下面，C008，D248）
ärklig （强大的，A025，E044）
balıq （鱼，K046）
b. 词末：al （方法，A107）
bel （腰，G069，G073）
bil- （懂得，A240，D179）
käḍil- （穿，A149）
käl- （来，A031，A066）
köl （湖，A232）
c. 词首：layzın （猪，I044）
laqša （小麦粉，G083）
lim （栋梁，A242 ）
la （<< Chin. lua 骡，A126）
laksma （<<Skt. laksma 吉祥相，E068）
li （<< Chin. liǝ̆，离，H054）

15. 辅音r只出现在词腰和词末，在借词中才能列于词首

a. 词腰：arıɣ（洁净，D254，D261）
arpa（青稞，G050）
ärdäm（道德，J190）
barq（屋，D294）
burčaq（豆，D070，D079，G081）
čärig（士卒，A039）

b. 词末：ayır（重，D154，D242，D256）
är（男性，A024，A186）
baɣır（内脏，A238）
bar–（去，D144，D165）
bir（一，J109，J110，J111）
yer（地，A004，A006）

c. 词首：rahu（<<Skt. rahu罗睺，J232）
roč（<<Sogd. rwc日，I001）

16. 辅音y出现在词首、词腰和词末

a. 词首：ya（箭，A162）
yadıl–（纪念，A146）
yaɣ–（下，A005）
yaɣı（敌人，A122，F211）
yalın（火焰，A123）
yalıng（赤，A162）

b. 词腰：aya（手掌，B040，G025）
ayaɣ（荣誉，A114，C043）
ayıɣ（坏，A081，A141，E008）
äygü（肋，H026，H030）
käyik（兽，A042）
müyüz（角，A042）

c. 词末：ay （月亮，A027，A040，A193）

bay （富裕，C003，C008）

17. 辅音ɣ一般出现在词腰和词末，在借词中才能见于词首

a. 词腰：aɣız （嘴，A108，H044）

aɣır （重，D154，D242）

baɣır （内脏，A238）

buɣday （小麦，D049）

oɣrı （贼，C007，H021，H042）

qadɣu （悲哀，A020）

b. 词末：aɣrıɣ （疾病，A011，A016，B070）

andaɣ （那样，K065）

arıɣ （洁净，D254，D261）

asıɣ （收益，A113，C039）

baɣ （缚，F002，F005，J072）

taɣ （山，A043，B050）

c. 词首：ɣranhšamı （<<Sogd. γr'n-xš'm 深夜，I065，I085，I092）

ɣuš （<<Sogd. δšcy 十五日，I071，I074，I077）

18. 辅音q出现在词首、词腰和词末

a. 词首：qa （亲戚，C013，D109）

qabaq （眼皮，C045）

qadɣu （悲哀，A020，A079）

qalıq （天空，A023）

qamɣaq （飞蓬，A096）

quduɣ （井，A103，F241）

b. 词腰：baqır （铜，G057，G083）

bıqın （肋，C030）

haqan （可汗，D265）

laqša （小麦粉，G083）

saqınč　（想法，A110，K004）

saqlan-　（避免，A213）

c. 词末：aq　（白色，A159，H025，H026）

bulaq　（泉，K059，K077）

bultuq-　（实现，A022）

ıraq　（远，C037，D165）

ırq　（占卜，A066，H033，K008）

oq　（箭，A162，A163）

19. 辅音 č 出现在词首、词腰和词末

a. 词首：čašut　（诽谤，A074）

čärig　（士卒，A039）

čävišlig　（狡猾的，A026）

čiltäg　（荣耀，A114）

čıɣ　（芨芨草，G056）

čuɣ　（包裹，A009）

b. 词腰：ačıɣ　（怒气，A083）

ačmaq　（打开，F113）

bačaɣ　（斋戒，D242，D256）

barča　（所有，A115，D091）

ičgäk　（精灵，A038，A225，B032）

otačı　（医师，B064）

c. 词末：bıč-　（剪，F116，F132，F234）

ıɣač　（树，A134，B077）

esänč　（安稳，B004）

ınanč　（大臣，A205，D142）

ič　（内，A018，A019）

keč　（晚，B074）

20. 辅音h可出现在词首、词腰和词末，除借词外在han，haqan，hatun等回鹘词中列于词首

a. 词首：han （可汗，A083，A203，E044）
haqan （可汗，D265）
hatun （妻妾，D285）
hunghyu （<Chin. xwaŋ´-xəẁ 皇后，D267）
hursını （<< Sogd. xwrsn 日出，I062，I069，I076，I081）

b. 词腰：burhan （佛，D093，D126，D272）
bahšı （<Chin. pâk-ʂi 博士，D286）
čahšapat （<< Skt. śikṣapada 十二月，F001，F054，G061）

c. 词末：grah （<< Skt. gráha 行星，E019，E024）

21. 辅音v一般只出现在词腰和词末，在借词中才能列于词首

a. 词腰：övk（ä）läš- （动怒，A029）
qavıš- （遇见，F126）
qavuq （膀胱，B114）
qıvlıɣ （幸运的，K017）
sävig （愉快的，H035）
tavar （财产，A010，C009）

b. 词末：äv （房子，A016，A025，D294）
qav- （聚集，A185）
qıv （福分，A116）
sav （话，A081，A147）
säv- （喜欢，A111，B076）
suv （水，G081，I031）

c. 词首：v（a）hšik （<<Sogd. w'xšk 天尊，D249）
vačir （<Skt. vajra 金刚，K034）
vu （<<Chin. buə̆ 符，B012，B030）
vuɣč （<Sogd. β wɣc 九月，I086）

22. **辅音w主要出现在借词中（该音在本书所研究献中只出现在一处）**

ırwang　（<Chin. 二王，B116）

3.1.2.3 复辅音

古代回鹘文历法和占卜文献中出现了一些复辅音，这些复辅音是由边音、鼻音、颤音和擦音与其他辅音组成的。

1. n+**塞音**

a. nč：alqınč-　（穷竭，B057，D269，D271）

altınč　（第六，D065）

bešinč　（第五，D055，D228，E034）

enč　（平安，G053，G064）

esänč　（安稳，B004）

saqınč　（担忧，A110）

b. nt：yont　（马，D077，E077）

2. r+**塞音**

a. rt：adırt　（差异，A081）

ägirt-　（纠缠，D155）

ärt-　（过，D024，D031）

bärt-　（伤害，A017）

kertgün-　（信奉，D180）

tört　（四，B118，B118）

b. rk：ärk　（自由，C038）

ärklig　（强大的，A025）

bärklig　（强壮的，A166）

körk　（像，G088）

tärk kiä　（温和，J289，J290）

ürk-　（受恐惧，D133）

c. rq：barq　（屋，D294）

ırq （占卜，A031）

qırq （四十，J291）

qorqınč （危险，C018）

3.1+塞音

属于这一类的复辅音只出现在一处。

alp （坚强的，A078，A084，A160）

3.1.2.4 复辅音的音变

古代回鹘文历法和占卜文献中出现的辅音音变现象主要以下几种。

1. 辅音的脱落

a. 辅音 g 的脱落

kärgäk （应该，D013，E011，J223）—— käräk（K054）

b. 辅音 q 的脱落

qulqaq （耳朵，G003，K061）—— qulaq（C041，C042）

c. 辅音 n 的脱落

birlän （与……一起，F235）—— birlä（A191，A196，D245）

bilän （一起、同，F125，F128）—— bilä（F121，K005）

d. 辅音 r 的脱落

birlän （与……一起 F235）—— bilän（G058）

2. 辅音的换位

古代回鹘文历法和占卜文献中辅音的换位现象只出现在一处。

辅音 r 与 d 的换位

ärdäm （道德，J190）—— ädiräm（J288）

3.1.3 音节结构的分析

古代回鹘文历法和占卜文献语中，共有以下六种音节类型。

V 型： a–čıɣ （怒气，A083）

	ayır	（重，D154，D242）
	iki	（二，A062，A071）
	irü	（兆，D132，K006）
VC型：	al	（方法，A107）
	är	（男性，A024）
	eš	（伴侣，A109，D141，D147）
	iš	（事情，A029，A034）
CV型：	bo	（这个，A013，A020，A43）
	kü	（名望，A043）
CVC型：	bor	（酒，G058，G084）
	käm	（疾病，A250）
	qač–	（逃离，K020，K040）
	san	（数，I029，I058）
VCC型：	elg	（手，A197）
	enč	（平安，G053）
	ırq	（占卜，A066，H033）
	ilk	（早前，D004）
CVCC型：	bärt–	（伤害，A017）
	körk	（美姿，G088）
	qoyn	（羊，B052，D066，D241）
	tört	（四，B118，D225）

古代回鹘文历法和占卜文献语言中最常见的音节结构是CVC型，最少见的是VCC型。

第二节 回鹘文历法和占卜文献语言的形态-句法特点

3.2.1 回鹘文历法和占卜文献语言的形态特点

3.2.1.1 名词的形态

古代回鹘文历法和占卜文献语言的名词具有数、领属人称和格等三个语法范畴。

1. 名词的数

古代回鹘文历法和占卜文献语言的名词有单数和复数之分。名词的不加复数标志形式，也就是零形式表示它的单数意义。名词的复数形式由名词原形后根据语音和谐规律缀加复数附加成分+lar构成。例如：

单数形式		复数形式	
ay	（月，A127）+lar+ta ——	aylarta	（H10，月）
grah	（行星，E019）+lar ——	grahlar	（F097，诸行星）
kün	（日，B003）+lär+ig ——	künlärig	（D223，日）
orun	（位置，A120）+lar ——	orunlar	（B121，位置）
özüt	（灵魂，A029）+lar ——	özütlär	（D123，灵魂们）
uluš	（国家，A007）+lar ——	ulušlar	（A001，诸国家）
yäk	（夜叉，A029）+lar ——	yäklär	（K02，夜叉们）

古代回鹘文历法和占卜文献语言中的一些名词也有不在它的原形后缀复数附加成分+lar的情况，表示双数、多数、复数等意义。例如：

köztä	（在眼睛里，G002）	（表示双数）
äligtä	（在手上，G023）	（表示双数）
adaqta	（在脚上，G034）	（表示双数）

除此之外，古代回鹘文历法和占卜文献中也有出现在早期古代回鹘语文献语言中表示双数和多数意义的köz（眼睛，A144，G072），kögüz（胸部，A082，G004），müyüz（角，A042），oɣlan（男孩，A161，B040）等词语。但是，这些名词中的复数附加成分+an和+z在这些文献中不表示复数意义。

2. 名词的领属人称

名词的领属第二和第三人称形式在古代回鹘文历法和占卜文献语言中出现的比较普遍，名词的领属第一人称领属形式出现得较少。

（1）名词的领属第一人称形式

古代回鹘文历法和占卜文献语言中名词的领属第一人称有明显的单复数之分。

名词的领属第一人称单数形式由名词词干缀接附加成分+（I）/（W）m构成。例如：

hatun+lar+ım （我的妻妾，D285）

bahšı +larım （我的博士，D286）

ög+üm （我的母亲，D285）

qang+ım （我的父亲D285）

t（ä）ngri+m （我的天神，D212，D216）

名词的领属第一人称复数形式由名词词干缀接附加成分+（I）miz构成。这种形式在古代回鹘文历法和占卜文献语言中只出现一次。例如：

saqınč+ımız+nı （我们的担忧，D214）

（2）名词的领属第二人称形式

古代回鹘文历法和占卜文献语言中名词的领属第二人称只出现单数形式。且单数形式有普称和尊称的区别。

名词的领属第二人称普称形式由名词词干缀接附加成分+（a）/（ı）/（W）ng构成。例如：

ada+ng （你的危险，A066，A097）

aɣrıɣ+ıng （你的疾病，A049）

at+ıng （你的名誉，A007，A008）

ädgü+ng （你的好运，A098）

baɣ+ıng （你的约束，A009）

kögüz+üng （你的胸部，A082）

köz+üng （你的眼睛，A144）

küḍgü+ng （你的事情，A119）

küsüš+üng （你的愿望，A177，A201）

mäng+ing （你的喜悦，A022）

qapıɣ+ıng （你的门，A235）

qıš+ıng （你的冬天，A159）

sav+ıng （你的话，A0147）

yaɣı+ng （你的敌人，A058）

yarlıɣ+ıng （你的敕令，A009）

yol+ung （你的路，A021）

名词的领属第二人称尊称形式由名词词干缀接附加成分+（I）ngiz构成。这种形式只出现过一次。例如：

siz+ingiz （您的，D209）

（3）名词的领属第三人称形式

古代回鹘文历法和占卜文献语言中名词的领属第三人称形式由名词词干缀接附加成分+（s）I构成，没有单复数之分。例如：

ada+sı （他的危险，A176，B017）

adaq+ı （他的脚，G074）

aɣıẓ+ı （他的嘴，G075）

aš+ı （他的饭食，D008）

äd+i （他的财富，H45）

ätöz+ i （他的身体，K23）

äv+i （他的房子，D294）

baš+ı （他的头，C38，H25）

bälgü+si　　（它的征兆，A079）
buyan+ı　　（他的功德，F204）
darni+sı　　（它的陀罗尼，J220，J223）
eš+i　　（他的伴侣，D099）
etig+i　　（他的装饰，B119）
išik+i　　（他的门，E021）
oɣul+ı　　（他的孩子，A233，B084）
ordu+sı　　（它的宫殿，H17）

3. 名词的格

古代回鹘文历法和占卜文献语言中名词的格有主格、领属格、宾格、与格、方向格、时位格、从格、比拟格、相似格、地点－特种格十种形式。

（1）主格

主格没有专门的构形词尾，它的形态标志为零。古代回鹘文历法和占卜文献语言中主格名词主要充当主语，此外也可以作定语和名词性谓语。例如：

a. ig aɣrıɣ kettị.（A011）（主语）

疾病消失了。

b. änätkäk toyın bo suduruɣ eltü tavɣačqa kälip toyınlarıɣ ötlädi äriglädi.（D001–3）（主语）

印度僧携带此经来到唐朝，并为僧侣们解注。

c. küskü küntä soqunsar bay bolur.（F136–7）（定语）

如果于鼠日让人剪发，那就会发财。

d. aram ay kičig bir yangısı ti qoyn kinčumani pa tört yangıya sirki yultuzı s（a）tabiš.（J141–5）（谓语）

正月（一月）是小，其第一日是丁未（羊）日，建除满（预兆标志）是破。第四日是节气，其星宿是危宿。

（2）领属格

古代回鹘文历法和占卜文献语言中名词的领属格由名词词干缀接附加成分+nIng/ nWng/构成。例如：

a. +nIng：	bilgä+ning alı	（智者的法子，A107）
	bodistv+ning	（佛的，B041）
	qara ingäk+ning	（黑牛的，B095）
	qayu kiši+ning	（任何人的，B075）
	uzun tonluɣlar+ning	（女人的，B083–4）
b. +nWng：	bo tamlosi yultuznung	（这个贪狼星的，B006–7）
	bo yetikän sudurnung	（这个七星经的，D276）
	k（ä）ntü+nüng	（自己的，D087）
	sävig köngül+nüng	（快乐心情的，H35）
	bo sögüṭ+nüng	（这棵树的，K14）

古代回鹘文历法和占卜文献语言中领属格名词表示人或事物的领属关系，领属格名词通常在句子中充当定语。例如：

a. qayu kišining ongdun b（a）šı täpräs（ä）r ıraq balıqqa barır.（C36–7）

如果某个人的头部右侧发生跳动，那将会去往一个遥远的城市。

b. mäning ymä qop ädgülüg savım（ı）znı bütürüng t（ä）ngrim.（D219–221）

还有，对我诸多的善言，您要去实现。上天啊！

c. tiši kišining yılin sanaɣu ärsär bisaminni bašlap sanaɣu ol.（E002–3）

如果需要计算一个女人的年龄，则必须从财神宫开始计算。

（3）宾格

宾格表示行为、动作与客体的关系。古代回鹘文历法和占卜文献语言中名词的宾格由名词词干缀接附加成分+I，+nI，+In/Wn，+Iɣ/Wɣ，+Ig/üg构成。例如：

a. +I	ig toɣa ägirdi sen+i	（疾病缠绕了你，A017）
	tin+i uẓun aɣrıɣ yoq	（身体永久健康，K74–5）

b. +nI	yüvig kälmiš yavız künlär+ni	（不吉祥的日子，A223–4）
c. +Xn	iglig kišining ạt+in bitip	（写出病人的名字，G060）
	baš+ın aɣ（r）ịtur	（使头疼，G067）
	san+ın sısladur	（使肋骨疼痛，G067–8）
	baš+ın köẓ+in aɣrịtur	（使头、眼睛疼痛，G071–2）
	qol+ın bụt+ın sıẓlạtur	（使手和脚折腾，G072）
	yüräk ilän bäl+in	（心脏和腰，G073）
	kertgünč köngül+in	（虔诚的心，D121–2）
d. +XGɣ	bo ırq+ıɣ ırqlaɣučı kiši	（占到这个占卜的人，K09）
	bo nom+uɣ äšịtip	（闻到此经，D105）
	bo sudur+uɣ	（把这个经，D001）
	inčkä yügürük at+lar+ıɣ	（细瘦、善跑的马，A124–5）
	oot köyürdi altun+uɣ	（火冶炼了黄金，A070）
	uluš+uɣ	（国家的，D253）
	yaš+ıɣ	（寿命的，D218）
	yoɣurqan+ıɣ	（毛毯的，C24–5）
e. +Xg	bo nom bitig+ig tapınıp	（供养此经，D011–2）
	bäg iš+ig	（伯克的事情，B067）
	el+ig	（国家的，D253）
	küzäč+ig küzätip s（ı）nmasar	（若壶子被守护，A214–5）
	öz+üg	（自己的，D218）
	yäk+ig	（把夜叉，G051）

从以上的例子可以看出，所有的宾格附加成分都见于古代回鹘文历法和占卜文献语言中，其中最多出现的是+Iɣ/Wɣ形式，较少见的是+nI形式，只出现一次。

（4）与格

古代回鹘文历法和占卜文献语言中与格由名词词干后面缀接附加成分+Ga/ngA构成。

+ɣa/+qa	alqamaq+qa tüškälirs（ä）n	（你会得到荣幸，A170–1）
	uluɣ at+qa yol+ɣa tägir	（会得到荣幸，C11–2）
	qa qadaš+qa	（对亲人同胞，C13）
+gä	alqu ädiräm+gä tükällig	（拥有一切美德，J288）
	ikigu+gä	（对两个人，K76）
	küskü+gä sanlıɣ	（干支为子鼠，E007–8）
+kä	ädgü+kä tägär	（得到快乐，K47）
	bo nom bitig+kä tapınıp	（供养此经，D021–2）
	azu yäk+kä ičgäk+kä	（或者被魔鬼，D129）
+nga	aɣrıɣ+ı+nga	（对你的疾病，A220）
	ada+sı+nga	（对它的灾难，D088）
	ana+sı+nga oɣul+ı+nga	（对他的母亲和孩子，K71）
+ngä	ig+i+ngä	（对你的疾病，A220）
	el+ig+i+ngä kälsär	（若来到天国，K41）
	eš+i+ngä	（对于你的伙伴，D108）

古代回鹘文历法和占卜文献语言中与格形式表示具体的方向意义，即表示动作行为所针对的间接对象、动作行为的方向和时间。例如：

a. bo isig igl（i）gkä yalɣaɣu vu ol.（B033）（对象）

此为解救女病人发烧之符。

b. toquz y（e）g（i）rminč t（ä）ngrilär eligingä kälsär ädgü ol.（K41）（方向）

第十九：若来到天国，是吉祥。

c. iki otuzɣa aram ay küni kirür.（F004）（时间）

二十二日即将进入正月。

（5）方向格

古代回鹘文历法和占卜文献语言中只出现方向格附加成分的变体形式+aru，+qaru，且只出现两处，表示运动的方向或所及地点。例如：

+aru	ong+aru	（从右边，H54）

+qaru	taš+qaru	（向外，B124）

（6）时位格

古代回鹘文历法和占卜文献语言中名词的时位格由名词词干缀接时位格附加成分+DA构成。例如：

+da	altı otuz+da	（在二十六，G033）
	taɣ+da	（在山里，B050）
+dä	ätöz+dä	（在身体里，+dä D023）
	süü+dä	（在行军中，A067）
+ta	adaq+ta	（在脚上，G034）
	aɣız+ta	（在嘴巴上，G021）
+tä	äv+tä	（在房子里，D158）
	kögüz+tä	（在胸部里，G004）

古代回鹘文历法和占卜文献语言中名词的时位格表示行为动作的发生或事物所在的时间、地点、原因、来源、部分所属的整体等。例如：

a. it kündä bay bolur.（F151-2）（时间）

在狗日，将会变富。

b. ävtä turṣa iglig bolur.（K39）（地点）

如果留在家里，就会生病。

c. ig aɣrıɣ üzä basṭıqmaq tıltaɣınta bo yetikän sudurnung yegin adruqın äšiṭip igtin aɣrıɣtın uẓayın.（D275-7）（原因）

由于地水火风失调而生病，我想从不同地方听到此《七星经》的妙音，来摆脱病魔。

d. eštä tušta säčilting（·）tüṭüš kärištä täẓgil.（A048）（来源）

你是从你的同伴中被选出的，你得逃避争论与冲突。

e. yolta oɣrı qaraqčılarɣa yoluqup onta bir yanıp toquzı ölür.（H38-9）（部分所属的整体）

在路上遇到盗贼十人之一会平安回来而其他九个人会死亡。

（7）从格

古代回鹘文历法和占卜文献语言中名词的从格由名词词干缀接从格格附加成分+dIn，+tIn，+dun构成。例如：

+dIn	bulung+dın	（从角落里，A246）
	ög+din qang+dın	（从父母，F155）
+tIn	bo ada+tın	（从这个危险，A020）
	ämgäk+tin	（从这个苦难，D124 ）
+dun	ong+dun	（从右边，C36）

从格在古代回鹘文历法和占卜文献语言中表示动作行为的起点或来源。例如：

a. o（n）gdın qaš t(ä)pr(ä)s(ä)r ögsüz bolur.（C43–4）（起点）

如果右眼眉发生跳动，将会失去母亲。

b. ögdin qangdın ädgü sav äšıṭür.（F155–7）（来源）

从父母听到好消息。

c. bo adatın ozɣuluq yolung oruq{n}ung közünmäz.（A020–1）（起点）

你逃离这个危险的路子途径并不会出现。

d. ay kičig ärsär kämtin teṭrü qaraɣu ol.（H55）（起点）

如果是小月（有二十九天），那就要从倒序的坎开始看它。

e.qayu kišining ongdun b（a）šı täpräs（ä）r ıraq balıqqa barır.（C36–7）（起点）

如果头部右侧发生跳动，那将会去往一个遥远的城市。

（8）比拟格

古代回鹘文历法和占卜文献语言中比拟格由名词词干后缀接附加成分+čA, +čä构成。例如：

+ča	tap+ıng+ča	（如你的心愿，A119）
+čä	ming b（ä）rä+čä	（千里左右，A195）
	köngül+čä	（如你的心愿，K25）

从格在古代回鹘文历法和占卜文献语言中表示事物的比喻性特征和动

作行为的进行方式。例如：

a. ming b（ä）räčä ıraq barmıš kišilär birlä körüšgäys（ä）n.（A195–6）（方式）

你会和去一千里左右远处的人们见面。

b. qop kösüši köngülčä qanar.（K25）（方式）

所有的愿望都如你的心愿而满足。

c. täprätük sayu iš küḍgüng tapıngča.（A119）（特征）

你做的任何事都如你所愿。

（9）相似格

古代回鹘文历法和占卜文献语言中相似格由名词词干后缀接附加成分+täg构成。例如：

altun kümüš+täg	（像金银一样，A147）
kälän käyik müyüz+i+täg	（像麒麟的角一样，A042）
yid yıpar+täg	（像麝香一样，A146）

相似格在古代回鹘文历法和占卜文献语言中表示人或事物之间的相似性特征。例如：

a. aɣzanmıš savıng ädikdi altun kümüštäg.（A147–8）

你说出的话就像金银一样被敬重了。

b. atıng küng yaḍıldı yid yıpartäg.（A146）

你的名声像麝香一样流传了。

c. qayu kiši sögüṭ tiksär ol sögüṭtä yeṭi türlüg tüš yimištäg bo ırq.（K42–3）

如果谁要植树，这占卜就像这棵树上的七种果实。

（10）地点–特征格

古代回鹘文历法和占卜文献地点–特征格由名词词干后缀接附加成分+daqı，+taqı，+täki构成。例如：

+daqı	tonču+daqı	（在土块里的，A091）
	4–ünč baɣ+daqı	（在第四组里的，J002）
	taɣ+daqı	（在山里的，J003）

+taqı	ažun+taqı	（在世界里的，D210）
	baš+taqı	（前面的，B117）
	ıraq+taqı	（在远方的，K06）
+täki	äv+täki	（在房子里的，K55）
	kök+täki	（在天空上的，D248）
	köngül+täki	（在心里的，K55）

地点-特征格在古代回鹘文历法和占卜文献语言中表示人或事物在地点方面的特征。

a. ymä šögün tegmä baš bašlaɣ ičinṭäki 4–ünč baɣdaqı qı küskügä sanlıɣ.（J001–2）

还有，上元第四组，其干支为庚子鼠。

b. bo ažuntaqı küsämiš küsüšüg qandurḍačı ärürsiz t（ä）ngrim.（D210–2）

您是这世界所有愿望的满足者。

c. köngültäki alqu saqınmıš saqınčı barča köngülčä uz bütär.（K55–6）

心里的所有愿望都会被满足，都会成真。

3.2.1.2 代词及其形态特点

古代回鹘文历法和占卜文献语言中的代词可分为人称代词、指示代词、疑问代词、反身代词、不定代词五种。

1. 人称代词

古代回鹘文历法和占卜文献语言中人称代词第一人称和第三人称都出现单数和复数形式，而第二人称只出现单数和尊称形式。

（1）第一人称

古代回鹘文历法和占卜文献语言中出现第一人称代词m（ä）n（我）和其复数形式biz（我们），同时还有它们的主格和领属格形式。这些带格形式在文献语言中可充当主语和定语。例如：

a. m（ä）n üč ärdinilärtä b（ä）k qatıɣ süzük kertgünč köngüllük upasanč sılıɣ tegin.（D257–9）（主语）

我，在三宝中发现非常坚强、圣洁、虔诚心的优婆夷色利王子。

b. mäning ymä qop ädgülüg savım（ı）znı bütürüng t（ä）ngrim.（D219–D221）（定语）

还有，对我诸多的善言，您要去实现。上天啊！

c. qutluɣ qoyn yıl törtü[nč] ay beš y（e）g（i）rmi aɣır uluɣ buṣaṭ bačaɣ künüzä biz üč ärdinilärṭä süzük kertgünč köngüllüg upası tärbi ınal upasanč ögrünč t（ä）ngrim birlä bo yetikän sudur nom ärdinig bititü tägintim（i）z.（D243–7）（主语）

在吉祥的羊年四月十五神圣的大斋日里，我们在三宝中，与具有纯洁虔诚之心的优婆塞台尔比伊难、优婆夷欧格仁里邓林一道，请人抄写了此《七星经》。

d. bizning qop qamaɣ küsämiš küsüšümüz alqu saqınmıš saqınčımıznı köngülümüzčä qanḍurung bütürüng t（ä）ngrim.（D212–6）（定语）

您对我们所有的希望，所有的寄托，都按我们的意愿去满足，去实现。上天啊！

（2）第二人称

古代回鹘文历法和占卜文献语言中出现第二人称代词sen和其尊称形式siz。同时，文献语言中还出现第二人称代词主格、宾格、方向格和时位格形式，这些形式在文献语言中可充当主语、宾语和状语。例如：

a. saydı seni bärtgäli ig toɣa ägirdi seni.（A017）（宾语）

为了伤害你，疾病缠在你身上。

b. tümän sav tüküni senidä.（A126）（状语）

万句话的症结在于你。

c. kün ayta ulatı yeti gr（a）hlar säkiz otuz nakšaṭirlar otuz tümän kolti yultuzlar quvraɣı sizingiz ol t（ä）ngrimä.（D206–9）（主语）

以日月为首，七大行星，二十八个星宿，三十万亿足星辰，为你供奉。

d. kim bolɣay senga ängirmädäči.（A008–9）

（状语）

谁不会顺服你?

（3）第三人称

古代回鹘文历法和占卜文献语言中出现第三人称单数谓语性附加成分ol和其复数形式olar。

例如:

a. bo tamlosi yultuznung vusı ol.（B006–8）（谓语）

这是贪狼星的符。

b. ap ayaɣlıɣ ap ayaɣsız uluɣ kičig kim bäg ärsärlär olar barča yetikänkä sanlıɣ tuɣarlar.（D102–5）（主语）

若贵若贱，大小，不论是谁，他们全部都属于《七星经》的众生。

2. 指示代词

古代回鹘文历法和占卜文献语言中出现的指示代词有bo（这个），ol（那个），mu（这个）和它们的复数形式bolar（这些），olar（那些）等。同时，在文献语言中出现bo，ol，bolar，olar的主格形式和mu的相似格形式。例如:

a. bi（r）ök bo tušušmaq atl（ı）ɣ ırq kälsär savın inčä ayur.（A013–4）（主语）

如果占到相逢卦，它的解释如此。

b. ol oq kičä ičlig bolup bir körklüg mängizlig urı oɣul kälürgäyin.（B098–101）（主语）

当天晚上她会怀孕，她将生一个漂亮而英俊的男孩。

c. bolar yüvig kälmiš yavız künlär ol.（F232–4）（主语）

这些都是不吉祥的凶日。

d. olar barča yetikänkä sanlıɣ tuɣarlar.（D103–5）（主语）

他们全都属于《七星经》的众生。

e. y（a）ruquɣ tašqaru toqıɣu yolı munıtäg ol.（B122–5）（状语）

亮光在外照射的方式是这样的。

3. **疑问代词**

古代回鹘文历法和占卜文献语言中出现的疑问代词有kim（谁），qayu（那个），nä（什么），nägü（那儿）等。其中，kim，nä，nägü具有部分格的变化。例如：

主格	kim	nä	nägü
方向格	kimkä		
相似格	nätäg		

古代回鹘文历法和占卜文献语言中疑问代词用来询问人、事物、形状、时间、原因等。例如：

a. kim bolɣay sanga ängirmädäči.（A008–9）

谁不会顺服你？

b. bo ırq kimkä kälsär süüdä ärsär sančıtur.（A066–7）

谁占到这个卦，在行军时他就会被刺杀。

c. nä ada bolɣay seni birlä uluɣ qılıntačı.（A190–1）

什么危险能够抑制你？

d. nägü saqınč saqınsarsän büṭmäz.（K04）

在心里所期待的愿望都不会实现。

e. qayu kiši baš aɣrıɣ bolsar bo vu borɣa toqıp ičzun.（B070）

如果谁头疼，谁就会把这个符混合在酒中一起喝。

4. **反身代词**

古代回鹘文历法和占卜文献语言中出现了反身代词käntü（自己）和öz（自己）。文献语言中出现反身代词öz的带领属、人称和格的形式，käntü只出现带格形式。同时也有它们连用的现象。例如：

özi	（他自己，C27）
özin	（自己的，A005）
özläri	（自己，D106）
özlärining	（自己的，B088）
özüg yašıɣ	（自己的年龄，D218）

özüngčä （如你的心愿，A120）

öz käntüngin （你自己的，A034）

öz käntüngkä （对你自己，A040-1）

反身代词在古代回鹘文历法和占卜文献语言中表示对行为主体的强调和事物属性意义的加强。例如：

a. öngdün kädin yer öz tapıngča.（A006）

东部和西部的国家都如你所愿。

b. käntü köngülüngin b（ä）k tutɣıl.（A041）

要紧紧的控制住自己的心灵。

c. öz käntüngin b（ä）k tutɣıl.（A034-5）

你要控制住自己。

5. 不定代词

古代回鹘文历法和占卜文献语言中出现的不定代词有kim qayu kiši（某人），nämä（某个东西），qamaɣ（所有），yomqı（都）等。不定代词用于代替不明确的人或事物。例如：

a. birök kim qayu kiši k（ä）ntününg yıl yorıqı adasınga tüšsär ol kiši bo nom ärdinikä yeti qata yükünzünlär.（D087-D090）

如果任何人遇到自己行年的灾厄，此人就礼此经七拜。

b. satıɣqa barṣa kiši qačṣa tavar yoq bolṣa nämä tapmaz.（K40）

如果买卖，奴隶逃跑，失去财产，就都不会取回。

c. qamaɣ el ulušlar · tapıɣı yügärü k（ä）lti.（A001）

所有国家之供者赶到了。

d. buṭı b（a）šı yomqı t（ä）pras（ä）r üküš ayı barım bolur.（C35-6）

腿和头部都发生跳动，那就会获得巨大的财富。

3.2.1.3 数词及数量结构

3.2.1.3.1 数词

古代回鹘文历法和占卜文献语言中的数词分为基数词、序数词、集合数词、分配数词、约数词等。

1. **基数词**

古代回鹘文历法和占卜文献语言中出现的基数词有bir（一，J301），iki（二，A062），üč（三，A029），tört（四，B118），beš（五，F088），altı（六，F089），yeti（七，B077），säkiz（八，D235），toquz（九，E004），on（十，A094）等。

文献语言中出现的十以上的两位数有on bir（十一，H17），bir yegirmi（十一，F094），on iki（十二，H18），iki y（e）g（i）rmi（十二，H27），üč y（e）g（i）rmi（十三，H28），tört yegirmi（十四，H29），beš y（e）g（i）rmi（十五，H30），altı yegirmi（十六，H31），on yeti（十七，E069），yeti yegirmi（十七，D231），on säkiz（十八，E072），säkiz y（e）g（i）rmi（十八，H25），on toquz（十九，E075），toquz y（e）g（i）rmi（十九，H26），yegirmi（二十，D231），y（e）g（i）rmi bir（二十一，E081），yegirmi iki（二十二，E084），iki otuz（二十二，H29），yegirmi üč（二十三，E087），üč otuz（二十三，H30），tört otuz（二十四，F015），beš otuz（二十五，F015），yegirmi alti（二十六，E090），altı otuz（二十六，G035），yegirmi yeti（二十七，E093），yeti otuz（二十七，G037），y（e）g（i）rmi säkiz（二十八，E096），säkiz otuz（二十八，D207），y（e）g（i）rmi toquz（二十九，E099），toquz otuz（二十九，G042），otuz（三十，E102），otuz bir（三十一，E105），otuz iki（三十二，E108），qırq（四十，J291），säkiz elig（四十八，G064），elig（五十，G064），iki säkiz on（七十二，I63），toquz on（九十，G059），yüz（一百，A165），yüz otuz alṭı（一百三十六，J310），yüz tört elig（一百四十四，I40），yüz 66（一百六十六，J097），iki yüz altı y（e）g（i）rmi（二百一十六，I03），iki yüz säkiz toquz on（二百八十八），üč yüz taqı säkiz altmıš（三百五十八，I18），y（e）ti yüz 7（七百零七，J091），ming（一千，A195），tümän（一万，A134），otuz tümän（三十万，D207）。

2. **序数词**

古代回鹘文历法和占卜文献语言中序数词由基数词词干后缀接附加成分+（ı）nč，+Unč，+nti构成。例如：

+（I）nč	bešinč	（第五，D055，D228）
	altınč	（第六，D065，D229）
	yetinč	（第七，D075，D230）
	säkizinč	（第八，B093，D231）
	bir y（e）g（i）rminč	（第十一，B103，F050）
	iki yegirminč	（第十二，A085）
+Unč	üčünč	（第三，D034，D226）
	törtünč	（第四，D045，E029）
	toquzunč	（第九，D232，E054）
	onunč	（第十，D233，F046）
	bir otuzunč	（第二十一，K49）
+nti	ikinti	（第二，D015，E021）

3. **集合数词**

古代回鹘文历法和占卜文献语言中集合数词由基数词后缀接附加成分+gü构成。文献语言中只出现ikigü（两个）一个集合数词。例如：

a. ikigü üčünč ävtä.（J313）

两位在第三宫里。

b. ikigü yomqı ädgü.（K76）

对两位都吉祥。

4. **分配数词**

古代回鹘文历法和占卜文献语言中分配数词由基数词后缀接附加成分+är构成。文献语言中只出现birär birär（一些）一个分配数词。例如：

atın bir y（e）g（i）rmi uzik orunlar sayu birär birär uryu ol.（B120-2）

其余的十一个字要一个一个地放在它们的位置上。

5. **约数词**

古代回鹘文历法和占卜文献语言中分配数词由基数词后缀接附加成分+rär构成。文献语言中只出现yeṭirär（七八个）一个约数词。例如：

yeṭirär t（a）nču yigli bıšıɣli ät.

七八块生肉和熟肉。

3.2.1.3.2 **数量结构**

古代回鹘文历法和占卜文献语言中出现了一些数量结构。这些数量结构大部分都是借自其他语言的量词并与回鹘语基数词组合而成。其中，也有回鹘语固有的数量结构。例如：

1. b（ä）rä，**意为"里"，来自吐火罗语**prere，**表示长度和距离**

tümän b（ä）rä yerdä （一万里左右的地方，A134-5）

ming b（ä）räčä ıraq barmıš kišilär（去往一千里远处的人们，A195-5）

2. čomurmıš，**意为"船"，用作容量计量单位**

bir čomurmıš suv （一船水，G081）

3. qolu，**意为"十秒"，来自粟特语**qolu，**用作时间计量单位**

iki yüz altı y（e）g（i）rmi qolu （两千一百六十秒，I03）

yüz tört elig qolu （一千一百四十秒，I40-1）

4. sitir，**意为"两"，来自粟特语**styr，**用作重量计量单位**

iki sitir čuža （二两朱砂，B077）

5. tsun，**意为"寸"，来自汉语**tshuń，**表示长度和距离**

yeti tsun teräk ıɣač （七寸胡杨树木，B077）

6. tu，**意为"度"，来自汉语**dâkh/do，**表示计量单位**

rivadıta toquz tu （牛宿是九度，J033）

7. tuṭum，**意为"块、把"，用作容量计量单位**

yeṭi tuṭum talqan （七把大麦粉，G079-80）

8. mang，**意为"步伐"，表示长度和距离**

toquz on mang yerdä （九十步远处的地方，G085-6）

古代回鹘文历法和占卜文献语言中数量结构在句中作修饰动词和名词

作状语和定语。例如：

a. tümän b（ä）rä yerdä yangqurar süzük suv tigisi.（A134–5）

清水的回声在一万里远处被听见。（状语）

b. yeti qısung yeṭi tuṭum talqan yeṭirär t（a）nču yigli bıšıɣli ät yašıl burčaq bir čomurmıš suv bir tiṭig minšin bir yez yula kägädä baqır luqlan laqša qua yimiš süṭ bor bägni birlä taš qapıɣ išikingä tägürüp öngdün kündin yıngaq toquz on mang yerdä ting sıčɣan kündä yäkkä tep [　　] körkin y（a）ngılzun.（G079–88）（定语）

七个qısung，七把大麦粉、七八块生肉和熟肉、绿豆、一船水、一块泥浆、minšin，青蒿、灯、纸、铜、luqlan，小麦粉、鲜花、水果、奶子、酒等供品放到外门的门槛。在东南方向 [　　] 九十步远处的地方，在丁鼠日，向夜叉 [　] 失去它的美。

3.2.1.4 形容词及其分类

古代回鹘文历法和占卜文献语言中出现的形容词分为性质形容词和关系形容词两类。

1. 性质形容词

性质形容词是直接表示人和事物的性质或特征。古代回鹘文历法和占卜文献语言中出现的性质形容词有以下几类。

a. 表示数量、面积、气味特征的形容词

az	（少，A083，A153）
ediz	（高，A046，A047）
kičig	（小，A073，D103）
tatıɣ	（甜的，A204，A216）
tälim	（许多，A058，A137）
uluɣ	（大，A072，A191）

b. 表示颜色的形容词

aq	（白色，A159，H25）

qara　（黑色，B095，D069）
qızıl　（红色，D195，H24）
yašıl　（绿色，D079，E032）
yipkin　（紫色，E056）
yürüng　（白色，E015，E040）

c. 表示性质的形容词

ayıɣ　（坏，A081，E088）
ädgü　（好，F181，K58）
äski　（旧，A117）
yangı　（新，A085，A117）
yavız　（凶，E007，E009）
yumšaq　（软，A180）

2. 关系形容词

关系形容词是用来表示某一事物对另一事物的关系。形容词的这一类一般通过词缀从形容词或其他词类构成。关系形容词一般不可构成级的形式。古代回鹘文历法和占卜文献语言中常见的关系形容词如下。

asıɣlıɣ　（有益的，A061，C17）
ädgülüg　（吉祥的，A160，D220）
küčlüg　（强壮的，D252，K49）
ögrünčlüg　（快乐的，D032，D043）
qadɣuluɣ　（悲哀的，A234）
tatıɣlıɣ　（美味的，A118）
sävinčlig　（喜悦的，A155，D032）
yaɣılıɣ　（敌对的，A037）

古代回鹘文历法和占卜文献语言中出现的形容词按其意义和语法形式可分为原级、比较级、最高级等三种形式。

（1）原级

形容词不缀接任何附加成分是它的原级。古代回鹘文历法和占卜文献中出现的大部分形容词是原级形容词。以上所举的性质形容词都属于这一范畴。

（2）比较级

形容词的比较级由形容词的原级后缀接附加成分+raq，+räk构成。比较级形式的形容词在古代回鹘文历法和占卜文献语言中只出现在一处。例如：

kiši birikip y（a）rudı ay t（ä）ngri artuqraq yaltrıdı.（A193）

人们聚集而欢乐，月神照耀的明亮点。

（3）最高级

古代回鹘文历法和占卜文献语言中形容词最高级形式由原级形容词前面加程度副词构成。例如：

a. ängilki [t]amlang atl（ı）ɣ yultuz ol.（D004–5）

最前面的是贪狼星。

b. tamutaqı ämgäktin uzup qutrulup ärtingü mängilig yertinčütä abita burhan ulušınta tuɣar.（D124–7）

从地狱的劫难中解脱出来，在充满快乐的世界极乐世界（阿弥陀佛国）里降生。

古代回鹘文历法和占卜文献语言中形容词可充当定语和状语。例如：

a. yaɣız yer yüzi yašardı körklädi yürüng bulıt ünüp yaɣmur yaɣdı.（A004–5）（作定语）

棕色的大地变绿，变成了美丽。白云飘动，有雨降落。

b. ıɣač qutluɣ kiši kök pra.（D193）（作定语）

木福之人有蓝身。

c. uvšaq ısırsar tütüškä soqušur.（C18–9）（作状语）

如果有细小的啃咬，那么他将面临争吵。

形容词与助动词bol，ol，är–连用作谓语。例如：

a. iš išläsär yavız bolur .（E007）（作谓语）

做的事情都向坏的方面转化。

b. toquz y（e）g（i）rminč t（ä）ngrilär eligingä kälsär ädgü ol.（K41）（作谓语）

第十九，如果到天国是吉祥。

c. uluɣ iš küdüg ymä ögrünčlüg ärmäz.（A072-3）（作谓语）

大事也不会令人愉快的。

3.2.1.5 动词及其形态变化

古代回鹘文历法和占卜文献语言中出现的动词具有肯定与否、语态、时、式、人称和数的语法范畴。此外，还具有动名词、形动词、副动词、助动词等语法形式。

1. 动词的肯定与否

动词的肯定形式是没有任何形态标志的形式，也就是动词的原形。动词的否定形式由动词词干后缀接附加成分-ma-/-maz构成。例如：

肯定形式		否定形式	
az-sar	（如果迷失，A033）	az-ma-ɣu	（免于迷失，B036）
bar-ır	（将要去，A176）	bar-ma	（不要去，A049）
bul-tung	（你得到了，A001）	bul-ma-dın	（你得不到，A024）
büt-är	（将要实现，A139）	büt-mäz	（不会实现，A034）
käl-ir	（将要来，A096）	käl- mäz	（不会来，A233）
öl-ür	（将要死，A218）	öl-mäz	（不会死，G098）
tap-tıng	（你得到了，A011）	tap-maz	（得不到，A033）
uč-tı	（飞了，A232）	uč-uma-dın	（无能飞行，A024）
yan-ar	（将要回来，K55）	yan-maz	（不回来，K06）

2. 动词的人称和数

古代回鹘文历法和占卜文献语言中除了动词第二人称复数形式之外其他人称和数的形式都有出现。例如：

ay-a-lım	（我要讲述，F225，F237）	（第一人称单数）
sözlä-lım	（我要讲述，C34，H53）	（第一人称单数）

tägin–tim	（我想寻得，D279）	（第一人称单数）
tägin–tim（i）z	（我们想得到，D247）	（第一人称复数）
išlä–sär–sän	（若你要做事，K04）	（第二人称单数）
saqın–sarsän	（若你想，A187，K04）	（第二人称单数）
täg–särs（ä）n	（若你达到，A085）	（第二人称单数）
tut–ɣays（ä）n	（你要抓住，A197）	（第二人称单数）
tut–ɣıl	（你要抓住，A013，A035）	（第二人称单数）
bälinglä–sär	（若受恐惧，D133）	（第三人称单数）
et–sär	（若要做，K35）	（第三人称单数）
ič–sär	（若要喝，G068）	（第三人称单数）
iglä–sär	（若要生病，G063，G096）	（第三人称单数）
ämgäk–lär	（受苦，A179）	（第三人称复数）

3. 动词的语态

动词的语态可确定动作行为的主体与客体之间的关系。古代回鹘文历法和占卜文献语言中出现的动词的语态可分为主动态、被动态、使动态、反身态和相互共同态五种。

（1）主动态

主动态动词是动词词干不加任何语态附加成分的形式，也就是动词原形。它表示动作行为由主体本身发出。例如：

a. asra atıng yegäṭṭing kičig atıng bädütüng.（A007–8）

你曾在下而现有了改善；你曾小而现成为伟大。

b. qılıntuq sayu iš bütär.（A138–9）

所做的任何事都会成功。

c. amtı yüvig kälmiš yavız künlärni ay (a) lım.（F224–5）

现在我要讲述不吉祥的日子。

（2）被动态

古代回鹘文历法和占卜文献语言中动词的被动态由动词词干缀接附加成分 –（I）l/–（U）l，–（I）n/–un 构成。例如：

–ıl	ač–ıl–tı	（被打开了，A003）
	käḍ–il–ti	（被穿上了，A149）
	qıs–ıl–ur	（被挤压，F140）
	yad–ıl–dı	（被纪念了，A146）
	tıḍıl–dı	（被阻扰了，A023）
–ul	soq–ul–tı	（被撞了，A244）
	tos–ul–maɣı	（被阻扰的，A106）
ül–	tökül–gü–kä：	（被溢出，A216）
	tüz–ül–ti	（被整理了，A121，A137）
–（ı）n	qıl–ın–tıng	（你被选了，A036）
	tälin–ür	（被裂，A032）
–un	yul–un–tı	（被剥去了，A009）

动词的被动态表示语法主体不是动作行为的发出者，而是动作行为的承受者。例如：

a. üdüngdä kün t（ä）ngri qaytsısı ačıltı.（A003）

日神之孩子展望在你眼前。

b. baɣıng čuɣung yuluntı.（A009）

你的约束被解除。

（3）反身态

古代回鹘文历法和占卜文献语言中动词的反身态由动词词干缀接附加成分–In，Un，–ıl构成。例如：

–In	ačın–sar	（假若恩宠，A224）
	alq–ın–ur	（会耗尽A033，D092）
	qat–ın–tı	（如果变强，A203）
	saqın–sar	（如果要思索，D167）
	säv–in–ti	（愉快了，A129）
	tap–ın–ıp	（要供奉，D012，D022）
–an	aɣz–an–ıp	（说话，D262）

-Un	kölün-ti	（停止了，A039）
	köz-ün-mäz	（不会出现，A021，A061）
	soq-un-sar	（如果要剪，F137，F138）
-ıl	aqtar-ıl-ıp	（流动，A105）
	ašıl-ur	（会增多，B059，D149）
	qač-ıl-ur	（会逃跑，H45）
	sačıl-ur	（会消散，A075）
	sıq-ıl-ur	（郁闷，A024）

动词的反身态表示动作行为是由句子的语法主体发出，又是动作行为的承受者。例如：

a. örüki qoḍıqı sävinti.（A128-9）

高低都欢快喜悦。

b. äd t（a）var sačılur. （A074-5）

财产会散尽。

（4）使动态

古代回鹘文历法和占卜文献语言中动词的使动态是由动词词干后缀接以下附加成分构成。

a. 动词词干缀接 -ür 等附加成分构成使动态

-Ur	köy-ür-üp	（使燃烧，B094，D159）

b. 动词词干缀接 -dur/-tur 等附加成分构成使动态

-dur	adalan-dur-u umaɣay	（使不会伤害，D182）
	bas-ın-dur-mıš	（使挤压，D130）
	čız-dur-up	（使画出，B090）
	qan-ḍur-ung	（使您满足，D215）
	sal-dur-up	（使放入，G078）
	sısla-dur	（使疼痛，G068）
	sıẓla-ḍur	（使伤害，G074）
	tam-dur-ɣu	（使燃烧的，D222）

	tapın–dur–maz	（使不会供奉，K51）
	tut–dur–sar	（如果使抓紧，D112）
–tur	aɣrı–tur	（使疼痛，G072，G073）
	aq–tur–sar	（如果使流动，F244）
	bas– ı–tur	（使挤压，A057）

使动态表示句子的语法主体不是动作行为的进行者，而是动作行为的指使者。例如：

a. anın bizning qop qamaɣ küsämiš küsüšümüz alqu saqınmıš saqınčımıznı köngülümüzčä qanḍurung bütürüng t（ä）ngrim.（D214–6）

您对我们所有的希望，所有的寄托，都按我们的意愿去满足，去实现。上天啊！

b. t（ä）ngrigä yaɣıš ayıq bermäyükkä bašın köẓin aɣrıṭur qolın buṭın sıẓlaḍur yüräk ilän bälin qolbičin aɣrıtur.（G071–3）

结果不会向天神供奉奠酒，那么天神使他头疼、眼疼，使他的手脚受伤。他的心脏、腰部和腋下疼痛。

（5）相互共同态

动词的相互共同态是由动词词干后缀接附加成分 -（X）š构成。古代回鹘文历法和占卜文献语言中动词的共同态出现不多，只出现以下几种变体。例如：

–š	övk（ä）lä–š–ür	（彼此动怒，A029）
	qarı–š–dı	（相互敌对了，A071）
	qavı–š–ur	（相遇见，F126）
	tala–š–ur	（相互争吵，A028）
	tigilä–š–ir	（相互窃窃私语，A074）
	yara–š–maz	（不匹配，E008，F240）
	yap–ı–š–ur	（靠近，A237）
–üš	kör–üš–di	（见面了，A093）
–uš	soq–uš–ur	（相遇见，C04，C19）

共同态表示动作行为由两个或两个以上的主体共同完成。例如：

a. qoyn kündä ädgü öglisi bilän qavıšur.（F124–6）

在羊日，与亲朋好友遇见。

b. bars kündä sačıɣ sačsar yarašmaz.（F240）

如果虎日散发供祭不吉祥。

c. künli ayli körüšdi.（A092–3）

太阳与月亮相逢了。

古代回鹘文历法和占卜文献语言中除以上五种动词语态外，还出现了两个或两个以上的动词语态相互组合而成的复合语态形式。文献语言中出现的动词的复合语态主要有以下几种。

a. 相互共同态－使动态

övk（ä）lä–š–ür	（彼此动怒，A029）
qavı–š–ur	（遇见，F126）
tala–š–ur	（相互争吵，A028）
tigilä–š–ir	（窃窃私语，A074）
yap–ı–š–ur	（使连接起来，A237）
soq–uš–ur	（使相逢，C04，C19）

b. 反身态－使动态

bas–ın–dur–mıš	（挤压，D130）

4. 动词的式

古代回鹘文历法和占卜文献语言中出现的动词的式可分为条件式、陈述式、祈使式、愿望式四种。

（1）条件式

动词的条件式由动词词干后缀接附加成分–sAr构成。动词的条件式是古代回鹘文历法和占卜文献语言中最常用的一种动词式。例如：

–sar	aɣırla–sar	（如果加重，D122）
	al–sar	（如果买卖，F239）
	aqtur–sar	（假如使流动，F244）

	asur–sar	（假如打喷嚏，F155）
	aya–sar	（如果尊重，D122）
	az–sar	（如果迷失，A033）
	bar–sar	（如果去，H47，K05）
	bıč–sar	（如果剪，F116）
	bošɣun–sar	（假如要学，D112）
	ırqla–sar	（如果算卦，K40）
	ısır–sar	（如果啃咬，C18）
	qana–sar	（如果流血，G034）
	q（a）tun–sar	（如果变强，A211）
	qaz–sar	（假如要挖，F241）
	qıl–sar	（如果要做，C21，D181）
	qora–sar	（如果减弱，A056）
	sač–sar	（如果散发，F240）
	saqın–sar	（如果想，D167）
	sıng–sar	（如果沉入，B123）
	soqun–sar	（如果剪，F137，F138）
–sär	ägir–sär	（如果包围，B058）
	bälinglä- sär	（若受恐惧，D133）
	et–sär	（如果要做，K35）
	ič–sär	（如果喝，G068）
	iglä–sär	（如果生病，G063，G096）
	išlä–sär	（如果做事，E007）
	käl–sär	（如果来，A014，A031）
	kämiš–sär	（如果抑制，B076）
	käs–sär	（如果切断，C16，C26）
	kertgün–sär	（若信奉，D180）
	kir–sär	（如果进来，E005）

kör-sär （如果看，A236）
közün-sär （如果出现，D132）
küsä-sär （如果渴望，D142）
öl-sär （如果死，B075）
sözlä-sär （如果说话，A033）
sülä-sär （如果行军，A032）
täprä-sär （如果跳动，A221）
tik-sär （如果植，K42）
tilä-sär （如果祈求，A010）

动词条件式的否定形式由否定动词词干后缀接-sAr，再缀接人称和数附加成分构成。例如：

qıl-ma-sars（ä）n （如果你不做，A182）
s（ı）n-ma-sar （若没有破碎，A215）
täprä-mäsär （如果不跳动，A221）
yäṭ-mäsär （如果不够，G088）

动词的条件式表示完成某一动作行为的假设或条件。例如：

a. kiši sözläsär sav alqınur yol azsar äv tapmaz.（A033）

如有人说话，他的话不受重视。如有人迷了路，就会找不到家。

b. suv t（a）mırı qurısar yaš yavišɣu qurıyur.（A055-6）

如果水源干涸，鲜叶就会枯竭。

（2）陈述式

动词的陈述式按陈述方式的不同可分为直接陈述式和间接陈述式两种。

① 直接陈述式

动词的直接陈述式表示说话者以直接知道的语气来陈述已经发生、正在进行或将要进行的动作行为。它一般由动词的直接过去时、现在-将来时、将来时和系动词 är- 的直接过去时形式来表示。古代回鹘文历法和占卜文献语言中出现的直接陈述式形式如下。

ädik–di	（繁荣了，A147）
ägir–di	（包围了，A017）
yašar–dı	（变绿了，A004）
körklä–di	（变成了美丽，A004）
uɣra–tıng	（你想做，A036）
yegäṭ–ting	（你改善了，A008）
al–ır	（将要取，C43，J303）
käl–ir	（将要来，A096，A104）
alqın–ur	（耗尽A033，D092）
ägir–ür	（将要包围，A038）
aq–ar	（将要流动，K70）
ärt–är	（将要过去，D024）

② 间接陈述式

动词的间接陈述式由动词的间接过去时形式和系动词är–的过去时形式构成，表示说话人间接知道动作行为及结果。在古代回鹘文历法和占卜文献语言中间接陈述式只有一处。例如：

bo kiši burunda ätöz ämgänmiš.（K46–7）

听说这人曾经受苦。

（3）祈使式

动词的祈使式表示建议、命令、请求、号召等意义。古代回鹘文历法和占卜文献语言中出现的动词的祈使式附加成分如下。

	单数	复数
第一人称	–ayın	–alım，–älim，–lim
第二人称	–ɣıl，–gil，–gül	
第三人称	–sun，–zun，–zün	

古代回鹘文历法和占卜文献语言中动词的祈使式出现的不多，而且它的第二人称和第三人称复数形式都没有出现。例如：

第一人称　aš–ayın　（我想越过，A047）

	ay–alım	（我们要说，F225）
	qıl–ayın	（我想做，K03）
	ber–älim	（我们要给，C15）
	yarman–ayın	（我想爬，A046）
	sözlä–lim	（我们要讲述，C34）
第二人称	anut–ɣıl	（你要准备，A109）
	išlät–gil	（你要利用，A125）
	ber–gül	（你要给，G078）
第三人称	ašıl–sun	（让他增多，D251）
	bol–zun	（让它成为，B097）
	täg–zün	（让他得到，G059）

（4）愿望式

古代回鹘文历法和占卜文献语言中动词的愿望式由动词词干后缀接–ɣay，–gäy人称附加成分构成。

–ɣay	bol–ɣay	（让它实现吧，A008）
	olur–ɣay–s（ä）n	（你坐吧，A054）
	oz–ɣay–s（ä）n	（你要解脱吧，A183）
	tap–ɣay	（让他得到吧，A108）
	tut–ɣay–s（ä）n	（你抓住吧，A197）
	adalan–duru uma–ɣay	（免遭祸害，D182）
–gäy	ärt–gäy	（让它过去吧 A030, A066）
	ber–gäy	（让他给吧，B083, F170）
	et–gäy	（让他做吧，A243）
	käl–gäy	（让他来吧，A031，A066）
	körüš–gäys（ä）n	（你见面吧，A196）
	kötlür–gäy	（让他增高吧，A043）
	küzạ̈t–gäy	（让他守护，A243）
	öngäd–gäy	（让他恢复，D162）

törü-gäy　　　　（让它出世吧，A108）

动词的愿望式表示说话者对动作行为完成的愿望和祝愿。例如：

a. yangırṭı el oluryays（ä）n.（A053-4）

你要重新行使统治吧。

b. ming b（ä）räčä ıraq barmıš kišilär birlä körüšgäys（ä）n.（A195-6）

你会和去一千里远处的人们见面。

5. **动词的时**

动词的时范畴表示说话时间与动作行为发生时间的关系。古代维吾尔文献语言中动词的时根据其表示的时间意义可以分为过去时、现在-将来时、将来时三种。在古代回鹘文历法和占卜文献语言中普遍使用过去时和现在-将来时，未出现将来时。

（1）过去时

动词的过去时表示说话前已经完成的动作行为。大多数古代维吾尔文献语言中动词的过去时可分为直接过去时、间接过去时和曾经过去时三种。但是，古代回鹘文历法和占卜文献语言中只出现动词的直接过去时和间接过去时，而且大部分是直接过去时，间接过去时只出现在一次。

① 直接过去时

直接过去时表示说话人直接知道的、已经发生和完成的动作行为。直接过去时是古代回鹘文历法和占卜文献语言中最基本的动词过去时形式，文献语言中直接过去时由动词词干后缀接附加成分di/tI，tU构成。例如：

ädik-di　（繁荣了，A147）　　bäklä-ti　（闭塞了，A104）

qılın-tıng（你成了，A036）　　säčil-ting　（你被选拔了A048）

bol-tung　（你成了，A058）　　bädü-tüng（你是增强了，A008）

② 间接过去时

动词的间接过去时表示说话人间接知道的、已经发生和完成的动作行为。它由动词词干后缀接附加成分mIš/mIs构成。古代回鹘文历法和占卜文献语言中间接过去时只有一处。例如：

bo kiši burunda ätöz ämgänmiš.（K46-7）

听说这人曾经受苦。

（2）现在－将来时

动词的现在－将来时表示正在发生或将要发生的动作行为。古代回鹘文历法和占卜文献语言中动词的现在－将来时由动词词干后缀接附加成分-r/Ir/Ur/Ar/yUr，再缀接人称附加成分构成。古代回鹘文历法和占卜文献语言中只出现动词现在－将来时第二和第三人称单数形式，第二人称单数形式只出现两处，其他人称单复数形式都未发现。例如：

a. 动词现在－将来时第二人称单数形式

–ür	büt–ürüng	（你要实现，D221，D215）
	är–ürsiz	（是您，D211，D217，D219）

b. 动词现在－将来时第三人称单数形式

–r	yorı–r	（会行路，H05，H08，K28）
–Ir	al–ır	（将要取，C43，J303）
	käl–ir	（会来，A096，A104，A138）
	kir–ir	（将要进来，K51）
	täg–ir	（将要到达，C12，C38）
	tet–ir	（会品尝，A209，D009）
–Ur	alqın–ur	（会散尽，A033，D092）
	aš–ur	（会增多，H05）
	ašıl–ur	（会增加，B059，D149，F199）
	ongul–ur	（恢复，K17，K28，K45）
	qačıl–ur	（会逃跑，H45）
	ägir–ür	（会包围，A038）
	ärksin–ür	（所管，D173，D179）
	äšit–ür	（会听到，C28，F197）
	ber–ür	（会给予，F178，F218）
	kör–ür	（会看到，K32）
–ar	aq–ar	（会流动，K70）

	bạt-ar	（会沉入，J008，J009，J010）
	qan-ar	（会满足，B072，K25）
	sıng-ar	（会沉入，B123，H03，H48）
	tap-ar	（会得到，K73）
-är	ärt-är	（会过去，D024，D031，D042）
	büt-är	（会完成，A139，E028，K18）
	öč-är	（会熄灭，D092）
	sär-är	（将要持续，J023，J024，J026）
	tilä-är	（祈祷，A185，A186）
-yUr	aɣrı-yur	（会疼痛，G075）
	alta-yur	（会欺骗，A039）
	bulɣa-yur	（会扰乱，A063）
	qora-yur	（会减弱，A068）
	qurı-yur	（会枯萎，G075）
	išlä-yür	（将要做，G052）
	ükli-yür	（会增多，D295，K43）
	titri-yür	（会颤抖，A164）

动词的现在－将来时否定形式由动词词干后缀接附加成分-mAz，再缀接人称附加成分构成。例如：

-maz	bol-maz	（不会，E007，K06，K21）
	bultuq-maz	（不会实现，A022）
	qan-maz	（不会满足，A177）
	qon-maz	（不会降落，A233）
	sıɣ-maz	（不会容纳，A076）
-mäz	ädik-mäz	（不会繁荣，A076）
	bälgür-mäz	（不会出现，A062）
	büt-mäz	（不会完成，A034，A036，A076）
	käl-mäz	（不会来，A233，K11）

közün–mäz （不会出现，A021）

6. 动词的非限定性形式

古代回鹘文历法和占卜文献语言中出现的动词的非限定性形式有动名词、形动词和副动词三种。

（1）动名词

动名词是同时具有动词和名词语法特点的一种动词形式。古代回鹘文历法和占卜文献语言中出现的动名词类型有以下三种。

a. 动词词干后缀接附加成分 –mAG 构成的动名词

–maq	ač–maq	（开，F113）
	alqa–maq	（繁荣，A170）
	bastıq–maq	（遭遇，D275）
	qora–maq	（减弱，A054）
	tušuš–maq	（相逢，A013）
–mäk	ber–mäk	（给予，A069）
	birik–mäk	（结合，A192）
	büt–mäk	（成，F111）
	igit–mäk	（抚养，A222）
	käl–mäk	（来，A112，A132）

b. 动词词干后缀接附加成分 –ük/–üg 构成的动名词

–ük：	tök–ük	（供奉，G077）
–üg：	küsüš–üg	（渴望，D211
	öt–üg	（祈求，A035，A238）

动名词因为兼具名词和动词的语法特点，所以在句中可以起动词的作用充当谓语，同时也可以起名词的作用充当名词能充当的句子成分。例如：

a. bi（r）ök bo tušušmaq atl（ı）ɣ ırq kälsär savın inčä ayur.（A013–4）

如果占到相逢卦，它的解释如此。

b. bo ažuntaqı küsämiš küsüšüg qandurḍačı ärürsiz t（ä）ngrim.（D210–2）

您是这世界所有愿望的满足者。上天啊！

（2）形动词

形动词是同时具有动词和形容词语法特点的一种动词形式。古代回鹘文历法和占卜文献语言中形动词构成的方式主要有以下几种。

a. 动词词干后缀接附加成分–mIš构成（这种形式的形动词表示动作行为已经完成）

–mıš	aɣzan–mıš	（所说的，A147）
	alqat–mıš	（赞成的，D253）
	ašıl–mıš	（增多的，D252）
	bar–mıš	（去的，A078，A195，H56）
	qıl–mıš	（做的A037，A076，A226）
–miš	ämgän–miš	（受苦的，K46）
	eltiš–miš	（聚集的，A198）
	käl–miš	（来的，F224）
	kösä–miš	（渴望的，D288）
	örtün–miš	（隐蔽的，J005）

b. 动词词干后缀接附加成分–ir构成（这种形动词文献语言中只出现一处）

–ir	käl–ir	（要来的，A104）

c. 动词词干后缀接附加成分–güči，–däči，–täči构成（这类形动词表示具有某一动作行为的人）

–güči	eltiš–güči	（集聚的，J274）
	ketiš–güči	（脱离的，J290）
–däči	ämgän–däči	（受苦者，D119，D120）
	ängir–mä–däči	（顺服的，A008）
	ber–däči	（给予的，A215）
	ketär–däči	（驱除的，D217）
	öč–ür–däči	（熄灭的，D096）

	täg–däči	（到达的，J291）
–täči	bil–täči	（知道的，D272）

d. 动词词干后缀接附加成分 –GU 构成

–ɣu	al–ɣu	（取，B065，B068）
	bar–ɣu	（去，C29，H44）
	bıč–ɣu	（剪，F115，F133）
	orna–ɣu	（奠定，A114）
	qara–ɣu	（看，H54，H55）
–gü	ber–gü	（给，B040）
	büt–gü	（成，A248）
	ič–gü	（喝，B031，B039）
	küsä–gü	（渴望，B029）
	küzät–gü	（守护，B034，B041，B044，D292）

e. 动词词干后缀接附加成分 –tuq，–dük，–tük 构成（这类形动词表示动作行为已经完成）

–tuq	olur–tuq	（坐的，A120）
	qılın–tuq	（做完的，A138）
–tük	täprä–tük	（动手的，A119，A137）

f. 动词词干后缀接附加成分 –gli 构成（这类形动词在文献语言中只出现一次）

–gli	ög–li	（想的，J290）

g. 动词词干后缀接附加成分 –ɣalır，–qalır，–kälir 构成（这类形动词表示动作行为的目的）

–ɣalır	qıl–ɣalır	（要去，K02）
–qalır	at–qalır	（扔，A162）
	tut–qalır	（抓，A167）
–kälir	kir–kälirs（ä）n	（你要进去，A169）
	tüš–kälirs（ä）n	（你要落下，A171）

üz-kälir　　（射箭，A163）

在古代回鹘文历法和占卜文献语言中形动词用于名词或动词之前，修饰动词作状语，修饰名词作定语。例如：

a. aɣzanmıš savıng ädikdi altun kümüštäg.（A147-8）（定语）

你说出的话就像金银一样被敬重了。

b. bo ätöz küzätgü vu ol.（B034）（状语）

此为护佑人体之符箓。

除此之外，形动词与kärgäk，käräk等结合在句中作谓语。例如：

a. üküš buy（a）n qılmıš kärgäk.（K09-10）

要多行善事。

b. teṭik bilgä kiši ä（r）sä uluɣ buyan qılmıš käräk.（K53-4）

如果是一个明智、聪明的人，那么要履行伟大的功德。

（3）副动词

副动词是同时具有动词和副词语法特点的语法形式。古代回鹘文历法和占卜文献语言中出现以下五种副动词。

① 连接副动词

古代回鹘文历法和占卜文献语言中连接副动词由动词词干后缀接附加成分p/Ip/Up构成。这类副动词表示在主要动词的动作行为之前或与动作同时发生的行为的状态、方式和原因。例如：

-p	arı-p	（变纯净B123）
	äriglä-p	（讲解，D111）
	bača-p	（斋戒，B087）
	bašla-p	（开始，D268，E002，E003）
	bäklä-p	（停留，B093）
-ip	ägirt-ip	（纠缠，D155）
	ämgän-ip	（疼痛，K47）
	ämgät-ip	（使折磨，D143）
	äšiṭ-ip	（听，D105，D121，D134）

	ber-ip	（给，H59）
-up	čızdur-up	（使画出，B090）
	olur-up	（坐，A124）
	qod-up	（放，G059）
	qur-up	（串起，A162）
	qus-up	（呕吐，G037）
-üp	büt-üp	（完成，D271）
	köyür-üp	（使燃烧，B094，D159）
	ötün-üp	（祈求，B080）
	ün-üp	（萌芽，A005）
	yükün-üp	（蹲，D189）

② 持续副动词

古代回鹘文历法和占卜文献语言中持续副动词由动词词干后缀接附加成分-u，-yu构成。这类副动词表示动作行为持续进行或同时发生。例如：

-u	ay-u	（讲述，C15，D223，E005）
	qıl-u	（做，K23，K26）
	uč-u	（飞，A024）
-yu	alta-yu	（欺骗，A026）
	ata-yu	（称呼，A116）

③ 目的副动词

古代回鹘文历法和占卜文献语言中目的副动词由动词词干后缀接附加成分-gäli，-käli构成。这类副动词表示动作行为的目的和动机。例如：

-gäli：	ärt-gäli	（为了跨域，A035）
	bärt-gäli	（为了伤害，A017）
	et-gäli	（为了做，H21）
	öngäd-gäli	（为了恢复，D157）
-käli：	ämgät-käli	（为了折磨，A018）

④ 界限副动词

古代回鹘文历法和占卜文献语言中界限副动词由动词词干后缀接附加成分 -ɣınča 构成。这类副动词在文献语言中只出现在一次。例如：

ınan–ma–ɣınča　　（除非你要信任，A080）

⑤ 否定副动词

古代回鹘文历法和占卜文献语言中否定副动词由动词词干后缀接附加成分 -madın 构成。它是持续副动词和连接副动词的否定形式。例如：

–madın：bul–madın　　（不得到，A024）

uču–u–madın　　（无法飞行，A023）

7. **助动词**

助动词是由实意动词失去其原来的词汇意义虚化或半虚化而成的一种特殊的动词形式，在句中与动词或静词结合使用。古代回鹘文历法和占卜文献语言中出现的助动词有 ärür（是），ärsär（假若是），ärmiš（是的），bol–（成为），tur–（立），qal–（留下）等。

（1）ärür 与静词结合构成名词性谓语，表示“是、有、存在”等意

a. ängilki tamlang atl（ı）ɣ yultuz ol vuusı bo ärür.（D005）

起初为贪狼星，其星符是这个。

b. či šün üčünč yıl tuɣmıš kiši ẓim bičin yıllıɣ on yeti yašlıɣ ärür.（E069–70）

至顺三年出生的人是属壬猴年，是十七岁。

（2）ärsär 与 –miš，–ɣu 等词结合表示对现在–将来时发生的动作的假设

a. bo ırq kimkä kälsär süüdä ärsär sančıtur.（A066–7）

如谁占到这个卦，当他在行军时就会被刺杀。

b. ay uluɣ ärsär litin ongaru qaraɣu ol.（H54）

如果是大月（有三十天），那么就要从右边的离开始看它。

c. tärs tetrü šmnu örläṭmiš ärsär.（D131）

如果被阴间的恶魔折磨，

d. är kišining yılin sanayu ärsär yäkni bašlap sanayu ol.（E001–2）

如果需要计算一个男人的年龄，则必须从夜叉宫开始计算。

（3）bol– 既可以与静词结合，也可以与动词结合，它是古代回鹘文历法和占卜文献语言中最活跃的助动词之一，主要有以下几种用法

① bol– 与静词结合使用，表示“是、成为”等意义

a.taɣ yerintä taɣ ünti sängir boltı topraq üzä topraqünṭi ediz boltı.（A044–6）

在山区里山上升，成了岭；土上土重叠，成了高地。

② bolɣalı 与静词结合，表示动作行为的目的

a.bäg bolɣalı qılıntıng y（a）rlıɣıng yorımaz.（A036–7）

如果想成为伯克，你的命令会不灵。

b. bägkä ešikä ınanč tayanč bolɣalı küsäsär.（D141–2）

如果希望自己成为王公贵族。

③ bolur 与静词结合，表示动词的现在–将来时

a.bars yıl（l）ıɣ kiši bo vu tutsar uzaṭı mängilig bolur.（B069）

如果虎年的人佩带这个符，他就会长久幸福。

b. özi ayıɣ atl（ı）ɣ bolur tarıɣı yavız bolur.（E008–9）

他将会获得坏名声，其后裔不会有任何出息。

④ boltačı 与静词结合，表示具有某一动作行为的人

a. alqu türlüg adalarta umuɣ boltačı.（D260）

所有各类灾难是可以信赖的。

（4）tur– 既可以与静词结合，也可以与动词结合，古代回鹘文历法和占卜文献语言中它主要有以下几种用法

① tur– 与静词结合表示“站立、存在”等意义

a. enč tur （你要安静，A239）

b. šük tur （你要平息自我，A240）

② turup 与静词结合，表示时间长

a. tävlig kürlüg tapıɣčı taɣṭın turup tilär.（A184–5）

狡猾的仆人在北边站起身祈求。

b. qayu qunčuylarnıng qarnınta oɣul arquru turup tuɣuru umasar bo vu ädgü bolur.（B073）

如果在任何妇女的子宫里胎儿横位而造成生育困难，这个符会有助。

③ turur与副动词或静词结合，表示正在进行或长期进行的动作行为

a. ärklig hannıng y（a）rl（ı）ɣı arqulayu turur ävingdä.（A025）

阎王的敕命十字交叉似的落在你家里。

b. purvapalgunı bir kün bir tün turur.（J117）

张宿，它停留一天，一夜。

（5）qal- 既可以静词结合，也可以与动词结合。古代回鹘文历法和占卜文献语言中qal-只出现一次。例如：

a. sanga uṭruntačı kišil（ä）r ančulayu bolur qaltı.（A050-1）

反对你的人们如此留下了。

3.2.1.6 对偶词

古代维吾尔历占文献中出现的对偶词汇形态活泼，语义宽泛，修辞色彩鲜明，是古代维吾尔历占文献中多用的一种词类。古代维吾尔历占文献中出现的对偶词汇内涵丰富，承载信息量较大，通常表示类属、系统、体系、关系、联系等概念。加强古代维吾尔历占文献中出现的对偶词汇的研究对于创造新词，借用融合借词，复活泯灭的古语词，丰富和发展现代维吾尔语词汇具有重大意义。

笔者通过查阅古代维吾尔历占文献找出了古代维吾尔历占文献中的一部分对偶词汇，并且对这些词汇的词源、语义进行了初步分析，详细描述了这些词汇的特点。该文献中出现的对偶词汇与它们的论述如下。

toz topraq（A005），表示“土、灰尘”等意，组成该对偶词的两个词语是同义词。toz 在《突厥语大词典》中出现，作者解释该词为：al-ğubār

（灰尘）[①]。topraq 的词根是topra-，表示“土地、土、灰尘”。在《突厥语大词典》中作者解释该词为：al-turāb（灰尘）[②]；该词在《福乐智慧》中也有出现，如：topraq ičiŋä kirip（进入地下）[③]。toz，topraq 这两个词在15世纪后的察合台语文献与部分辞书中都有记载。在现代维吾尔语中这两个词以tozan（灰尘），tupraq（土，土地）的形式保留。

äd tavar（A010），表示“财产、财富”等意，组成该对偶词的两个词是同义词。äd 原义为流动资产、商品，该词记载于回鹘文《金光明经》中，如：ädlär（有用的财产）[④]；在《突厥语大词典》中作者解释该词为：kull šay'masnū'（任何制造的产品或货物）[⑤]；该词也有见于《福乐智慧》中，如：tavğač äḍi（中国的商品），arttı äḍ（他的资产增加了）[⑥]。tavar原义为家畜，牲畜，《突厥语大词典》中出现该词，作者解释该词为：al-sil'a mā ṣā（ta）wa ṣamata（家畜和无生命的财产）[⑦]；该词也记载于《福乐智慧》中，älig kısğa tuttum tavar tärmädim（我没有积蓄财产）KB6079；该词在15世纪后的察合台语文献与部分辞书中都有记载，现代维吾尔语中以 tavar的形式、商品之义保留。

ig ayrıy（A 016），意为“疾病（一切疾病的普通名称）”。ig 在《突厥语大词典》中的解释是：al-maraḍ（疾病）DLT I 48；现代维吾尔语中以yigiläš，yigilimäk的形式，保留矮缩、枯萎、变小等义。ayrıy收录于《突厥语大词典》，作者解释该词为：ayrıy：al-waca' fi'l cumla（疾病的普通名称，在人体任何部分的疼痛）[⑧]；该词也记载于《福乐智慧》中，如：baš

① 参见 DLT I，第 123页。

② 参见 DLT II，第467页。

③ 参见 QB，第308行。

④ 参见 Suv.，第530（2）行。

⑤ 参见 DLT I，第79页。

⑥ 参见 QB，第68页，第618。

⑦ 参见 DLT I，第362页。

⑧ 参见 DLT I，第98页。

aɣrıɣ（头疼）①；现代维吾尔语中该词以aɣrıq的形式，保留疾病、疼痛等之义。

ig toɣa（A017），指呼吸困难而引起的疾病和疼痛，ig toɣa在《突厥语大词典》中的解释是：al–dā'wa tiqlu'l–nafs（呼吸困难）②。

kök qalıq（A023），意为“天空”，kök原义为蓝色，最早记载于阙特勒碑和毗伽可汗碑等鄂尔浑·叶尼塞碑铭文献中，如：üzä kök täŋri asra yaɣız yir qılıntuqda（当蓝色的天空在上面，褐色的土地在下面时）③。在《突厥语大词典》中作者解释该词为：al–samā（天空）④。现代维吾尔语中该词以kök的形式保留同样之意。qalıq的词根是qali–，原义为“空气、大气”，该词收录于《突厥语大词典》中，作者解释为：al–hawā（空气、大气）⑤；《福乐智慧》中该词频繁出现，如：qalıqıɣ todı（装满了空气），qalıq qašı tügdi（天空皱眉了），qalıq qušları（天空的飞禽）⑥。

allıɣ čävišlik（A026），表示“狡猾，狡诈”等意，如：allıɣ čävišlik kišilär altayu turur（狡猾的人们会欺骗你）⑦。

iš küdüg（A072），表示“事、事情”等意，组成该对偶词的两个词是同义词。iš最早频繁被记载在鄂尔浑·叶尼塞文献中，如：išig küčig bär（给人帮做事）⑧，nä iš yarlıɣ yarlıqasar qopqa iši yorıq bolɣay（无论他命令做什么事，他命令的任何事会被实现）⑨。iš记载于《突厥语大词典》和《福乐智慧》等11世纪的古代回鹘文文献中，如：al–‘amal wal–amr（事情、

① 参见QB，第421行，第1883行。

② 参见DLT III，第224页。

③ 参见I E，第1行，II，E第2行。

④ 参见DLT III，第132页。

⑤ 参见DLT I，第383页。

⑥ 参见QB，第72行，第80行，第459行。

⑦ 参见TT I，第26行。

⑧ 参见IE，第8–10行；IIE，第8–10行。

⑨ 参见Toy，第18–20行。

事项）[1]，iš küdüg（事情、事务）[2]。现代维吾尔语中该对偶词以iš küš的形式保留同样之意。

čašut yongaɣ（A074），表示“诽谤、恶言”等意，čašut 的拼写是čašut还是časut并不明确。čašut在克普恰克语文献中以čāsūs的形式记载，在奥斯曼语文献中以čašit形式出现[3]。

yala yangaru（A075），意为“诽谤”，yala表示“怀疑、责备、诽谤”等意。《突厥语大词典》中有关于yala的记载，如：al–tuhma fil–šay（对某件事的怀疑）[4]。

ig tapa（A077），意为“疾病”，tapa的词根是tap–，是一个后置词，表示向，如：yırɣaru oɣuz bodun tapa（向北方，向乌古斯人的地）[5]。11世纪的哈喀尼亚语文献中有该词的记载，如：ol aning tapasi qıldı：ca‘ala lahu mā yarɣamuhu（他对他做了他不喜欢的事情）[6]，isizlär yaqın bolsa bäglär tapa（如果邪恶的人接近了伯克）[7]。

busuš qadɣu（A101），表示“悲伤，哀思”等意，组成该对偶词的两个词是同义词。bosuš的词根是busa–，表示“悲哀”。qadɣu的词根是qad–，《突厥语大词典》中作者解释该词为：al–hamm wa’l–huzn（悲哀，焦虑）[8]，该词在《福乐智慧》中频繁出现，如：qamuɣ qadɣusı ärdi ummut üčün（他的忧愁是为了人民），sävinč qolsa qagɣu tutaši yorır（如果有人祈求喜悦，会得到悲哀），qoquz boldı qadɣu sävinči tolu（悲伤消失了，他充满了喜悦）[9]。现代维吾尔语中qadɣu以qayɣu的形式保留同样之意。

---

① 参见 DLT I，第47页。

② 参见 QB，第161行，第1038行。

③ 参见 EDPT，第430行。

④ 参见 DLT III，第25页。

⑤ 参见 I，E第28页。

⑥ 参见 DLT III，第216页。

⑦ 参见 QB，第889行。

⑧ 参见 DLT，I第425页。

⑨ 参见 QB，第40行，第434行，第617行。

ädlig sanlıɣ（A084），意为“富裕”。ädlig的词根是äd-，表示“富裕、有价值、有用”等意；《突厥语大词典》中可见该词的记载，如：ädlig näng：qull šay’ yuntafa’ bihi（有用的，有价值的东西）①。sanlıɣ的词根是san-，表示“数、数量、数目”等义，sanlıɣ表示“有名誉的、德高望重的”等意。

sävinč ögrünč（A088），表示“快乐、欢快喜悦”等意，sävinč的词根是sävin-，表示“快乐、喜悦、愉快”等意，《突厥语大词典》中收录该词，作者解释该词为：al-surūr（快乐，喜悦）②；《福乐智慧》中也有关于该词的记载，如：sävinčin tolu tut（使他的喜悦充满）③。sävinč在现代维吾尔语中以söyünmäk的形式保留同样之意。ögrünč的词根是ögrün-，表示“喜悦、快乐”等意。

üküš tälim（A100），表示“许多、巨多”等意，组成该对偶词的两个词是同义词。üküš的词根是ük-，最早的文字记载见于鄂尔浑·叶尼塞碑铭文献中，如：üküš Türkü bodun öltig（很多突厥人民死亡了）④。《突厥语大词典》中收录该词，作者解释该词为：al-qatir min kull šay’（多数的任何东西）⑤。《福乐智慧》中也有记载，如：asɣı üküš（他有很多优势）⑥。tälim表示“许多”，回鹘文《金光明经》中也有该词，如：üküš tälim（很多）⑦；11世纪的哈喀尼亚语文献中也有该词；在《突厥语大词典》中作者解释该词为：al-qaṯīr（许多），tälim yarmaq（很多钱）⑧；《福乐智慧》中该词的文字记载也频繁出现，如：mäni ämgätür tıl idi ök tälim（语言给我带来了不少的苦头），kišidä kiši adruqı bar tälim（人与人之间存在着巨大

① 参见DLT I，第103页。
② 参见DLT III，第373页。
③ 参见QB，第117行。
④ 参见I S，6；II N，第5行。
⑤ 参见DLT I，第62页。
⑥ 参见QB，第160行。
⑦ 参见Suv.，第140（22）行。
⑧ 参见DLT，第397页。

距离）[①]。

asıɣ tusu（A113），表示“收益、益处、利益”等意，组成该对偶词的这两个词语是同义词。asıɣ 表示“收益、优势、益处”等意，《突厥语大词典》中解释为：al-ribh（有益、利润），asıɣ qılɣu ämäs la yanfa' uqa（他不会给你收益）[②]；《福乐智慧》中也有记载，如：asıɣ qolsa barča özüng yassızın（谁若想免遭损害，获得利益）。tusu的词根是tus-，表示“有益、有用”等意。该词的文字记载见《福乐智慧》，如；tälimdä tiläsä tusuɣlısı yoq（众生芸芸，熙来攘往。欲求英才，却没有一个。）[③]。

yid yıpar（A146），表示“香味、美味”等意。yid表示“味、气味、味道”等意，其文字记载多见于11世纪的哈喀尼亚语文献中，如：yidi qalır（它的气味会剩下）[④]，yıpar toldı kāfūr ajun yıd bilä（大地弥漫着兰麝的芳馨）[⑤]；现代维吾尔语中yıd以hid的形式保留同样之意。yıpar表示麝香，该词最早的文字记载见毗伽可汗碑铭中，如：yoɣ yıparıɣ kälürüp tikä bärti（为了祭祀带来了麝香）[⑥]；《突厥语大词典》中解释为：al-misk（麝香）[⑦]；《福乐智慧》中也有该词，如：yaɣız yır yıpar toldı（大地铺满了麝香）[⑧]；现代维吾尔语中yıpar这词以ıpar的形式保留同样之意。

altun kümüš（A147），意为“金银”，该对偶词最早的文字记载频繁见于鄂尔浑·叶尼塞碑铭文献中，如：altun kümüš（金银）[⑨]。《突厥语大词典》中关于altun的解释为：al-dahab（金子）[⑩]。altun在现代维吾尔语中

① 参见QB，第166行，第201行。

② 参见DLT I，第64页，第494页。

③ 参见QB，第106行，第1622行。

④ 参见DLT III，第48行。

⑤ 参见QB，第70行。

⑥ 参见IIS，第11行。

⑦ 参见DLT III，第28页。

⑧ 参见QB，第64行。

⑨ 参见I S，第5行，II N，第3行，I N，第12行，II S，第11行。

⑩ 参见DLT I，第120页。

保留同样之意和形式至今。kümüš表示“银”，《福乐智慧》收录该词，如：kümüš qalsa altun mäningdin sanga（即使我给你留下了黄金和白银）[①]；该词在现代维吾尔语中保留同样之意和形式。

tävlig kürlük（A184），表示“狡猾”之意，该对偶词最早的文字记载见鄂尔浑·叶尼塞碑铭文献中，如：tavɣač bodun tävlik kürlügin üčun（由于桃花石人狡猾和诡计多端）[②]。tävlik的记载也收录于《突厥语大词典》和《福乐智慧》等11世纪古代回鹘文文献中，如：tävlig：al-muḥtāl wa'l-xaddā（狡猾的，诡计多端的）[③]，oɣrı tävlik（狡猾的贼）[④]。

本书关于古代回鹘文历法和占卜文献中出现的对偶词汇的研究对古代回鹘文文献词汇研究有一定借鉴意义和作用。同时，本书对古代回鹘文历法和占卜文献中出现的词汇与该词在其他古代回鹘文文献中的记载进行对比，对维吾尔语的历史演变和发展研究提供不可忽视的考证材料。此外，本书对古代维吾尔历占文献中出现的对偶词所做的词源研究对以后的古代回鹘文教学以及文献资料的准确解读也有较好的参考价值。本书是笔者在该领域的初次探讨，而不是终结，希望有更多的相关研究成果问世，丰富对古代回鹘文对偶词汇的认识。

3.2.1.7 副词

副词是表示动作、行为或形状的程度、范围、时间、方位等意义的词。古代回鹘文历法和占卜文献语言中出现的副词可根据其表示意义分为时间频率副词、地点方位副词、状态副词和程度副词等四种。

1. 时间频率副词

古代回鹘文历法和占卜文献语言中出现的时间频率副词如下。

amtı　　　　（现在C15，F224）

---

① 参见QB，第188页。

② 参见I E，第6行；II E，第6行。

③ 参见DLT I，第477页。

④ 参见QB，第313页。

amtıqıča （到现在，A152）
andın kin （尔后，K47）
ašnuqı （以前，A189）
ertäkün （清早，A171）
keč （晚，B074）
ken （以后，G045）
kenin （尔后，K48）
küntüz （白天，I05，I12）
kün orṭu （下午，F157，F163）
ötrü （之后，B080，B082）
qıš （冬天，A159）
sɣta （时刻，I26，I56）
tang （清晨，J018）
tün （夜晚，J0123，J109）
üd （时辰，I56，J268）
üdün （尔时，D093，D183）
yana （又、还，D108，D143）

2. 地点方位副词

古代回鹘文历法和占卜文献语言中出现的地点方位副词如下。

altın （下面，C08，D248）
arqa （背面，A247）
ara （之间，A160，G029）
asra （下面，A007）
kädin （西边，A246，J225）
kündün （南方，J225）
ič （里面，A018，A104）
ongdun （右边，C36，C39）
öngdün （东方，A006）

öngdürti　　（前面，A123）
örüki　　（上面的，A128）
qodıqı　　（下面的，A128）
sol　　（左边，C38，C41）
taɣtın　　（北方，A007，A143）
taš　　（外面，G060，J245）
tašqaru　　（外面，B124）
üsk　　（前面，A015，A027）
üstün　　（上面，C06，D247）
yan　　（侧面，G074）

3. 状态副词

古代回鹘文历法和占卜文献语言中出现的状态副词如下。

ančulayu　　（如此，A051，D153）
arqulayu　　（十字交叉似地，A025）
arquru　　（倒反地，B073）
bäkürü　　（固坚地，A188）
turqaru　　（不断地，A152）
yanturu　　（相反地，A189）

4. 程度副词

古代回鹘文历法和占卜文献语言中出现的程度副词如下：

artuq　　（很，H40，H43）
äng　　（最，D004，E014）
ärtingü　　（特别，B003，B005）
b（ä）k　　（很，A034，A041）
qop　　（非常，D220）
taqı　　（更加，A199，A205）
yeg　　（十分，D276）

副词在句中主要修饰形容词和动词，作状语。例如：

a. ertäkün t（a）vraq buyan qıl.（A171–2）

在清晨你要赶紧行善。

b. ongdun qulq（a）q täpr（ä）s（ä）r yüüz yügärü asıɣ bolur.（C39–41）

如果耳朵右侧发生跳动，那将会获得利润。

c. ärklig hannıng y（a）rl（ı）ɣı arqulayu turur ävingdä.（A025）

阎王的敕命十字交叉似的落在你家里。

d. äng ilki yäk išiki ol.（E014–15）

起初为夜叉门坎。

3.2.1.8 **虚词**

古代回鹘文历法和占卜文献语言中出现的虚词可分为连接词、后置词和语气词等三种。

1. **连接词**

古代回鹘文历法和占卜文献语言中出现的连接词主要有以下几个。

（1）taqı（和、又、还），表示并列关系

a. taqı kirp ol künkä.（B079）

也有，次日到来时。

b. t（aq）ıymä qayu uzun tonluɣlarning oɣlı yoq ärip oɣul qiz küsäs（ä）r.（B083）

还有，如果一个女人没有子女而想要子女。

（2）ulatı（和、以及），表示并列关系

a. kün ayta ulatı yeti gr（a）hlar säkiz otuz nakšaṭirlar otuz tümän kolti yultuzlar quvraɣı sizingiz ol t（ä）ngrimä.（D206–9）

以日月为首，七大行星，二十八个星宿，三十万亿组星辰，为你供奉。

b. adasız uẓun yašamaqta ulatı.（D270）

而得平安长寿。

（3）azu（或者），表示选择关系

a. kim qayu tüzünlär oɣlı tüzünlär qızı azu yäkkä ičgäkkä basındurmıš bolsar.（D127–9）

若有那些善男善女们被夜叉或精灵（魔鬼）迷惑住

b. čomuɣluɣqa aẓu baṭıɣqa.（H56）

沉溺处或沼泽

（4）birök（如果），表示假设和条件

a. birök süü sülämäk atl（ı）ɣ ırq kälsär savın inčä ayur.（A031–2）

如果是叫作帅兵之卦，其解释说如下。

b. birök kim qayu kiši k（ä）ntününg yıl yorıqı adasınga [tüš sä]r ol kiši bo nom ärdinikä yeti qata yükünzünlär.（B087–90）

如果任何人遇行年灾厄，就要礼此经七拜。

（5）apam bir（如果、假如），表示假设

a. apam bir adaqın sısar ičintäki tatıɣ tökülgükä.（A215–6）

如果有人摔断了腿，里面的骨髓会溢出。

（6）ymä（还、又），表示并列关系

a. uluɣ iš küdüg ymä ögrünčlüg ärmäz kičig iš küḍüglär ymä büṭün ärmäz.（A072–3）

大事也不会令人愉快，小事也不完整。

b. söki hanlar küči ymä tosulmaɣı qong yutsıl bilgäning alı ymä ädikmägäy.（A105–6）

先前可汗们的力量也不会有益的，孔夫子学者的方法也不会成功。

2. 后置词

后置词位于静词或静词性结构之后，表示静词与静词或静词与动词之间的各种语法关系。古代回鹘文历法和占卜文献语言中出现的后置词有以下五个。

（1）bilä/bilän/birlä/birlän表示“一起、和、跟、与”等意

a. luu kündä kiši bilä qaršıbolur.（F121–2）

在龙日，将会与人为敌。

b. qoyn kündä ädgü öglisi bilän qavıšur.（F124–6）

在羊日，与亲朋好友遇见。

c. nä ada bolɣay seni birlä uluɣ qılıntačı.（A190–1）

任何危险都不会抑制你。

d. ton bıčsar ol ton birlän ök adalar.（F234–5）

如果有人裁剪衣服，他将会与这件衣服一起遭难。

（2）üčün 表示“为了、因为”等意

a. öz ätözi üčün ärsär iglig üčün ärsär buyan üküš qı（l）mıš kärgäk.（K23–4）

为了自身，为了疾病恢复，要多行善事。

b. ätöz üčün ä（r）ṣä äv üčün ä（r）sä alqu ašılur.（K35–6）

自身和房子的征兆是，一切都会改善。

（3）sayu 表示“每个、按”等意

a. täprätük sayu qut kälir qılıntuq sayu iš bütär.（A137–9）

想得的每个福分都会得到，每件事都会成功。

b. ažunlar sayu qız ätözinḍä tuɣmayın tep qut kösüš öriṭü tägintim.（D278–9）

我想从娑婆世界的每个女人身体中出世。

（4）üzä 表示“之上、借用、通过”等意

a. yel üzä yel tigiläp yeltirdi.（A015–6）

风不停地在刮。

b. uluɣ erngäk üzä mäng bolsar qa qadašqa tart（ı）nyučı bolur.（C12–4）

如果在大拇指上有黑痣，那么他就会亲密于他的亲人同胞。

（5）ötrü 表示“之后”等意

a. bo nom bitigig ayasar kertgünsär tapıɣ uduɣ qılsar ötrü bir ymä ada tuda adalanduru umaɣay tep y（ä）rlıqadı.（D179–183）

须知北斗七星管人生命，以虔诚之心供养此经后，使人免遭祸害。

3. 语气词

古代回鹘文历法和占卜文献语言中出现的语气词以下两种。

（1）疑问语气词

古代回鹘文历法和占卜文献语言中出现的疑问语气词有mu，表示"询问、疑问"。该语气词在古代回鹘文历法和占卜文献语言中仅出现在一次。例如：

a. iki köngül köngül tutup qovı bolsar eltin hantın ačıɣ bolurmu.（A180-2）

如果两个（人的）心想法不合，那怎么能从王国和可汗得到恩赐呢?

（2）强调语气词

古代回鹘文历法和占卜文献语言中出现的表示强调的语气词有kiä，oq，ök等。例如：

a. tärk kiä ädgü ögli tuṭuṣ̌tačı.（J290）

要立即与好心的人联盟。

b. bo ırq ymä ančulayu oq ol.（K34-5）

此占卜的征兆是如此。

c. ton bıčsar ol ton birlän ök adalar.（F234-5）

如果有人裁剪衣服，他将会与这件衣服一起遭难。

3.2.2 回鹘文历法和占卜文献语言的句法特点

句法是研究词组和句子的各个组成部分的组合规则及词组和句子类型的一个领域。下面对古代回鹘文历法和占卜文献的语言进行简要描述。

3.2.2.1 短语及其分类

古代回鹘文历法和占卜文献语言中的短语根据内部结构和功能的不同可以分为并列短语、偏正短语、主谓短语、动宾短语和后置词短语五类。

1. 并列短语

并列短语各部分之间的关系是并列的，不分主次。例如：

t（ä）ngridäm qut buyan utmaq yegäṭmäk（神圣的福分、善行、成功，A 002）

qadır qatqı qaṭıɣ sav （刺耳的、苛刻的恶言，A 014）

tävlig kürlüg buryuq （狡猾的官员，A 064）

uluɣ erngäk （大拇指，C12）

ögüm qangım hatunlarım （我的父母、我的妻妾，D285）

ig aɣrıɣ （疾病，D275）

2. **偏正短语**

偏正短语由两部分组成，前后部分之间是修饰被修饰、限制被限制的关系。古代回鹘文历法和占卜文献语言中的偏正短语根据内部关系可以分为定中短语和状中短语两类。例如：

（1）定中状语

kün t（ä）ngri qaytsısı （日神之晐子，A003）

suv t（a）mırı （水源，A055）

oot yalını （火焰，A123）

bäg t（a）mɣası （伯克的印章，A129）

tit sögüt buṭıqı （落叶松的树枝，A163）

aq bars bašı （白虎头，H25a07）

（2）状中短语

yügärü k（ä）lti （迅速地到来，A015）

tigiläp yeltirdi （风不停地在刮，A015）

b（ä）k tutɣıl （紧紧地控制住自己，A041）

ediz turur （峻峭地站着，A047）

üküš qıl （要多做，A053）

ängirä turur （很明显，A079）

3. **主谓短语**

主谓短语由两部分组成，这两部分之间是被陈述与陈述关系。例如：

ig aɣrıɣ ket- （疾病消失，A011）

yer tälin–　　（地裂，A032）
ay t（ä）ngri bạt–　　（月神下沉，A040）
tüṭüš käríštä täẓ–　　（逃避争论，A048）
iki köngül qarıš–　　（两人的心不合，A071）
iš büt–　　（事成，A076）

4. 动宾短语

动宾短语由两部分组成，前一部分表示动作行为，叫术语；后一部分是动作、行为涉及的对象，叫宾语。两部分是支配和被支配的关系。例如：

buyan ädgü qıl–　　（要多行善事，A030）
äv tap–　　（找到家，A033）
äd t（a）var yungla–　　（施舍财产，A099）
ägri yorıq kämiš　　（放弃不正当的行为，A110）
tapıɣ qıl　　（要供奉佛神，A131）
buyan qıl　　（要行善，A172）

5. 后置词短语

后置词短语由两部分组成，其前一部分为名词性词语，后一部分为后置词。例如：

topraq üzä　　（土上，A045）
kišilär birlä　　（与人们在一起，A196）
erin üzä　　（嘴唇上，C09）
ol t[on] birlän　　（与那件衣服一起，F235）
äv üčün　　（为了房子，K36）
suv bilän　　（与水在一起，G58）

根据短语的造句功能，也就是根据短语中心语的词性，古代回鹘文历法和占卜文献语言的短语可分为名词性短语、动词性短语、形容词性短语和副词性短语等四类。

（一）名词性短语

名词性短语在句中的功能相当于名词，因而在句中充当主语和宾语。例如：

a.qayu kišining yılqısı öküš ölsär bo vu qapıɣta yapıšurzun.（B075）（主语）

如果有人的畜生大量死亡，那么就把这个符贴在门上。

b.öngdürti täprämiš oot yalını öčti.（A 123–4）（宾语）

前方燃烧的火焰熄灭了。

从内部结构来看，古代回鹘文历法和占卜文献语言中的名词性短语主要由以下几种方式构成。

1. 数词+名词

（1）基数词+名词

tört yıngaq （四方，A121）

on yeti yašlıɣ （十七岁，E070）

bir tün （一夜，J110）

bir kün （一日，J119）

（2）数（量）词+名词

bir oq üt （一个孔，C21）

yẹti tụtum talqan （七把大麦粉，G080）

bir čomurmıš suv （一船水，G080）

toquz on mang yer （九十步地，G086）

（3）序数词+名词

bir y（e）g（i）rminč ay （十一月，D234）

törtünč ay （四月，F014）

üčünč ay （三月，F065）

yetinč ay （七月，J177）

（4）约数词+名词

yẹtirär t（a）nču yigli bıšıɣli ät（七八块生肉和熟肉，G080）

birär birär uryu　　（一两个，B121-2）

2. 代词+名词

（1）指示代词+名词

bo tušušmaq atl（ı）ɣ ırq　（这个叫相逢的卦，A013）

qayu kiši　（哪个人，D070）

ol üdün　（尔时，D093）

（2）人称代词的领属格形式+名词

bizning qop qamaɣ küsämiš küsüšümüz　（我们所有的希望，D213）

mäning ymä qop ädgülüg savım（ı）znı　（我诸多的善言，D220）

3. 名词+名词

（1）表示材料和年、日、时辰的名词+名词

altun küzäč　（金壶，A206）

qoyn yıl　（羊年，D241）

luu kün　（龙日，G090）

sıčɣan üdintä　（鼠时辰，G090）

（2）名词+带有第三人称领属附加成分的名词

suv t（a）mırı　（水源，A055）

tit sögüt buṭıqı　（落叶松的树枝，A1634）

aq bars bašı　（白虎头，H25）

beš grahlar yorıqı　（五颗行星的光，J076）

（3）带格名词+名词

a. 带领属格名词+名词

ärklig hannıng y（a）rl（ı）ɣı　（阎王的敕令，A025）

bilgäning alı　（智者的法子，A107）

b. 地点－特征格名词+名词

taɣdaqı topraq　（山上之土，J003）

köngültäki alqu saqınmıš saqınčı（心里的所有愿望，K55-6）

4. 形容词+名词

ädgü kiši （好人，F128）

qara burčaq （黑豆，D069）

soɣıq suv （冷水，A104）

yavız tül （噩梦，D131）

5. 动词的功能形式+名词

（1）名动词+名词

a. –däči名动词+名词

aš berdäči ediš （供应饭食的罐子，A215）

tarqardačı ärürsiz t（ä）ngrim （您是消除者，D217）

sanga uṭruntačı kišil（ä）r （反对你的人，A050）

b. –ɣu名动词+名词

yula tamdurɣu künlärig （烧香的日子，D222）

ičgü vu （喝的符，B031）

c. –maq名动词+名词

qoramaq atl（ı）ɣ ırq （叫作减损之卦，A054）

enč kälmäk atl（ı）ɣ ırq （叫作安息之卦，A132）

（2）形动词+名词

a. –tuq形动词+名词

olurtuq sayu orun yurt （你坐的任何地方，A120）

qılıntuq sayu iš （所做的任何事，A138）

b. – mıš形动词+名词

barmıš kišilär （去往的人，A195–6）

küsämiš küsüšüng （所渴望的愿望，A201）

（二）动词性短语

动词性短语在句中的功能相当于动词，因而在句中充当谓语。例如：

a. ašayın tesärs（ä）n ediz turur.（A047）

如你想跨越，它是峻峭的。

b. ol küntä qanasar qusup ölür.（A036–7）

如此日出血创伤，就会呕吐而死。

c. sąṭıɣı yuluɣı ädgü bolur.（H20–1）

他的交易会顺畅。

从内部结构来看，古代回鹘文历法和占卜文献语言中的动词性短语主要由以下几种方式构成。

1. **名词+动词**

（1）带格名词+动词

a. 带时位格名词+动词

adaqta bolur（处于脚部，G034）

ätözdä tut–（佩带身边，D023–4）

altı otuzda（在二十六，G033）

küskü küntä soqunsar（如在鼠日剪，F136–7）

b. 带宾格名词+动词

adaqın sısar（如果摔断了腿，A216）

ačıɣ（ı）ɣ tarqa（苦难会消失，D119）

altunuɣ adırtla–（冶炼黄金，A070）

yolın käsä（切断路，A028）

c. 带方向格名词+动词

oɣrı qaraqčılarɣa yoluqmaz（不会遇到盗贼，H42–3）

alqamaqqa tüškälirs（ä）n（你会得到荣幸，A170）

sözgä kirür（会遭到谴责，K39）

tütüškä soqušur（会面临争吵，C19）

d. 带从格名词+动词

adatın ozɣays（ä）n（你会避免危险，A183）

bayırtın täprämiš（在内脏引起的，A238）

ičtin sıngar（从内部渗入，B122–3）

igtin aɣrıɣtın uẓayın（摆脱病魔，D277）

e. 带量似格名词+动词

ming b（ä）räčä ıraq barmıš （去往一千里左右的远处，A195）

köngülümüzčä qanḍurung （如我们的一样满足，D214）

（2）后置词结构+动词

sayu qut kälir （都能得到任何福分，A138）

kišilär birlä körüšgäys（ä）n （与人们相逢，A196）

erin üzä mäng bolsar （如在嘴唇上有黑痣，C09）

qunčuylar birlä bolur （与公主在一起，F222）

ol ton birlän ök adalar （与这件衣服一起遭难，F234-5）

2. 形容词+动词

ädgü kör- （会得到好运，K032）

ediz bol- （变高，A046）

bıšıɣ bol- （熟，A209）

ögrünčlüg bol- （是快乐，F180）

qạtıɣ bol- （变硬，A210）

yavız bol- （恶化，E007）

3. 副词+动词

ančulayu bolur （变成那样，A051）

arqulayu turur （十字交叉似的站，A025）

üküš qıl- （多做，K24）

uzaq bol- （变远，K21）

ıraq bar （去远方，H47）

yaqın eltiš- （接近，A198）

4. 副动词+动词

olurup körünčlä- （坐着欣赏，A124）

qusup öl- （呕吐而死，G037）

yükünüp ket- （屈膝，D189）

toqıp ič- （混合而喝，B074）

alıp išlät （取用，A125）

aqıp käl- （流来，A104）

5. **指示代词+动词**

inčä ayur （这样说道，A014）

kim bolɣay （谁能成为，A009）

6. **动词的功能形式+动词**

（1）目的副动词+动词

qılɣalı saqınsar （如果想做，D166-7）

ärtgäli uɣratıng （打算过河，A035-6）

bolɣalı küsäsär （想成为，D142）

etgäli küsäsär （如想做，H022）

（2）连续副动词+动词

yügärü k（ä）l- （跑着来，A001）

altayu tur- （骗，A026）

（3）连接副动词+动词

olurup körünčlä （坐着欣赏，A124）

taɣtın turup tilä- （北边起身而祈求，A184）

（4）否定副动词+动词

učuumadın tur- （未能飞行而停顿，A024）

（三）形容词性短语

形容词性短语在句中的功能相当于形容词，因而在句中充当谓语。例如：

a. altun kümüštäg qop išing tapıngča qorı yoq.（A147-8）

你说出的话就像金银一样被敬重了。

b. kälän käyik müyüzitäg atıng küng kötlürgäy.（A042-3）

你的名誉和荣耀就像麒麟的角一样提升。

从内部结构来看，古代回鹘文历法和占卜文献语言中的形容词性短语主要由以下几种方式构成。

aṛtuq yavız	（大凶，H40）
qaš tingitäg	（像玉石的声音一样的，A097）
äng töpi	（最顶部的，D284）
qamɣaq barırtäg	（像飞蓬一样，A096）

（四）副词性短语

副动词性短语在句中的功能相当于副词，因而在句中充当状语。例如：

a. tobıq üzä mäng bolsar uluɣ atqa yolɣa tägir.（C11–2）

如果在手腕上有黑痣，那么他将会得到荣誉和幸福。

b. ig aɣrıɣ uɣrınta körsärs（ä）n saydı seni bärtgäli ig toɣa ägirdi seni .（A016–7）

你问卜寻求疾病的征兆；疾病缠在你身以伤害你。

从内部结构来看，古代回鹘文历法和占卜文献语言中的副词性短语主要由以下几种方式构成。

uluɣ erngäk üzä	（在大拇指上，C12–3）
bıqın üzä	（在胯部上，C30）
suv bilän	（与水一起，G058）
ol ton birlän	（F234–5，与这件衣服一起）

3.2.2.2 **句子及其分类**

句子是由词或短语按照一定的语法规则组成的，能表达一个完整概念的语言单位。根据不同的原则可以对句子作各种分类，这些分类能够全面揭示句子的特点。下面对历法和占卜文献语言的句子成分和语序进行简要的论述。

3.2.2.2.1 **句子成分和语序**

按照组成句子的各个成分之间不同的关系，也就是根据句子各个成分在句中的语法关系和不同的语法功能可以把句子分为句子的主要成分和次要成分。其中前者包括主语和谓语，后者包括宾语、定语和状语。

1.句子的主要成分

（1）主语

主语是在句中陈述的对象，古代回鹘文历法和占卜文献语言中主语由名词、代词、动名词和名词性短语充当。例如：

a. kün t（ä）ngri kölünti čäriging üzä.（A039–40）（名词）

日神停留在你士卒的上面。

b. kim bolɣay sanga ängirmädäči.（A008–9）（代词）

谁不会顺服你。

c. birök bo sävinmäk at[l（ı）ɣ ırq kälsär savın inčä tir.（A087–8）（动名词）

如这个名为欢喜之卦，其解释如此。

d. yürüng bulıt ünüp yaɣmur yaɣdı.（A004–5）（名词短语）

白云飘动，有雨降落。

（2）谓语

谓语是句中陈述主语的主要成分。古代回鹘文历法和占卜文献语言中谓语通常由名词和名词性短语、动词和动词性短语充当。例如：

a. pi sıčɣan qay kün yultuzı irav（a）di.（D147–8）（名词）

丙子（鼠）开日，其星宿是奎宿。

b. altun qutluɣ kiši yürüng pra.（D192）（名词短语）

金福之人有白身。

c. küskü künṭä tıngraq bıčsar qorqınč bolur.（F116–7）（动词）

如果在鼠日剪指甲，那就会有令人担忧的危险。

d. ıraq yerkä barɣu ol.（H44）（动词短语）

即将会去往远处。

2. 句子的次要成分

（1）宾语

宾语表示动作的对象，是动作的承受者，在句中是动词所表示的行为动作涉及的对象或产生的结果。宾语根据语法形式和语法意义方面的不同特点可分为直接宾语和间接宾语两类。

①直接宾语

直接宾语是谓语动词的承受者，是动作的直接对象，它一般由带宾格形式的名词或代词来充当。例如：

a. kün ay yaruqın tıda qatıɣlanur.（A027）

阻挠日月之光而变硬。

b. är kišining yılin sanaɣu ärsär yäkni bašlap sanaɣu ol.（E001）

如果需要计算一个男人的年龄，则必须从夜叉宫开始计算。

c. saydı seni bärtgäli ig toɣa ägirdi seni.（A017）

疾病缠在你身以伤害你。

② 间接宾语

间接宾语表示谓语动作的方向或目标，也就是句中表示动作行为的对象，间接宾语一般由方向格名词充当。例如：

a. üm kišänintä ısırsar süükä barɣu iš bolur.（C29–30）

如啃咬裤子的腰带，那么他将会从军。

b. y（e）g（i）rminč tiši balıqqa kälsär ädgü ol.（K46）

第二十：如占到母鱼占卜是吉祥。

c. bo kiši burunda ätöz ämgänmiš amṭima ämgänip song yorıyo ädgükä tägär.（K46–7）

此人曾经身体生病，现在仍然在受苦，但不久会恢复，尔后快乐。

（2）定语

定语是用来修饰、限定、说明名词性中心语的句子成分。古代回鹘文历法和占卜文献语言中定语由形容词、形动词、代词、数词和数量结构充当。例如：

a. qoyn kündä tangda asursar ädgü sav äšitür.（196-7）（形容词）

在羊日，如果清早打喷嚏，会听到一个好话。

b. yorısar qamaɣ bayumaq utru kälir.（A095-6）（形动词）

若出门，所有的致富机遇会滚滚而来。

c. t（ä）ngrim anın bizning qop qamaɣ küsämiš küsüšümüz alqu saqınmıš saqınčımıznı köngülümüzčä qanḍurung büturüng.（D212-5）（代词）

上天啊！ 您对我们所有的希望，所有的寄托，都按我们的意愿去满足，去实现。

d. beš yäk talašur üč özüt övk（ä）läšür.（A028-9）（数词）

五个夜叉互相争斗，三个灵魂彼此动怒。

e. yeṭi tuṭum talqan.（G079-80）（数量结构）

七把大麦粉

（3）状语

状语是用来修饰、限制动词、形容词、动词性短语和形容词性短语的句子成分。古代回鹘文历法和占卜文献语言中能够充当状语的主要是带格名词（从格名词、时位格名词、比拟格名词和相似格名词）、副词、副动词、数量词等。例如：

a. t（ä）ngri hannıng qavudı künḍün turup yıɣ tilär.（A185-6）（名词）

上天可汗在南边站起身来祈求降雨。

b. bo kün arṭuq yavız ol.（H40）（副词）

此日是大凶。

c. bo nom bitigig tapınıp udunup vuusın ätözintä tutmıš kärgäk.（D081-2）（副动词）

供养此经及佩带星符。

d. ol kiši bo nom ärdinikä yeti qata yükünzünlär.（D090）（数量词）

该人要礼此经七拜。

3. 语序

古代回鹘文历法和占卜文献语言中句子的一般语序是主语在句首，谓语在句末，宾语在主语和谓语中间，定语和状语在中心语前。但是，受语用风格不同和转译其他语言的影响，古代回鹘文历法和占卜文献语言中会出现一些特殊的倒置语序。这些特殊的语序主要有以下几种。

（1）谓语倒置

谓语位于句末，它的正常语序是在主语之后。但是古代回鹘文历法和占卜文献语言中出现了谓语前置，位于句首或句中的特殊语序。例如：

①谓语位于主语之前的语序形式

a. tägsärs（ä）n yangı yılning iki yegirminč ayınga.（A085–6）

你到新年的十二月。

b. tükäldi mäng.（C14）

黑痣（的占卜）结束。

②谓语位于状语之前的语序形式

a. ärklig hannıng y（a）rl（ı）ɣı arqulayu turur ävingdä.（A025）

阎王的敕命十字交叉似的落在你家里。

b. tört yıngaq tüzülti köngülüngčä.（A121–2）

四方治理的如你意愿。

（2）定语后置

定语的正常语序是在中心语前。但古代回鹘文历法和占卜文献语言中也有定语位于句首和中心语之后的特殊语序形式。例如：

① 定语位于句首的语序形式

a. alqu išları büṭm（ä）z.（H37）

所有的事都不会成功。

b. bo vu tiltaɣ öküš tägmäzun tes（ä）r qapıɣ altınta urzun.（B035）

这是如果要防止众多的诬告，那么就放在门坎下面的符。

② 定语位于中心语之后的语序形式

a. kün orṭuta asursar ädgü.（F181）

如果中午打喷嚏，是吉利。

b. č（a）hšap（a）t ay bir yangısı kičig.（F001）

闰月，一日是小。

（3）状语后置

状语一般位于谓语之前或句首，是用来说明动作的方式、方向、时间、地点、原因、目的、结果的句子成分。不过，古代回鹘文历法和占卜文献语言中还出现状语后置，置于中心之后和句末的特殊语序形式。例如：

a. ögrünči <u>üküš</u>.（A136）

满心欢喜。

b. tavarı <u>tälim</u>.（A137）

财富极多。

c. künḍün taɣtın balıq uluš käntü <u>könglüngčä</u>.（A006–7）

南部和北部的城镇和王国都随你的心愿。

3.2.2.2.2 **句子的分类**

古代回鹘文历法和占卜文献语言中句子按其内部结构不同，分为单句和复句两类。

1. **单句**

单句是由词或短语构成的句子。古代回鹘文历法和占卜文献语言的单句可以根据句子的内部结构和语气特点的不同作句型和句类分类。

（1）句类

单句根据句子的语气特点可分为陈述句、疑问句、祈使句和感叹句。古代回鹘文历法和占卜文献语言中最普遍的句类是陈述句和祈使句，疑问句和感叹句出现较少。

① 陈述句

陈述句是用来叙述、说明一件事实或一种情况的句子，是古代回鹘文历法和占卜文献语言中出现最多的一种句类。例如：

a. yürüng bulıt ünüp yaɣmur yaɣdı · toz topraq özin söndi.（C04–6）

白云飘动，有雨降落，尘埃。

b. bars yıl（1）ıɣ kiši bo vu tutsar uzaṭı mängilig bolur.（B069）

如果虎年的人佩戴这个符，就会得到长久的幸福。

c. yam（ı）z da mäng bolsar bay bolur ädgüyultuzɣa soqušur.（C02–4）

如果在鼠蹊部有黑痣，就会发财，遇见吉星。

d. üčünč luusun atl（ı）ɣ yultuz ol.（D034–5）

第三为禄存星。

② 疑问句

疑问句是表示询问或反诘的句子。古代回鹘文历法和占卜文献语言中疑问句使用不多，只出现以下几个句子。例如：

a. kim bolɣay sanga ängirmädäči.（A008–9）

谁不会顺服你？

b. iki köngül köngül tutup qovı bolsar eltin hantın ačıɣ bolurmu.（A180–2）

如果两个（人的）心不合，那怎么能从王国和可汗得到恩赐呢？

c. nä ada bolɣay seni birlä uluɣ qılıntačı.（A190–1）

什么危险能抑制你？

d. nä busuš ol.（A204）

有什么可悲哀的？

③ 祈使句

祈使句是用来表达请求、命令、劝告、禁止等的句子。古代回鹘文历法和占卜文献语言中出现的祈使句并不多。例如：

a. bägkä ešikä ınanɣıl.（A109）

你要信赖伯克和她的伴侣。

b. ädgü qılınč qılɣıl.（A111）

你要做好事。

c. buy（a）n qıl.（K02）

你要行善。

d. yašıngča nom oqıṭɣıl.（K02–3）

要请人念与你岁数一样多次数的经。

④ 感叹句

感叹句是表示惊奇、喜悦、快乐、悲哀、愤怒等强烈感情的句子。古代回鹘文历法和占卜文献语言中感叹句只出现在《佛说北斗七星延命经》古代回鹘文译文残片中。例如：

a. bo ažuntaqı küsämiškküsüšüg qandurḍačı ärürsiz t（ä）ngrim.（D210-2）

您是这世界所有愿望的满足者。上天啊！

b. yüz türlüg adalarıɣ kitärdäči tarqardačı ärürsiz t（ä）ngrim.（D216-7）

您是百种灾祸的驱除者。上天啊！

c. özüg yašıɣ ymä uẓun qıltačı ärürsiz t（ä）ngrim.（D218-9）

您会延命长寿。上天啊！

（2）句型

根据结构关系单句可分为主谓句和非主谓句两大类。

① 主谓句是由主语和谓语构成的句子。古代回鹘文历法和占卜文献语言中主谓句可以根据谓语的性质分为名词谓语句、动词谓语句和形容词谓语句等三个小类。

a. 名词谓语句

名词谓语句是谓语由名词或名词性短语充当的句子。古代回鹘文历法和占卜文献语言中名词或名词性短语可以构成名词谓语句。例如：

barhasuvadi garhqa süt.（J254）

木星的是牛奶

yäkkä amšusı bo ärür.（G079）

夜叉的祭祀饭食是这个。

bešinč limčin atl（ı）ɣ yultuz ol.（D055）

第五为廉贞星。

b. 动词谓语句

动词谓语句是由动词或动词性短语充当谓语的句子。这种句型在古代回鹘文历法和占卜文献语言中使用率最高。例如：

ig ayrıɣ keṭṭi.（A011）

疾病均已消失。

köngül ičintä oot kirdi.（A019–20）

有火进在心里。

yala yangqu ükliyür.（A075）

流言会增多。

c. 形容词谓语句

形容词谓语句是由形容词或形容词性短语充当谓语的句子。古代回鹘文历法和占卜文献语言中形容词性词语可以构成形容词谓语句。例如：

qılmıš išing yaɣılıɣ.（A037）

你所做的事会遇到敌意。

ıraqta sav ešiṭüti ädgü.（A139）

从远处传来喜讯。

üčünč ay bir y（a）ngısı uluɣ.（F011）

三月，其一日是大。

② 非主谓句

非主谓句是不同时具备主语和谓语的，分不出主谓关系的，由单词或短语组成的句子。古代回鹘文历法和占卜文献语言中非主谓句可以分为动词性非主谓句和形容词性非主谓句两种，这种句型只有三处。例如：

saq（ı）nɣuluq （要预防，A019）

busanɣuluq （要忧愁，A020）

ädgü （吉祥，K73）

2. 复句

复句是由两个或两个以上的意义紧密联系，结构相互独立的单句即分句组成。根据分句间的意义关系，分句可分为联合复句和偏正复句两类。

（1）联合复句

联合复句内各分句间语义上不分主次，各分句在意义上平等。古代回鹘文历法和占卜文献语言中出现的联合复句可分为并列复句、递进复句和顺承复句。

①并列复句

并列复句叙述相关的几件事情，或说明相关的几种情况，这些分句之间没有主次之分。古代回鹘文历法和占卜文献语言中这种句型使用的比较普遍。例如：

a. öngdün kädin yer öz tapıngča kündün taɣtın balıq uluš käntü könglüngčä.（A006–7）

东部和西部的国家都如你所愿；南部和北部的城镇和王国都随你的心愿。

b. asra atıng yegätting kičig atıng bädütüng.（A007–9）

你曾在下而现有了改善；你曾小而现成为伟大。

c. ikinti kumunsi at[l]（ı）ɣ yultuz ol vuusı bo ärür ud yıllıɣ tonguz yıllıɣ kiši bo yultuzɣa sanlıɣ tuɣar livi aši qonaq tögisi tetir.（D015–20）

其次为巨门星，其星符是这个，丑（牛）年和亥（猪）年的人属于此星而降生，它的供祭的禄食是粟。

②递进复句

递进复句中后面分句表示的意思比前面分句更进一层。古代回鹘文历法和占卜文献语言中前后分句用关联词ymä连接。例如：

a. uluɣ iš küdüg ymä ögrünčlüg ärmäz kičig iš küḍüglär ymä büṭün ärmäz.（A072–4）

大事也不会令人愉快，小事也不完整。

b. söki hanlar küči ymä tosulmaɣı qong yutsı bilgäning alı ymä ädikmägäy.（A105–7）

先前可汗们的力量也不会有益的，孔夫子学者的方法也不会成功。

③顺承复句

顺承复句中前后分句按时间或空间顺序叙述相关的动作或情况。这种句型在古代回鹘文历法和占卜文献语言中只有一处。例如：

a. bo kiši burunda ätöz ämgänmiš amṭima ämgänip song yorıyo ädgükä tägär andın kin mängilig bolur.（K46–7）

此人曾经是身体生病现在仍然在痛苦，但不久会恢复，尔后快乐。

（2）偏正复句

偏正复句是由正句和偏句两部分组成，正句和偏句在结构和意义上是不平等的，偏句从属正句。正句是主要的，承担复句的真正意义，偏句是次要的，用来说明和补充主句。古代回鹘文历法和占卜文献语言中出现的偏正复句有假设复句、条件复句、因果复句和目的复句。

① 假设复句

假设复句中偏句表示一种假设，正句说明由这种假设情况产生的结果。假设复句是古代回鹘文历法和占卜文献语言中出现最多的句型之一。例如：

a. bo ırq kimkä kälsär süüdä ärsär sančıtur balıqṭa ärsär qorayur.（A066-8）

如谁占到这个卦，当他在行军时就会被刺杀，当他在城里时就会枯萎而死。

b. qayu kišining yılqısı öküš ölsär bo vu qapıɣta yapıšurzun.（B075）

如果有人的畜生大量死亡，那么就把这个符贴在门上。

c. tavıšɣan küntä [qu]d[u]ɣ [qaz]sar yarašmaz.（F241）

如果兔日钻井，不吉祥。

② 条件复句

条件复句中偏句叙述正句所指事情出现或存在的条件，正句表示条件满足后产生的结果。古代回鹘文历法和占卜文献语言中条件复句只有一处。例如：

a. qayu uzun tonluɣlarning oɣlı yoq ärip oɣul qiz küsäs（ä）r yeti küngätägi bägli yutuzlı bačap bo darniɣ özlärining yašı sanınča sözläp vusın čızdurup tiši kišining ič tonınıng oqında bäkläp säkizinč kün vunı alıp köyürüp külin alıp qara ingäkning sütingä toqıp ičip bäg yutuz birl（ä）n bolzun ol oq kičä ičlig bolup bir körklüg mängizlig urı oɣul kälürgäyin.（B083-101）

如果一个女人没有子女而想要子女，那么夫妻要斋戒七天，与他们的岁数一样多念诵此陀罗尼，要写出它的符，并把它系在女人裤子的腰带里，在第八天把符取出来，把它火烧，它的灰烬与黑牛的牛奶混合在一起，并把它喝。然后男人和女人在一起，当天晚上她会怀孕，她将要生一个漂亮而英俊的男孩。

③ 因果复句

因果复句中偏句说明原因或理由，正句表示结果。例如：

a. yürüng bulıt ünüp yaɣmur yaɣdı.（A004–5）

白云飘动，有雨降落

b. bäg är sıqılur eš bulmadın.（A024）

伯克将会郁闷，是因为他找不到伴侣。

④ 目的复句

目的复句中偏句叙述事实或措施，正句表示目的。例如：

a. saydı seni bärtgäli ig toɣa ägirdi seni.（A017）

疾病缠在你身以伤害你。

b. ämgätkäli özüngin qar ičintä ig kirdi.（A018）

为了折磨你，疾病已侵入你的内脏。

（3）多重复句

多重复句指的是分句之间有两个或两个以上的结构层次的复句。古代维吾尔语历法和占卜文献语言中多重复句的使用也相当普遍。多重复句由两个或两个以上的复句构成，因此它不只有一个结构层次，可分二重、三重复句等。例如：

a. bo vu ätöztä tutsar① aṭ m（a）ngal bolur② qop kösüš qanar③.（B072）

如果把这个符佩戴身边，就会得到名声和幸福，所有愿望都会成真。

例句a包含三个分句，根据结构可划分三个层次。其中分句①表示假设，是第一层。其他两个句子表示假设实现后出现的结果，它们构成一个分句组，各分句间为递进关系，是第二层。该多重复句的竖线图解为：①丨②‖③。其结构层次如下所示。

①	假设	②		③
		①	递进	③

b. t（ä）ngrigä yaɣıš ayı[q] bermäyükkä① bašın köẓin aɣrıṭur② qolın buṭın sıẓlaṭur③ yüräk ilän bälin qolbičin aɣrıtur④ süsküni arqası tuṭušur⑤ yanı adaqı aɣrıyur ⑥aɣıẓı qurıyur ⑦qusqaq bolur⑧ kišini tuṭaɣan tärkiš bolur⑨.（G071–7）

不会向天神誓言和供奉奠酒的结果是：使他头疼，眼疼，使他的手脚受伤。他的心脏、腰部和腋下痛疼，他的肩膀和背部患有抽搐，臀部和脚酸疼，嘴巴枯干，呕吐不断，将会与他人争吵。

例句b包含九个分句，根据结构可划分两个层次。其中分句①表示原因，其他五个句表示结果，构成一个分句组，各分句间为并列关系，是第二层。该多重复句的竖线图解为：①｜②‖③‖④‖⑤‖⑥‖⑦‖⑧‖⑨。其结构层次如下所示。

①	因果	② ③ ④ ⑤ ⑥ ⑦ ⑧ ⑨
		② 并列 ③ 并列 ④ 并列 ⑤ 并列 ⑥ 并列 ⑦ 并列 ⑧ 并列 ⑨

第四章　回鹘文历法和占卜文献语言中出现的历法和占卜术语分析

对古代回鹘文历法和占卜文献语言中出现的各类术语进行分类和分析研究能够在某种程度上体现历法和占卜文献语言在语义和结构方面的独特性，以及古代回鹘文固有历法和占卜术语与其他接触语言历法和占卜术语之间的内部关系。同时，也能为研究古代维吾尔历法、天文学、星相学、魔法、占卜术和星占术历史文化提供重要依据。下面从语义特点、结构方式和语言来源方面对古代回鹘文历法和占卜文献语言中出现的历法和占卜术语进行分类研究。

第一节　回鹘文历法和占卜文献语言中出现的历法和占卜术语的语义分类

4.1.1 回鹘文占卜名类术语

古代回鹘文历法和占卜文献语言中所见的占卜名类术语共有29条，

其中古代回鹘文固有占卜名类术语24条，借词性占卜名类术语5条，分别占术语总数的82.76%和17.24%。占卜名类术语根据其意义可分成以下两个小类。

1. 道教《易经》占卜名类术语

arqa bermäk atl（ı）ɣ ırq （翻身之卦，A069）

enč kälmäk atl（ı）ɣ ırq （安息之卦，A132）

igiṭmäk atl（ı）ɣ ırq （蓄之卦，A223）

kičig igiḍmäk atl（ı）ɣ ırq （小蓄之卦，A157）

kiši birikmäk atl（ı）ɣ ırq （团结之卦，A191）

kün yaruqı atl（ı）ɣ ırq （阳光之卦，A173–4）

parqay （<<Chin. pu ǎ t–kwa：j 八卦，H53）

qoramaq atl（ı）ɣ ırq （减损之卦，A054）

sävinmäk atl（ı）ɣ ırq （欢喜之卦，A087）

süü sülämäk atl（ı）ɣ ırq （帅兵之卦，A031）

taɣ atl（ı）ɣ ırq （山之卦，A044）

täring quduɣ atl（ı）ɣ ırq （深井之卦，A102）

ṭušušmaq atl（ı）ɣ ırq （相逢卦，A013）

utru kälmäk atl（ı）ɣ ırq （对面而来之卦，A112）

2. 算命术占卜名类术语

quruɣ sögüṭ （枯树占卜，K07–8）

altun lükšän （金色的lükšän，K22）

labay （<< Chin. luâ–puai 螺贝，K30）

vačir （<<Skt. vajra 金刚，K34）

quruɣ sögüṭ bičin tä （猴在枯树上，K38）

t（ä）ngrilär eligi （天国，K41）

tiši balıq （母鱼，K46）

küčlüg är （强壮的男人，K49–50）

mančuširi bodis（ä）t（ä）vnıng ayaskanda qılınčı（文殊师利佛的菩萨

地，K53）

yaɣmur yaɣıdɣu　　（下雨，K58）
suɣun it qulqaqı　　（马拉赤鹿和狗耳朵，K61）
kök luu　　（青龙，K66）
haṭun　　（王后，K69）
tıṭ sögüṭ　　（落叶松，K74）
bulaq　　（泉，K77）

4.1.2 回鹘文历法术语

古代回鹘文历法和占卜文献语言中出现的历法术语共有144条，其中古代回鹘文固有术语有59条，借词性术语85条，分别占历法术语总数的40.7%和59.3%。历法术语根据其意义特点可分成以下几个小类。

1. 古代回鹘文固有历法术语

ay　　（月，A127）
kün　　（天、白天，B003）
kün orṭu　　（下午，F157）
kičä　　（晚上，F159）
tün　　（夜晚，J0123）
tang　　（清晨，J018）
yıl　　（年，A127）
üd　　（时辰、时刻，J268）
ikinti ay　　（二月，D225）
üčünč ay　　（三月，D226）
törtünč ay　　（四月，D227）
bešinč ay　　（五月，D228）
altınč ay　　（六月，D229）
yetinč ay　　（七月，D230）

säkizinč ay （八月，D231）

toquzunč ay （九月，D232）

onunč ay （十月，D233）

bir y（e）g（i）rminč ay （十一月，D234）

2. 十二生肖周期的历法术语

lıɣzır （<< Chin. liajk–nʑi ě t 历日，I52）

aram ay （正月，D224，F004）

čahšapat ay （<< Skt. sikṣapada 十二月，F001，F054）

sirki （<<Chin. tsier–k'iəi 节气，F039）

qunčı （<<Chin. k–ljuŋ–k'iəi 中气，J190）

küskü kün （鼠日，F232）

küskü yıl （鼠年，B009）

sıčɣan kün （鼠日，G086）

sıčɣan üdin （鼠时辰，G095）

ud kün （牛日，F117）

ud yıl （牛年，D255，G061）

ud üdin （牛时辰，H22）

bars kün （虎日，F119）

bars yıl （虎年，D035）

tavıšɣan kün （兔日，F120）

tavıšɣan yıl （兔年，D046）

luu kün （<< Chin. lioŋ龙日，G090）

luu yıl （龙年，D056）

yılan kün （蛇日，F122）

yılan yıl （蛇年，B013）

yont kün （马日，F002）

yont yıl （马年，G092）

qoyn kün （羊日，F124）

qoyn yıl （羊年，D241）

bičin kün （猴日，I78）

bičin yıl （猴年，F059）

taq（ı）ɣu kün （鸡日，F227）

taq（ı）ɣu yıl （鸡年，D047）

it kün （狗日，F012）

it yıl （狗年，J075）

laɣzın kün （猪日，I44）

tonguz kün （猪日，F006）

tonguz yil （猪年，B016）

3. 十天干符号名类和十二生肖吉凶日符号名类术语

šipqan （<<Chin. ʑiə̣p–kân 十干，F099）

qap （<<Chin. kab 甲，F047）

ir （<<Chin. iĕt 乙，F037）

pii /ping （<<Chin. piuaŋ 丙，E089）

ti/ting （<<Chin. tieŋ 丁，E086）

bu/vu （<<Chin məu 戊，J153）

ki （<<Chin. kiə̣i 己，E080）

qı/ qıı/ king （<<Chin. kaŋ 庚，F075）

sin （<<Chin. siĕn 辛，E074）

äžim /žim （<<Chin. nʑiə̣m 壬，F060）

kuu/kui （<<Chin. kiuĕi 癸，D255）

kinčumani （<<Chin. kian ḍjwo man’ 建除满，J143）

kin （<<Chin. kian 建，F017）

turmaɣ （建，F102）

čuu （<< Chin. ḍjwo 除，F024）

kitärmäk （除，F024）

man （<<Chin. man’ 满，F089）

tolmaq （满，F104）
pi/pii （<<Chin. b'iuaŋ 平，F105）
tüz qoyɣu （平，F105）
ti （<<Chin. tieŋ 定，F019）
ornanmaq （定，A106）
čip （<< Chin. tɕiə̣p 执，F076）
tutmaq （执，F107）
pa （<<Chin. p'uâ 破，F013）
buzulmaq （破，F108）
kuu （<<Chin. ŋiuĕ 危，F060）
alp yol （危，F109）
či （<< Chin. źjäŋ 成，F076）
bütmäk （成，F111）
šiu/šiv （<<Chin. ɕiəu 收，F084）
qoyɣu （收，F112）
qay （<<Chin. k'ậi 开，F031）
ačılmaq （开，F113）
pi/pii （<<Chin. piei 闭，F081）
turɣurmaq （闭，F114）

4. 中国古代年号名类术语

či či baštınqı yıl （<< Chin. tsis–ɖ'iə̣i 至治元年，E096）
či či ikinti yıl （< Chin. tsis–dʑ 'i 至治二年，E093）
či šün ikinti yıl （<< Chin. tsis–dʑ'iuĕn 至顺二年，E069，E072）
či šün üčünč yıl （<< Chin. tsis–dʑ'iuĕn 至顺三年，E069，E072）
tai ting üčünč yıl （<<Chin. t'âi–tieŋ 泰定三年，E087）
tai ting törtünč yıl （泰定四年，E084）
tün li ikinti yıl （<<Chin. t'ien–liajk 天历二年，E078）
tün li baštınqi yıl （天历五年，E081）

šögün	（<<Chin. ʑiâŋ–ŋjwen 上元，J001，J071）
sinčav	（<<Chin. siěn ȶiɛu 辛朝，F009）

5. **摩尼教历法术语**

roč	（<<Sogd. rwc 日、天，I01，I04）
artuhušt	（<<Sogd. ''rthwst 第三日，I55）
human	（<< Sogd. xwm'n' 第三个闰日，I10）
mahu	（<<Sogd. m'x 第十二日，I87，I90）
tiš	（<<Sogd. tyš 第十三日，I80，I83）
ɣuš	（<<Sogd. γwš 第十四日，I71，I74）
dšči	（<< Sogd. δšcy 第十五日，I67）
vɣay	（<<Sogd. β'γy 第十六日，I61，I64）
miši	（<<Sogd. mxš 第十六日，I04，I06）
sroš	（<<Sogd. sr'wš 第十七日，I01）
ušɣna	（<<Sogd. wšγn'h 第二十日，I27，I57）
ram	（<<Sogd. r'm 第二十一日，I49）
ut	（<<Sogd. w't 第二十二日，I44，I46）
zmuhtuɣ	（<<Sogd. zmwxtwγ 第二十八日，I35）
nɣran	（<<Sogd. 'nγr'n 第三十日，I22）
busaṭ bačaɣ kün	（<<Sogd. β ws'nty 斋戒日，D256）
žimnu	（<<Sogd. ž'mnw 星期，I01，I04）
unhan	（<<Sogd. wnx'n 星期二，I77）
tir	（<<Sogd. tyr 星期三，I11，I44）
hormzt	（（<< Sogd. wrmzt 星期四，I01，I68）
nahid	（<<Sogd. n'xyd 星期五，I35）
kivan	（<<Sogd. kyw'n 星期六，I30，I49）
mir	（<<Sogd. myhr 星期日，I06，I59）
nausrd	（<<Sogd. n'w–s'rδ 新年，I30，I59）
nausrdınč	（<<Sogd. n'wsrδyc 一月，I33，I60）

hursınınč （<< Sogd. xwrjn（y）c 二月，I63）

nisnič （<<Sogd. nysn 三月，I03，I67）

psaknč （<<Sogd. ps’kye 四月，I06，I70）

šnahntinč （<<Sogd. šn’xntyc 五月，I74）

maziɣtič （<<Sogd. xz’n’nc 六月，I76）

vɣkanč （<<Sogd. βγk’nc 七月，I79）

apanč （<<Sogd. ”b’nc 八月，I83）

upınčy （<<Sogd. ”b’nc 八月，I55）

vpanči （<<Sogd. ”b’nc 八月，I08，I09）

zün ay （<<Chin. ńź juen 闰月，I08）

vuɣč （<<Sogd. βwɣc 九月，I86）

mišvuɣč （<<Sogd. msβwγyc 十月，I43，I89）

žimtič （<<Sogd. žymd’ 十一月，I45，I93）

ahšumšipč （<< Sogd. xšwmyc 十二月，I48）

nimi ’hšpn （<<Sogd. nymyxšp 午夜，I47）

ɣranhšamı （<<Sogd. γr’n–xš’m 深夜，I65，I85）

hursını （<< Sogd. xwrsn 日出，I62，I69）

mıdnč’ti （<<Sogd. nymyδ（h）中午，I45，I50）

qolu （<<Sogd. qolu 十秒，I03，I13）

sɣta （<< Sogd. saɣta 时刻，I26，I56）

古代回鹘文摩尼教历法文献语言中出现的术语均为借词，没有古代回鹘文固有词。而且，除了一条来自汉语借词之外，其他都源于粟特语，证明这些古代回鹘文摩尼教历法文献很可能译自粟特语。

6. 借入中古波斯语的历法术语

adina （<<Pers. ”dyn’ 星期五，J312）

yäkšämbi （<<Per. ykš’nbä 周日，J311）

4.1.3 回鹘文星相学术语

古代回鹘文历法和占卜文献语言中出现的星相学术语共有76条，其中古代回鹘文固有星相学固有术语8条，借词性术语68条，分别占星相学术语总数的10.53%和89.47%，星相学术语根据其语义特点可分成以下几个小类：

1. 星相学普通名类术语

grah /garh　（<< Skt. gráha 行星，E019，J156）

ordu　（宫，H17，H41，J141）

tu　（<<Chin. do/dâkh度，J033，J046）

yultuz　（行星，B011，B015）

2. 二十八星宿名类术语

nakšadir　（<<Skt. nakshatras星宿，D207）

ašvini　（<<Skt. aśvınī娄宿，J082）

baranı　（<< Skt. bharani 胃宿，J049）

kirtik　（<< Skt. kṛttikāḥ 昴宿，J050）

urugını　（<<Skt. rohıṇī毕宿，J050）

pir　（<<Chin. piĕt毕，J319）

mrgašır　（<<Skt. mrgasiras觜宿，J111）

äräntir　（<<Ar. ’yr’ntyz嘴宿，J320）

ardir　（<Skt. ārdrā 参宿，J051）

š（ı）m　（<<Chin. sə̂m参，J321）

punarvasu　（<<Skt. punarvasu井宿，J012）

tirgäk yultuz　（井宿，J322）

puš　（<<Skt. pusya鬼宿，J052）

ašleš　（<<Skt. āśleṣā 柳宿，J013）

mag　（<<Skt. maghā星宿，J013）

purvapalguni　（<<Skt. pūrvaphalguni 张宿，J014）

utrapalguni （<<Skt. udarapalguni翼宿，J093）

hast （<< Skt. hasta轸宿，J094）

čaıtır （<< Skt. cıtrā角宿，J095）

suvadi （<<Skt. svātı亢宿，J121）

šusak （<<Skt. viśakhā氐宿，J097）

anurat （<<Skt. anurādhā房宿，J098）

čišt （<< Skt. jyeṣthā心宿，J099）

mul （<<Skt. mūla尾宿，J060）

purvašat （<<Skt. pūrvāṣāḍhā箕宿，J101）

utarabadıravat （<<Skt. uttarabhadrapadā 壁宿，J139）

abiči （<<Skt. abhijit 牛宿，J020）

širavan （<<Skt. śravaṇa女宿，J021）

dанišta （<< Skt. dhanıṣṭhā虚宿，J030）

satabiš （<<Skt. śatabhiṣaj危宿，J105）

purvabadirabat （<<Skt. purvabadirabat室宿，J132）

utrašatta （<<Skt. uttarāṣāḍhā斗宿，J015）

rıvadı （<< Skt. revatī奎宿，J007）

古代回鹘文历法和占卜文献语言中所见的二十八星宿名类术语中除了一条是古代回鹘文固有词外其他都是借词。其中，梵语借词29条，汉语借词2条，阿拉伯借词1条，分别占这一类术语总数的90.6%，6.3%和3.1%。

3. 古印度星相学体系中的九宫门坎和九曜名类术语

yaksa išiki （<<Skt.yakṣa 夜叉门坎，E014）

rahu （<<Skt. rahu 罗睺，J232）

ičgäk išiki （精灵门坎，E021）

šaničar （<<Skt. śanaiścara土星，F097）

basaman išiki （<< Skt. vāiśravaṇa 财神门坎，E025 ）

bud_2 （<< Skt. buddha水星，F084，F096）

magišvari išiki　（<<Skt. maheśvar 大自在门坎，E030）

šükür　（<<Skt. śukra金星，F007，F096）

äzrua t（ä）ngri išiki　（<<Sogd. ’zrw’ 梵天门坎，E034）

aditya　（<<Skt. āditya 日星，E037，F017）

vinayaki išiki　（<<Skt. viñayaka 善导门坎，E039）

angaraq　（火星，F095）

ärklig han išiki　（阎王门坎，E044）

barhasivadi　（<< Skt. bṛhaspati 木星，J226）

yıɣač yultuz　（木星，J019）

alp süngüš išiki　（虎狼门坎，E050）

soma　（<<Skt. soma 月星，E52）

uz t（ä）ngri išiki　（吉祥相门坎，E054）

laksma　（<<Skt. lakṣma 吉祥相，E068）

kitu　（<<Skt. ketu 计都，J236）

4. 古印度星相学体系中的十二星座名类术语

miš　（<<Skt. meṣa 白羊座，J082）

vriš　（<<Skt. vrṣabha 金牛座，J084）

maıdun　（<<Skt. mıthunu 双子座，J086）

karkat　（<<Skt. karkaṭa 巨蟹座，J088）

sinha　（<<Skt. siṃha 狮子座，J091）

kanya　（<<Skt. kanyā 处女座，J093）

tulya　（<<Skt. tulā 天秤座，J095）

vrčik　（<<Skt. vṛścıka 天蝎座，J097）

tanu　（<<Skt. dhanus 射手座，J099）

makara　（<<Skt. makara 摩羯座，J102）

kumba　（<<Skt. kumbha 水瓶座，J104）

mina　（<<Sogd. mına 双鱼座，J106）

5.《佛说北斗七星延命经》中所见行星名类术语

tamlang （<<Chin. tham–laŋ 贪狼，D004）

kumunsı （<<Chin.gɨ–mon–sieŋ 巨门星，D015）

luqususı （<< Chin. log–dzon–sieŋ 禄存星，J272）

vunkyu （<< Chin. miuən–k'iuok 文曲，D045）

limčin （<< Chin. liam–triajŋ 廉贞，D055）

vukuu （<< Chin. mbvy–khyog 武曲，D065）

pakunsi （<<Chin. p'uâ –kyn–sieŋ 破军星，J286）

第二节 回鹘文历法和占卜文献语言中所见历法和占卜术语的结构分析

古代回鹘文历法和占卜文献语言中出现的历法和占卜术语根据其结构可分为单纯历法和占卜术语、派生历法和占卜术语和复合历法和占卜术语三类。

4.2.1 回鹘文单纯历法和占卜术语

单纯历法和占卜术语是指没有任何附加成分，也就是词根形式的术语。历法和占卜文献语言中只有12条为古代回鹘文固有单纯术语。例如：

ay （月，A127）

bulaq （泉，K77）

haṭun （王后，K69）

kičä （晚上，F159）

kün　　（天、白天，B003）
ordu　　（宫，H17）
üd　　（时辰，J268）
taɣ　　（山之卦，A044）
tang　　（清晨，J018）
tün　　（夜晚，J0123）
yıl　　（年，A127）
yultuz　　（行星，B011）

4.2.2 回鹘文派生历法和占卜术语

派生历法和占卜术语是指在单纯历法和占卜术语或其他词根后缀接各种附加成分构成的术语。历法和占卜文献语言中只出现14条古代回鹘文固有派生历法和占卜术语。这些术语由动词词干后缀接附加成分–maq，–mäk，–ɣu构成。例如：

igịtmäk atl（ı）ɣ ırq　（蓄卦，A223）
qoramaq atl（ı）ɣ ırq（减损之卦，A054）
sävinmäk atl（ı）ɣ ırq（欢喜之卦，A087）
.tušušmaq atl（ı）ɣ ırq（相逢卦，A013）
turmaɣ　　（建，F102）
kitärmäk　　（除，F024）
tolmaq　　（满，F104）
ornanmaq　　（定，A106）
tutmaq　　（执，F107）
buzulmaq　　（破，F108）
bütmäk　　（成，F111）
qoyɣu　　（收，F112）
ačılmaq　　（开，F113）

turɣurmaq （闭，F114）

4.2.3 回鹘文复合历法和占卜术语

复合术语由两个或两个以上的词构成，在语境中表示与历法和占卜相关的意义。古代回鹘文历法和占卜文献语言中出现的历法和占卜复合术语共有79条。从复合术语的内部结构来看，古代回鹘文历法和占卜文献语言中所见历法和占卜术语的结构方式有以下两种。

1. 偏正式复合术语

偏正式复合术语由一个修饰词和一个中心词构成，它们之间的关系是修饰与被修饰关系。偏正式复合术语在古代回鹘文历法和占卜文献语言中出现次数最多。例如：

kün yaruqı atl（ı）ɣ ırq （阳光之卦，A173–4）
täring quduɣ atl（ı）ɣ ırq （深井之卦，A102）
t（ä）ngrilär eligi （天国，K41）
tiši balıq （母鱼，K46）
küčlüg är （强壮的男人，K49–50）
kök luu （青龙，K66）
ikinti ay （二月，D225）
üčünč ay （三月，D226）
törtünč ay （四月，D227）
bešinč ay （五月，D228）
altınč ay （六月，D229）
yetinč ay （七月，D230）
säkizinč ay （八月，D231）
toquzunč ay （九月，D232）
onunč ay （十月，D233）
bir y（e）g（i）rminč ay （十一月，D234）

2. **支配式复合术语**

支配式复合术语由一个静词和一个动词组成，它们之间为支配与被支配关系。古代回鹘文历法和占卜文献语言中这一类术语出现次数比较少。例如：

arqa bermäk atl（ı）ɣ ırq　　（翻身之卦，A069）

enč kälmäk atl（ı）ɣ ırq　　（安息之卦，A132）

kičig igiḍmäk atl（ı）ɣ ırq　　（小蓄卦，A157）

süü sülämäk atl（ı）ɣ ırq　　（帅兵之卦，A031）

utru kälmäk atl（ı）ɣ ırq　　（对面而来之卦，A112）

yaɣmur yaɣıdmaq　　（下雨，K58）

古代回鹘文历法和占卜文献语言中出现的复合术语根据其组合词的语源成分可以分为由古代回鹘文固有词语构成的复合术语和混合复合术语两类。

（1）由古代回鹘文固有词语构成的复合术语

这中复合术语在文献语言中出现的相当普遍。例如：

küskü kün　　（鼠日，F232）

küskü yıl　　（鼠年，B009）

sıčɣan kün　　（鼠日，G086）

sıčɣan üdin　　（鼠时辰，G095）

ud kün　　（牛日，F117）

ud yıl　　（牛年，D255，G061）

ud üdin　　（牛时辰，H22）

bars kün　　（虎日，F119）

（2）混合复合术语

混合复合术语是指由古代回鹘文固有词语和借词语混合构成的复合术语。例如：

čahšapat ay　　（<< Skt. sikṣapada 十二月，F001，F054）

luu kün　　（<< Chin. lioŋ 龙日，G090）

luu yıl	（龙年，D056）
či či baštınqı yıl	（<< Chin. tsis–d̥‘iə̣i 至治元年，E096）
či či ikinti yıl	（至治二年，E093）
či šün ikinti yıl	（<< Chin. tsis–dʑ‘iuĕn 至顺二年，E069，E072）
či šün üčünč yıl	（<< Chin. tsis–dʑ‘iuĕn 至顺三年，E069，E072）
tai ting üčünč yıl	（<<Chin. t‘âi– tieŋ 泰定三年，E087）

第三节　回鹘文历法和占卜文献语言中所见术语之来源

对古代回鹘文历法和占卜文献语言中出现的各种历法和占卜术语进行词源学研究有助于更深入了解古代回鹘文词语，为进一步了解古代回鹘文历法和占卜文献的语言特点提供重要依据。古代回鹘文历法和占卜文献语言中出现了一定数量的借自梵语、汉语、粟特语、中古波斯语、阿拉伯语等借词术语。这些借词性术语可以为进一步深入研究借词的语音形式和内容概念在古代回鹘文提供重要资料，另一方面也能为探究古代回鹘文在不同历史阶段跟周围其他语言的互相影响提供重要依据。下面对古代回鹘文历法和占卜文献语言中出现的古代回鹘文固有历法和占卜术语、借词性历法和占卜术语及其借用方式等问题进行分析。

4.3.1 回鹘文固有历法和占卜术语

古代回鹘文历法和占卜文献语言中出现的古代回鹘文固有历法和占卜术语共有91条，占历法和占卜术语总数的36.6%。古代回鹘文固有历法和占卜术语根据其语义特点可以分为以下几个小类。

1. **道教《易经》占卜名类术语**

arqa bermäk atl（ı）ɣ ırq　（翻身之卦，A069）

enč kälmäk atl（ı）ɣ ırq　（安息之卦，A132）

igiṭmäk atl（ı）ɣ ırq　（蓄卦，A223）

kičig igiḍmäk atl（ı）ɣ ırq　（小蓄卦，A157）

kiši birikmäk atl（ı）ɣ ırq　（团结之卦，A191）

kün yaruqı atl（ı）ɣ ırq　（阳光之卦，A173–4）

qoramaq atl（ı）ɣ ırq　（减损之卦，A054）

sävinmäk atl（ı）ɣ ırq　（欢喜之卦，A087）

süü sülämäk atl（ı）ɣ ırq　（帅兵之卦，A031）

taɣ atl（ı）ɣ ırq　（山卦，A044）

täring quduɣ atl（ı）ɣ ırq　（深井之卦，A102）

ṭušušmaq atl（ı）ɣ ırq　（相逢卦，A013）

utru kälmäk atl（ı）ɣ ırq　（对面而来之卦，A112）

2. **算命术占卜名类术语**

quruɣ sögüṭ　（枯树占卜，K07–8）

quruɣ sögüṭ bičin tä　（猴在枯树上，K38）

t（ä）ngrilär eligi　（天国，K41）

tiši balıq　（母鱼，K46）

küčlüg är　（强壮的男人，K49–50）

yaɣmur yaɣıdɣu　（下雨，K58）

suɣun it qulqaqı　（马拉赤鹿和狗耳朵，K61）

haṭun　（王后，K69）

tıṭ sögüṭ　（落叶松，K74）

bulaq　（泉，K77）

3. **古代回鹘文传统历法术语**

ay　（月，A127）

kün　（天、白天，B003）

kün orṭu （下午，F157）
kičä （晚上，F159）
tün （夜晚，J0123）
tang （清晨，J018）
yıl （年，A127）
üd （时辰、时刻，J268）
ikinti ay （二月，D225）
üčünč ay （三月，D226）
törtünč ay （四月，D227）
bešinč ay （五月，D228）
altınč ay （六月，D229）
yetinč ay （七月，D230）
säkizinč ay （八月，D231）
toquzunč ay （九月，D232）
onunč ay （十月，D233）
bir y（e）g（i）rminč ay （十一月，D234）

4. **十二生肖周期的历法术语**

küskü kün （鼠日，F232）
küsküyıl （鼠年，B009）
sıčɣan kün （鼠日，G086）
sıčɣan üdin （鼠时辰，G095）
ud kün （牛日，F117）
ud yıl （牛年，D255，G061）
ud üdin （牛时辰，H22）
bars kün （虎日，F119）
bars yıl （虎年，D035）
tavıšɣan kün （兔日，F120）
tavıšɣan yıl （兔年，D046）

yılan kün （蛇日，F122）

yılan yıl （蛇年，B013）

yont kün （马日，F002）

yont yıl （马年，G092）

qoyn kün （羊日，F124）

qoyn yıl （羊年，D241）

bičin kün （猴日，I78）

bičin yıl （猴年，F059）

taq（ı）ɣu kün （鸡日，F227）

taq（ı）ɣu yıl （鸡年，D047）

it kün （狗日，F012）

it yıl （狗年，J075）

layzın kün （猪日，I44）

tonguz kün （猪日，F006）

tonguz yil （猪年，B016）

5. 十天干符号名类和十二生肖吉凶日符号名类术语

turmaɣ （建，F102）

kitärmäk （除，F024）

tolmaq （满，F104）

tüz qoyɣu （平，F105）

ornanmaq （定，A106）

tutmaq （执，F107）

buzulmaq （破，F108）

alp yol （危，F109）

bütmäk （成，F111）

qoyɣu （收，F112）

ačılmaq （开，F113）

turɣurmaq （闭，F114）

6. 星相学普通名类术语

ordu （宫，H17，H41，J141）

yultuz （行星，B011，B015）

7. 二十八星宿名类术语

tirgäk yultuz （井宿，J322）

8. 古印度星相学体系中的九宫门坎和九曜名类术语

ičgäk išiki （精灵门坎，E021）

äzrua t（ä）ngri išiki （<<Sogd. 'zrw' 梵天门坎，E034）

angaraq （火星，F095）

ärklig han išiki （阎王门坎，E044）

yıɣač yultuz （木星，J019）

alp süngüš išiki （虎狼门坎，E050）

uz t（ä）ngri išiki （吉祥相门坎，E054）

4.3.2 回鹘文借词性历法和占卜术语

古代回鹘文历法和占卜文献语言中出现的借词性历法和占卜术语共有158条，占历法和占卜术语总数的64.4%。历法和占卜借词性术语根据其语源可分为以下几类。

4.3.2.1 回鹘文梵语来源历法和占卜术语

古代回鹘文历法和占卜文献语言中出现的梵语来源术语相当多，它们可分为以下几类。

1. 星相学普通名类术语

grah /garh （<< Skt. gráha 行星，E019，J156）

2. 十二生肖周期的历法术语

čahšapat ay （<< Skt. sikṣapada 十二月，F001，F054）

3. 二十八星宿名类术语

nakšadir	（<<Skt. nakshatras 星宿，D207）
ašvini	（<<Skt. aśvınī 娄宿，J082）
baranı	（<< Skt. bharani 胃宿，J049）
kirtik	（<< Skt. kṛttikāḥ 昴宿，J050）
urugını	（<<Skt. rohıṇī 毕宿，J050）
mrgašır	（<<Skt. mṛgaśiras 觜宿，J111）
ardir	（<Skt. ārdrā 参宿，J051）
punarvasu	（<<Skt. punarvasu 井宿，J012）
puš	（<<Skt. puṣya 鬼宿，J052）
ašleš	（<<Skt. āśleṣā 柳宿，J013）
mag	（<<Skt. maghā 星宿，J013）
purvapalguni	（<<Skt. pūrvaphalguni 张宿，J014）
utrapalguni	（<<Skt. udarapalguni 翼宿，J093）
hast	（<< Skt. hasta 轸宿，J094）
čaıtır	（<< Skt. cıtrā 角宿，J095）
suvadi	（<<Skt. svātı 亢宿，J121）
šusak	（<<Skt. viśakhā 氐宿，J097）
anurat	（<<Skt. anurādhā 房宿，J098）
čišt	（<< Skt. jyeṣthā 心宿，J099）
mul	（<<Skt. mūla 尾宿，J060）
purvašat	（<<Skt. pūrvāṣāḍhā 箕宿，J101）
utarabadıravat	（<<Skt. uttarabhadrapadā 壁宿，J139）
abiči	（<<Skt. abhijit 牛宿，J020）
širavan	（<<Skt. śravaṇa 女宿，J021）
dan
išta	（<< Skt. dhanıṣṭhā 虚宿，J030）
satabiš	（<<Skt. śatabhiṣaj 危宿，J105）
purvabadirabat	（<<Skt. purvabadirabat 室宿，J132）

utrašatta （<<Skt. uttarāṣāḍhā 斗宿，J015）

rıvadı （<< Skt. revatī 奎宿，J007）

4. 古印度星相学体系中的九宫门坎和九曜名类术语

yaksa išiki （<<Skt.yakṣa 夜叉门坎，E014）

rahu （<<Skt. rahu 罗睺，J232）

šaničar （<<Skt. śanaiścara 土星，F097）

basaman išiki （<< Skt. vāiśravaṇa 财神门坎，E025 ）

bud$_2$ （<< Skt. buddha 水星，F084，F096）

magišvari išiki （<<Skt. maheśvar 大自在门坎，E030）

šükür （<<Skt. śukra 金星，F007，F096）

aditya （<<Skt. āditya 日星，E037，F017）

vinayaki išiki （<<Skt. viñayaka 善导门坎，E039）

barhasivadi （<< Skt. bṛhaspati 木星，J226）

soma （<<Skt. soma 月星，E52）

laksma （<<Skt. lakṣma 吉祥相，E068）

kitu （<<Skt. ketu 计都，J236）

5. 古印度星相学体系中的十二星座名类术语

miš （<<Skt. meṣa 白羊座，J082）

vriš （<<Skt. vrṣabha 金牛座，J084）

maıdun （<<Skt. mıthunu 双子座，J086）

karkat （<<Skt. karkaṭa 巨蟹座，J088）

sinha （<<Skt. siṃha 狮子座，J091）

kanya （<<Skt. kanyā 处女座，J093）

tulya （<<Skt. tulā 天秤座，J095）

vrčik （<<Skt. vṛścıka 天蝎座，J097）

tanu （<<Skt. dhanus 射手座，J099）

makara （<<Skt. makara 摩羯座，J102）

kumba （<<Skt. kumbha 水瓶座，J104）

4.3.2.2 回鹘文汉语来源历法和占卜术语

古代回鹘文历法和占卜文献语言中汉语来源术语比较普遍，它们可分为以下几类。

1. **道教《易经》占卜名类术语**

parqay　（<<Chin. puǎt–kwa：j 八卦，H53）

2. **算命术占卜名类术语**

labay　（<< Chin. lua pai 螺贝，K30）

mančuširi bodis（a）t（a）vnıng ayaskanda qılınčı（文殊师利佛的菩萨地，K53）

kök luu　（青龙，K66）

3. **十二生肖周期的历法术语**

lıɣzır　（<< Chin. liajk–nʑiět 历日，I52）

sirki　（<<Chin. tsier–k‘iəi 节气，F039）

qunčı　（<<Chin. k–ljuŋ – k‘iəi 中气，J190）

luu yıl　（龙年，D056）

yılan kün　（蛇日，F122）

4. **十天干符号名类和十二生肖吉凶日符号名类术语**

šipqan　（<<Chin. ʑiə̣p–kân 十干，F099）

qap　（<<Chin. kab 甲，F047）

ir　（<<Chin. iět 乙，F037）

pii /ping　（<<Chin. piuaŋ′丙，E089）

ti/ting　（<<Chin. tieŋ 丁，E086）

bu/vu　（<<Chin məu 戊，J153）

ki　（<<Chin. kiə̣i 己，E080）

qı/ qıı/ king　（<<Chin. kaŋ 庚，F075）

sin　（<<Chin. siěn 辛，E074）

äžim /žim　（<<Chin. nʑiə̣m 壬，F060）

kuu/kuy	（<<Chin. kiuěi 癸，D255）
kinčumani	（<<Chin. kian ḍjwo man’ 建除满，J143）
kin	（<<Chin. kian 建，F017）
turmaɣ	（建，F102）
čuu	（<< Chin. ḍjwo 除，F024）
man	（<<Chin. man’ 满，F089）
pi/pii	（<<Chin. b‘iuaŋ 平，F105）
ti	（<<Chin. tieŋ 定，F019）
čip	（<< Chin. tɕiə̣p 执，F076）
pa	（<<Chin. p‘uâ 破，F013）
kuu	（<<Chin. ŋiuĕ 危，F060）
či	（<< Chin. źjäŋ 成，F076）
šiu/šiv	（<<Chin. ɕiəu 收，F084）
qay	（<<Chin. k‘ậi 开，F031）
pi/pii	（<<Chin. piei 闭，F081）

5. 中国古代年号名类术语

či či baštınqı yıl	（<< Chin. tsis–ɖ‘iə̣i 至治元年，E096）
či či ikinti yıl	（至治二年，E093）
či šün ikinti yıl	（<< Chin. tsis–dʑ‘iuĕn 至顺二年，E069）
či šün üčünč yıl	（<< Chin. tsis–dʑ‘iuĕn 至顺三年，E069）
tai ting üčünč yıl	（<<Chin. t‘âi– tieŋ 泰定三年，E087）
tai ting törtünč yıl	（泰定四年，E084）
tün li ikinti yıl	（<<Chin. t‘ien–liajk 天历二年，E078）
tün li baštınqi yıl	（天历五年，E081）
šögün	（<<Chin. ʑiâŋ–ŋjwen 上元，J001，J071）
sinčav	（<<Chin. siĕn ȶiɛu 辛朝，F009）

6. 摩尼教历法术语

zün ay	（<<Chin. ńź juen 闰月，I08）

7. 星相学普通名类术语

tu　（<<Chin. do/dâkh度，J033，J046）

8. 二十八星宿名类术语

pir　（<<Chin. piĕt毕，J319）

š（i）m　（<<Chin. sə̂m参，J321）

9.《佛说北斗七星延命经》中所见行星名类术语

tamlang　（<<Chin. tham–laŋ 贪狼，D004）

kumunsı　（<<Chin. gɨ–mon–sieŋ 巨门星，D015）

luqususı　（<< Chin. log–dzon–sieŋ 禄存星，J272）

vunkyu　（<< Chin. miuən–k'iuok 文曲，D045）

limčin　（<< Chin. liam–triajŋ 廉贞，D055）

vukuu　（<< Chin. mbvy–khyog 武曲，D065）

pakunsi　（<<Chin. p'uâ –kyn–sieŋ 破军星，J286）

4.3.2.3 回鹘文粟特语来源历法和占卜术语

古代回鹘文历法和占卜文献语言中所见的大部分粟特语来源术语集中于摩尼教历法文献，其他文献中非常少。例如：

1. 摩尼教历法术语

roč　（<<Sogd. rwc 日、天，I01，I04）

artuhušt　（<<Sogd. ''rthwst 第三日，I55）

human　（<< Sogd. xwm'n' 第三个闰日，I10）

mahu　（<<Sogd. m'x 第十二日，I87，I90）

tiš　（<<Sogd. tyš 第十三日，I80，I83）

ɣuš　（<<Sogd. ɣwš 第十四日，I71，I74）

dšči　（<< Sogd. δšcy 第十五日，I67）

vɣay　（<<Sogd. β'γy 第十六日，I61，I64）

miši　（<<Sogd. mxš 第十六日，I04，I06）

sroš　（<<Sogd. sr'wš 第十七日，I01）

ušɣna	（<<Sogd. wšγn’h第二十日，I27，I57）
ram	（<<Sogd. r’m第二十一日，I49）
ut	（<<Sogd. w’t第二十二日，I44，I46）
zmuhtuɣ	（<<Sogd. zmwxtwγ第二十八日，I35）
nɣran	（<<Sogd. ’nγr’n 第三十日，I22）
busaṭ bačaɣ kün	（<<Sogd. βws’nty 斋戒日，D256）
žimnu	（<<Sogd. ž’mnw星期，I01，I04）
unhan	（<<Sogd. wnx’n星期二，I77）
tir	（<<Sogd. tyr 星期三，I11，I44）
hormzt	（<< Sogd. wrmzt星期四，I01，I68）
nahid	（<<Sogd. n’xyd 星期五，I35）
kivan	（<<Sogd. kyw’n星期六，I30，I49）
mir	（<<Sogd. myhr 星期日I06，I59）
nausrd	（<<Sogd. n’w–s’rδ 新年，I30，I59）
nausrdınč	（<<Sogd. n’wsrδyc 一月，I33，I60）
hursınınč	（<< Sogd. xwrjn（y）c 二月，I63）
nisnič	（<<Sogd. nysn 三月，I03，I67）
psaknč	（<<Sogd. ps’kye 四月，I06，I70）
šnahntinč	（<<Sogd. šn’xntyc 五月，I74）
maziɣtič	（<<Sogd. xz’n’nc 六月，I76）
vɣkanč	（<<Sogd. βγk’nc 七月，I79）
apanč	（<<Sogd. ’’b’nc 八月，I83）
upınčy	（<<Sogd. ’’b’nc八月，I55）
vpanči	（<<Sogd. ’’b’nc八月，I08，I09）
zün ay	（<<Chin. ńź juen闰月，I08）
vuɣč	（<<Sogd. βwγc 九月，I86）
mišvuɣč	（<<Sogd. msβwγγc 十月，I43，I89）
žimtič	（<<Sogd. žymd’ 十一月，I45，I93）

ahšumšipč　　（<< Sogd. xšwmyc 十二月，I48）

nimi ’hšpn　　（<<Sogd. nymyxšp 午夜，I47）

ɣranhšamı　　（<<Sogd. γr’n–xš’m 深夜，I65，I85）

hursını　　（<< Sogd. xwrsn 日出，I62，I69）

mıdnč’ti　　（<<Sogd. nymyδ（h）中午，I45，I50）

qolu　　（<<Sogd. qolu 十秒，I03，I13）

sɣta　　（<< Sogd. saɣta 时刻，I26，I56）

2. 古印度星相学体系中的九宫门坎和九曜名类术语

äzrua t（ä）ngri išiki（<<Sogd. ’zrw’ 梵天门坎，E034）

3. 古印度星相学体系中的十二星座名类术语

mina　　（<<Sogd. mına 双鱼座，J106）

4.3.2.4 回鹘文中古波斯语来源历法和占卜术语

古代回鹘文历法和占卜文献语言中只有两条中古波斯语来源历法和占卜术语。例如：

adina　　（<<Pers. ’’dyn’ 星期五，J312）

yäkšämbi　　（<<Per. ykš’nbä 周日，J311）

4.3.2.5 回鹘文阿拉伯语来源历法和占卜术语

古代回鹘文历法和占卜文献语言中只有 1 条阿拉伯语来源历法和占卜术语。例如：

äräntir　　（<<Ar. ’yr’ntyz 嘴宿，J320）

4.3.3 回鹘文借词性历法和占卜术语的借用方法

在长期的社会历史发展过程中，回鹘人吸收周围民族的先进历法、天文学和星相学等多种科学结晶。同时，回鹘人受周围其他语言的影响，借用了大量的历法和占卜术语，丰富和充实了古代回鹘文词汇。这些借词性历法和占卜术语的借用主要有两个途征：其一，在与周围民族的长期接触和社会影响中吸收了非本民族语言中的部分历法和占卜术语，源自梵语、粟特语、汉语等语言的历法和占卜术语就是通过这个途径借过来的。其二，通过把外语历法和占卜文献翻译成古代回鹘文过程接受了很大一部分历法和占卜术语，其中通过翻译汉文《佛说北斗七星延命经》和粟特文《摩尼教历法文献》，从汉语和粟特语中接受了历法和占卜术语。

古代回鹘文历法和占卜术语的借用方法主要有以下几种。

1. 音译法

古代回鹘文历法和占卜文献语言中出现的借词性术语中通过音译法借入的借词性术语非常多，约占整个借词性术语的62.2%左右。例如：

lıɣzır	（<< Chin. liajk–nʑiět 历日，I52）
sirki	（<<Chin. tsier–k‘iəi 节气，F039）
qunčı	（<<Chin. k–ljuŋ–k‘iəi 中气，J190）
šipqan	（<<Chin. ʑiạp–kân 十干，F099）
qap	（<<Chin. kab 甲，F047）
ir	（<<Chin. iět 乙，F037）
pii /ping	（<<Chin. piuaŋ′丙，E089）
ti/ting	（<<Chin. tieŋ 丁，E086）
bu/vu	（<<Chin məu 戊，J153）
ki	（<<Chin. kiại 己，E080）
roč	（<<Sogd. rwc 日、天，I01，I04）
artuhušt	（<<Sogd. ”rthwst 第三日，I55）
human	（<< Sogd. xwm’n’ 第三个闰日，I10）
mahu	（<<Sogd. m’x 第十二日，I87，I90）
tiš	（<<Sogd. tyš 第十三日，I80，I83）
ɣuš	（<<Sogd. ɣwš 第十四日，I71，I74）
dšči	（<< Sogd. δšcy 第十五日，I67）
vɣay	（<<Sogd. β’γy第十六日，I61，I64）

mıši　（<<Sogd. mxš 第十六日，I04，I06）

2. 意译术语

意译术语是指根据借词术语原有的概念和意义用古代回鹘文的词语构造出来的新术语。这类术语在翻译文献中比较常见。例如：

küskü kün　（鼠日，F232）
küskü yıl　（鼠年，B009）
sıčɣan kün　（鼠日，G086）
sıčɣan üdin　（鼠时辰，G095）
ud kün　（牛日，F117）
ud yıl　（牛年，D255，G061）
ud üdin　（牛时辰，H22）
bars kün　（虎日，F119）
bars yıl　（虎年，D035）
tavıšɣan kün　（兔日，F120）
igiṭmäk　（蓄之卦，A223）
qoramaq　（减损之卦，A054）
sävinmäk　（欢喜之卦，A087）
ṭušušmaq　（相逢卦，A013）
turmaɣ　（建，F102）
kitärmäk　（除，F024）
tolmaq　（满，F104）
ornanmaq　（定，A106）

结　论

现存古代回鹘文历法和占卜文献残片共有90件，本书从文献学和文献语言学角度对古代回鹘文历法和占卜文献进行了比较系统的收集、整理和研究。同时，对古代回鹘文历法和占卜文献语言的语音、形态–句法特征和结构特点进行了比较全面的描写。

本书在充分参考前人研究成果的基础上对古代回鹘文历法和占卜文献进行了收集和整理，并对其进行了换写、转写、翻译和注释。本书以邦格为代表的德国柏林学派的回鹘文献研究方法和以羽田亨、西田龙雄、庄垣内正弘等学者为代表的日本文献语言学家所提倡的文献语言学研究方法为主要方法论依据，从本文内容的断定到具体文献的转写、翻译和注释，严格遵守文献学基本原理，从全新的角度对古代回鹘文历法和占卜文献进行了语文学研究。本书根据内容，将古代回鹘文历法和占卜文献分为道教占卜文献、《易经》古代回鹘文译残片、佛教占卜文献《护身符》、民间信仰的古代回鹘文占卜文献、《佛说北斗七星延命经》古代回鹘文译文残片、佛教占星术的古代回鹘文历法和占卜文献、十二生肖周期的古代回鹘文历法和占卜文献、医学历法和占卜文献、道教《玉匣记》的古代回鹘文历法和占卜文献、摩尼教历法和占卜文献、星相学历法和占卜文书、算命书等12类。然后，本书对各类文献进行了简要地描述。

本书以文献研究部分的材料为依据对古代回鹘文历法和占卜文献语言进行了较全面的描写和分析。古代回鹘文文献语言在古代西域民族语言研究中具有承上启下的作用，能为西域古典语言学研究提供重要依据。虽然古代回鹘文历法和占卜文献的数量不多，但有其独特性能体现当时维吾尔语的一些重要特点。本书第三章重点对古代回鹘文历法和占卜文献语言的语音和形态–句法特点进行研究，描写了历法和占卜文献语言的语音、形态–句法方面的特点。主要特点可归纳为以下几点。

（1）语音特点

① 古代回鹘文历法和占卜文献语言里共有a，ä，e，ı，i，o，ö，u，ü等9个一般元音音素和b，p，d，t，g，k，s，z，ɣ，q，m，n，ng，l，r，š，v，y，č，w，h，ž 等22 个辅音音素。其中，一般语音音素e不具有音位功能，j，h，w，ž 等四个辅音只用于记录借词，w，ž 是分别为辅音v 和z 的条件变体。

② 除很少一部分文献中出现个别元音重写外，不出现鄂尔浑–叶尼塞碑铭文献和早期摩尼教文献中所出现的复元音音素。其他文献中比较常见的lk，lp，lq，lt，nč，nt，rč，rk，rp，rq，rt，st，yt等13个复辅音中也只有lp，nč，nt，rk，rq，rs，rt，st 等8个复辅音出现。

③ 在摩尼教文献和世俗文书中较为常见的辅音音素f不出现于古代回鹘文历法和占卜文献语言中。

④ 本书各类文献中元音字母的省写情况比较常见，a/ä/ı是出现最多的省写字母。这种情况除普遍出现在借词外，最常见于t（ä）ngri，y（a）rlıɣ，atl（ı）ɣ等古代回鹘文固有词中。

⑤ 在道教占卜文献（《易经》古代回鹘文译残片，文献A）中出现buryuq 和ädrämlig两词中辅音d和r的换位拼写。这很可能不是拼写错误，而是一种拼写方式和特点。

⑥ 古代回鹘文历法和占卜文献语言中最常见的音节结构是CVC型，最少见的是VCC型。

（2）形态特点

① 名词的复数完全由附加成分+lAr来表示，在鄂尔浑碑铭语言中常见的+（u）t，+an，+s等复数附加成分一律不出现。虽然在古代回鹘文历法和占卜文献中仍出现表示复数和双数意义的oɣlan（男孩，A161），köz（眼睛，A144，G002，G072），kögüz（胸，A082，G004），müyüz（角，A042）等词语，但这些词语中的复数成分+n 和+（u）z 早已经失去表示

复数意义的功能。

② 名词的领属第二和第三人称形式普遍出现于古代回鹘文历法和占卜文献语言中，但名词的第一人称领属形式出现得较少。

③ 古代回鹘文历法和占卜文献语言中名词的格有主格、领属格、宾格、与格、方向格、时位格、从格、比拟格、相似格、地点-特种格10种形式。其中领属格和宾格附加成分除了回鹘文献语言中常见的+ning，+ni，+（i）n，+（x）ɣ等形式之外，还出现回鹘文献中少见的+nung，+I，+un，+ig/üg等形式。

④ 古代回鹘文历法和占卜文献语言中人称代词第一人称和第三人称出现了单数和复数形式，而第二人称只出现单数和尊称形式。

⑤ 古代回鹘文历法和占卜文献语言中动词的第二人称复数形式并不出现。

⑥ 古代回鹘文历法和占卜文献语言中过去时和现在-将来时普遍使用，将来时却不出现。

（3）句法特点

① 与其他内容回鹘文献比较，古代回鹘文历法和占卜文献语言中句子成分的一般语序是主语在句首，谓语在句末，宾语在主语和谓语之间，定语和状语在中心语前面。但是在译自其他语言的古代回鹘文历法和占卜文献的语言受照录原典句法结构影响，使用谓语倒置、定语和状语后置等一些特殊的语序。

② 古代回鹘文历法和占卜文献语言中最普遍的句类是陈述句和祈使句，疑问句和感叹句出现得较少。

除此之外，本书对古代回鹘文历法和占卜文献语言中出现的历法和占卜术语及其语义特点、结构方式和语源进行了分析。

本书先对古代回鹘文历法、占卜文献所见历法和占卜术语进行了语义、结构和语源分类，在此基础上根据文献部分的语料对历法和占卜术语的语义、结构特点和语言层次进行了较为深入的研究和分析。古代回鹘文历法和占卜术语构造的基本方式及其特点有以下几个。

（1）古代回鹘文历法和占卜文献语言中出现的历法和占卜术语共有249条，根据其语义特点可分为占卜名类术语、历法术语、星相学术语三大类。其中古代回鹘文固有术语共有91条，约占历法和占卜总数的36.6%；借词性术语158条，约占历法和占卜总数的63.4%。

（2）古代回鹘文历法和占卜文献语言中出现的历法和占卜复合术语共有79条。从复合术语的内部结构来看，古代回鹘文历法和占卜文献语言中所见历法和占卜术语的结构方式有偏正式复合术语和支配式复合术语。

通过对古代回鹘文历法和占卜文献中所见历法和占卜术语的语源进行分析，为进一步探讨古代回鹘历法、天文学、星相学、魔法、占卜术和星占术的来源和古代回鹘文化与周围民族文化相互影响等提供了依据。

主要参考文献

一、中文文献

[1]阿不都热西提·亚库甫.中国国家图书馆藏回鹘文星占书残片研究[J].民族语文，2018（2）：79–85.

[2]陈志辉.牛宿的故事[J].中国国家天文，2012（10）：88–93.

[3]路易·巴赞.突厥历法研究[M].耿昇，译.北京：中华书局，1997：306–479.

[4]冯家昇.回鹘文写本“菩萨大唐三藏法师传”研究报告[M].北京：中国科学院出版社，1953：27–28.

[5]冯家昇.刻本回鹘文佛说天地八阳神咒经研究：兼论回鹘人对于大藏经的贡献[J].考古学报，1955（1）：183–192.

[6]李增祥，买提热依木，张铁山.回鹘文文献语言简志[M].乌鲁木齐：新疆大学出版社，1999年：61–82.

[7]马赫默德·喀什葛里.突厥语大辞典（汉文版）[M].北京：民族出版社，2002：350–368.

[8]牛汝极.维吾尔古文字与古文献导论[M].乌鲁木齐：新疆人民出版社，1997：81–86.

[9]彭金章，王建军.敦煌莫高窟北区石窟（第三卷）[M].北京：文物出版社，2004：155–156.

[10]秦磊.大众白话易经[M].西安：三秦出版社，1990：6–254.
[11]任继愈.佛学大词典[M].南京：江苏古籍出版社，2002：801.
[12]荣新江.黄文弼所获西域文献论集[M].北京：科学出版社，2013：177–206.
[13]唐明邦.周易评注[M].北京：中华书局，1995：3.
[14]吐尔逊·阿尤甫，买提热依木·沙依提.回鹘文《金光明经》[M].乌鲁木齐：新疆人民出版社，2001：493–572.
[15]吴宏伟.突厥语族语言语音比较研究[M].北京：中央民族大学出版社，2011：17–66.
[16]谢尔巴克.十至十三世纪新疆突厥语文献语法概论[M].李经纬，译.兰州：甘肃人民出版社，2012：23–87.
[17]谢罡.金木水火土：华夏民族的自然图腾[J].西南航空杂志，2011（10）：36–40.
[18]徐仁吉.说说农历闰月的科学[J].知识就是力量，2012（5）：53.
[19]杨富学.维吾尔族历法初探[J].新疆大学学报，1988（2）：63–67.
[20]杨富学，邓浩.吐鲁番出土回鹘文（七星经）回向文研究[J].敦煌研究，1997（1）：158–172.
[21]杨富学.回鹘文献与回鹘文化[M].北京：中央民族大学出版社，2003：93–94，258–262.
[22]杨富学.回鹘道教杂考[J].道教论坛，2003（1）：14–17.
[23]杨富学.敦煌吐鲁番文献所见回鹘古代历法[J].青海民族学院学报，2004（4）：118–123.
[24]张铁山.敦煌莫高窟北区出土回鹘文文献过眼记[J].敦煌研究，2003（1）：94–99.
[25]张铁山.回鹘文献的语言的结构与特点[M].北京：中央民族大学出版社，2005：35–78.

二、外文文献

[1]BAZIN LOUIS. Les systèmes chronologiques dans le monde Turc Ancien[M]. Paris: Bibliothéca Orientalis Hungarica, 1991.

[2]CLAUSON SIR GERARD. An etymological dictionary of pre–thirteenth–century Turkish[M]. Oxford: The Clarrenon Press, 1972.

[3]DO/DAKHERFER GERHARD. Bemerkungen zur chronologischen klassifikation des älteren Türkischen[J]. Altorientalische Forschungen, 1991, 18（1）: 170–186.

[4]ERDAL MARCEL. Old Turkic word formation（Ⅰ–Ⅱ）[M].Wiesbaden: Otto Harrosowitz, 1991.

[5]HAMILTON JAMES. Manuscrits Ouïgours du IXe–Xe siècle de Touen–houang[M]. Paris: Fondation Singer–Polignac, 1986.

[6]MONIER WILLIAMS. A Sanskrit–English dictionary[M]. Oxford: Clarendo/dâkhn Press, 1899.

[7]SHOGAITO MASAHIRO. On the routes of the loan words of Indic origin in the old Uyghur Language[J]. Journal of Asian and African studies, 1978（15）: 79–110.

[8]SHOGAITO MASAHIRO. A study on the Chinese loan words that has been introduced in to the old Uyghur Language[J]. Study on the inner Asian languages, 1986,（2）: 17–156,

[9]SOOTHIL EDWARD WILLIAM, LEWIS HODO/DAKHUS. A dictionary of Chinese Buddhist terms[M]. Taipei : Xinwenfeng Publishing Company , 1998.